科学出版社“十三五”普通高等教育本科规划教材

园艺概论

（第二版）

程智慧　主编

科学出版社

北　京

内 容 简 介

本书共十章，包括绪论、园艺植物的种类与分类、园艺植物生物学、园艺植物的种质资源和育种途径、种植园规划和园艺生产设施、园艺生产基本技术、园艺产品的采收和采后处理技术、食用园艺植物的栽培技术、观赏园艺植物的栽培与应用，以及茶园艺与茶文化。本书将果树、蔬菜、花卉和茶园艺结合，注重园艺学的综合知识和基本技能。每章后设置了小结和思考题，书后附参考书目与文献。

本教材主要面向高等院校非园艺专业的本科生，作为农学类学科的专业选修课教材或公共选修课教材，也可作为园艺专业的园艺植物栽培学参考教材。

图书在版编目（CIP）数据

园艺概论 / 程智慧主编. —2版. —北京：科学出版社，2018.1
科学出版社“十三五”普通高等教育本科规划教材
ISBN 978-7-03-052621-2
Ⅰ.园… Ⅱ.程… Ⅲ.园艺-概论 Ⅳ.①S6
中国版本图书馆 CIP 数据核字（2017）第086888号

责任编辑：王玉时　韩书云 / 责任校对：钟　洋
责任印制：张　伟 / 封面设计：迷底书装

科学出版社出版
北京东黄城根北街16号
邮政编码：100717
http://www.sciencep.com

北京华宇信诺印刷有限公司印刷
科学出版社发行　各地新华书店经销
*
2009年12月第　一　版　开本：787 × 1092　1/16
2018年 1 月第　二　版　印张：20 1/4
2025年 1 月第八次印刷　字数：480 000

定价：69.80元

《园艺概论》（第二版）

编委会

主　编：程智慧

副主编：张延龙　郁继华

编　委：（按姓氏汉语拼音排序）

程智慧　（西北农林科技大学）
范淑英　（江西农业大学）
高艳明　（宁夏大学）
关文灵　（云南农业大学）
李焕秀　（四川农业大学）
李玉红　（西北农林科技大学）
鲁晓燕　（石河子大学）
孟焕文　（西北农林科技大学）
孙世海　（天津农学院）
唐　茜　（四川农业大学）
汪志辉　（四川农业大学）
许小勇　（山西农业大学）
郁继华　（甘肃农业大学）
张延龙　（西北农林科技大学）
周艳丽　（吉林农业大学）

第二版

前　言

园艺是我国农业的优势主导产业和经济持续发展的增长点，也是人才需求持续旺盛的产业领域。为加快建设教育强国、科技强国、人才强国，坚持为党育人、为国育才，针对农业科学人才培养对园艺知识的需求，在本书第一版的基础上，我们组织西北农林科技大学、宁夏大学、四川农业大学、石河子大学、甘肃农业大学、吉林农业大学、江西农业大学、云南农业大学、山西农业大学和天津农学院的有关专业教师修订编写了本书第二版。本次编写，在保持原教材知识体系、基本结构和体例的基础上，注重内容的全面更新和完善，反映学科和产业的最新发展；注重栽培技术轻简化、机械化的发展趋势；注重体现节肥、减药、增效的农用化学品使用要求和趋势，同时进行了内容的删繁就简。例如，在第一章绪论中，补充了学科和产业最新发展资料；在第二章的植物学分类中，补充丰富了一些孢子植物资料；在第三章中，调整了园艺植物生长发育有关内容的顺序，补充了地理标志产品等知识；在第四章的现代生物技术育种中，补充了分子设计育种和基因组编辑知识；在第五章的园艺生产配套设施与机械中，补充了多种园田作业机械，以及采后处理与储藏加工设施设备的内容；在第六章中，精简了微体繁殖技术的内容，补充调整了植株调整和节水灌溉技术的内容，补充了施肥基本原理，细化了施肥方法，修订了园艺植物病害的类别；在第七章中，更新了产品标准；在第八至十章中，全面修订了食用园艺植物、观赏园艺植物和茶树的栽培技术。

本书第一章和第二章由程智慧编写，第三章由高艳明编写，第四章由许小勇编写，第五章由郁继华和程智慧编写，第六章由孟焕文、范淑英、孙世海、汪志辉编写，第七章由李玉红编写，第八章由李焕秀、周艳丽、汪志辉、鲁晓燕编写，第九章由张延龙和关文灵编写，第十章由唐茜编写。全书由主编程智慧统稿和修订终稿。编者力求避免错误和不足，但难免还有未发现的疏漏或不妥之处，恳请广大师生和读者在使用中随时提出宝贵意见，以便及时更正。

在本书编写过程中参阅了许多学者的教材、著作和研究文献，在此谨向他们对知识传播的贡献表示崇高的敬意和最衷心的感谢！

编　者

2016 年 8 月于杨凌

前　言

园艺是我国农业的优势主导产业和经济增长点，也是人才需求旺盛的产业领域。针对农业科学人才培养对园艺知识的需求，我们组织西北农林科技大学、四川农业大学、宁夏大学、石河子大学、甘肃农业大学、吉林农业大学、江西农业大学、云南农业大学、天津农学院的有关专业教师编写了这本《园艺概论》教材。编写中，注重园艺学科的完整性，将果树园艺、蔬菜园艺、观赏园艺、茶园艺有机融为一体；注重园艺学综合知识和基本技能，强化了总论，简化了各论；注重教材结构的完整性，文、图、表并用，每章设置了小结和思考题，全书附有参考文献，以方便教学；注重基本知识与学科发展的结合，力求更好地满足新时期复合型创新人才培养的需要。

本书第一章和第二章由程智慧编写，第三章由高艳明编写，第四章由李焕秀编写，第五章由郁继华编写，第六章由程智慧、陈超、范淑英、汪志辉、孙世海编写，第七章由李玉红编写，第八章由汪志辉、鲁晓燕、李焕秀、周艳丽、孙世海、范淑英编写，第九章由张延龙、关文灵编写，第十章由唐茜编写。在编写过程中，各章编委进行了交叉审稿，由主编统稿定稿。编者力求避免错误和不足，但难免有未发现的疏漏或不妥之处，恳请广大师生和读者在使用中随时提出宝贵意见，以便及时更正。

本书编写时参阅了许多学者的教材、著作和研究文献，在此向他们对知识传播的贡献表示崇高的敬意和最衷心的感谢！

编　者

2009年10月于杨凌

目录

CONTENTS

第四章 园艺植物的种质资源和育种途径

第五章 种植园规划和园艺生产设施

第六章 园艺生产基本技术

第七章　园艺产品的采收和采后处理技术

第八章　食用园艺植物的栽培技术

第九章　观赏园艺植物的栽培与应用

第十章 茶园艺与茶文化

参考书目与文献

第一章

绪　　论

园艺（horticulture）是指园田植物生产的技能和艺术，是农业种植业的重要组成部分。园田通常包括果园、菜园、花园、茶园等，园田植物通常包括果树、蔬菜、观赏植物、茶树等，生产技能和艺术通常包括栽培、繁育、整形、加工利用等。园艺学（horticulture science）是研究园艺植物的种质资源及其品种选育、生长发育、栽培管理，以及采后处理或造型造景等理论和技术的一门应用学科。园艺学作为一门学科，在中国目前包括果树学、蔬菜学、观赏园艺学、茶学及设施园艺科学与工程，在国际上还常将香料植物、药用植物、草业等归入园艺学的范畴。果树是指能生产供人们食用的果实、种子及其衍生物的木本或多年生草本植物，以木本植物为主。蔬菜是指能生产可供人们佐餐的草本植物、木本植物及低等植物的总称，以草本植物为主，也包括少数木本植物及部分真菌和藻类植物，其食用器官既有柔嫩的幼芽和嫩茎、叶和叶球、花和花球，又有新鲜的种子、果实、膨大的肉质根或块茎。观赏植物是指具有一定观赏价值，适用于室内外布置、美化环境并丰富人们生活的植物，包括木本的和草本的观花、观叶、观果、观株形的植物，以及适合布置园林绿地、风景名胜区和室内装饰用的植物。茶是指供人们饮用的一类植物饮品，茶学包括茶科学和茶文化两个方面。设施园艺科学与工程是园艺与工程结合的科学，包括园艺设施和设施园艺两个方面。

中国园艺有悠久的历史，园艺在人们日常生活及农业和国民经济中占有重要地位，也是农业产业结构调整和农民增收的热点领域。

一、园艺产业的地位和意义

（一）园艺是我国种植业最活跃的经济增长点

园艺生产是农业生产的重要组成部分。园艺产品中的蔬菜和水果，是人们日常生活必不可少的食品，随着人们对健康的重视和生活水平的改善，蔬菜和水果的食用量不断增大，花卉的市场需求与日俱增，饮茶品位也不断升级。市场需求的不断增长，拉动了园艺生产的迅速发展和园艺产业的兴起与壮大。20世纪80年代初，随着农村经济体制的改革，种植业经历了一系列的调整和变革。在粮食生产突破温饱问题之后，蔬菜和以苹果、柑橘、梨为主的果树产业竞相发展，成为农业主导产业，多元化的园艺产业一直是农业种植业最活跃的经济增长点，是种植业总产值居第一二位的产业。

1980年，全国蔬菜播种面积为316.2万hm^2，年人均蔬菜占有量为75kg；2007年，蔬菜播种面积为1700万hm^2，总产量为5.65亿t，总产值为7200亿元，人均占有量超过420kg，蔬菜播种面积占农作物总播种面积的12.8%，总产值却占种植业的29%。蔬菜生产对全国农民人均收入的贡献额为650多元。据联合国粮食及农业组织（FAO）资料，2007年中国蔬菜播种面积和总产量分别占世界的43%和49%，均居世界第一位。近年来，全国蔬菜面积和总产量依然保持增长趋势，2013年分别为2053万hm^2和7.05亿t；2014年分别为2128.9万hm^2和7.60亿t；2015年全国蔬菜总产量为7.69亿t。

果树总产值仅次于蔬菜。2000年，全国水果面积为867万hm^2，占世界面积的18%；产量为6237万t，占世界产量的13%。苹果和梨的产量连续8年居世界首位。2006年，全国果树总面积为1004.23万hm^2，居世界第一位；2013年，全国水果面积为1235万hm^2，产量为25 088万t；2014年，水果总产量为26 142万t。

观赏园艺在中国起步晚，但近年颇受重视，经过近30年的恢复和发展，生产规模快速扩大，市场消费稳步增长。1994～2003年，花卉生产面积平均年增长率约为24%，总产值平均年增长率为38.8%，花卉产值占国内农业总产值的比例从1993年的1.8‰增加到15‰。2006年，全国花卉生产面积为72.2万hm^2，花卉销售额为556.6亿元，出口额为6.1亿美元。2013年，全国花卉生产面积为122.71万hm^2，比上年增长了9.54%；销售额为1288.11亿元，比上年增长了6.66%。

茶园艺是我国优势产业，随着人们对健康饮品的追求，茶园艺对国民经济的贡献也不断提升。1997年，全国茶叶产量达61.3万t，出口量为20.2万t，比1980年分别增加了101.8%和87%，年增长率分别达6%和5.1%。据FAO统计，2007年我国茶园面积为161.33万hm^2，茶叶产量为116.55万t，比上年增长了13.36%，超过印度，居世界第一位，占世界茶叶总产量的31%；茶叶总产值约为600亿美元。2014年，我国茶园面积为214万hm^2，茶叶产量为195万t。

设施园艺从无到有，在过去30多年持续迅猛发展。2012年，设施园艺面积为386万hm^2，设施园艺产业净产值为5800多亿元。2014年，仅设施蔬菜面积就达386.2万hm^2。

园艺产业的发展，为农业结构调整起到了引导示范作用，也为农民增收发挥了重要作用。

（二）园艺产品是我国重要的优势出口农产品

随着园艺产业的发展壮大，园艺产品出口外贸量也迅速增长。据FAO统计，1999年中国水果、蔬菜出口量比1980年增长了2.36倍。据中国海关统计，2000年我国出口蔬菜245万t，出口额为15.77亿美元；出口水果82万t，出口额为3.48亿美元；花卉出口额为3200万美元；园艺产品及其加工品总出口额约为38亿美元，占出口总额的1.5%。2007年我国累计出口蔬菜817.59万t，出口额为62.14亿美元，比2000年分别增长了1.55倍和1.99倍。据商务部统计，2014年我国蔬菜出口总额为82.29亿美元，同比增长4.5%；水果及坚果出口总额为43.18亿美元，同比增长3.5%。我国花卉产品出口，2005年为1.3亿美元，2009年达4.06亿美元。2013年花卉出口额为6.46亿美元，比上年增长了21.32%。茶叶也是我国的传统出口商品，2001年出口茶叶24.97万t，出口额为3.42亿美元；2007年出口茶叶28.94万t，出口额为6.07亿美元；2014年出口茶叶30.15万t，出口额为12.73亿美元。

（三）园艺产品是重要的工业原料

园艺产品是食品、饮料、酿造、医药工业及许多化工和轻工业的重要原料。例如，果汁、菜汁、果脯、脱水菜、速冻菜、果酒、果醋、果冻、果菜粉、果茶、茶饮料、茶食品、水果蔬菜罐头、果酱等食品工业，都以园艺产品为主要原料。还有的利用园艺产品提取食用色素、果胶、医药成分、化妆品成分等，或以园艺产品加工的副产品作饲料添加剂等成分，或制作干花。在经济发达的国家，葡萄、柑橘、豌豆、苹果、菠萝、番茄等园艺产品的加工量均占总产量的55%～80%。2009年，我国蔬菜加工规模企业有10 000多家，年产量为4500万t，消耗鲜菜原料9200万t，加工率达14.9%。

中国的园艺产品加工业基础薄弱，但发展较快，加工品消费呈现增长趋势。通过产品加工，延伸产业链，可进一步提高园艺产业的效益。

（四）园艺产业是劳动密集型就业热点产业

园艺业包括生产领域、流通领域和与园艺有关的服务领域三大部分。园艺生产主要在设施和园田内进行，手工作业较多，是劳动密集型产业，也是就业热点产业。

我国园艺生产领域的从业人员，在农户、专业协会和专业合作社以农民为主，在企业和企业集团有较高比例的专业技术人员和管理人员。2005年，全国以园艺为主的农业产业化经营组织有11.4万个，固定资产总额为8099亿元，分别比2000年增长了70.9%和91.7%，产业化组织带动了农户8454万户，从业人数3333.2万人。2007年全国从事蔬菜生产的劳动力有9000多万人，从事贮藏、保鲜、加工、销售等蔬菜采后服务的劳动力有8000多万人。据中国花卉协会统计，2002年花农从业人员有247万人、专业技术人员812万人，占从业人数的3%；2003年全国有花卉企业5.2万家，花农86.4万户，从业人员247万人；2011年全国花卉企业突破6.6万家，从业人数有467.69万人；2013年全国花卉从业人数550.57万人，茶从业人员约8000万人。

园艺产业的产后流通和产业服务更是就业的热点领域。例如，园艺种业、肥料、农药、农膜等园艺生产资料、园艺设施，都是企业云集、吸纳就业人数最多的农业产业领域。

二、园艺产品在人类生活中的作用

（一）园艺产品的营养价值

水果和蔬菜是人们日常生活必需的食品，茶是营养健康饮品。人类合理的膳食结构是：每年每人摄取蔬菜120～180kg，果品75～80kg，粮食60kg，肉类45～60kg，保持每天只有8.37～11.35J的热量。所以，园艺产品是人类健康膳食的主要构成要素，为人体提供各种重要的营养成分。

1．维生素 维生素是人体必需的一类重要营养物质，有A、B、C、D、E、H等族类，按其溶解性分为水溶性和脂溶性两类。不同维生素有不同的生理功能，缺乏时会引起人体生理功能失调，免疫力下降，甚至发病。大多数维生素在人体内不能合成，需靠食物补充。蔬菜和水果中含有人体需要的各种维生素，但以水溶性维生素最为丰富。水溶性维生素在人体内不易积累，因而需要经常补充。

维生素C普遍存在于蔬菜和水果中，蔬菜中的芥菜、绿叶菜类、辣椒、番茄、甘蓝、黄瓜、花椰菜、萝卜等，水果中的枣、酸枣、猕猴桃、醋栗、山楂、草莓、番石榴、龙眼、柑橘类、余甘、刺梨、沙棘、蔷薇果等都富含维生素C；胡萝卜素丰富的蔬菜有胡萝卜、韭菜、菠菜、白菜、甘蓝、苋菜、蕹菜、叶菾菜、芥菜等，水果有杏、黄肉桃、山楂、猕猴桃、樱桃、银杏、柿、柑橘、枇杷、杧果、香蕉等；维生素B_1含量高的蔬菜有金针菜、香椿、芫荽、藕、马铃薯等，果品有甜橙、无花果、核桃、板栗、银杏、沙棘、榛子等；含维生素B_2较多的蔬菜有菠菜、芥菜、蕹菜、石刁柏等，果品有沙棘、榛子、核桃、板栗等；豆类蔬菜和豆制品中还会有较多的维生素B_6和B_{12}；豆类和绿叶菜中含有较多的维生素E；鲜枣含有大量的维生素P。

茶叶也富含各种维生素。一般绿茶每100g含维生素100～250mg，高级龙井茶含量可达360mg以上；但红茶、乌龙茶因加工中经发酵氧化破坏，每100g茶叶只含几十毫克维生素。一般，100g茶叶中含维生素B_1 0.15～0.60mg，维生素B_2 1.3～1.7mg，维生素B_3 1.0～2.0mg，维生素B_5 5.0～7.5mg，维生素B_{11} 0.08mg，维生素H 0.05～0.08mg，肌醇1.0mg左右，维生素P类物质（茶多酚）10%～20%。典型的维生素P即芸香苷，100g茶叶中含有340mg左右。茶叶中脂溶性的维生素有维生素A、D、E、K等，每100g茶叶中含维生素A 7～20mg，维生素E 50～70mg，维生素K 30～50mg，维生素U 20～25mg。

2. 矿质营养 蔬菜和水果中含有各种矿质营养，是人体矿质营养的重要来源，尤其是钙、铁、磷营养较为丰富。钙和铁是人体易缺乏的难移动性矿质营养，儿童和老年人更易缺乏。儿童缺钙易患佝偻病，老人缺钙易患骨质松软症，缺铁则易引起贫血。含钙较多的蔬菜有结球甘蓝、白菜、芥菜、苋菜、芹菜、蕹菜、菠菜、叶恭菜等，果品有核桃、扁桃、榛子、阿月浑子、杏仁、橄榄、葡萄、枇杷、刺梨、香榧、柑橘类、山楂、无花果等；含铁较多的蔬菜有菠菜、芹菜、豌豆苗、金针菜、大豆、豆薯、白菜、荠菜等，果品有榛子、樱桃、杏仁、扁桃、香榧、核桃、刺梨、柠檬、山楂等；含磷较多的蔬菜有大豆、豌豆、菜豆、甜玉米、青花菜、芥菜、大蒜等，果品有榛子、扁桃、杏仁、核桃、香榧、银杏、石榴、椰子、板栗、橄榄、柚、草莓等。

一些稀有和微量元素对人体健康有重要的功能。例如，硒有防癌抗癌功效，锰与长寿有关，锌与儿童智力发育有关，碘对防止碘缺乏性疾病有重要作用。蔬菜中的大蒜、胡萝卜、洋葱、黄豆及果品中的蒲桃、杏仁、桂圆等富硒，海带、紫菜富碘，萝卜、大豆等富锰，大白菜、萝卜、扁豆等富锌。

茶叶中的大量元素主要有磷、钙、钾、钠、镁、硫等，微量元素主要有铁、锰、锌、硒、铜、氟和碘等。茶叶含锌量较高，每100g绿茶平均含锌7.3mg，高的可达25.2mg；红茶中平均含锌量为3.2mg。每100g干茶中铁的平均含量为12.3mg，红茶中含量为19.6mg。

3. 其他营养 蔬菜、水果和茶品中还含有可溶性蛋白质、氨基酸、碳水化合物等营养物质。有些蔬菜和果品的淀粉和糖含量高，如马铃薯、山药、芋、藕、魔芋、荸荠、西瓜、甜瓜、南瓜、香蕉、板栗、银杏、山楂、香榧、葡萄干、枣等；有些则蛋白质和脂肪含量高，如核桃、扁桃、杏仁、榛子、阿月浑子、香榧、椰子、豆类蔬菜。淀粉、糖、蛋白质等都是容易产生热能的食物，食用后可以为人体提供热能。

茶叶中的蛋白质含量占干物质量的20%～30%，但水溶性蛋白质仅占1%～2%；氨基酸含量占干物质量的1%～4%，氨基酸种类丰富，多达25种以上，其中的异亮氨酸、亮氨酸、赖氨酸、苯丙氨酸、苏氨酸、缬氨酸是人体必需的氨基酸，茶氨酸约占氨基酸总量的50%。

茶叶中的糖类有单糖、双糖和多糖，含量占干物质总量的20%～25%，其中可溶性糖占4%～5%。茶叶中的果胶等物质是糖的代谢产物，含量占干物质总量的4%左右，水溶性果胶是形成茶汤厚度和外形光泽度的主要成分之一。

（二）园艺产品对人体代谢的调节功能

1. 纤维素含量及其功能 蔬菜和水果是人体纤维素的重要来源。菌类（干）纤维素含量最高，其中松蘑中含量接近50%，发菜、香菇、银耳、木耳中含量均在30%以上。紫菜、笋干、辣椒的纤维素含量分别为20%、30%～40%和40%以上。纤维素含量较多的蔬菜还有蕨菜、花椰菜、菠菜、南瓜、白菜、油菜等，豆类和马铃薯纤维素含量分别为6%～15%和3%。

水果中纤维素含量最多的是红果干，接近50%；其次有桑葚干、樱桃、酸枣、黑枣、枣、石榴、苹果、鸭梨。坚果的纤维素含量为3%～14%，纤维素含量在10%以上的有松子、杏仁，10%以下的有核桃、榛子、胡桃等。

纤维素虽然不能被人体吸收，但具有良好的清理肠道的作用，因此成为营养学家推荐的六大营养素之一，是人体不可缺少的食物成分，与半纤维素和木质素一起被称为膳食纤维。纤维素被人体摄入后，能增加胃肠蠕动，使食物疏松，因而具有助消化、利便、排毒的作用，可降低直肠癌和结肠癌的发病率，并有减少胆固醇吸收、降血脂和维持血糖正常的作用。

联合国粮食及农业组织建议正常人群膳食纤维日摄入量应为27g，我国营养学会在2000年提出，成年人适宜日摄入量为30g，但目前实际日摄入量仅为8～12g。

2. 维持人体生理酸碱平衡 人类的食物可分为酸性食物和碱性食物，长期偏食酸性食物，可能形成酸性体质，酸性体质被认为是百病之源。酸性食物包括肉、鱼、禽、蛋类等动物产品及谷类、花生、榛子和核桃等，一般蛋白质、脂肪和糖类含量较高，并含较多的硫、磷、氯等矿物质，在人体内代谢过程中产生丙酮酸、乳酸、磷酸等酸性物质而呈酸性反应。碱性食物包括蔬菜、水果、茶等，含钾、钠、钙、镁等矿物质较多，有的虽也含有柠檬酸、苹果酸、琥珀酸等，但多与钾、钠、钙、镁等金属离子结合成有机酸盐，进入人体后，有机酸根可代谢为二氧化碳和水，金属离子则增加血液和胃液的碱性。因而，经常食用蔬菜、水果和饮茶，对中和酸性食物产生的酸性、维持人体内生理酸碱平衡有重要作用。

3. 增加食物的色、香、味 蔬菜和果品含有各种天然色素，如叶绿素、叶黄素、胡萝卜素、茄红素、辣椒红素、姜黄素、花青素等，可给食物添色加彩。蔬菜和水果中含有的柠檬酸、苹果酸、琥珀酸等有机酸和各种糖类，使其食味可口；有些蔬菜如辣椒、生姜、大葱、大蒜、洋葱等，含有特殊的辛辣味，有些蔬菜如茴香、芹菜、芫荽、芥菜、荆芥、薄荷、黄瓜等，含有特殊的芳香味，可使食物香味逸散。因此，由多种蔬菜和水果构成的餐桌食物，色、香、味俱佳，可提高食物品质，增进食欲。

（三）园艺产品的医疗保健功能

1. 蔬菜的医疗保健功能 许多蔬菜都有特殊的医疗保健功能，可作为保健食品食用，中国历有“医食同源、食药同源”之说。例如，大蒜有广谱的杀菌功能与强心、促进血循环和延年益寿的功效；大葱有杀菌、通乳、利便功效；韭菜有活血、健胃、提神、散瘀、解毒作用；黄瓜有清热、利尿、解毒、美容、减肥健美功效；番茄富含番茄红素，有抗乳癌、胃癌、消化道癌、前列腺癌等癌症的作用；莴笋气味苦、冷，有利五脏、通经脉、开胸膈、利气、强筋骨、清热、利尿、通乳等功效，可用于治疗小便赤热短少、尿血、乳汁不通等症；芹菜性甘凉，具有清热、利尿、降压、祛脂等功效，水煎饮服或捣汁外敷，可辅助治疗早期高血压、高脂血症、支气管炎、肺结核、咳嗽、头痛、失眠、经血过多、功能性子宫出血、小便不利、肺胃积热、小儿痧疹、痄腮等症；空心菜性微寒，味甘，有清热解毒、凉血止血、润燥滋阴、除湿通便等功效，适用于血热所致的咯血、吐血、便血、痔疮出血、尿血、热淋、小便不利、妇女湿热带下、野菌中毒轻者，以及疮肿、湿疹和毒蛇咬伤；甘蓝对风湿病、哮喘、溃疡、坏血病、痛风、结核病、眼和耳疾病、癌症等有疗效，还是血液的清洁剂和强壮剂；姜有助于治疗肠胃疾病、伤风感冒、风湿痛和恶心呕吐等疾病，并增强人体的免疫力；山药、魔芋有良好的滋补作用；生食萝卜对食管癌、胃癌、鼻咽癌、子宫颈癌等均有抑制作用。

2. 果品的医疗保健功能　梨果可清热化痰、滋阴润肺；桃子可活血补气、润燥；李子可止渴生津；山楂可消食解毒、提神醒脑；苹果可止泻开胃；柑橘可理气润燥湿、止咳化痰；荔枝可健脾养血；核桃仁可顺气补血、温肠补肾、止咳润肤；香蕉可润肠、降压；葡萄可降血脂；大枣可补脾胃；石榴可润燥收敛；苦杏仁可止咳化痰、润肠通便；柿可养胃止血、解酒毒、降血压；柿饼可清热健脾、止渴补血；猕猴桃因高维生素C含量和高超氧化物歧化酶（SOD）活性而有阻遏癌细胞形成的作用；无花果具有清热润肠、助消化、保肝解毒的功效。

3. 茶品的医疗保健功能　饮茶有益思、少卧、利尿、轻身、明目、止渴、消食、防病和治病的功能。茶叶中的化合物达500多种，其中有药理作用的主要成分为茶多酚，它能增强微血管壁弹性，调节血管的渗透性，降低血压，杀菌消炎；其次为咖啡碱，它是一种血管扩张剂，能促进发汗，具有强心、利尿和解毒的作用，还有增进神经系统的作用，能提神醒脑，消除肌肉疲劳；另外，还有茶色素、茶多糖、茶皂素、氨基丁酸、茶氨酸、咖啡碱等，具有抑制脂质过氧化、抗凝、促纤溶、抗血小板凝集、降血压、降血脂、防治动脉粥样硬化、保护心肌等作用。茶叶在医学上往往作为治疗痢疾、伤寒、霍乱、慢性肝炎、肾炎等疾病的辅助保健品。

现代医学研究表明，茶多酚能中和^{90}Sr等放射性物质，解除辐射的伤害，还具有抗癌和抗衰老的功能。

（四）园艺文化和园艺活动丰富人类生活的作用

花卉、林木、草坪，甚至果树和蔬菜等园艺植物，都有美化生活环境、增加地面覆盖、保持水土、优化环境的功能。作为绿色植物，它们可以消纳污浊空气、噪声、粉尘，补充大气氧气，为人类创造清新、洁净的空气和安静、舒适的生活环境。各种各样的观赏草木还可美化居室和庭院，为人类创造赏心悦目的生态环境。

园艺植物和园艺活动还蕴含着丰富的文化，尤其是花卉和茶。自古以来，文人墨客写花、写草、写木、写景，留下了不少美言绝句、花诗、花经，使人在赏花赏景中学习文化，在文化交流中了解园艺。茶景、茶诗、茶画、茶艺、茶道、茶俗，让人在赏茶、品茶中交流文化，在文化交流中习得茶的特征特性和茶艺茶道。

适当的家庭园艺活动，如播种育苗、移栽换盆、中耕、除草、栽植管理、灌水施肥、整形修剪、嫁接换苗，不仅可以活动筋骨，锻炼身体，还可以修身养性，陶冶情操，学习和积累园艺知识，丰富人们的精神文化生活。

园艺疗法（horticultural therapy），就是一种借由实际接触和运用园艺材料，维护美化植物或盆栽和庭园，接触自然环境而达到舒解压力与复健心灵的辅助性治疗方法，目前，在一般疗育和复健医学方面都有应用，如精神病院、教养机构、老人和儿童中心、勒戒中心、医疗院所或社区。美国越来越多的卫生医疗机构，从医院到老年护理院再到精神病院等，都在青睐园艺疗法。研究发现，园艺疗法能够减缓心跳速度，改善情绪，减轻疼痛，对患者康复具有很大的帮助。

园艺福祉（horticultural well-being），就是透过园艺活动，增加人们对生活的幸福、快乐感和促进健康。与园艺治疗的对象不同，园艺福祉的对象是所有人。

三、园艺学的学科地位及与其他学科的关系

（一）园艺学的学科地位

园艺学在我国高等学校专业目录中为一级学科，属于生命科学农业科学大类的种植业领域。园艺学一般下设果树学、蔬菜学、茶学和观赏园艺学等传统的二级学科，现在又增设了设施园艺科学与工程二级学科。目前我国高校本科专业一般按照一级学科设置，研究生培养专业一般按照二级学科设置。

（二）园艺学与其他学科的关系

园艺学与植物保护学、资源环境、生态学、植物学、植物生理学、微生物学、农业气象学、食品科学等有十分密切的关系，这些学科的技术直接为园艺技术提供服务和支撑。例如，植物保护学研究园艺作物病虫害等发生规律和防治技术，为园艺作物生产的有害生物控制提供理论和技术支撑；资源与环境科学研究园艺作物的土壤与营养管理技术，为园艺作物营养管理提供理论和技术支撑；生态学是园艺学的基础学科，研究园艺作物的生态系统及其管理，为园艺生产中生态环境管理提供理论和技术支撑；植物学、植物生理学、遗传学、微生物学、农业气象学等都是园艺学的基础学科，为研究园艺作物生物学、品种资源和育种、栽培管理等奠定基础；食品科学为园艺产品的采后提供技术支撑。此外，还有农业经营管理、经济学，其也与园艺作物商品化生产的经营管理有密切的关系。

四、中国园艺和世界园艺概况

（一）中国园艺和世界园艺简史

中国享有世界“园艺大国”和“园林之母”的美誉，不但有丰富的园艺植物资源，而且有悠久的园艺史，园艺比古印度、古埃及、古巴比伦及古罗马都早，比欧美诸国早600～800年。

考古学和人类学的许多研究表明，园艺是农业中较早兴起的产业。神农氏时期，在黄河流域就已开始引种驯化芸薹属植物白菜和芥菜等，并栽培桃、李、柑橘等果树；新石器时期（公元前5000年）就有芸薹属菜籽（西安半坡村遗址）和印有清晰花卉图案的陶瓦（浙江河姆渡遗址）；公元前5000～前3000年，已有种植蔬菜的石制农具。作为栽培植物重要的起源地之一，中国土生或史前栽培的植物就有237种，其中蔬菜46种、果树53种、观赏植物19种、药用植物42种、芳香植物19种。有关植物栽培驯化最早的记载是在殷虚中发掘的甲骨文，距今已有3600多年。《诗经》（公元前745年）中记载了近30种栽培植物的名称及类型，如园艺植物葫芦、韭菜、山药、枣、桃、橙、李、梅、菊、杜鹃、竹、芍药等。《管子·地员篇》（公元前500～前300年）最早提到相当于现代“品种”的概念，其后的《尔雅》《西京杂记》等古籍文献都有品种的记载。《吕氏春秋》（公元前239年）中有做畦、播种、施肥、浇水、收获等栽培技术的记载；春秋战国时期，已有大面积的梨、橘、枣、姜、韭菜种植园；汉代张骞出使西域，引入了葡萄、无花果、苹果、石榴、黄瓜、西瓜、芹菜等园艺植物，丰富了园艺植物资源；《汜胜之书》记述了西汉后期已有了种子处理、嫁接

和整枝技术；晋代戴凯之的《竹谱》是我国现存最早的一部竹类专著，概括介绍了竹的性质、形态、分类、分布、生育环境、开花生理及寿命，并详细记述了各种竹的名称、形态、生境、产地和用途。北魏时期（386～534年）已形成了一整套精细的栽培技术；贾思勰对植物命名已有研究，他在《齐民要术》（533～544年）中详细记载了当时的作物品种。唐代（6～9世纪）已有《本草拾遗》《单泉草木记》等理论著作问世，并利用温泉热水进行促成生产；陆羽的《茶经》则是中国乃至世界现存最早、最完整、最全面介绍茶的一部专著，是一部关于茶叶生产的历史、源流、现状、生产技术及饮茶技艺、茶道原理的综合性论著，不仅是一部精辟的农学著作，也是一本阐述茶文化的书，将普通茶事升格为一种美妙的文化艺能。宋、明、清时期（960～1644年）园艺学专著更多，如《荔枝谱》《橘颂》《菊名》《芍药谱》《菊谱》《群芳谱》《镌李谱》《救荒野草》和《花镜》等。例如，明代李时珍的《本草纲目》记载了1089种植物药材；《救荒野草》（1406年）记载有草本野菜414种，逐一绘图，并对每一种野菜的产地、形态、性味、可食部位和食用方法作了说明；清代陈淏子的园艺名著《花镜》分6卷分别介绍了花历新栽、课花十八法、花木类考、藤蔓类考、花草类考、附禽兽鳞虫考，有很高的学术价值。

中国园艺与世界园艺有广泛的交流。公元前87年前汉武帝时，张骞经著名的丝绸之路出使西域，给欧洲带去了中国的桃、梅、杏、茶、芥菜、萝卜、白菜、甜瓜和百合等，大大丰富了欧洲的园艺植物种质资源；也给中国带回了一批园艺植物种质资源。明清时期对外交往日渐增多，如郑和下西洋，不断有新的园艺植物由海路和陆路引入中国。果树中的甜橙15～16世纪从中国传入葡萄牙、西班牙，后传遍欧美等各大洲；宽皮橘12世纪从中国先传到日本，柚从中国传到地中海国家，后传遍世界各国。中国的名花牡丹，724～749年传到日本，1656年传到荷兰，1789年传到英国，1820年以后才传到美国。20世纪极负盛名的美国植物学家亨利・威尔逊（Wilson E. H.）从中国引进1000多种野生植物，主要是很有观赏价值的植物，包括至今闻名世界的珙桐和王百合。他在1929年发表专著*China*，*Mother of Gardens*中写道："中国的确是园林的母亲，因为所有其他国家的花园都深深受惠于她。从早春开花的连翘和玉兰，到夏季的牡丹、芍药、蔷薇和月季，直到秋季的菊花，都是中国贡献给这些花园的花卉珍宝；假若中国原产的花卉全部撤离去的话，我们的花园必将为之黯然失色。"英国爱丁堡皇家植物园拥有中国园林植物1527种及其变种，该园一直以有这么丰富的中国园林植物而骄傲。

中国现代园艺事业主要兴起于1949年新中国成立以后。20世纪70年代，塑料薄膜覆盖栽培兴起和发展，使北方地区早春和晚秋喜温蔬菜生产和供应得到改善；80年代，随着农村经济体制的改革，园艺产业迅猛发展，尤其是节能型塑料日光温室生产试验的成功，改变了北方地区冬季喜温蔬菜完全依赖南菜北运的历史，因而得到迅速推广发展。同时，苹果、梨、柑橘、香蕉等水果产业迅速发展壮大，花卉产业也随之兴起；90年代，随着农业结构的调整，园艺产业进一步发展，产业内部结构也更趋合理，设施蔬菜、设施花卉产业稳定增长，并趋向成熟，果树从种类和品种结构上趋向多元化，设施果树也得以发展，设施茶生产也取得成功。21世纪后，园艺设施类型不断更新，结构和性能不断优化，设施园艺生产中土壤耕作、施肥灌水、设施和栽培管理等不断引入现代设备和机械，园艺产业正在持续稳定发展。

（二）世界园艺的分布

世界园艺的分布和栽培植物的起源地与各国经济发展密切相关。一般来说，栽培植物的重要起源地、经济发达的国家和地区，栽培园艺植物种类都比较丰富，园艺产业都比较发达。中国是世界园艺植物重要的起源中心，也是世界园艺生产大国，园艺作物品种资源丰富，在国家种质资源库鉴定保存的蔬菜种质资源有3万多份，16个种质资源圃保存了19种果树种质近万份。中国从南到北跨越热带、亚热带、暖温带、中温带和寒带5个气候带，东部和南部地区降水量丰富，西北部干旱少雨，但光热资源丰富，加上各地土壤类型、地形、地貌多样，适合各种类型的园艺植物生长，目前已形成了比较合理的园艺产业区域化布局。

中国果树发展按照“上山下滩”“林果结合”的原则，在稳定规模的基础上调整布局与结构，向适生区发展。落叶果树生产进一步由东部沿海向西北黄土高原、西南高原等内陆地区推移，由平原向江河湖海滩涂地、高海拔山坡地发展；常绿果树主要分布在南方各地，但也随着北方设施果树发展而呈北移趋势。

中国蔬菜生产过去以南方四季生产、南菜北运，北方季节性生产、城郊生产为主。《全国蔬菜产业发展规划（2011—2020年）》综合考虑行政区划、各地区主要时节调出品种等因素，将全国蔬菜产区划分为华南区、长江区、西南区、西北区、东北区和黄淮海与环渤海区六大区，重点建设了580个蔬菜产业重点县（市、区）。目前这种规划布局已经形成，对提高全国蔬菜均衡供应能力开始发挥着重要作用。

花卉产业在过去十几年内实现了由数量扩张向质量效益型的转换，基本形成了以云南、北京、上海、广东、四川、河北为主的切花生产区域，以山东、江苏、浙江、四川、广东、福建、海南为主的苗木和观叶植物生产区域，以江苏、广东、浙江、福建、四川、湖北为主的盆景生产区域，以四川、云南、上海、辽宁、陕西、甘肃为主的种球（种苗）生产区域。一些我国传统特色的花卉，如洛阳和菏泽的牡丹、大理和金华的茶花、长春的君子兰、漳州的水仙、鄢陵的腊梅、天津的菊花等，都进一步巩固发展。

茶树原产于中国，最早出现于西南部的云贵高原、西双版纳地区。目前中国茶区分布东起东经122°的台湾省东部海岸，西至东经95°的西藏自治区易贡，南自北纬18°的海南岛榆林，北到北纬37°的山东省荣城县，东西跨经度27°，南北跨纬度19°，分为西南茶区、华南茶区、江南茶区和江北茶区四大茶区。世界茶区可分为东亚茶区、东南亚茶区、南亚茶区、西亚和欧洲茶区、东非茶区和南美茶区等6个主要区域。东亚茶区主产国有中国、日本，两国茶叶产量约占世界的39.6%；南亚茶区产茶国有印度、斯里兰卡和孟加拉，茶叶产量约占世界的32%；东南亚茶区产茶国有印度尼西亚、越南、缅甸、马来西亚等，茶叶产量占世界的7.4%；西亚和欧洲茶区产茶国有葡萄牙、格鲁吉亚、阿塞拜疆、土耳其、伊朗等，茶叶产量占世界的3.6%；东非茶区主要产茶国有肯尼亚、马拉维、刚果、毛里求斯等，茶叶产量占世界的13.7%；南美茶区产茶国有阿根廷、巴西、秘鲁等，茶叶产量约占世界的2.4%。

长期以来，中国一直是世界园艺生产大国，栽培面积和生产总量一直在世界园艺生产中占有举足轻重的地位，许多园艺产品生产都排在世界首位。例如，目前中国蔬菜栽培面积和产量分别占世界总面积和总产量的30%以上和40%以上；水果的栽培面积和产量分别约占世界总面积和总产量的18%和15%，其中苹果和梨的产量均居世界首位，分别占世界总产量的32%以上和45%以上；柑橘产量也仅排在巴西和美国之后居世界第三位。茶树的收获面积和产量分别约占世界总面积和总产量的41%和31%。

（三）中国园艺产业的优势和面临的问题与发展趋势

1. 中国园艺产业的优势 中国园艺发展具有鲜明的优势。例如，园艺业发展已有数千年历史，有从事园艺生产的经验与技能，有农业精耕细作的传统，并形成了一批园艺业重点发展地区和名特园艺产品；自然条件和地理气候多种多样，适合发展各类园艺作物；人口众多，适合发展劳动密集型园艺，产品出口优势比较明显；消费群体大，可以拉动内需；设施园艺发展突飞猛进，生产基础设施保障性日渐改善。

2. 中国园艺产业面临的问题　中国园艺也面临着许多问题和挑战。例如，生产条件还比较落后，生产形式还以小面积个体分散经营为主，技术标准化难度大，产量和产品质量参差不齐，产业化水平低；绝大多数生产设施比较简陋，抵御极端恶劣天气和灾害性气候的能力差，自然灾害较频繁；较世界发达国家园艺基础研究薄弱，应用技术系统性不强；园艺植物品种选育力量分散，支撑生产能力有待提升；劳动力成本快速增长，劳动者老龄化和科技素质偏低，并开始面临资源紧缺的制约；病虫害防治还主要依赖于化学药剂，产品质量安全问题容易发生；总产量优势突出，但产品国际市场占有率仍较低。

3. 中国园艺产业的发展趋势　根据存在的问题，中国园艺的主要发展趋势如下。

（1）由全面发展转向适生区发展的趋势。由于生产的比较效益高，中国园艺发展速度迅猛，但各地自发效仿，全面发展带来了许多问题。在适生区发展是生产高质量园艺产品和降低生产成本的重要手段。因此，研究各种园艺植物生长发育和产量及品质形成的适宜生态条件，进一步规划和调整布局，选择适地种植，不仅可以提高产品质量，同时可降低生产成本，实现更高的生产效益。

（2）由单一生产向多元化生产发展的趋势。人类社会总是由不同消费习惯和不同消费层次的人群构成，对园艺的需求也是多元化的。因此，园艺产品生产从总体上需要，也正在向种类和品种的多元化发展。例如，果树中的苹果、柑橘等大种类与杏、李、柿、桃、枣、樱桃等小杂果的协调发展；蔬菜中的大宗菜与精细稀特菜、果菜与根茎叶菜的协调发展；水果、蔬菜中鲜食与加工品种的协调发展；各种园艺植物露地栽培与设施栽培的协调发展等。

（3）由分散的个体经营向规模化和产业化经营发展的趋势。由于个体的、分散的经营方式难以适应大市场的产业环境，因而难以保证稳定的效益。目前，中国园艺生产正在向专业化和产业化的方向调整和发展。例如，通过“公司+农户”“专业协会+会员”“专业合作社+社员”等方式，把分散经营的农户组织起来，或通过合理的土地流转，由大户或公司经营，按照规范的、专业化的技术进行生产，公司与农户之间、协会与会员之间、合作社与社员之间，按生产合同或产品订单的方式建立联系，生产者专门从事生产，公司或组织者创品牌、开发市场、负责产品销售。这样，把小农户组织起来，就形成了规模化的大产业，才能应对千变万化的大市场，才能形成规模效益。大的产业链包括生产、采后处理和加工、产品销售等多个环节，产品在产业链中逐步升级，逐步增值。配套产业化生产的还有产业服务体系，共同构成高效和高度专业化的园艺产业体系。

（4）由劳动密集型向技术轻简化发展的趋势。随着劳动力资源出现短缺和劳动力成本的快速上升，对传统的手工作业和精耕细作技术提出了挑战，适应科技发展和劳动力资源紧缺问题，简化技术流程，简化人工技术操作，减轻劳动强度，尽量采用机械替代人力劳动已成为现代园艺技术发展的重要趋势。

（5）由常规和无公害产品向绿色和有机产品发展的趋势。随着人们生活水平的提高，健康越来越成为人们关注的焦点。从食物方面，人们越来越关注园艺产品质量安全问题。因此，控制产品污染也已逐步成为生产者的自觉行动。随着产品市场准入制的实施，规模化的无公害产品生产体系已经形成，无公害产品逐渐成为主流。绿色和有机产品已成为人们追求的目标和部分人的消费主流，消费引导着生产向绿色和有机园艺生产发展。

（6）向生态园艺和休闲园艺方向发展的趋势。在大城市附近，建立以供城镇居民利用节假日休闲消遣、观光旅游为主，兼顾高档产品生产的生态园艺（ecological horticulture）、观光园艺（traveling horticulture）、休闲园艺（leisure horticulture，recreational horticulture）、家庭园艺（household horticulture）、休闲农庄（leisure farm）等，也是现代园艺发展的分支。在中国，由于社会的发展，城镇化的趋势越来越明显，城镇人口的比例越来越大。在紧张繁忙的都市生活之余，更多的城市居民希望利用节假日外出休闲游玩。生态园艺和休闲园艺不但可以为旅游者提供一个清新舒适的大自然环境，而且可以提供亲自播种、管理、收获的机会，并且让旅游者在园艺生态餐厅品尝美食，在游玩中认识园艺植物，实践园艺产品的生产过程，获取园艺知识，修身养性，陶冶情操，使其玩得更开心，赏得更有趣。

小　结

园艺是园田作物生产的技能和艺术。园田作物主要包括果树、蔬菜、观赏植物、茶树等，园艺产业在国民经济中占有重要地位，是我国农业领域最活跃的经济增长点之一。园艺学是农业学科的一级学科，包含果树学、蔬菜学、茶学、观赏园艺学及设施园艺科学与工程等二级学科。园艺产品或食用，或饮用，或观赏，如蔬菜和水果营养丰富，茶是健康饮品，观赏植物可使人赏心悦目，因而园艺在人们日常生活中发挥着重要作用。中国是世界上的园艺大国，园艺历史悠久，被誉为“园艺之母”。中国园艺在世界上具有较强的竞争优势，也面临一些问题，目前呈现出向产区布局适生化、生产种类多元化、生产方式集约化、生产技术轻简化、产品绿色有机化等趋势发展。

思考题

1. 什么是园艺？园艺学包括哪些二级学科？
2. 为什么说园艺产业在国民经济中占有重要地位？
3. 蔬菜、水果和茶有哪些主要营养？对人体健康有哪些作用？
4. 观赏园艺在人类生活中有哪些意义？
5. 中国园艺产业具有哪些优势？存在哪些主要问题？目前的发展趋势是什么？
6. 什么是园艺疗法？

第二章

园艺植物的种类与分类

园艺植物资源丰富，种类繁多。据统计，目前全世界果树约有60科、2800种，较重要的约有300种，栽培较普遍的约有70种；蔬菜植物有50～60科、860多种，普遍栽培的有50多种；观赏植物种类更多，全球50万种植物中，有1/6具有观赏价值，栽培种也在3000种以上。形态各异、用途不同的各种园艺植物，无论是识别和研究，还是生产和消费，都需要对其进行归纳和分类。学习园艺概论，应了解和熟悉园艺植物的分类方法。

第一节 植物学分类

植物学分类（botanic classification）就是依据植物的形态特征，按照界（kingdom）、门（phylum）、纲（class）、目（order）、科（family）、属（genus）、种（species）的分类体系，确定植物的分类地位。植物分类体系反映了植物间的亲缘关系和由低级到高级的系统演化关系。种是植物学分类的基本单位，是具有一定自然分布区和一定生理、形态特征的生物类群。同种的不同个体具有相同的遗传性，彼此间杂交可产生正常的后代。种与种之间有明显的界线，除形态特征的差别外，还有“生殖隔离”现象，即异种之间不能杂交产生后代，即使产生后代也不具有正常的生殖能力，这保证了物种的稳定性。种之下还可以分为亚种和变种。

全世界有植物50多万种，其中高等植物30万种以上，归属300多个科，其中大多数科中有园艺植物。本节介绍一些较重要的果树、蔬菜、观赏植物和茶树的植物学分类。

按照植物学分类，园艺植物都属于植物界，有真菌门、地衣植物门、种子植物门。每种植物都有一个拉丁学名，由属名、种加词和命名人3部分构成，有的还要加上亚种或变种名。

一、孢子植物

（一）真菌门

1. **木耳科**（Auriculariaceae） 约21属，其中木耳属的多数种可作蔬菜食用，常见的如黑木耳。

2. **银耳科**（Tremellaceae） 有银耳属蔬菜银耳。

3. **蘑菇科**（Agaricaceae） 约28属，大多数种可作蔬菜食用，如蘑菇、双孢蘑菇、大肥菇。

4. **口蘑科**（Tricholomataceae） 约90属1800多种。菌类蔬菜有口蘑、松口蘑（松茸）、雷蘑、香菇（冬菇）、平菇（侧耳）、金针菇、风尾菇、灵芝、牛肝菌、鸡枞菌等。

5. **光柄菇科**（Plutecaceae） 有3属，其中光柄菇属约300种，小包脚菇属种类也较多，有菌类蔬菜草菇。

6. **粪锈伞科**（Bolbitiaceae） 有田蘑属菌类蔬菜茶树菇等。

7. **猴头菇科**（Hericiaceae） 有菌类蔬菜猴头菌。

8. **红菇科**（Russulaceae） 有红菇属和乳菇属，菌类蔬菜有松乳菇、大红菇等。

9. **侧耳科**（Pleurotaceae） 约6属94种。菌类蔬菜有白灵菇、杏鲍菇、亚侧耳等。

10. **鬼伞科**（Coprinaceae） 有菌类蔬菜鸡腿蘑。

11. **鬼笔科**（Phallaceae） 约21属77种。有竹荪属菌类蔬菜竹荪。

（二）苔藓植物门

目前多数学者认为苔藓植物门分为苔纲（Hepaticae）、角苔纲（Anthocerotae）和藓纲（Musci）3纲。苔纲有5目约49科9000种；角苔纲仅角苔目，有角苔科和短角苔科2科约300种；藓纲有泥炭藓亚纲、黑藓亚纲、真藓亚纲9000～14 000种。作园艺利用的有葫芦藓科（Funariaceae）的葫芦藓，地钱科（Marchantiaceae）的地钱，泥炭藓科（Sphagnaceae）的泥炭藓等。

（三）藻类植物

藻类植物一般分为绿藻门、裸藻门、轮藻门、金藻门、黄藻门、硅藻门、甲藻门、蓝藻门、褐藻门和红藻门，约2100属27 000种。藻类蔬菜有红藻门红毛菜科（Bangiaceae）的紫菜，石花菜科（Gelidiaceae）的石花菜，褐藻门海带科（Laminariaceae）的海带，蓝藻门念珠藻科（Nostocaceae）的地软。

（四）地衣植物门

约500属25 000余种。松萝科（Usneaceae）的松萝、石蕊科石蕊属（*Cladonia*）的石蕊可作药用和茶用，石耳科的石耳、梅衣科岛衣属（*Cetraria*）的冰岛衣可作蔬菜。

（五）蕨类植物门

1. **卷柏科**（Selaginellaceae） 仅卷柏属，约73种，如观赏植物卷柏、翠云草等。

2. **莲座蕨科**（Angiopteridaceae） 有观音座莲属、原始观音座莲属等3属，观音座莲属中国约有50种，观音莲座蕨为观赏植物，食用莲座蕨的根茎也可食用。

3. **蚌壳蕨科**（Dicksoniaceae） 仅有金毛狗属，有观赏植物金毛狗蕨等。

4. **桫椤科**（Cyatheaceae） 有桫椤属和白桫椤属，约500种，如观赏植物桫椤、白桫椤等。

5. **铁线蕨科**（Adiantaceae） 约60属850种。有观赏植物铁线蕨、尾状铁线蕨、楔状铁线蕨、团叶铁线蕨等。

6. **铁角蕨科**（Aspleniaceae） 约10属700余种。有观赏植物铁角蕨、巢蕨等。

7. **肾蕨科**（Nephrolepidaceae） 有3属，我国有肾蕨属、爬树蕨属2属。有观赏植物肾蕨、长叶肾蕨、长叶蜈蚣草等。

8. **槲蕨科**（Drynariaceae） 共8属32种。有观赏植物崖姜蕨等。

9. **鹿角蕨科**（Platyceriaceae） 为单型科，有观赏植物蝙蝠蕨、三角鹿角蕨等。

10. **凤尾蕨科**（Pteridaceae） 共13属约300种，凤尾蕨属的蕨菜可作蔬菜用。

二、种子植物

（一）裸子植物门

1. **苏铁科**（Cycadaceae） 共10属约110种。有观赏植物苏铁等。

2. **银杏科**（Ginkgoaceae） 单属单种，为观赏兼果树植物银杏。

3. **松科**（Pinaceae） 共10属230种。有观赏植物雪松、油松、华山松、冷杉、铁杉、云杉等。

4. **杉科**（Taxodiaceae） 共10属约15种。有观赏植物水杉、柳杉等。

5. **柏科**（Cupressaceae） 共22属约150种。有观赏植物侧柏、桧柏、刺柏等。

6. **红豆杉科**（Taxaceae） 共5属约23种。有观赏植物紫杉、红豆杉等；果树植物香榧等。

（二）被子植物门

双子叶植物纲

1. **杨柳科**（Salicaceae） 共3属540多种。有钻天柳属、杨属和柳属，有观赏植物旱柳、垂柳、杨树等。

2. **杨梅科**（Myricaceae） 共3属50余种。有果树植物杨梅、矮杨梅、细叶杨梅等。

3. **核桃科**（Juglandaceae） 共9属72种。有果树植物核桃、核桃楸、铁核桃、山核桃、长山核桃、野核桃等；观赏植物枫杨等。

4. **桦木科**（Betulaceae） 共6属200多种。有果树植物榛子、欧洲榛、华榛等；观赏植物白桦等。

5. **壳斗科**（Fagaceae） 共6～11属约900种。有果树植物板栗、茅栗、锥栗、日本栗等。

6. **桑科**（Moraceae） 约53属1400种。有果树植物无花果、木菠萝（菠萝蜜）、面包果、果桑等；观赏植物橡皮树、菩提树、柘树等。

7. **山龙眼科**（Proteaceae） 共60属约1050种。有果树植物澳洲坚果、粗壳澳洲坚果等。

8. **蓼科**（Polygonaceae） 共40属800种。有蔬菜植物酸模、食用大黄、荞麦（芽菜用）等；观赏植物红蓼、珊瑚藤等。

9. **藜科**（Chenopodiaceae） 共100余属1400余种。有蔬菜植物菠菜、地肤（扫帚菜）、叶菾菜、根菾菜、碱蓬等；观赏植物地肤、红头菜等。

10. **苋科**（Amaranthaceae） 约65属850余种。有观赏植物鸡冠花、青葙、千日红、锦绣苋、三色苋等；蔬菜植物苋菜、千穗谷等。

11. **番杏科**（Aizoaceae） 约120属2000余种。有观赏植物生石花、佛手掌、松叶冰花等；蔬菜植物番杏等。

12. **石竹科**（Caryophyllaceae） 共86属约2200种。有观赏植物香石竹（康乃馨）、高雪轮、大蔓樱草、五彩石竹、霞草等。

13. **睡莲科**（Nymphaeaceae） 共9属约70种。有观赏植物荷花、睡莲、王莲、萍蓬莲、芡等；蔬菜植物莲藕、莼菜、芡实等。

14. **毛茛科**（Ranunculaceae） 约59属2000种。有观赏植物牡丹、芍药、飞燕草、白头翁、铁线莲、转子莲、唐松草、花毛茛等。

15. **木通科**（Lardizabalaceae） 约7属40多种。有果树植物木通、三叶木通等。

16. **小檗科**（Berberidaceae） 约17属650种。有观赏植物小檗、十大功劳、南天竹等。

17. **木兰科**（Magnoliaceae） 约18属335种。有观赏植物玉兰（白玉兰）、木兰（紫玉兰）、天女花、含笑花、黄玉兰、鹅掌楸等。

18. **蜡梅科**（Calycanthaceae） 约2属7种。有观赏植物蜡梅等。

19. **番荔枝科**（Annonaceae） 共120余属2100种。有果树植物番荔枝、毛叶番荔枝、异叶番荔枝、刺番荔枝等。

20. **樟科**（Lauraceae） 共45属2000～2500种。有果树植物油梨等；观赏植物樟树、楠木、月桂等。

21. **罂粟科**（Papaveraceae） 共40多属600多种。有观赏植物虞美人、花菱草等。

22. **十字花科**（Cruciferae） 约375属3200种。有蔬菜植物萝卜、大白菜、结球甘蓝、花椰菜、青花菜、球茎甘蓝、抱子甘蓝、芥菜（雪里蕻、榨菜、大头菜）、芜菁、油菜、瓢儿菜、荠菜、辣根等；观赏植物紫罗兰、羽衣甘蓝、香雪球、桂竹香、二月兰等。

23. **景天科**（Crassulaceae） 约34属1500多种。有观赏植物燕子掌、燕子海棠、伽蓝菜、落地生根、瓦松、垂盆草、红景天、景天、树莲花、荷花掌、翠花掌、青锁龙、玉米石、松鼠尾等。

24. **虎耳草科**（Saxifragaceae） 约80属1200余种。有观赏植物山梅花、太平花、虎耳草、溲疏、八仙花、岩白茶等；果树植物穗醋栗（茶镳子）、醋栗等。

25. **金缕梅科**（Hamamelidaceae） 共27属140种。有观赏植物枫香、金缕梅、蜡瓣花等。

26. **蔷薇科**（Rosaceae） 约124属3300余种。有果树植物苹果、梨、李、桃、扁桃、杏、山楂、樱桃、草莓、枇杷、木瓜、榅桲、沙果、树莓、悬钩子等；观赏植物月季、西府海棠、贴梗海棠、垂丝海棠、日本樱花、梅、玫瑰、珍珠梅、榆叶梅、棣棠花、木香花、多花蔷薇、碧桃、紫叶李、李叶绣线菊等。

27. **豆科**（Leguminosae） 约650属18 000种。有蔬菜植物菜豆、豇豆、大豆、刀豆、蚕豆、豌豆、苜蓿菜等；观赏植物合欢、紫荆、香豌豆、含羞草、龙芽花、白三叶、国槐、龙爪槐、凤凰木、紫藤等；果树植物角豆树、酸豆（罗望子）等。

28. **酢浆草科**（Oxalidaceae） 共7属1000种。有果树植物杨桃、多叶酸杨桃等。

29. **芸香科**（Rutaceae） 约150属1700种。有果树植物柑、橘、橙、柚、葡萄柚、柠檬、金弹、黎檬、黄皮等；观赏植物金枣、金柑、香橼、枳、佛手等。

30. **橄榄科**（Burseraceae） 共16属500种。有果树植物橄榄、方榄、乌榄等。

31. **楝科**（Meliaceae） 约50属1400种。有果树植物兰撒、仙陀果等；蔬菜植物香椿等。

32. **大戟科**（Euphorbiaceae） 约300属8000多种。有观赏植物一品红、变叶木、龙凤木、重阳木等；果树植物余甘等。

33. **漆树科**（Anacardiaceae） 约60属600余种。有果树植物杧果、腰果、阿月浑子、仁面、南酸枣、金酸枣、红酸枣等；观赏植物火炬树、黄栌、黄连木等。

34. **无患子科**（Sapindaceae） 约150属2000余种。有果树植物荔枝、龙眼、赤才（山荔枝）、韶子等；观赏植物文冠果、风船葛、栾树等。

35. **鼠李科**（Rhamnaceae） 约58属900种。有果树植物枣、酸枣、毛叶枣、拐枣等。

36. **葡萄科**（Vitaceae） 共16属约770种。有果树植物美洲葡萄、欧洲葡萄、山葡萄等；观赏植物爬山虎（地锦）、青龙藤等。

37. **杜英科**（Elaeocarpaceae） 共12属约400种。有果树植物狭叶杜英（冬桃）、锡兰橄榄等。

38. **锦葵科**（Malvaceae） 约75属1000～1500种。有观赏植物锦葵、蜀葵、木槿、朱槿（扶桑）、木芙蓉、吊灯花等；蔬菜植物黄秋葵、冬寒菜等；果树植物玫瑰茄等。

39. **木棉科**（Bombacaceae） 有20属180种。有果树植物榴莲、猴面包、马拉巴栗等；观赏植物木棉等。

40. **猕猴桃科**（Actinidiaceae） 共4属370余种。有果树植物中华猕猴桃、美味猕猴桃、毛花猕猴桃、花蕊猕猴桃等。

41. **山茶科**（Theaceae） 约30属750种。有观赏植物木荷、山茶、茶梅和茶树。

42. **藤黄科**（Guttiferae） 约40属1000种。有观赏植物金丝桃、金丝梅等；果树植物山竹子等。

43. **堇菜科**（Violaceae） 约22属900种。有观赏植物三色堇、香堇等。

44. **西番莲科**（Passifloraceae） 共16属500 余种。有果树植物西番莲、大果西番莲等。

45. **番木瓜科**（Caricaceae） 共6属35种。有果树植物番木瓜等。

46. **秋海棠科**（Begoniaceae） 共5属920种。有观赏植物四季秋海棠、球根秋海棠等。

47. **仙人掌科**（Cactaceae） 共140属2000余种。有观赏植物仙人掌、仙人球、仙人指、珊瑚树、仙人镜、蟹爪兰、昙花、令箭荷花、三棱箭、鹿角柱、仙人鞭、山影拳（仙人山）、玉翁、八卦掌等；蔬菜植物食用仙人掌等；水果火龙果等。

48. **胡颓子科**（Elaeagnaceae） 共3属80余种。有果树植物沙棘、沙枣、胡颓子等。

49. **千屈菜科**（Lythraceae） 约25属550种。有观赏植物千屈菜、紫薇等。

50. **石榴科**（Punicaceae） 共1属2种。有果树兼观赏植物石榴等。

51. **玉蕊科**（Lecythidaceae） 约20属380种。有果树植物巴西坚果等。

52. **菱科**（Trapaceae） 共1属约30种。有蔬菜植物乌菱、二角菱、四角菱、无角菱等。

53. **桃金娘科**（Myrtaceae） 共100属约3000种。有果树植物番石榴、蒲桃、莲雾、桃金娘、费约果、红果子、树葡萄等。

54. **柳叶菜科**（Onagraceae） 共19属650余种。有观赏植物送春花、月见草、倒挂金钟等。

55. **伞形科**（Umbelliferae） 约275属2850种。有蔬菜植物胡萝卜、茴香、芹菜、芫荽、莳萝等；观赏植物刺芹等。

56. **山茱萸科**（Cornaceae） 共12属100种。有果树植物四照花、毛梾木等。

57. **杜鹃花科**（Ericaceae） 共50属约1300种。有观赏植物杜鹃、吊钟花等；果树植物越橘、蔓越橘、笃斯越橘、乌饭树等。

58. **报春花科**（Primulaceae） 约22属800种。有观赏植物仙客来、胭脂花、藏报春、四季报春、报春花、多花报春、樱草等。

59. **山榄科**（Sapotaceae） 共35～75属800种。有果树兼观赏植物人心果、神秘果、星果、蛋果等。

60. **柿树科**（Ebenaceae） 约5属300多种。有果树兼观赏植物柿、油柿、君迁子等。

61. **木犀科**（Oleaceae） 共26属600余种。有观赏植物连翘、丁香、桂花、茉莉、素方花、探春、迎春花、女贞、金钟花、小蜡、水蜡树、雪柳、白蜡、流苏树等；果树植物油橄榄等。

62. **夹竹桃科**（Apocynaceae） 共250属2000余种。有观赏植物夹竹桃、络石、黄蝉、鸡蛋花、盆架树等；果树植物假虎刺等。

63. **旋花科**（Convolvulaceae） 约60属1650种。有观赏植物茑萝、大花牵牛、缠枝牡丹、月光花、田旋花等；蔬菜植物蕹菜（空心菜）、甘薯等。

64. **马鞭草科**（Verbenaceae） 共90余属2000余种。有观赏植物美女樱、宝塔花等。

65. **唇形科**（Labiatae） 约220属3500余种。有观赏植物一串红、朱唇、彩叶草、洋薄荷、留兰香、一串蓝、罗勒、岩青蓝、百里香、随意草等；蔬菜植物紫苏、银苗、草石蚕、菜用鼠尾草等。

66. **茄科**（Solanaceae） 约30属3000种。有蔬菜植物番茄、辣椒、茄、马铃薯等；观赏植物碧冬茄、夜丁香、朝天椒、珊瑚樱、珊瑚豆、蛾蝶花等；果树植物灯笼果、树番茄等。

67. **玄参科**（Sorophulariaceae） 约200属3000余种。有观赏植物金鱼草、蒲包花、猴面花、毛地黄等。

68. **紫葳科**（Bignoniaceae） 共110属约650种。有观赏植物炮仗花、凌霄、蓝花楹、楸树等。

69. **忍冬科**（Caprifoliaceae） 共13属约500种。有观赏植物猬实、糯米条、金银花、香探春、木本绣球、天目琼花等。

70. **葫芦科**（Cucurbitaceae） 共118属845种。有蔬菜植物黄瓜、南瓜、西葫芦、冬瓜、苦瓜、丝瓜、佛手瓜、蛇瓜、笋瓜、西瓜、甜瓜等；观赏植物栝蒌、葫芦、金瓜等；果树植物油楂果等。

71. **菊科**（Compositae） 共1300余属20 000～25 000种。有观赏植物菊花、万寿菊、雏菊、翠菊、瓜叶菊、矢车菊、波斯菊、金盏菊、麦秆菊、花环菊、母菊、大丽花、百日草、熊耳草、狗娃花、向日葵、孔雀草等；蔬菜植物茼蒿、莴苣（莴笋）、菊芋（洋姜）、牛蒡、朝鲜蓟、苣荬菜、婆罗门参、甜菊、茵陈蒿、菊花脑等。

单子叶植物纲

1. **泽泻科**（Alismataceae） 共11属约100种。有蔬菜植物慈姑和观赏植物泽泻等。

2. **禾本科**（Gramineae） 共620多属10 000多种。有观赏植物观赏竹类、早熟禾、梯牧草、狗尾草、羊茅、紫羊茅、结缕草、黑麦草、燕麦草、野牛草、芦苇、红顶草、匍匐剪股颖、绒毛剪股颖、假俭草、地毯草、冰草等；蔬菜植物茭白、竹笋、甜玉米等。

3. **莎草科**（Cyperaceae） 共670属4000种。有观赏植物胡子草、黑穗草、扁穗莎草、伞莎草、大伞莎草等；蔬菜植物荸荠等。

4. **棕榈科**（Palmaceae） 共202属2800余种。有观赏植物棕竹、蒲葵、棕榈、凤尾棕、散尾葵、鱼尾葵、王棕等；果树植物椰子、枣椰、蛇皮果、糖椰棕等。

5. **天南星科**（Araceae） 共115属2000余种。有观赏植物菖蒲、花烛、龟背竹、马蹄莲、天南星、独角莲、广东万年青等；蔬菜植物芋（芋头）、魔芋等。

6. **凤梨科**（Bromeliaceae） 共44～46属2000余种。有果树植物凤梨（菠萝）等；观赏植物水塔花、羞凤梨等。

7. **鸭跖草科**（Commelinaceae） 共40属652种。有观赏植物吊竹梅、白花紫露草等。

8. **雨久花科**（Pontederiaceae） 约9属39种。有观赏植物雨久花、凤眼莲、鸭舌草等。

9. **百合科**（Liliaceae） 约230属4000多种。有蔬菜植物石刁柏、金针菜（黄花菜）、韭菜、洋葱、葱、大蒜、南欧蒜、薤、百合等；观赏植物文竹、萱草、玉簪、风信子、郁金香、万年青、朱蕉、百合、虎尾兰、丝兰、铃兰、吉祥草、吊兰、芦荟、火炬花、一叶兰、百子莲、凤尾兰等。

10. **石蒜科**（Amaryllidaceae） 约90属1300多种。有观赏植物君子兰、晚香玉、水仙、朱顶红、韭菜莲、石蒜、雪钟花、蜘蛛兰等。

11. **薯蓣科**（Dioscoreaceae） 约9属650 种。有蔬菜植物山药、大薯等。

12. **鸢尾科**（Iridaceae） 约60属800种。有观赏植物小苍兰（香雪兰）、射干、唐菖蒲、鸢尾、蝴蝶花、番红花、观音兰等。

13. **芭蕉科**（Musaceae） 共3属60余种。有果树植物香蕉、芭蕉等；观赏植物鹤望兰等。

14. **兰科**（Orchidaceae） 共750多属20 000多种。有观赏植物蕙兰、春兰、白芨、建兰、石斛、杓兰、虎头兰、牛齿兰、蝴蝶兰、卡特兰、墨兰、兜兰等。

第二节　栽培学分类

以生物学特性和栽培技术两方面的相似性为依据，对园艺植物进行分类的方法称为栽培学分类，又称农业生物学分类。这种分类方法对园艺植物栽培和研究有重要的指导意义，目前主要用于果树和蔬菜植物的分类。

一、果树植物的栽培学分类

（一）落叶果树

落叶果树（deciduous fruit tree）的叶片在冬季前全部脱落，翌春重新萌芽和抽枝长叶。这类果树的年周期具有明显的生长期和休眠期，在中国多分布于北方。

1. **仁果类果树**（pome fruit tree） 其果实是由花托和子房膨大形成的假果，果心有多粒种子（仁），食用部分为肉质的花托，如苹果、沙果、梨、山楂、木瓜等。

2. **核果类果树**（stone fruit tree） 其果实是由子房发育形成的真果，外果皮薄、中果皮肉质，是食用部分，内果皮木质化，成为坚硬的核，如桃、杏、李、樱桃、梅、枣等。

3. **坚果类果树**（nut tree） 其果实是由子房发育形成的真果，果实或种子外部有坚硬的外壳，可食部分为种子的子叶或胚乳，如板栗、核桃、榛子、阿月浑子、扁桃、银杏等。

4. **浆果类果树**（berry tree） 其果实柔软多汁，并含有多数小型种子，如草本的草莓；藤本（蔓生）的葡萄、猕猴桃；灌木的树莓、醋栗、穗醋栗、无花果和石榴；乔木的果桑和柿等。

（二）常绿果树

常绿果树（evergreen fruit tree）的叶片一年四季常绿，春季新叶长出后老叶逐渐脱落，一年中无明显的休眠期，在中国多分布于南方。

1. **柑果类果树**（hesperidium fruit tree） 其果实由子房发育而成，外果皮含有色素和很多油胞，中果皮白色呈海绵状，内果皮形成囊瓣，内含多数柔软多汁的纺锤状小砂囊，是食用部分，如柑、橘、橙、柚、葡萄柚、柠檬、黎檬、金柑、黄皮等。

2. **浆果类果树** 其果实多汁液，如杨桃、蒲桃、连雾、番木瓜、番石榴、人心果、费约果等。

3. **荔枝类果树**（lychee tree）　其果实外有果壳，食用部分为白色的假种皮，如荔枝、龙眼、韶子等。

4. **核果类果树**　包括橄榄、油橄榄、杧果、仁面、杨梅、余甘、油梨、枣椰等。

5. **坚果类果树**　包括腰果、椰子、槟榔、香榧、巴西坚果、澳洲坚果、山竹子（莽吉柿）、榴莲等。

6. **荚果类果树**（legume fruit tree）　包括苹婆、酸豆、角豆树、四棱豆等。

7. **聚复果类果树**（aggregate fruit tree）　其果实是由多果聚合或心皮合成的复果，如木菠萝、面包果、番荔枝、刺番荔枝等。

8. **草本类果树**（herbaceous fruit tree）　具有草质的茎，多年生，如香蕉、菠萝等。

9. **藤本（蔓生）类果树**（liana fruit tree）　枝干为藤或蔓，不能直立，依靠缠绕或攀缘在支持物上生长，如西番莲、南胡颓子等。

二、蔬菜植物的栽培学分类

（一）肉质直根类

肉质直根类（taproot vegetable）是指以肥大的肉质直根为食用器官的一类蔬菜，包括萝卜、胡萝卜、根用芥菜、芜菁、芜菁甘蓝、根恭菜、美洲防风等。均用种子繁殖，多为二年生植物，第一年形成产品器官，第二年开花结实，生长期要求冷凉的气候和轻松而深厚的土壤。

（二）结球芸薹类

结球芸薹类（heading cole vegetable）是指十字花科芸薹属中以叶球、花球、球茎等为食用器官的一类蔬菜，包括大白菜、结球甘蓝、球茎甘蓝、紫甘蓝、抱子甘蓝、花椰菜、青花菜、结球芥菜、榨菜等。用种子繁殖，多为二年生植物，第一年形成产品器官，第二年抽薹开花。生长期需要湿润的季节及冷凉的气候。

（三）绿叶嫩茎类

绿叶嫩茎类（green vegetable）是指以幼嫩绿色的叶片、叶柄及嫩茎为食用部分的一类速生蔬菜，如菠菜、叶恭菜、芹菜、不结球白菜、菜薹、莴苣、茼蒿、苋菜、蕹菜、落葵、冬寒菜、芫荽、茴香等。其生长迅速，生长期要求土壤水分及氮肥的不断供应。

（四）茄果类

茄果类（solanaceous vegetable）是指茄科主要以浆果为产品器官的一类蔬菜，包括番茄、茄、辣椒等。为一年生植物，要求肥沃的土壤及较高的温度，不耐寒冷。

（五）瓜类

瓜类（cucurbita vegetable）是指葫芦科主要以瓠果为产品器官的一类蔬菜，包括黄瓜、南瓜、西葫芦、冬瓜、丝瓜、笋瓜、苦瓜、瓠瓜、西瓜、甜瓜、蛇瓜、佛手瓜等。茎蔓性，雌雄异花同株，要求较高的温度和充足的阳光。

（六）豆类

豆类（legume vegetable）是指豆科主要以荚果或嫩种子为产品器官的一类蔬菜，包括菜豆、豇豆、豌豆、蚕豆、扁豆、刀豆、菜用大豆等。有的为一年生，有的为二年生。

（七）葱蒜类

葱蒜类（allium vegetable）是指百合科葱属主要以叶片、叶鞘、鳞芽或鳞片为产品器官的一类蔬菜，包括洋葱、大葱、大蒜、韭菜、细香葱等，具有辛辣味，二年生，性耐寒，用种子繁殖或营养繁殖。

（八）薯芋类

薯芋类（tuber vegetable）是指以富含淀粉的块茎、块根为食用器官的一类蔬菜，如马铃薯、山药、芋、姜、甘薯、豆薯、草石蚕、银条菜等。耐贮藏，行营养繁殖，喜温不耐寒，生长期较长。

（九）水生类

水生类（aquatic vegetable）是指通常栽培于池塘或沼泽地，在浅水中生长的一类蔬菜，如藕、茭白、慈姑、荸荠、菱、芡实等。除菱和芡实外，均用营养繁殖。生长期要求热的气候及肥沃的土壤。

（十）多年生类

多年生类（perennial vegetable）是指一次播种或繁殖后，可以连续多年生长和采收产品器官的一类蔬菜，如竹笋、金针菜、石刁柏、食用大黄、百合、香椿、草莓等。除竹笋外，其他种类的地上部每年枯死，以地下根或茎越冬。

（十一）食用低等植物类

食用低等植物类（edible lower plant）包括食用菌类（edible fungi）、食用藻类（edible algae）、食用地衣类（edible lichenes）等。食用菌类是指子实体硕大、可供食用的蕈菌（大型真菌），包括蘑菇、香菇、平菇、草菇、木耳、银耳、猴头等；食用藻类是指以光合作用产生能量的一类简单的可食用植物，包括海带、紫菜、裙带菜、发菜、地耳（地软）、石莼、浒苔等；食用地衣类是指真菌和藻类共生的一类特殊的、可食用的复合原植物体植物，如石耳。食用低等植物类用孢子或菌丝进行无性繁殖，通常在弱光或黑暗、湿润或水环境下生长或栽培。

（十二）芽苗菜类

芽苗菜（sprouting vegetable）是指以农作物种子或营养贮藏器官为主要营养供体，在弱光湿润环境下发芽或生长培养形成的鲜嫩幼茎叶蔬菜，如黄豆芽、绿豆芽、豌豆芽苗、荞麦芽苗、苜蓿芽苗、萝卜芽、香椿芽苗、荞麦芽苗、软化菊苣等。

（十三）其他蔬菜类

其他蔬菜类（other vegetable）是指在上述12类蔬菜中未包括的所有蔬菜，但它们的生物学特性和栽培技术不一定相似。这类蔬菜常包括甜玉米、玉米笋、黄秋葵，以及一些从野生或自然生长的植物上采摘的蔬菜，如蕨菜、茵陈、槐花等。

三、观赏植物的栽培学分类

观赏植物的栽培学分类体系尚未形成，实际应用也不多。但是，按照栽培学分类原则，观赏植物可以分为切花类，如香石竹、菊花、月季花、唐菖蒲等；盆花类，如菊花、一品红、非洲紫罗兰等；地栽类，如雏菊、三色堇、石竹等。

第三节　生态学分类

由于对某一特定的综合环境条件的长期适应，不同植物在形状、大小、分枝等方面都表现了相似的特征。把这些具有相似外貌特征的不同种植物，称为一个生活型。根据园艺植物的生活型与生态习性进行的分类称为生态学分类。这种分类方法在观赏园艺植物上应用最广泛，在果树和蔬菜植物上也有应用。

一、果树的生态学分类

根据果树的生态适应性可分为寒带果树、温带果树、亚热带果树和热带果树4类。

（一）寒带果树

寒带果树（cold-area fruit tree）能耐−40℃以下的低温，一般在高寒地区栽培，如山葡萄、秋子梨、榛子、醋栗、穗醋栗、树莓、越橘等。

（二）温带果树

温带果树（temperate-zone fruit tree）多是落叶果树，休眠期需要一定的低温条件，适宜在温带栽培，如苹果、沙果、梨、桃、杏、李、枣、核桃、柿、樱桃、板栗、山楂、葡萄、木瓜等。

（三）亚热带果树

亚热带果树（subtropical fruit tree）通常在冬季需要短时间的冷凉气候（10℃左右），又可分为以下两类。

1．**常绿性亚热带果树**　如柑橘类、枇杷、荔枝、龙眼、杨梅、橄榄、油橄榄、苹婆、杨桃、西番莲、黄皮、油梨、连雾、佛手等。

2．**落叶性亚热带果树**　如无花果、猕猴桃、扁桃和石榴等。另外，砂梨、中国樱桃、欧洲葡萄、核桃及桃、柿、枣、板栗等树种南方品种群的品种也可在亚热带地区栽培。

（四）热带果树

热带果树（tropical fruit tree）较耐高温高湿，是适宜热带地区栽培的常绿果树。一般热带果树还能在温暖的南亚热带栽培，而柑橘、荔枝、龙眼、橄榄等亚热带果树也可在热带地区栽培。

1. **一般热带果树** 如香蕉、菠萝、木菠萝、杧果、番木瓜、人心果、番石榴、椰子、番荔枝、枣椰等。

2. **纯热带果树** 如榴莲、山竹子、面包果、腰果、可可、槟榔、巴西坚果等。

二、蔬菜植物的生态学分类

（一）按温度适应性分类

按照生长发育对温度的要求和适应性，常将蔬菜分为4类。

1. **耐寒蔬菜**（hardy vegetable） 如菠菜、芹菜、大蒜、芫荽、不结球白菜等耐寒叶菜，韭菜、金针菜、金花菜、芦笋、辣根等耐寒性多年生宿根蔬菜。

2. **半耐寒蔬菜**（semi-hardy vegetable） 如大白菜、甘蓝类、莴笋、萝卜、胡萝卜、豌豆、蚕豆等。

3. **喜温蔬菜**（warm season vegetable） 如番茄、茄、辣椒、黄瓜、西葫芦、菜豆等。

4. **耐热蔬菜**（heat tolerant vegetable） 如西瓜、甜瓜、南瓜、丝瓜、苦瓜、蛇瓜、瓠瓜、豇豆、番杏、苋菜等。

（二）按光照适应性分类

按照对光照强度的要求，常将蔬菜分为要求强光照的蔬菜，如瓜类蔬菜、番茄、茄等；要求中等强度光照的蔬菜，如白菜类、根菜类、葱蒜类等；要求弱光照的蔬菜，如绿叶菜类、生姜等。

按照蔬菜植物发育对光周期的反应，可将蔬菜分为长日照蔬菜（在一天中日照时间逐渐加长的春季抽薹开花），如白菜、甘蓝、萝卜、胡萝卜、芹菜、菠菜、莴苣、蚕豆、豌豆、大葱、大蒜等；短日照蔬菜（在一天中日照时间逐渐变短的秋季抽薹开花），如大豆、豇豆、扁豆、茼蒿、苋菜、蕹菜等；中日性蔬菜（在较长和较短的日照条件下均能开花），如黄瓜、番茄、辣椒等。

（三）按空气湿度适应性分类

按照对空气湿度的要求，可将蔬菜分为耐干性蔬菜，如西瓜、南瓜、甜瓜等，适宜的空气相对湿度为45%～55%；半耐干性蔬菜，如辣椒、茄、番茄、菜豆、豇豆等，适宜的空气相对湿度为55%～65%；半湿润性蔬菜，如黄瓜、西葫芦、萝卜、马铃薯、豌豆、蚕豆等，适宜的空气相对湿度为70%～80%；湿润性蔬菜，如白菜类、甘蓝类、绿叶菜类、水生菜类，适宜的空气相对湿度为85%～90%。

三、观赏植物的生态学分类

（一）草本观赏植物

1. 一二年生花卉 一年生花卉（annual flower）是指在一个生长季完成从播种到开花、结实直至枯死的生活史的花卉。一般春季播种，夏季为其主要的生长期，秋季开花结实后死亡。它们往往在长日照下生长，短日照下开花，属短日照植物。这类花卉一般不耐寒，大多原产于热带或亚热带，不能忍受0℃以下的低温，如凤仙花、鸡冠花、波斯菊、百日草、半支莲、麦秆菊、万寿菊、翠菊、一串红、矮牵牛、送春花、千日红、秋葵、蒲包花等。

二年生花卉（biennial flower）是指在两个生长季内完成其生活史的花卉。一般在秋季播种，冬季生长，翌年春夏开花，盛夏死亡。它们在秋冬的短日照下生长，春夏长日照下开花，属长日照植物。这类花卉一般原产于温带，可耐0℃以下的低温，但不耐炎热，属耐寒性花卉，如金鱼草、雏菊、三色堇、紫罗兰、须苞石竹、美女樱、桂竹香、羽衣甘蓝、虞美人、福禄考、月见草、瓜叶菊、彩叶草、矢车菊、花葵、锦葵、风铃草、蛾蝶花等。

2. 宿根花卉（perennial root flower） 为多年生花卉，又分落叶宿根花卉和常绿宿根花卉。落叶宿根花卉耐寒性强，冬季地上部枯死，根系和地下茎宿存，来年春暖后又重新萌发、生长、开花、结实，如菊花、芍药、蜀葵、耧斗菜、荷包牡丹、玉簪、红秋葵等；常绿宿根花卉冬季地上部不枯死，多在温室栽培，如万年青、君子兰、非洲菊、鹤望兰、虎尾兰、吊兰、一叶兰、四季秋海棠、百子莲、沿阶草、吉祥草、水塔花、吊竹梅等。

3. 球根花卉（bulb flower） 是地下部分具有肥大的变态茎或变态根的多年生花卉。根据变态茎或变态根的形态结构可分为球茎、鳞茎、块茎、根茎和块根5类。球茎类花卉有唐菖蒲、番红花、小苍兰、观音兰、秋水仙、三色裂缘莲、狒狒花等；鳞茎类花卉有水仙、郁金香、百合、风信子、朱顶红、鸟乳花、虎耳兰、蜘蛛兰、石蒜、雪滴花、虎皮花、绵枣儿等；块茎类花卉有仙客来、大岩桐、球根秋海棠、马蹄莲、花叶芋等；根茎类花卉有美人蕉、铃兰、射干等；块根类花卉有大丽花、花毛茛、银莲花等。

4. 兰科花卉（orchid） 这类花卉按生态习性又可分为地生兰、附生兰和腐生兰三大类。地生兰类有春兰、蕙兰、台兰、建兰、墨兰、寒兰等；附生兰类有石斛、兜兰、卡特兰、棒叶万带兰等；腐生兰不含叶绿素，营腐生生活，常有块茎或粗短的根茎，叶退化为鳞片状。

5. 水生花卉（aquatic flower） 这类花卉在水中或沼泽地生长。其又分为挺水植物，如荷花、千屈菜、香蒲、泽泻、鸭舌草、雨久花、慈姑、菖蒲等；浮水植物，如睡莲、芡、萍蓬莲、莼菜等；漂浮植物，如凤眼莲、荇菜、浮萍、王莲等；沉水植物，如苦草、金鱼藻等。

6. 蕨类植物（fern） 为高等植物中比较低级而又不开花的一个类群，是一大类观叶植物，种类很多，如铁线蕨、肾蕨、长叶蜈蚣草、蝙蝠蕨、观音莲座蕨、巢蕨、树蕨、金毛狗蕨、卷柏、翠云草等。

（二）木本观赏植物

1. 落叶木本观赏植物（deciduous woody ornament） 如月季、牡丹、玫瑰、樱花、紫

叶李、碧桃、山杏、石榴、银杏、贴梗海棠、杜鹃、紫薇、紫荆、八仙花、金缕梅、珍珠梅、榆叶梅、蜡梅、丁香、木槿、木棉、爬山虎、木兰、夹竹桃、合欢、柳树、迎春、凤凰木、重阳木、火炬树、七叶树、五角枫、栾树等。

2. **常绿木本观赏植物**（evergreen woody ornament） 如苏铁、山茶、扶桑、朱蕉、龟背竹、橡皮树、常春藤、虾衣花、白兰花、三角花、女贞、变叶木、黄杨、桂花、金丝梅、茉莉、素方花、络石、炮仗花、蒲葵、棕榈、雪松、侧柏、云杉、罗汉松等。

3. **竹类**（bamboo） 如毛竹、桂竹、刚竹、早园竹、罗汉竹、紫竹、黄槽竹、方竹、佛肚竹、孝顺竹、黄金间碧竹、慈竹、苦竹等。

（三）仙人掌及多浆类植物

这类植物多数原产于热带、亚热带干旱地区或森林中，植物的茎、叶具有发达的贮水组织，是呈现肥厚而多浆的变态状植物。其通常包括仙人掌科、景天科、番杏科、大戟科、萝摩科、菊科、百合科等植物。为栽培管理方便，常将仙人掌科植物另列一类，而将仙人掌科之外其他科的多浆植物称为多浆植物或多肉植物。

1. **仙人掌类**（cactu） 如仙人掌、仙人球、金琥、令箭荷花、山影拳、蟹爪兰、仙人指、昙花、三棱箭、叶仙人掌等。

2. **多浆类植物**（pulpy plant） 如芦荟、龙舌兰、生石花、佛手掌、松叶冰花、绿铃、泥鳅掌、沙鱼掌、青锁龙、玉海棠、玉米石、龙凤木、松鼠尾等。

（四）草坪植物与地被植物

1. **草坪植物**（lawn plant） 主要指园林中覆盖地面的低矮禾草类植物，可用它形成较大面积的平整或稍有起伏的草坪，将城镇除广场、道路之外的地面全部覆盖起来。草坪植物大多是禾本科和莎草科植物，属地被植物的一部分，但通常单列一类。按地区适应性又可分为以下两类。

（1）喜温类（适宜长江流域及其以南地区）。如结缕草、沟叶结缕草、细叶结缕草、中华结缕草、大穗结缕草、狗牙根、双穗雀麦、地毯草、近缘地毯草、假俭草、野牛草、竹节草、偏穗钝叶草、多花黑麦草、宿根黑麦草、鸭茅、早熟禾等。

（2）耐寒类（适宜华北、东北、西北等地区）。如红顶草、绒毛剪股颖、细弱剪股颖、匍匐剪股颖、草原看麦娘（狐尾草）、早熟禾、细叶早熟禾、牧场早熟禾、普通早熟禾、林中早熟禾、加拿大早熟禾、泽地早熟禾、异穗苔、细叶苔、羊胡子草、紫羊茅、羊茅、硬羊茅、苇状羊茅、梯牧草（猫尾草）、无芒雀麦草、偏穗鹅冠草（冰草）、白车轴草（白三叶）、苜蓿、羊草、赖草、偃麦草、狼针草、中华草莎（中华沙石蚕）等。

2. **地被植物**（ground cover plant） 是指覆盖在裸露地面上的低矮植物群体。它们的特点是繁殖栽培容易，养护管理粗放，适应能力较强，植物体形成的枝叶层紧密地与地面相接，像被子一样覆盖在地表面，对地面起良好的保护和装饰作用。

按生活型又可分为：蕨类地被植物，如铁线蕨、凤尾蕨、贯众等；草本地被植物，一二年生的如紫茉莉、二月兰、鸡眼草等，多年生的如白车轴草（白三叶）、多变小冠花、紫花苜蓿、直立黄芪、百脉根、蛇莓、吉祥草、石菖蒲、铃兰、鸢尾、玉簪、石竹、萱草、石蒜、蝴蝶花、白及、虎耳草、珍珠菜等；木本地被植物，矮生灌木类的如铺地柏、鹿角柏、扶芳藤、紫穗槐、连翘、蓝雪花、阔叶十大功劳、紫金牛、百里香等，攀缘藤本类的如爬山虎、紫藤、凌霄、蔓性蔷薇、葛藤、金银花等，矮竹类的如蒲白竹、倭竹、箬竹等。

小 结

园艺植物资源丰富、种类繁多、形态各异、用途不同，为了方便识别、研究、生产和消费，需要进行分类。植物学分类依据植物的形态特征，按照界、门、纲、目、科、属、种的分类体系进行分类，反映了植物间的亲缘关系和由低级到高级的系统演化关系。园艺植物有孢子植物，但以种子植物为主；在种子植物中，有裸子植物，但以被子植物为主；有单子叶植物，也有双子叶植物。每种植物有拉丁学名，一般由“属名+种加词+命名人”3部分构成。栽培学分类将生物学特性和栽培技术相似的分为一类，对园艺植物栽培更为适用。按栽培学分类，果树可分为落叶果树和常绿果树两大类，蔬菜可分为茄果类、瓜类、豆类、葱蒜类、结球芸薹类、肉质直根类、绿叶嫩茎类、薯芋类、水生类、多年生类、芽苗菜类、食用低等植物类、其他蔬菜类。在特定环境条件下长期生活使不同植物在形态和生活习性上具有了一定的相似性，生态学分类就是根据生活型和生态习性进行分类。按照适应的气候区，可将果树植物分为寒带果树、温带果树、亚热带果树和热带果树；蔬菜植物可按照对温度、光照、湿度等环境条件的要求分成不同程度适应性的类别；观赏植物按照形态和生活习性可分为草本、木本、仙人掌及多浆类、草坪与地被类。

思考题

1. 园艺植物分类有何意义？常用的分类方法有哪些？
2. 植物学分类的依据是什么？按什么体系进行分类？
3. 园艺植物种类的学名是怎样构成的？
4. 什么分类方法可以反映不同种类园艺植物间的亲缘关系？什么分类方法可以反映不同种类园艺植物间在环境要求上的相似性？什么分类方法可以反映不同种类园艺植物间在栽培技术上的相似性？
5. 果树是如何按栽培学分类的？
6. 蔬菜是如何按栽培学分类的？
7. 观赏植物是如何按生态学分类的？
8. 请分别说明下列园艺植物的植物学分类、栽培学分类和生态学分类地位：

番茄 西瓜 菠菜 大蒜 苹果 柑橘 香蕉 杧果 菊花 荷花 仙人掌

第三章

园艺植物生物学

生物学特性包括生物的形态特征、生长发育特性、对环境条件的要求。不同园艺植物具有不同的器官形态特征和生长发育特性，既反映了其生态和适应性特性，也与其对环境的要求密切相关；生长发育特性，既是遗传特性的表达，也是与环境相互作用的结果；对环境条件的要求，则是人们认识和总结环境条件对园艺植物生长发育影响的结果。所以，深入学习和领会园艺植物的生物学特性，是园艺植物栽培技术制订和创新的理论基础和原理基础。

第一节　园艺植物的器官形态与结构

一、根的形态与结构

根系（root system）是园艺植物的重要器官，土壤管理、灌水和施肥等重要的田间管理都是为了创造促进根系生长发育的良好条件，以增强根系代谢活力，调节植株上下部平衡、协调生长，从而实现优质、高效的生产目的。园艺植物的根系是其整体赖以生存的基础，因此根系生长优劣是园艺植物能否发挥高产、优质潜力的关键。

（一）根系的类型

根系按照发生及来源可分为以下3类。

1. **实生根系**　从种子的胚根发育而来。其特点是主根发达，根系深而广；年龄较轻，生活力、适应性强；个体间差异较大。如苹果、梨的实生砧木根系。

2. **茎源根系**　用扦插、压条繁殖所形成的个体的根系。例如，荔枝、龙眼的高压苗，香蕉、菠萝的吸芽苗，葡萄、无花果的扦插苗，草莓的匍匐茎，苹果矮化砧压条繁殖苗，其根系均为茎源根系。茎源根系的特点是主根不明显，分布较浅；生理年龄较老，生活力较弱；个体间比较一致。

3. **根蘖根系**　由根段繁殖的个体，其根系来自根段上形成的不定根，其特点同茎源根系，如枣、樱桃、李、石榴分株繁殖个体的根系。

（二）根系构成

园艺植物的根系通常由主根、侧根和须根组成。主根（tap root）由种子的胚根发育而成；侧根（lateral root）是在主根上分生的各级粗大的根；须根（fibrous root）是在侧根上形成的较细的根系，是根系最活跃的部位，起吸收、合成、转化的功能，包括生长根、输导根、吸收根、根毛。生长根为初生结构，白色，主要功能是向土层内延伸生长和吸收营养，并能分生出新的生长根和吸收根；输导根由生长根转变而成，主要功能是输导水分和养分；吸收根具有高度的生理活性，数量最多，在根系生长旺季占总根量的90%以上，主要功能是吸收水分和矿物质，使之转化为有机营养，寿命短，只有15～25d；根毛是吸收水分和养分的主要部位，数量极多，寿命很短。

（三）根系结构

园艺植物根的尖端纵剖面显微结构，由根尖往上，分为由初生根和次生根构成的根冠区（embryonic zone with the root cap）、细胞分裂区（division zone）、细胞伸长区（elongation zone）、根毛区（zone of root hair）、木栓化区（zone of suberization）和初生皮层腐落区

（zone of decay of the primary cortex）6个区。

1. **根冠区** 位于根尖分生区先端的一种保护结构，由活的薄壁细胞组成，外层细胞排列疏松，细胞外壁有黏液（高度水合的多糖物质），有利于根尖伸入土壤，同时对物质溶解和离子交换也有一定作用。根冠不仅保护根尖，对根生长发育还有感觉重力和光、触觉及产生压力向前推进等多方面的调节作用。

2. **细胞分裂区** 位于根冠内方，又称顶端分生组织。该区细胞分裂活跃，形成的新细胞一部分加入根冠，另一部分加入伸长区内，从而控制着根的分化与生长。该区是根系生长最旺盛的区域，长度一般为0.5～1.0mm。

3. **细胞伸长区** 是指由细胞分裂区往上与根毛区相接的区域。该区可用测量距根尖不同距离皮层薄壁细胞的长度来判断或以出现根毛为界，此区长2～5mm。根的长度迅速增加，主要是由细胞伸长区的伸长所致。

4. **根毛区** 位于伸长区上方，是吸收水分与无机盐的主要部位，其表皮、皮层、中柱等初生组织清晰可见。根毛区一般约占根尖总长的3/4。例如，大白菜根尖长3～4cm，根毛区约2.5cm。根毛寿命很短，更新很快，一般仅7～10d。

5. **木栓化区** 是指随初生根皮层细胞老化，一层或数层皮层细胞失去饱满状态而木栓化形成的区域，其长度与根的生理状态密切相关。

6. **初生皮层腐落区** 该区的根突然变细，初生皮层细胞解体脱落，在皮层内形成次生结构。果树及许多双子叶园艺植物具较强的主根和较大的支根，伴随着次生生长，根径逐渐增大。通常次生生长在初生中柱组织完全成熟之前或成熟时开始，由维管形成层产生次生木质部和次生韧皮部；由木栓形成层产生周皮。一般单子叶园艺植物没有次生生长。

（四）不定根

由茎（枝）、叶、老根或胚轴上产生的根系称为不定根（adventitious root），如姜、洋葱、蒜。不定根多发生于茎上节间基部的居间分生组织。很多园艺植物具有产生不定根和芽的潜在性能，采用植物生长调节剂处理，辅之以配套的栽培管理措施，以促进不定根的形成，从而快速无性繁殖优良种苗，已广泛应用于生产实践。例如，葡萄、草莓、月季、菊花、无花果等枝（茎）条扦插繁殖和毛叶秋海棠、落叶生根、千岁兰等叶扦插繁殖优良苗木在园艺生产上发挥着重要作用。

（五）根系的分布

1. **水平分布** 根沿土壤表层方向平行伸长为水平分布（horizontal distribution），其分布范围受园艺植物种类、育苗移栽与否、土壤条件及其他环境影响。番茄属根系比较发达、分布广而深的蔬菜，根系开展幅度为250cm左右。果树根系一般都分布到树冠投影范围以外，一些根系强大的树种甚至达到枝展的4～6倍。例如，枣树的根系扩展范围最大，可达枝展的5～6倍。

2. **垂直分布** 根系向土壤深处的分布为垂直分布（vertical distribution），其分布深度与园艺植物的根系特性、土壤质地、肥力水平及水分状况等有关。大多蔬菜作物属浅根系，如黄瓜主要根群分布仅20cm深，葱蒜类蔬菜则入土更浅；即使深根性蔬菜如番茄、西瓜等，也因育苗移栽限制了主根发展，其根群大多分布在30cm以内的耕层土壤中。苹果、核桃等深根性果树自根苗的根系垂直分布可达4m左右。嫁接果树根系的入土深度则取决于砧木种类。

（六）根的变态

1. 肥大直根　由主根肥大发育成的根称为肉质直根（fleshy tap root），如萝卜、胡萝卜、根菾菜和根芥菜等。从外部形态上分为根头（顶部）、根颈（轴部）和根部（原生根）3部分；从内部结构看，萝卜肉质根的主要部分是次生木质部，胡萝卜肉质根的主要部分是次生韧皮部。

2. 块根　由侧根或不定根肥大形成的根称为块根（root tuber）。其外形多不规则，富含淀粉，可供食用，也可用于繁殖，如大丽花的块根、甘薯的块根等。

3. 气生根　生长在空气中的根称为气生根（air root）。例如，榕树的气生根能形成强大的支柱，常春藤的气生根又称为攀缘根，一些水生植物的气生根还有呼吸作用。

（七）菌根和根瘤

根际（rhizosphere）是指与根系紧密结合的土壤或岩屑质粒的实际表面，与生长根紧密相接，其内含有根系溢泌物、土壤微生物和脱落的根细胞，以毫米计的微域环境。根际土壤中微生物的活动影响养分的有效性、吸收利用，并调节物质的平衡，是根际效应的重要组分。土壤中有些微生物还能进入植物根的组织中，与根共生，这种共生现象（symbiosis）有菌根（mycorrhiza）和根瘤（root nodule）两种类型。

1. 菌根　与真菌共生的根称为菌根。其按真菌侵入细胞的程度进行分类，若菌丝不侵入细胞内，只在皮层细胞间隙中的菌根为外生菌根（ectotrophic mycorrhiza）；菌丝侵入细胞内部的菌根为内生菌根（ectendotrophic mycorrhiza）；介于两者间的菌根为内外兼生菌根（ectendotrophic mycorrhiza）。山毛榉、松等树木的根有外生菌根；苹果、葡萄、柑橘、李、核桃等大多数果树，杜鹃、鸢尾、大葱、菜用苜蓿等多为内生菌根；而草莓则为内外兼生菌根。菌根的形成，扩大了园艺植物根系的吸收范围，增强了根系吸收养分的能力，从而促进了地上部光合产物的合成和生理生化代谢的进行。这在土壤贫瘠和干旱地区，对保持植物正常的水分代谢和养分吸收、提高园艺植物抗逆性具有重要作用。

2. 根瘤　是由细菌侵入根部组织所致，这种细菌称为根瘤菌（root nodule bacterium）。菜豆、豇豆、豌豆、扁豆、蚕豆等各种豆类蔬菜的根系均可与根瘤菌共生，形成根瘤。通常豆科蔬菜能分泌物质以吸引根瘤菌向其根部移动，当根瘤菌与根毛接触时，便由根毛处进入根组织。根瘤菌在根皮层中繁殖，从而刺激皮层细胞分裂，形成很多微小的细胞，导致根组织膨大突起而形成根瘤（图3-1）。根瘤菌具有固氮作用，有的豆类蔬菜所需氮素养分，约2/3来自根瘤菌固氮。果园绿肥作物三叶草及菜用苜蓿等均有根瘤菌与之共生；果树中的杨梅属、观赏树木中的桤木属、胡颓子属的树木根系也有根瘤。

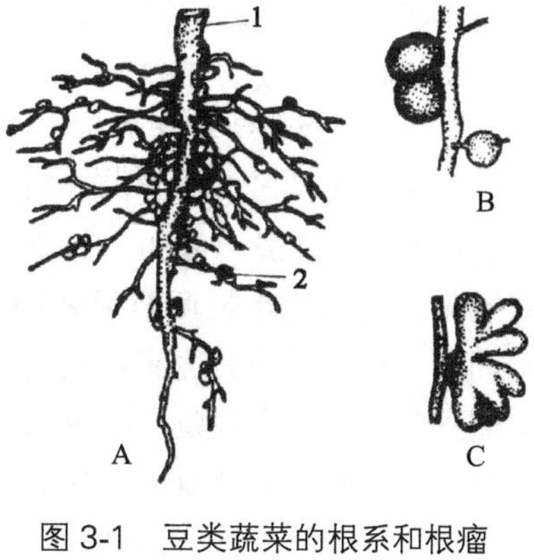

图 3-1　豆类蔬菜的根系和根瘤

A. 根系与根瘤：1. 根系，2. 根瘤；B. 蚕豆根瘤；C. 豌豆根瘤

二、茎的形态与结构

茎（stem）是植物地上的骨架，其上着生叶、

花和果实，其下连着根。茎上着生叶的位置称为节（node），两节之间的部分称为节间（internode）。茎顶端和节的叶腋处都生芽（bud），叶脱落后节上留有叶痕（leaf scar）。多年生树木的茎称为枝条（branch），树干也是茎的一部分。

藤本植物的茎称为蔓或藤（cane or rattan）。葡萄的茎分为主干、主蔓、侧蔓、结果母枝、结果枝、生长枝、副梢，西瓜有主蔓和侧蔓。茎的功能包括支撑作用、运输功能、合成与转化功能、贮藏功能、繁殖作用。

（一）芽的类型

芽是具有中轴的胚状枝（未发育的枝、叶、花的原始体），由生长点、过渡叶、苞片、鳞片构成。它与种子在功能上有相似的特点，在一定条件下可以形成一个新植株。按照芽的着生位置、性质、构造和生理状态等，可将其分为许多类型。

按着生位置，芽可分为顶芽、侧芽和不定芽。顶芽（terminal bud）指着生在茎顶端的芽，侧芽（axillary bud）着生在叶腋处，不定芽（adventitious bud）生于有些植物的根（如甘薯）、老茎（如柳树）或叶（如秋海棠）上。

按性质，芽可分为叶芽（leaf bud）、纯花芽（flower bud）和混合芽（mixed bud）。叶芽只含叶原基；纯花芽只含花原基；混合芽展开后含叶和花，有的花开在伸展的枝条顶端（如苹果、葡萄、梨、番茄、茄），有的花生于叶腋（如栎树、无花果、桑、黄瓜）。

按构造，芽可分为鳞芽和裸芽。鳞芽（scaly bud）的外面由数层鳞片包裹着，起保护作用，一般木本植物的芽多属鳞芽。一般草本植物和少数木本植物的芽无鳞片，称为裸芽（naked bud）。

按生理状态，芽可分为活动芽和潜伏芽。活动芽（active bud）一般当年形成，当年萌发；潜伏芽（dormant bud）经一年或多年潜伏后才萌发，也可能始终处于休眠状态或渐渐死去。

（二）芽的特性

1. 芽的异质性 茎上不同部位生长的芽，由于形成时期、环境因子及营养状况等不同，造成芽的生长势及其他特性有差异，这种差异称为芽的异质性（heterogeneity）。一般枝条中上部多形成饱满芽，其具有萌发早和萌发势强的潜力，是良好的营养繁殖材料。而枝条基部的芽发育程度低，质量差，多为瘪芽。一年中新梢生长旺盛期形成的芽质量较好，而生长低峰期形成的芽多为质量差的芽。

2. 萌芽力 植物茎或枝条上芽的萌发能力称为萌芽力（sprouting ability）。萌芽力高低一般用茎或枝条上萌发的芽数占总芽数的百分率表示，萌芽力因园艺植物种类、品种及栽培技术不同而异。例如，葡萄、桃、李、杏等萌芽力较苹果、核桃强。采用拉枝、刻伤、抑制生长的植物生长调节剂处理等技术措施均能不同程度地提高萌芽力。但实际生产中，不同园艺植物对萌芽力有不同要求。例如，黄瓜、西瓜早熟栽培以主蔓结瓜为主，则应摘除侧芽萌发的多余侧蔓。而甜瓜雌花在主蔓上发生很迟，在子蔓或孙蔓上则发生早。因此，栽培上常采取摘心措施促进发生侧蔓以提早结瓜。萌芽力强的果树种类或品种往往结果早。多年生树木的芽萌发后，有长成长枝的能力，称为成枝力（branching ability），以萌芽中抽生长枝的比例表示。

3. 潜伏力 指潜伏芽的寿命长短和潜伏芽的萌芽力与成枝力强弱。一般潜伏芽寿命长的园艺植物寿命长，植株易更新复壮；相反，萌芽力强、潜伏芽少且寿命短的植株易衰老。改善植物营养状况，调节新陈代谢水平，采取配套技术措施，能延长潜伏芽的寿命，提高潜伏芽的萌芽力和成枝力。

（三）茎的形态和枝的类型

1. 茎的形态　依生长习性，园艺植物的茎有直立茎、攀缘茎、缠绕茎、匍匐茎和短缩茎等类型（图3-2）。直立茎一般主茎直立或基本能直立，其上能长出侧枝。半直立茎（semi-erect stem）如番茄的茎，其基部木质化，茎呈半直立性或半蔓生，须借助插架或吊蔓等直立生长。攀缘茎以卷须或其他攀缘器官攀缘他物或卷须的吸盘附着他物而上升，如黄瓜、丝瓜、葡萄、爬山虎和豌豆等。缠绕茎有左旋、右旋之分，缠绕在其他物体上而上升，如豆类中的菜豆、长豇豆、牵牛、紫藤等。匍匐茎的植株一般整个平卧在地上，从基部长出的茎匍匐生长，如草莓、甘薯、荸荠、水芹。短缩茎实际上也是直立茎，由于节间非常短而称为短缩茎，其上长叶呈簇状，如白菜类、甘蓝类、芥菜类、葱蒜类及绿叶菜中的菠菜、莴苣、芹菜。

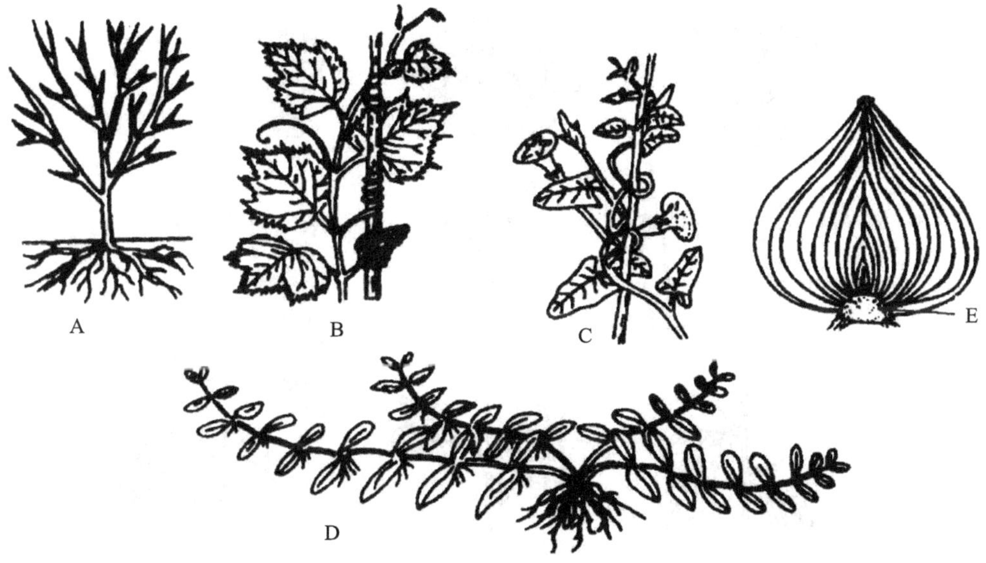

图3-2　园艺植物茎的几种类型

A. 直立茎；B. 攀缘茎；C. 缠绕茎；D. 匍匐茎；E. 短缩茎

2. 枝的类型　有营养枝、徒长枝、中庸枝、纤细枝、叶丛枝、结果枝等类型。营养枝（生长枝、发育枝）指那些只具有叶芽，进行营养生长，当年不开花结果的枝条。徒长枝是由隐芽萌发而成的，较直立、旺盛、节间长、芽瘪、组织不充实。幼年树上的徒长枝，扰乱树形，消耗大量养分；老年树上的徒长枝对树体更新有重要作用。中庸枝是生长中庸、节间较短、比较充实粗壮的枝条，多易结果。纤细枝是生长弱而纤细的枝条，纤细枝多说明树势过弱，对结果不利。叶丛枝是由弱势部位萌发的节间不明显的短小枝。其顶端有一叶芽，下部丛生如莲座状叶片，多叶片的叶丛枝可形成短果枝。结果枝是指着生花芽，能开花结果的枝条。根据其形态可分为长果枝、中果枝、短果枝、短果枝群（鸡爪枝，是短果枝结果后经数次分枝而形成的一组短果枝，是苹果、梨等果树特有的一种果枝）和花束状果枝。不同种类的果树，结果枝的长短和形态也不一样。健壮充实的结果枝，开花多，结实强。

（四）茎的变态

1．地上茎变态 有肉质茎、卷须茎、枝刺和皮刺、叶状茎等（图3-3）。肉质茎（fleshy stem）由地上主茎或茎端膨大而成。例如，茎用芥菜、茎用莴苣和球茎甘蓝的肉质茎都是食用器官。卷须茎（stem tendril），如黄瓜和南瓜的卷须，生于叶腋，是由侧枝变态形成的。葡萄的卷须与果穗是同源器官。由叶腋变态而来的称为枝刺（stem thorn），如柑橘类果树和山楂属果树等；由茎表皮突出形成的为皮刺（bark thorn），如月季和蔷薇的刺。有些植物的枝条在发育过程中扁化、变绿、呈叶状，如竹节蓼、假叶树，称为叶状茎（leaf stem）。

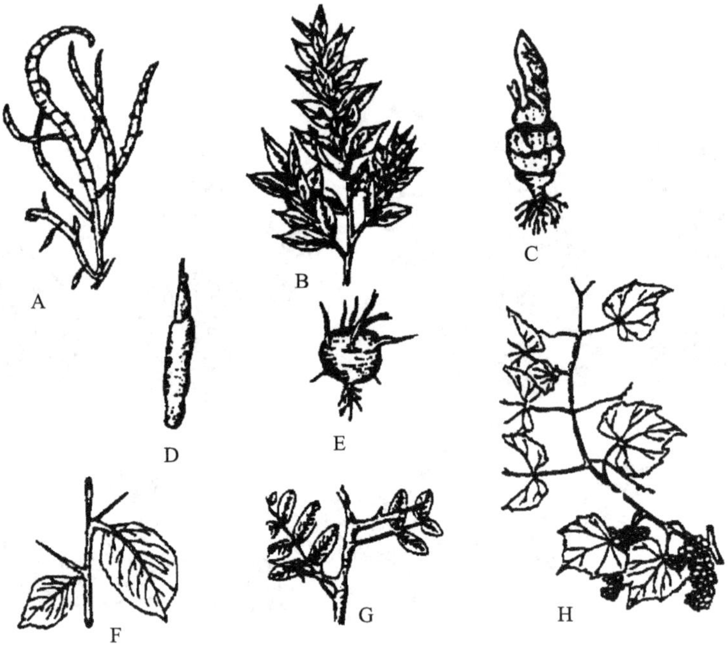

图 3-3 部分园艺植物的地上变态茎

A．竹节蓼的叶状茎；B．假叶树的叶状茎；C．茎用芥菜的肉质茎；D．茭白的肉质茎；E．球茎甘蓝的肉质茎；F．山楂的茎刺；G．皂荚的茎刺；H．葡萄的卷须茎

2．地下茎变态 地下变态茎既是贮藏和食用器官，又是繁殖器官，有根茎、球茎、块茎等类型（图3-4）。根茎的外形像根，但有明显的节和节间，节上有芽，可长出不定根，如莲藕、姜、萱草、玉竹等。球茎是膨大成球形的地下茎，如慈姑、芋等，球茎上有顶芽和若干节，节上有腋芽，并可长出不定根。块茎是块状变态茎，表面分布着很多芽眼，每个芽眼里有1个主芽和2个副芽。副芽一般保持休眠状态，只有当主芽受到伤害才萌发。通常薯顶芽眼分布较密，发芽势较强，常见的有马铃薯、山药等。

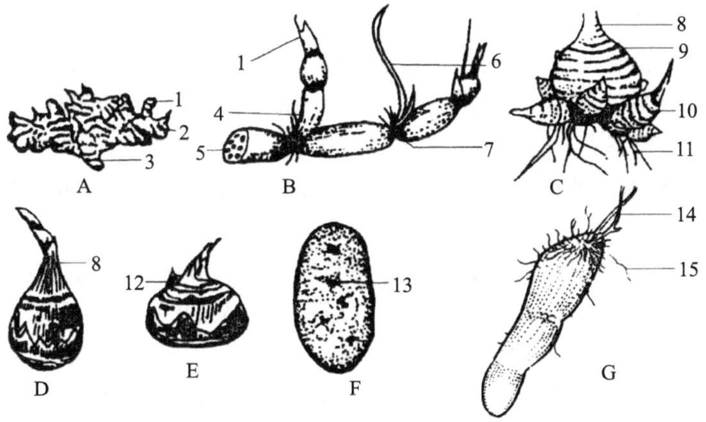

图 3-4　部分园艺植物的地下变态茎

A，B．姜和藕的根状茎；C～E．芋、慈姑和荸荠的球茎；F，G．马铃薯和薯蓣的块茎；
1．芽；2．子姜；3．姜母；4．子藕；5．母藕；6．叶柄；7，11，15．须根；8．顶芽；9．母芽；10．子芋；
12．侧芽；13．芽眼；14．茎

三、叶的形态与结构

叶是植物光合作用制造有机养分的主要器官，植物体内90%左右的干物质是由叶片合成的。园艺植物叶片的形状和大小具有相对的稳定性，但是栽培措施和环境条件对叶片的发育，特别是对叶片大小的影响尤为明显，叶片的大小和厚度及营养物质的含量在一定程度上反映了园艺植物的发育状况。

（一）叶的类型

1．按发生先后分类　可分为子叶（cotyledon）和营养叶（foliage leaf）。子叶来源于胚，早期有贮藏养分的作用；营养叶主要行使光合作用。按叶的组成不同，营养叶又有完全叶和不完全叶之分。由叶片（leaf blade）、叶柄（petiole）和托叶（stipule）组成的叶为完全叶（complete leaf）；缺少任一部分的叶为不完全叶（incomplete leaf）。托叶是原始叶叶基的产物。例如，豌豆属中的托叶，大而明显，与叶片行使同样的功能。有的托叶有保护腋芽的功能，有的托叶分化为刺状。

2．按组成分类　可分为单叶（simple leaf）和复叶（compound leaf）。每个叶柄上只有1个叶片称为单叶，如苹果、葡萄、桃、番茄、茄、甜椒、黄瓜、菊花、一串红、牵牛花等。复叶是指每个叶柄上有两个以上的小叶片（leaflet），如马铃薯、枣、核桃、国槐、洋槐、草莓、荔枝、月季、南天竹、含羞草、醉蝶花等园艺植物的叶都是复叶。不同植物复叶的类型各有不同。核桃、荔枝、杨桃为羽状复叶；草莓的叶为三出复叶；芹菜为二回羽状复叶。马铃薯则最先出土的初生叶为单叶，以后长出的叶为奇数羽状复叶，最顶端的叶又为单叶。

（二）叶的形态与叶序

1. 叶形 园艺植物的叶片主要有线形、披针形、卵圆形、倒卵圆形、椭圆形等。韭菜、兰花、萱草等的叶为线形；苹果、杏、月季、落葵、甜椒、茄等的叶为卵形或卵圆形。叶尖（leaf apex）的形态主要有长尖、短尖、圆钝、截状、急尖等。叶缘（1eaf margin）的形态主要有全缘、锯齿、波纹、深裂等。叶基（leaf base）的形态主要有楔形、矛形、盾形、矢形等。

2. 叶脉分布 叶脉（leaf venation）有平行脉和网状脉之分。前者为初生脉伸入叶片彼此平行而无明显的联合。而在网状脉中，叶脉构成复杂的网状。双子叶园艺植物的叶脉主要有两种，一种是羽状叶脉（pinnate venation），侧脉从中脉分出，形似羽毛，故而得名，如苹果、枇杷的叶片；另一种是掌状叶脉（palmate venation），侧脉从中脉基部分出，形状如手掌，如葡萄、黄瓜、冬瓜的叶脉。

3. 叶序 叶序（phyllotaxy）是指叶在茎上着生的次序和方式，有互生叶、对生叶、轮生叶。叶序用分数表示，分母为叶片数，分子为上叶和下叶在同方向重叠时经过的圈数。例如，2/5叶序表示，当上叶和下叶重叠时，中间经过了5片叶，绕茎正好转了两圈（$2\times360°$），所以俯视时相邻两片叶之间的夹角为$2\times360°/5=144°$。

（三）叶片的构造与功能

叶面由上表皮及附属物蜡质或毛茸组成；上表皮以下有栅栏组织，其细胞细长，排列紧密，内含有叶绿体；栅栏组织以下为海绵组织，是光合作用和蒸腾作用时气体和水分交换的地方。园艺植物的叶具有光合作用、蒸腾作用、吸收功能、合成作用、贮藏作用和繁殖功能，光合作用和蒸腾作用是其主要功能。

（四）叶的变态与异形叶片

叶的变态有叶球、鳞茎、假茎、苞叶、叶卷须、针刺等形式。叶球（leafy head）多见于蔬菜作物，如结球大白菜、结球甘蓝等。鳞茎（bulb）一般为食用器官或繁殖器官，如洋葱、水仙、风信子、郁金香、大蒜、百合等。假茎由叶鞘抱合而成，如大葱、韭葱。苞叶（bracteal）如向日葵花序外边的总苞。叶卷须（leaf tendril）如豌豆的卷须。针刺（thorn）如酸枣、洋槐和小檗等，都有叶变态的针刺。

异形叶片常指植株先后发生的叶有各种不同形态或因生态条件变化造成叶片异形现象。大白菜的叶即有典型的器官异态现象，其先后发生的子叶、基生叶、莲座叶、球叶、花茎叶等形态均有不同。此外，生态条件改变也影响到一些园艺植物叶形变化。例如，慈姑沉在水中的叶为带状，浮在水面上的叶为椭圆形，生长在空气中的叶则为箭形。同样，水毛茛的叶沉在水中的叶形是丝状全裂，而露在水面以外的叶是深裂。

四、花的形态与结构

（一）园艺植物花的结构特点

园艺植物的花按组成可分为完全花（complete flower）与不完全花（incomplete

flower）。花柄、花托、花萼、花冠、雄蕊群、雌蕊群等几部分俱全的花称为完全花（图3-5）；缺少任一部分者即为不完全花。花各器官的结构不同，功能各异。

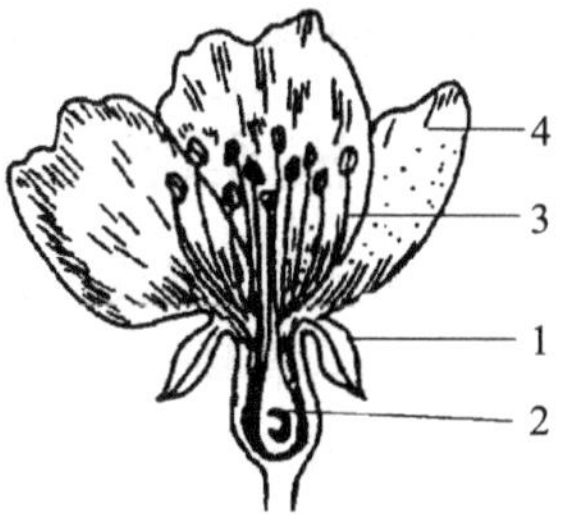

图3-5　花的组成部分

1.花萼；2.雌蕊；3.雄蕊；4.花瓣

1. 花柄　连接花与枝间的通道为花柄（pedicel），起支撑花的作用，坐果后即为果柄。

2. 花托　花柄顶端着生花萼、花冠、雌蕊和雄蕊的部分为花托（receptacle），草莓、苹果、梨等仁果类果树花托膨大而成果实的主要食用部分。许多虫媒花的花托在花期能分泌糖液引诱昆虫传粉。

3. 花萼　由若干萼片（sepal）组成的花器为花萼（calyx）。

4. 花冠　由若干花瓣（petal）组成的花器为花冠（corolla）。花萼和花冠一起称为花被（perianth）。大多数植物开花后萼片脱落，如桃、柑橘等，果实上看不到萼片痕迹；一些植物开花后萼片一直存留在果实上（下）方，称宿存萼（persistent calyx），如番茄、茄、石榴、山楂、月季、玫瑰等。而花瓣则具有保护雌、雄蕊的作用，并以绚丽的色彩和分泌特殊香味的挥发油引诱昆虫传粉。

5. 雄蕊　由花药（anther）和花丝（filament）组成的花器称为雄蕊（stamen），花药一般有2～4个花粉囊（pollen sac），开花时花药开裂，其内产生花粉（pollen）。

6. 雌蕊　由柱头（stigma）、花柱（style）和子房（ovary）3部分组成的花器称为雌蕊（pistil）。柱头除截获花粉，为花粉发芽提供温床外，还对花粉有亲和选择性；花柱是花粉经柱头进入子房的通道，具有诱导和刺激花粉管伸长以到达子房的作用；胚珠着生在子房内，花粉管沿子房内壁或胎座继续生长到达胚珠而进入胚囊，释放出的1个精子与卵子结合发育成胚，另一个精子与中央细胞的两个核结合发育成胚乳，子房发育成果实。

大多数园艺植物，如番茄、茄、甜椒、苹果、梨、桃、菠萝等属两性花，同时具有雄蕊和雌蕊。此外，一些园艺植物的花部分为雄花，部分为雌花。例如，黄瓜、西葫芦、南瓜、核桃、石榴、板栗、榛等为雌雄同株异花（monoecious）植物。与上述园艺植物不同，杨梅、银杏、猕猴桃、石刁柏等为雌雄异株（dioecious）植物。由于同种植物雌株与雄株在性状及生产性能上有差异，应区别使用。一些园艺植物如番木瓜、菠菜等，植株性别较为复杂，有雄株、雌株和两性株。

（二）花序的类型

一朵花单生在茎上，称单花（simple flower），如西瓜、南瓜、玉兰、桃等植物的花。大多数园艺植物的花往往是几朵，甚至上百朵按一定顺序排列在花枝上，这样的花枝称花序（inflorescence）。花序可分为有限花序（definite inflorescence）和无限花序（indefinite inflorescence）两类，无限花序从基部向顶端依次开放，或从边缘向中央依次开放；而有限花序则是花序顶端或中心花先开，然后由顶向基或由内向外开放。除伞房花序和聚伞花序为有限花序外，其余花序类型均为无限花序。

五、果实的形态与结构

园艺植物的果实（fruit）是花的子房或子房与花的其他部分一起发育形成的器官。园艺植物种类很多，果实形态多种多样。

（一）按果实形态划分

1. 完全果实和无籽果实 卵细胞经受精，伴随着胚珠发育成种子，子房发育成为果实，这种包含有种子的果实，称为完全果实。卵细胞不经受精或经受精但不形成种子，子房也能发育成为不含种子的果实，称为无籽果实。许多园艺植物可天然形成无籽果实，也可通过生长调节剂处理形成无籽果实，如葡萄、柑橘、菠萝、黄瓜、西瓜等。

2. 真果和假果 真果（true fruit）是完全由花的子房发育形成的果实，如油菜、落葵、木兰、葡萄、桃、枣、甜橙、荔枝等；假果（spurious fruit）则是指由子房和其他花器一起发育形成的果实，如草莓、苹果、梨、香蕉、石榴、菠萝、核桃、板栗、黄瓜、西瓜、南瓜等。

3. 单果、聚合果和复果 单果（simple fruit）是指由1朵单雌蕊花发育形成的果实，如番茄、茄、甜椒、苹果、荔枝、桃、枣、橙、柚等。聚合果（aggregate fruit）是指1朵花有多个离生雌蕊共同发育形成的果实，如树莓；或多个离生雌蕊和花托一起发育形成的果实，如草莓、黑莓等。复果（multiple fruit）也称为聚花果，是由1个花序的许多花及其他花器一起发育形成的果实，如菠萝、无花果等。

（二）按果实结构划分

果实一般有果皮、果肉和种子等部分。果皮（peel）分为外果皮（exocarp）、中果皮（mesocarp）和内果皮（endocarp）。果皮的结构、色泽及果皮层的发达程度因植物种类不同差异很大。

根据果皮是否肉质化，可将果实分为干果和肉质果两大类。干果（dry fruit）的特点是成熟时果皮干燥，食用部分为种子，且种子外面多有坚硬的外壳，如核桃、板栗、椰子、榛子等。肉质果（fleshy fruit）成熟时果肉肥厚多汁，果皮也肉质化，按果肉结构不同又分为浆果、核果、仁果、柑果和荔枝果等类型。浆果（berry fruit）是由子房或子房与其他花器一起发育成柔软多汁的真果或假果，常见的浆果有番茄、西瓜、甜瓜、茄、南瓜、葡萄、猕猴桃、柿、香蕉、无花果等；核果（drupe fruit，stone fruit）是由单心皮上位子房发育形成的真果，具有肉质中果皮和木质化内果皮硬核，如樱桃、杧果、桃、李、杏、梅、枣等；仁果（pome fruit）是由多心皮下位子房与部分花被发育形成的假果，常见的有苹果、梨、山楂、木瓜、枇杷等；柑果（hesperidium）是由多心皮上位子房发育形成的真果，具有肥大多汁的多个瓤囊，如橙、柚、柑橘、柠檬等；荔枝果（litchi fruit）是由上位子房发育形成的真果，其食用部分是肥大肉质多汁的假种皮，常见的有荔枝、龙眼、韶子等。

果实的类型还有瘦果（如菊花、莴苣）、坚果（如菱果）、双悬果（如胡萝卜、芹菜、芫荽）和聚合果（如根萘菜、叶萘菜、核桃）之分。

六、种子的形态与结构

（一）种子的类别

园艺植物生产所用的种子含义较广，泛指所有的播种材料，常有以下4类：第一类是真正的植物学种子，如豆类、茄果类、西瓜、甜瓜等；第二类为植物学果实，由胚珠和子房构成，如菊科、伞形科、藜科等园艺植物；第三类为植物学营养器官，如鳞茎（郁金香、风信子、百合、洋葱、大蒜等）、球茎（唐菖蒲、慈姑、芋头等）、根状茎（美人蕉、香蒲、紫菀、韭菜、生姜、莲藕等）、块茎（马铃薯、山药、菊芋、仙客来等）、接穗和插条等；第四类为真菌和低等植物的菌丝体或孢子，如蘑菇、草菇、木耳、蕨类植物等。通常所述的“种子”，主要是指植物学种子和部分植物的果实。

（二）种子的形态

种子形态是鉴别园艺植物种类，判断种子品质的重要依据。种子形态特征包括种子的外形、大小、色泽、表面的光洁度、沟棱、毛刺、网纹、蜡质、突起物等。园艺植物种子外形、大小差异很大，有粒径5.0mm以上的大粒种子，如西瓜、南瓜、牵牛、牡丹等；也有粒径0.9mm以下的微粒种子，如四季秋海棠、金鱼草、苋菜等。种子大小与播种质量、苗期管理等密切相关。而种皮厚度及坚韧度与萌发条件有关。为促进种子萌发，可采用浸种催芽、刻伤种皮等处理方法。此外，种子表面的毛、翅、钩、刺等附属物，有助于种子传播。成熟的种子色泽较深，具蜡质；幼嫩的种子则色泽浅，皱瘪。新种子色泽鲜艳光洁，具香味；陈种子则色泽灰暗，具霉味。据此可判断种子的质量。

（三）园艺植物种子的结构

种子的结构一般包括种皮和胚，有些种子还有胚乳。种皮将种子内部组织与外界隔离开来，起保护作用。依种子类别不同，种皮的结构也不相同。真种子的种皮是由珠被形成的；属于果实的种子，所谓种皮主要是由子房所形成的果皮，而真正的种皮有的成为薄膜，如芹菜、菠菜种子，有的因挤压破碎、粘贴于果皮的内壁而与果皮混为一体，如莴苣种子。种皮的细胞组成和结构，是鉴别园艺植物种与变种的重要特征之一。胚是幼苗的雏体，处在种子中心，由子叶、上胚轴、下胚轴、幼根和夹于子叶间的初生叶或者它的原基所组成。按胚乳的有无，园艺植物种子又分为有胚乳种子和无胚乳种子。有胚乳种子的胚常埋在胚乳中，种子在发芽过程中，幼胚依靠子叶和胚乳提供所需营养物质进行生长。常见的有胚乳园艺植物种子如番茄、芹菜、菠菜、韭菜、葱等。

第二节 园艺植物的生长发育

在园艺植物的一生中，有生长（growth）和发育（development）两种基本的生命现象。生长是指植物个体器官、组织和细胞在体积、重量和数量上增加，生长的结果是引起体积或重量的增加；发育是植物通过一系列质变后，才产生与其相似个体的现象，发育的结果是产生了新的器官——果实、种子。生长与发育贯穿在植物个体发育之中，没有生长就没有发育，没有发育也不会有进一步的生长。

一、生长发育周期

植物的生长发育并非以一个稳定的速率进行，而是随着季节和昼夜的变化而发生着节奏性和周期性的变化，并表现出一定的间歇性，即生长发育的周期性。园艺植物生长发育的全过程称为生命周期（life cycle），每年为一个年生长周期（annual growth cycle）。根据生命周期经历的年份数，可将园艺植物分为一年生、二年生和多年生3类。

（一）生命周期

1. 一年生园艺植物的生命周期 一年生园艺植物通常喜温或耐热，在播种当年完成生命周期，如茄果类，瓜类，豆类，绿叶蔬菜中的苋菜、蕹菜、落葵、番杏等蔬菜，鸡冠花、凤仙花、一串红、万寿菊、百日草等一年生花卉。一年生园艺植物的生命周期经历发芽期、幼苗期、开花坐果期和结果期4个时期。

（1）发芽期。从种子萌动至子叶展平、真叶露心。生产上应注意选择发芽能力强而饱满的种子，并创造适宜的发芽条件。

（2）幼苗期。从子叶展平、真叶露心至幼苗上有花蕾形成。不同园艺植物的幼苗期长短差异很大，生产上应注意培育适龄壮苗。

（3）开花坐果期。幼苗上有花蕾形成，至最早的花开花坐住果。这是果实类蔬菜和观果类花卉生产管理的关键时期，应注意平衡好植株生长与开花坐果的矛盾。

（4）结果期。从植株最早坐果到生长和结果结束。这一时期通常持续时间很长，植株上连续开花坐果，并不断采收，营养生长与生殖生长的矛盾比较突出，需要精细管理。

2. 二年生园艺植物的生命周期 二年生园艺植物多耐寒或半耐寒，一般播种当年为营养生长，越冬后于翌年春夏季抽薹、开花、结实，完成生命周期，如结球芸薹类、肉质直根类、葱蒜类等蔬菜，大花三色堇、桂竹香等部分草本花卉。二年生园艺植物的营养生长过渡到生殖生长需要通过春化阶段和光周期阶段，其生命周期可分为明显的两个阶段。

（1）营养生长阶段。经过发芽期、幼苗期、营养生长盛期，二年生蔬菜多在这个时期形成变态的营养产品器官，如叶球、肉质根，有的种类在第二年春夏形成变态的营养产品器官，如洋葱的鳞茎。二年生园艺植物产品器官采收后，一些种类有程度不同的生理休眠，如洋葱、大蒜的鳞茎，马铃薯的块茎，但大部分种类无生理休眠期，只是由于环境条件不适宜而处于被动休眠状态，如叶球、肉质直根。

（2）生殖生长阶段。花芽分化是植物由营养生长过渡到生殖生长的形态标志。二年生园艺植物一般在越冬期间完成低温春化作用，春季长日照条件下完成光周期阶段，在温暖、长日照条件下抽薹、开花、结实，完成生命周期。

3. 多年生园艺植物的生命周期 多年生园艺植物有木本的，也有草本的；有有性繁殖的，也有无性繁殖的。

（1）多年生木本植物。有性繁殖的多年生木本植物的生命周期一般分为童期（juvenile phase）、成年期（adult phase）和衰老期（senescence phase）3个阶段。童期指从种子播种后萌发开始，到实生苗（seedling）具有分化花芽潜力和开花结实能力为止所经历的时期。童期主要进行营养生长，生产中应尽量采取措施防止开花结果。童期的长短因树种而异，桃、杏、枣、葡萄等童期较短，为3～4年；山核桃、荔枝、银杏等实生树开花则需9～10年或更长时间。成年期指从植株具有稳定持续开花结果能力时起，到开始出现衰老特征时结束，依结果状况又分为结果初期、结果盛期和结果后期。生产中成年期应加强肥水管理，合理修剪，适当疏花疏果，最大限度地延长盛果年限，延缓树体衰老，争取丰产、优质。衰老期指从树势明显衰退开始到树体最终死亡为止。实际生产中树体寿命并不采用自然寿命，而是根据其经济效益状况，提前或延后经济寿命。

无性繁殖的木本植物由于是利用母体上已具备开花结果能力的营养器官再生培养而成的，因此无需经过较长的童期，但必须经过一段时间的旺盛营养生长期，以积累足够的养分，促进开花结果，并延长树体寿命。多年生无性繁殖木本植物的营养生长期长短因树种或品种而异，番木瓜栽后10个月开花，树莓和醋栗1年后开花，枣、桃、杏和板栗等需2～3年，苹果、梨等需3～5年，荔枝需3～4年，椰子需6～8年。营养生长期结束后，陆续进入结果期、衰老期，后两个阶段与有性繁殖木本植物基本类同。

（2）多年生草本植物。多年生草本植物，如草莓、香蕉、韭菜、黄花菜、石刁柏、菊花、芍药和草坪植物等，一般播种或栽植后当年即可开花结果或形成产品，冬季地上部枯死，地下部以休眠状态越冬，次年春暖时重新发芽生长，这样年复一年，类似多年生木本植物。

园艺植物的生命周期可能因环境条件、栽培技术等而改变。例如，结球白菜和萝卜等秋播时是典型的二年生植物，早春播种时营养器官未充分膨大即抽薹开花，成为一年生植物；二年生植物甘蓝在温室条件下未经低温春化，可始终停留在营养生长状态，成为多年生植物；金鱼草、瓜叶菊、一串红、石竹等花卉原本为多年生植物，而在北方地区常作一二年生栽培。

（二）园艺植物的年生长周期

年生长周期（annual growth cycle）是指每年随着季节气候的变化，其生长发育表现出与外界环境相适应的形态和生理变化，并呈现出一定的规律性。在年生长周期中，这种与季节性气候变化相适应的植物器官的形态变化时期称为物候期（phonological period）。不同的园艺植物种类、不同品种的物候期有明显的差异，环境条件、栽培技术也会改变或影响物候期，生产上常以此来调控植物生长发育。

一年生和二年生园艺植物生命周期不同阶段有不同的生长发育现象和特点，多年生园艺植物每个生长发育阶段都有相似的年生长周期。落叶果树和落叶观赏树木的每个年生长周期都有明显的生长期（growth period）和休眠期（dormant period）之分；常绿树木的年生长周期中无明显的休眠期。

1. 生长期　是指植物各部分器官表现出显著形态特征和生理功能的时期。落叶树木自春季萌芽开始，至秋季落叶为止，经历萌芽、营养生长、开花坐果、果实发育和成熟、花芽分化和落叶等物候期。而常绿树木开花、营养生长、花芽分化及果实发育可同步进行，老叶的脱落又多发生在新叶展开之后，1年内可多次萌发新梢。有些树木一年内花芽可多次分化，多次开花结果，其物候期更为错综复杂。尽管如此，同一植物年生长周期顺序是基本不变的，各物候期出现的早晚则随气候条件而变化，尤以温度影响最大。

2. 休眠期　是指植物的芽、种子或其他器官生命活动微弱、生长发育表现停滞的时期，植物的休眠器官主要是种子和芽。例如，苹果、桃、板栗、牡丹等种子必须低温层积处理，减少种皮及胚乳中抑制发芽物质后才能发芽。芽休眠则包括落叶树木越冬时的休眠，大蒜和马铃薯等的鳞茎、块茎休眠。

（1）落叶树木的休眠。在秋季落叶后至来年春季萌芽前为休眠期。休眠期长短因树种、品种、原产地环境及当地自然气候条件不同等而异。一般原产于寒带的植物，休眠期长，要求温度也较低。当地气候条件中尤以温度高低影响最大，直接左右休眠期的长短。通常温度越低，休眠时间越短；温度越高，休眠时间越长。落叶树木度过休眠期一般需要经历一定时期0.6～4.4℃的低温。

（2）块茎、鳞茎的休眠。马铃薯块茎休眠为自然休眠，始于块茎开始膨大，但休眠期则常计算从收获到幼芽萌发的天数，在25℃左右休眠期1～3个月。自然休眠结束后至播种前，一般需维持0～4℃继续被迫休眠。洋葱、大蒜等的休眠与马铃薯类似。

（3）常绿树木的休眠。常绿木本植物一般无明显的自然休眠，但外界环境变化时也可导致其短暂的休眠，如低温、高温、干旱等使树体进入被迫休眠状态。一旦不良环境解除，即可迅速恢复生长。

（三）园艺植物的昼夜生长周期

植物所有活跃器官的生长速率都有昼夜周期性（daily periodicity）。影响植物生长的温度、光照和体内水分状况等主因子中，生长速率与湿度关系最密切。在水分供应正常的前提下，园艺植物地上部在温暖白天的生长较黑夜快，一天的生长速率有两个高峰，通常一个在午前，另一个在傍晚。与此相反，根系由于夜间地上部营养物质向地下运送较多，以及夜间土壤水分和湿度变化较小，利于根系的吸收和合成，因此生长量与发根量都多于白天。果实生长昼夜变化主要遵循昼缩夜胀的变化规律。其中光合产物在果实内的积累主要是前半夜，后半夜果实的增大主要是吸水。

二、器官的生长发育

（一）根的生长

园艺植物根系的生长受植物种类、品种、环境条件及栽培技术等影响，其生长动态常表现出明显的周期性，主要有昼夜周期性、年生长周期性和生命周期性。在不同生长周期中，除了根系体积或重量的消长外，还有根系功能、再生能力等的变化。

1. **生命周期** 根系的生长从初生根伸长到水平根衰老，最后垂直根衰老死亡，完成其生命周期。以无性繁殖为主的多年生果树，一般状况下幼树先长垂直根，树冠达一定大小的成年树，水平根迅速向外伸展，至树冠最大时，根系也相应分布最广。当外围枝叶开始枯衰，树冠缩小时，根系生长也减弱，且水平根先衰老，最后垂直根衰老死亡。不同园艺植物个体根系的生命周期长短不同，同一园艺植物不同部分根系的生命周期也不同。

2. **年生长周期** 年生长周期变化与不同园艺植物自身特点及环境条件变化密切相关，其中环境因子中尤以土温对根系生长周期性影响最大。一般多年生蔬菜如石刁柏、金针菜、竹笋、百合等及果树根系在冬季基本不生长，而从春季至秋末根系生长出现周期性变化，生长曲线呈双峰曲线或三峰曲线。例如，苹果在华北地区从3月上中旬至4月中旬，地温回升，被迫解除休眠，根系利用自身贮藏的营养开始生长，出现第一个生长高峰。第二个高峰在5月底至6月前后，此时地上部叶面积最大，光合效率高，温光条件良好，从而促进了根系迅速生长。之后地温升高，果实迅速生长，消耗大量营养，根系生长逐渐变缓。第三个高峰出现在秋季，温度适宜，果实已采收或脱落，地上部养分向下转移，促进了根系生长。黄瓜、番茄、菜豆、菊花、牵牛等一年生园艺植物因广泛应用设施栽培，不同生长季节均能创造适宜的温度条件，其根系的生长动态主要受自身遗传因子的影响而呈现规律性的变化。

3. 昼夜周期 自然环境中一般每天总是白天温度高，晚上温度低，园艺植物生活适应了这种昼热夜凉的环境，一般都是夜间根系生长量大于白天，这与夜间由地上部转移至地下部的光合产物多有关。在植物允许的昼夜温差范围内，提高昼夜温差，降低夜间呼吸消耗，能有效地促进根系生长。番茄、茄、黄瓜、菜豆、甘蓝等设施栽培时，适当降低夜温，促进幼苗根系健壮生长，对培育壮苗和早熟丰产具有重要意义。

根的再生力（root regeneration ability）与园艺植物种类有关。例如，黄瓜根系木栓化早，断根后发新根困难，宜小苗定植或采取保护根系措施育苗；甘蓝根系再生能力很强，移栽后发育良好，同时还易发生不定根，可用腋芽扦插法繁殖。不同季节，不同生态条件，同种园艺植物根的再生能力差异也很大。一般春季发生的新根数目多，而在秋季新根生长能力强，根系生长量大。所以春、秋季节适宜果树、花卉苗木出圃和定植。生态条件中以土壤质地及土壤通透性对根再生能力影响最大，土壤孔隙度在40%时根的再生力最强。此外，植株生育状态对根再生力也有很大影响。顶芽饱满、生长健壮的枝条对根的再生有显著的促进作用。

（二）茎的生长发育

植物通过顶端生长和居间生长的方式完成茎的生长。受作物遗传性的影响，茎的分枝方式各有不同，园艺植物有以下分枝方式。

1. 单轴分枝 从幼苗开始，主茎的顶芽活动始终占优势，形成一个直立的主轴，而侧枝较不发达，这种分枝方式称为单轴分枝（monopodial branching）或总状分枝，如苹果、梨、柿、瓜类和豆类。

2. 合轴分枝 有的植物顶芽活动到一定时间后死亡，或分化为花芽，或发生变态，或生长极慢，而靠近顶芽的腋芽迅速发展为新枝，代替主茎的位置。不久，这条新枝的顶芽又同样停止生长，再由其侧边的腋芽所代替，这种分枝方式称为合轴分枝（sympodial branching），如番茄、葡萄、李、枣和柑橘类园艺植物的分枝。

3. 假二叉分枝 顶芽生长一段枝条后停止发育，然后从顶端两侧对生的两个侧芽同时发育为新枝。新枝顶芽的生长活动也同母枝一样，再生一对新枝，如此不断继续下去。这种分枝方式称为假二叉分枝（false dichotomous branching），如辣椒和茄等。

4. 分蘖 禾本科植物的分枝方式与双子叶植物不同，在幼苗期几个节密集于基部，称为分蘖节，每个节都有一个腋芽。从4～5叶期，有些腋芽开始活动，迅速生长为新枝，接着在节位上产生不定根，这种方式的分枝称为分蘖（tillering）。新枝的基部同样有分蘖节，分蘖后又产生新枝，这样一株禾本科植物可以产生几级分蘖。

（三）叶的生长

芽和顶端分生组织的亚表皮细胞生长和分化形成叶原基（leaf primordium），叶原基的先端部分继续生长发育成为叶片和叶柄，基部分生细胞分裂产生托叶。芽萌发前，芽内一些叶原基已经形成雏叶（幼叶）；芽萌发后，雏叶向叶轴两边扩展成为叶片，并从基部分化产生叶脉。

叶的生长首先是纵向生长，其次是横向扩展。幼叶顶端分生组织的细胞分裂和体积增大促使叶片长度增加。其后，幼叶的边缘分生组织的细胞分裂分化和体积增大扩大了叶面积和增加了叶厚度。一般叶尖和基部先成熟，生长停止早；中部生长停止晚，形成的表面积较大。靠近主叶脉的细胞停止分裂早；而叶缘细胞分裂持续的时间长，不断产生新细胞，扩大叶片的表面积。上表皮细胞分裂停止最早，然后依次是海绵组织、下表皮和栅栏组织停止细胞分裂。叶细胞体积增大一直持续到叶完全展开为止。当叶充分展开成熟后，不再扩大生长，但在相当一段时间内仍维持正常生理功能。

常用树冠叶幕的光合效能评价园艺植物的生产效能。叶幕（foliar canopy）是指在树冠内集中分布并形成一定形状和体积的叶群体，其形状有层形、篱形、开心形、半圆形等。果树叶幕的层次、厚薄、密度等直接影响树冠内光照及无效叶比例，从而制约着果实产量和质量的提高；观赏木本园艺植物叶幕除与光照有关外，还直接影响其观赏性。一般常绿木本观赏园艺植物在年生长周期中相对比较稳定。而落叶树木年生长周期中叶幕有明显的季节性变化，叶幕受树种、品种、环境条件及栽培技术等的影响。通常，抽生长枝多的树种、品种或幼树、旺树的叶幕形成慢。

叶面积指数（leaf area index, LAI）是指园艺植物叶面积总和与其所占土地面积的比值，即单位土地面积上的叶面积。同单片叶子的生长过程类似，大田群体叶面积生长前期新生叶多，衰老叶少，生长后期则相反，从而形成单峰生长曲线。LAI大小及增长动态与园艺植物种类、种植密度、栽培技术等关系密切。一般果树适宜的LAI为3～6；而茄果类、豆类等果菜类大都为3～4；叶菜类适宜的LAI可达8～10甚至以上。LAI过高，叶片相互遮阴，植株下层叶片光照强度下降，光合产物积累减少；LAI过低，叶量不足，光合产物减少，产量降低。

（四）花的发育

花芽分化（flower bud differentiation）是指叶芽的生理和组织状态向花芽的生理和组织状态转化的过程，一般从芽生长点向花芽方向发展开始，直至雌、雄蕊完全形成为止，主要包括两个阶段：一是生理分化（physiological differentiation），常由外界条件作为信号触发植物体的细胞内发生变化，即花的触发或启动（floral evocation），这时的信号触发又称花诱导（floral induction）；二是形态分化（morphological differentiation），从肉眼识别生长点突起肥大，花芽分化开始，至花芽的各器官出现，即花芽的发育（flower development）过程。

1. 花的诱导 在园艺植物花诱导期，生长点易受内外条件影响而改变代谢方向，向营养生长方向发展形成叶芽或向生殖生长方向发展形成花芽。据此，生产中可通过改变环境因子或栽培措施调控园艺植物的生育进程。花诱导应在生长点对内外条件反应都敏感的时期即花芽分化临界期（critical period of floral）进行。

白菜、甘蓝、芹菜、萝卜、胡萝卜等一些二年生园艺植物须通过一定的低温诱导之后，在长日照下才能成花。低温促使植物开花的作用称为春化作用（vernalization）。感受低温影响的部位是茎顶端的生长点。

植物春化作用有种子春化型（seed vernalization type）和绿体春化型（seedling vernalization type）两类。种子春化型植物在种子进入萌动状态以后即可感应并累积低温，直至通过春化作用。例如，白菜、芥菜、萝卜、菠菜、莴苣等种子，在萌动状态（1/3～1/2种子露胚根）时，给予一定的低温处理10～30d即可通过春化阶段。通常白菜、芥菜类春化处理温度在0～8℃均有效。绿体春化型植物，如甘蓝、芹菜、大葱、洋葱、大蒜等，只有植物达到一定大小后才能感应和累积低温通过春化作用。植株大小可以用日历年龄或生理年龄表示。例如，早熟甘蓝品种一般在茎粗0.6cm、叶宽5cm以上才能通过春化；而芹菜低温处理时日历年龄比植株大小对花芽分化与成花的影响更大。生产上根据不同园艺植物、同一种类不同品种完成春化所要求的温度、时间长短和植株大小不同，可有效调整花芽分化和成花进程，实现高产、优质的生产目的。

2. 花芽形态分化与发育　不同园艺植物花芽形态分化过程大体相似，分化开始后先后分化萼片、花冠、雄蕊和雌蕊。一个花序上不同单花的形态分化时期可能有交叉，即第一朵花分化尚未完成时，第二朵花的分化可能已经开始。分化早的花即进入花发育期，各花器的形态不断发育成熟。

3. 影响花芽分化的因素及其调控

（1）影响花芽分化的主要因素。花芽分化首先受园艺植物自身遗传特性的制约。不同园艺植物及同一种类不同品种间花芽分化早晚、花芽数量及质量均有较大差别。例如，苹果、柿、龙眼、荔枝等花芽形成较困难，易形成大小年。而葡萄、桃等因每年均能形成足量的花芽，故大小年现象不太明显。一年生草本园艺植物，如番茄早熟品种最早可在6片真叶后出现花芽，而晚熟品种则在8～9叶时才出现。其次，植株营养生长状况是花芽分化的物质基础。植株生长健壮，营养物质充足，花芽分化数量多，质量好；相反，营养生长过旺或过弱都不利于花芽分化与形成。黄瓜、茄等的“僵苗”与果树生产上常见的“小老树”，均因营养不足而成花晚、成花少、质量差。此外，温度、光照、水分、土壤营养等环境因素对花芽分化也有重要影响。较低的夜温，适宜的昼温，即在花芽分化适宜温度范围内，昼夜温差大，花芽分化早，质量高；光照条件好，叶片光合能力强，同化产物积累多，花芽分化好；茄果类、瓜类植物苗床通气好，保水、保肥力强，幼苗粗壮，花芽分化早而好。同时，充足的氮磷肥能提高植株碳水化合物，尤其是全糖及含氮化合物水平，促进形成较多较好的花芽。例如，生长在肥沃苗床上的茄长花柱花多，短花柱花较少，落花率也较低。

（2）园艺植物花芽分化的调控途径。针对影响花芽分化的因素，调控环境、植株营养及内源激素水平等，可达到调控花芽分化与形成的目的。例如，果菜类苗期即花芽分化，创造苗床适宜的温、光、水、气及营养条件，防止幼苗徒长或形成“僵苗”，是保证花芽分化连续协调进行的重要措施；对大小年现象较为严重的果树在大年花诱导期之前疏花疏果，能增加小年的花芽数量；采用适宜的整形修剪技术及施肥是果树促进花芽分化的重要技术环节；花诱导期喷施赤霉素能抑制花芽发化，而使用多效唑类生长延缓剂能促进花芽分化，增加花芽数量；叶面喷施低浓度乙烯利（100～200mg/L）水溶液可促进黄瓜和南瓜幼苗雌花分化，减少雄花发生，相反，喷洒50～100mg/L赤霉素可大大增加雄花数目，减少雌花数。

（五）开花坐果与果实发育

1. 开花与授粉　当花中雄蕊的花粉粒和雌蕊的胚囊（或两者之一）已经成熟，花被展至最大时，称为开花（bloom）。从第一朵花开放到最后一朵花开闭所经历的时间，称为开花期。开花期的长短因植物种类不同而异，也受气候和植株营养状况的影响。当花粉发育成熟后，在适宜的条件下，花朵开放（闭花授粉的花朵不开放），花粉落在雌蕊花柱柱头上的过程称为授粉（pollination），分为自花授粉（self pollination）、异花授粉（cross pollination）和常异花授粉（often cross pollination）。蔬菜和花卉采种时，对异花授粉和常异花授粉作物要采取隔离措施。

2. 授粉与坐果 园艺植物授粉后，花粉管沿花柱进入胚囊，释出精核并与胚囊中的卵细胞结合的过程叫受精（fertilization），即雄配子（精子）与雌配子（卵子）融合形成合子（受精卵）的过程。完成受精后子房即开始膨大，幼果现形，即坐果（fruit set）。

一些园艺植物子房未受精而能形成果实，这种现象叫单性结实（parthenocarpy），分为天然单性结实和刺激性单性结实。无需授粉和任何其他刺激，子房能自然发育成果实的为天然单性结实，如香蕉、蜜柑、菠萝、柿、无花果及黄瓜的一些品种；必须给以某种刺激才能产生无籽果实的为刺激性单性结实，如生产上常根据需要用植物生长调节剂在花期处理番茄、茄、甜椒、西瓜及无花果等以生产无籽果实。

3. 果实的发育

（1）果实生长动态。果实的生长发育起始于产生它的花器原基分化形成时。从子房发育膨大成为一个食用果实，可以分为细胞分裂及细胞膨大两个阶段。其中细胞分裂期比较短暂，其开花期一般在子房发育初期已基本停止了。整个果实的生长过程常用累加生长曲线和生长速率曲线表示。

果实累加生长曲线（cumulative growth curve）是以果实的体积或直径、鲜重、干重等作纵坐标，时间作横坐标绘制的曲线，常有单S型和双S型。早期生长缓慢，中期生长较快，后期生长又较慢的为单S型曲线，如番茄、茄、甜椒、草莓、苹果、核桃、香蕉、菠萝、荔枝等果实的生长。双S型的如大部分核果类及葡萄、橄榄、阿月浑子、番荔枝、无花果等，其果实生长过程可分3个阶段：一是从开花后开始进入果实迅速生长期，此期主要是果实内果皮体积迅速增大，该期过半时，果实细胞分裂活动停止；二是生长中期，果实体积增加缓慢，内果皮木质化变硬；三是果实恢复生长，再次进入果实迅速生长期，此期中果皮的细胞体积增大，果实体积迅速膨大。

果实生长速率曲线以单位时间内果实直径、重量或体积等指标的净增长来表示。

（2）落花落果。花在发育过程中若遇环境不适或栽培管理不当，可能引起落花，从而无果实的形成。从花蕾出现到果实成熟，中间出现的花、果脱落现象，称为落花落果。落花（flower drop）是指未授粉受精的花（子房）脱落，而不是谢花；落果（fruit drop）是指幼果因受精不充分、营养不良或其他原因而脱落。

落花落果的原因很多，包括内在因素和外界条件，但主要原因是内在的。例如，营养不良，贮藏养分不足，导致花器发育不良，成为畸形花，不能授粉；受精不良、种胚或胚乳产生的生长素不足；器官间争夺养分或水分；树体养分分配不当，营养生长过旺，生殖器官分配的养分太少，常是落果的主要因素。而外界条件如干旱、霜害、风害、病虫害、高温、光照不足等则都属于偶然性因素，并不经常起作用。

花、果脱落是生理活动的结果，一般仁果类、核果类有4次落果：第一次落果是开花后未见子房膨大而脱落，原因是开放的花没有授粉或授粉不良而落花；第二次落果是花后2周子房开始膨大而后脱落，原因是没有受精或受精不良；第三次落果是在花后4周时，有大量的幼果脱落，“六月生理落果”，原因是营养不良，特别是氮素供应不足，使胚发育中止；第四次落果是采前落果，多发生在采前20～30d，主要由自然灾害（风、雹、高温、低温、干旱等）或栽培管理不当造成的。

减少落花落果主要通过改善外界条件，提高树体营养水平，增加激素含量和提早疏除晚期花果等途径加以解决。

（3）果实成熟。果实在生长过程中，不断积累有机物。这些有机物大部分来自营养器官，也有一部分由果实本身制造。当果实长到一定大小时，果肉中贮存的有机养料要经过一系列的生理生化变化过程，逐渐进入成熟阶段。成熟（maturation）是果实生长发育中的一个重要阶段，是果实生长后期充分发育的过程。成熟的果实有如下变化：一是变甜，二是酸味减少，三是涩味消失，四是香味产生，五是由硬变软，六是果皮色泽变艳。苹果、柑橘、香蕉等果实成熟过程中，果皮中叶绿素酶含量逐渐增多，叶绿素逐渐被破坏，丧失绿色，而由于叶绿体中原有的类胡萝卜素呈现黄色或者由于形成花色苷而呈现红色。这就是成熟果实果皮多呈黄、红或橙色的原因。

不同园艺植物果实成熟的特征与表现不同，采收标准也不一样，但都依据果实成熟度（maturity）。果实成熟度分为生理成熟度（physiological maturity）和园艺成熟度（horticultural maturity）。生理成熟的果实脱离母株仍可继续进行并完成其个体发育。园艺成熟度则是将果实作为商品，为达到其不同用途而划分的标准，主要可分为3种：一为可采成熟度，指果实已完成生理成熟过程，但应有的外观品质和风味品质尚未充分表现出来，需贮运及加工的果实应在此范围内采收；二为食用成熟度，指果实达到完熟，充分表现出其应有的色香味品质和营养品质，此时采收的果实品质最佳；三为衰老成熟度，指果实已过了完熟期，呈衰老趋势，果肉质地松绵，风味淡薄，不宜食用，但核桃、板栗等坚果类这一时期的种子充分发育，粒大饱满，品质最佳。

一般水果和西瓜、甜瓜等要等到完全成熟（生理成熟）时才能采收食用，长途运输或贮藏的，可提早几天采收，但也要在果实进入生理成熟阶段后采收。很多果菜达生理成熟后果实已不能食用，常食用它们的幼果，这样的果实就是商品成熟的果实，如菜豆、豇豆、茄、西葫芦、苦瓜和丝瓜等。还有一些种类的幼果和成熟果都可食用，如辣椒、南瓜和豌豆等。

（六）种子的形成与发育

从卵细胞完成授粉、受精作用之后所形成的合子，一般要经过短暂的休眠期，然后便进入受精卵细胞的分裂分化阶段。在此过程中，合子在其形态和生理上均要发生一系列的极为复杂的变化，最后才发育成种子。因此，种子是植物有性生殖的产物，它既是前一代植物有机体发育的最后阶段，又是新一代植物个体生长发育的开始。种子作为积蓄亲本遗传物质的器官，其形成和发育是一个非常复杂的生命形成过程，受各种内外因素的影响和制约。首先，由于雌雄生殖器官发育不完善或自交不亲和性，常常造成授粉不受精，或受精不结实现象的发生；其次，由于父母本双方亲缘关系太远而造成杂交不亲和性或杂种不稳性。此外，环境条件如高低温障碍、阴雨连绵或干燥、病虫危害等均能不同程度地影响种子的形成和发育，生产上应通过环境调控、栽培管理措施创造适宜种子形成和发育的综合条件，从而达到预定的目的。

三、器官生长的相关性

生长相关性（growth interaction）是指同一植株个体中的一部分或一个器官与另一部分或另一器官的相互关系。植物的生长发育具有整体性和连贯性。其整体性主要表现在生长发育过程中各器官的生长密切相关，相互影响；其连贯性则表现为在整个生育过程中，前一生长期为后一生长期打基础，后一生长期则是前一生长期的继续和发展。园艺植物器官生长的相互关系主要包括地上部与地下部的生长相关，营养生长与生殖生长的相关，以及同化器官与贮藏器官的生长相关等。

（一）地上部与地下部的生长相关

维持植株地上部与地下部的生长平衡是园艺植物优质、丰产的关键。植株地上部与地下部相互依赖的关系主要表现在物质的相互交流和激素的交流调控。一方面，根系吸收的水分、矿质元素等，经根系运至地上部供给叶、茎、新梢等新生器官生长和形态建成；另一方面，根系生长和吸收活动又有赖于地上部叶片光合作用形成的同化物质。温度、光照、水分、营养及植株调整等均影响根、茎、叶的生长，从而导致地上部与地下部的比例变化。内源植物激素在植物的不同部位合成，可运输到其他部位对生长发育起调控作用。例如，正在生长的茎尖可合成生长素，运到根系可促进根系生长；而根尖合成的细胞分裂素运到地上部，可促进芽的分化和茎的生长，并防止早衰。激素类物质一般通过影响营养物质分配，以保证生长中心的物质供应和顶端优势的形成。

植株作为一个整体，任何器官的消长都会影响其他器官的变化。因此，摘除1片叶子或剪掉1个枝条，对整个植株的关系，并不是单纯地少了1片叶子或1个枝条，同时也影响到未摘除的叶、枝条及其他器官的生长发育。果树的修剪调节及蔬菜、花卉的整枝、摘心、打杈、摘叶、吊蔓等植株调整管理，可以有效调整各器官的比例，提高单位叶面积的光合效率，促进生育平衡，因此在园艺植物优质、高效生产中发挥着重要作用。

（二）营养生长与生殖生长的相关

营养器官的生长是生殖器官生长的基础，为生殖器官的生长发育提供必要的碳水化合物、矿质营养和水分等，但营养生长与生殖生长又互相制约。例如，营养生长差，没有一定的同化面积，果实发育也不会好；而营养生长过旺，不易坐果或延迟坐果，同样难以高产。特别是坐果后，由于果实与种子对养分强有力的竞争，营养需求中心由以茎叶生长为主转向以果实和种子的发育为中心，从而制约了营养生长。因此，植物的营养生长与生殖生长始终存在着既相依又竞争的关系。

1. 营养生长对生殖生长的影响 在未徒长的前提下，营养生长旺盛，叶面积大，光合产物多，果实才能高产；反之，若营养生长不良，叶面积小，花器发育不完全，果实发育迟缓，果实小，产量低。在一定范围内，叶面积与产量的关系是正相关关系。但由于叶片在植株的冠层中相互遮阴，随着叶面积的增加，单位叶面积的平均光合生产率反而下降，甚至导致单株干物质积累的减少。营养生长对生殖生长的影响，因植物种类或品种不同而有较大差异。例如，同为番茄，有限生长类型营养生长对生殖生长制约作用较小，而无限生长类型则制约作用较强。生产上无限生长型番茄坐果前肥水过多，常引起徒长，导致坐果率降低就是例证。

2. 生殖生长对营养生长的影响 生殖生长对营养生长的影响表现在两个方面：其一，植株开花结果需要输入同化作用产物和无机营养，从而在一定程度上竞争性抑制营养器官的生长。因此，过早进入生殖生长，就会抑制营养生长；受抑制的营养生长，反过来又制约生殖生长。例如，茄果类、瓜类等蔬菜，栽培前期应促进营养生长，以免过早进入或过多形成生殖器官，与根、茎、叶等营养器官竞争养分，从而影响商品产品的形成和持续生产。生产上采取摘除花蕾和幼果等措施，可促进植株营养生长，以平衡营养生长与生殖生长的关系。其二，由于蕾、花及幼果等生殖器官处于不同的发育阶段，对营养生长的反应也不同。生殖生长在受精过程中不仅对子房的膨大有促进作用，对植株的营养生长也有一定的刺激作用。例如，黄瓜摘除没有经过受精的无籽果实与去花的效果相同。

营养生长与生殖生长这种既相适应又相矛盾的过程，主要是由于养分运转分配所致。因此，调整有关器官以控制其营养生长、生殖生长，并协调其相互关系。

（三）同化器官与贮藏器官的生长相关

以叶片为主的同化器官与贮藏器官也存在密切的相关性。许多贮藏器官为变态的根、茎、叶，已失去了原有的生理功能。一些以叶球、块茎、块根、球茎、肉质根、鳞茎等为产品器官的蔬菜、花卉等，其产品器官同时又是贮藏器官，与其吸收养分的正常根及同化器官密切相关。例如，大白菜的叶球和萝卜肉质根的形成，必须有生长健壮的莲座叶形成为前提，这些产品的重量往往与同化器官的重量成正比。因此，叶面积较大，叶片生长良好，同化作用旺盛，碳水化合物合成多，运输到贮藏器官的营养也就多，从而促进贮藏器官的形成和生长发育。贮藏器官的生长，在一定程度上能提高同化器官的功能，增强光合作用，提高同化产物合成和转运的能力，进一步促进贮藏器官的形成。随着同化器官的机能减弱，光合产物逐渐减少，但贮藏器官的营养需求却不断增加，势必加速同化器官衰老，贮藏器官生长则逐渐减慢，直至生长结束。生产上可采取相应措施，调节同化器官与贮藏器官协调平衡生长，使其朝着人们预期的目标发展，以达到提高产量、改善品质的目的。

第三节　园艺植物的生态需求

园艺植物的生态需求包括对温度、光照、水分、气体、生物等环境条件的反应和要求。了解这些要求，就可以按照生产要求和园艺植物生长发育特性创造和管理这些环境，实现优质、高效生产。

一、对温度条件的要求

（一）园艺植物对温度的要求

各种园艺植物对温度的要求都表现为温度三基点现象，即最低温度、最适温度及最高温度。按对温度需求的不同，可将园艺植物分为以下5类。

1．耐寒而适应性广的园艺植物　为多年生宿根植物，有木本和草本。例如，落叶果树冬季地上部枯黄脱落，进入休眠期，此时地下部可耐-12～-10℃的低温；大多数常绿果树、常绿观赏树木能忍耐-7～-5℃的低温；金针菜、韭菜、石刁柏、茭白、蜀葵、槭葵、玉簪、金光菊及一枝黄花等宿根草本园艺植物，当冬季严寒到来时，地上部全部干枯，到翌年春季又萌发新芽，其地下宿根能耐0℃以下甚至-10～-5℃的低温。

2．耐寒园艺植物　金鱼草、蛇目菊、三色堇、菠菜、羽衣甘蓝、一些不结球白菜、大葱、大蒜等园艺植物，能耐-2～-1℃的低温，短期内可以忍耐-10～-5℃的低温，在我国除高寒地区以外的地带可以露地越冬。

3. 半耐寒园艺植物 金盏花、紫罗兰、桂竹香、萝卜、胡萝卜、芹菜、莴苣、豌豆、蚕豆、结球芸薹类等，不能忍耐长期-2～-1℃的低温，在北方冬季需采用防寒保温措施才可安全越冬。

4. 喜温园艺植物 该类植物生育最适温度为20～30℃。超过40℃生长几乎停止，低于10℃生长不良。例如，热带睡莲、筒凤梨、变叶木、黄瓜、番茄、茄、甜椒、菜豆等均属此类。

5. 耐热园艺植物 如热带果树和园林树木，西瓜、甜瓜、丝瓜、南瓜、豇豆等蔬菜，在40℃的高温下，仍能正常生长。

（二）园艺植物适宜的温周期

自然条件下温度呈周期性的变化，称为温周期（thermoperiod）。温周期有季节变化和昼夜变化。一天中白昼温度较高，光合作用旺盛，同化物积累较多；夜间温度较低，可降低呼吸消耗，这种昼高夜低的变温对植物生长有利。但不同植物适宜的昼夜温差范围不同，通常热带植物昼夜温差应在3～6℃，温带植物为5～7℃，而沙漠植物则要10℃以上。

果实生长后期的昼夜温差是影响果实品质的一个重要因素。例如，新疆、甘肃等地由于昼夜温差较大，西瓜、甜瓜含糖量高，品质优良，是我国著名的西甜瓜生产基地。而“砀山酥梨”在黄河故道地区可溶性固形物含量仅为10%～12%，在陕北黄土高原则高达15%。

（三）高温及低温障碍

当园艺植物所处的环境温度超过其正常生长发育所需温度的上限时，引起过度蒸腾作用，水分平衡失调，发生萎蔫或永久萎蔫。同时，植物光合作用下降而呼吸作用增强，同化物积累减少。气温过高常导致番茄、甜椒等果实发生“日灼”现象，也会使苹果、番茄等果实着色不良，果肉松绵，成熟提前，贮藏性能降低；土壤高温造成根系木栓化速度加快，根系有效吸收面积大幅度降低，正常代谢活动减缓，甚至停止。高温妨碍花粉发芽和花粉管伸长，常导致落花落果。

低温对园艺植物的影响有冷害与冻害之分。冷害是指由0℃以上的低温引起的植物伤害，起源于热带的喜温植物，如黄瓜、番茄、香石竹、天竺葵类等，在温度低至10℃以下时就可能受冷害；冻害是0℃以下的低温引起植物体内水分结冰产生的伤害。

不同园艺植物，同种园艺植物在不同的生长季节及栽培条件下，对低温的适应性不同，因而耐寒性也不同。一般处于休眠期的植物抗寒性增强。例如，落叶果树在休眠期地上部可忍耐-30～-25℃的低温，石刁柏、金针菜等宿根越冬植物，地下根可忍受-10℃的低温；而在正常生长季节，遇到0～5℃低温，这些园艺植物就可能发生低温伤害。此外，利用自然低温或人工方法进行抗寒锻炼可有效提高植物的耐寒性。

二、对光照条件的要求

光照对园艺植物的影响包括光照强度、光质和日照长度的影响，关系到植物的形态建成、生长发育和光合作用、呼吸作用等，影响生长发育及产量和品质。

（一）光照强度

光照强度（light intensity）常依季节、地理位置、地势高低、云量及雨量等的不同而呈规律性的变化。随纬度的增加而减弱，随海拔的升高而增强。一年中以夏季光照最强，冬季光照最弱；一天中以中午光照最强，早晚光照较弱。不同园艺植物对光照强度反应不一，据此可将其分为阳生植物（heliophyte）、阴生植物（sciophyte）和中生植物（mesophyte）。

1. **阳生植物**　该类植物在较强的光照下生长良好，如桃、杏、枣、扁桃、苹果、阿月浑子等绝大多数落叶果树，多数露地一二年生花卉及宿根花卉；仙人掌科、景天科和番杏科等多浆植物、茄果类及瓜类等。

2. **阴生植物**　此类植物不能忍受强烈的直射光线，需在适度荫蔽下才能生长良好。例如，蕨类植物、兰科、苦苣苔科、凤梨科、姜科、天南星科及秋海棠植物等均为阴生植物。也有一些园艺植物如菠菜、莴苣、茼蒿等绿叶嫩茎类蔬菜，在光照充足时能良好生长，但在较弱的光照下，生长快、品质柔嫩。生产上常常合理密植或适当间套作，以提高产量，改善品质。

3. **中生植物**　该类植物对光照强度的要求介于上述两者之间，或对日照长短不甚敏感。通常喜欢日光充足，但在微阴下也能正常生长，如萱草、桔梗、白菜、萝卜、甘蓝、葱蒜类等。

（二）光质

光质（light quality）又称光的组成，是指具有不同波长的太阳光谱成分，其中波长为380～760nm的光（即红、橙、黄、绿、蓝、紫）是太阳辐射光谱中对植物具有生理活性的波段，称为光合有效辐射，但其不同波长的光对植物生长发育的作用也不尽相同。植物同化作用吸收最多的是红光，其次为黄光，蓝紫光的同化效率仅为红光的14%。红光不仅有利于植物碳水化合物的合成，还能加速长日植物的发育；相反，蓝紫光则加速短日植物发育，并促进蛋白质和有机酸的合成；短波的蓝紫光和紫外线能抑制茎节间伸长，促进多发侧枝和芽的分化，且有助于花色素和维生素的合成。高山及高海拔地区因紫外线较多，花卉色彩更加浓艳，果色更加艳丽，品质更佳。

（三）光照长度

光照长度（length of day or duration of sunshine）也叫光周期（photoperiod），是指一天中日出至日落的理论时数。光照长度首先影响植物的花芽分化、开花、结实；其次还影响分枝习性、叶片发育，甚至地下贮藏器官如块茎、块根、球茎、鳞茎等的形成，以及花青素等的合成。按对日照长短反应不同，可将园艺植物分为长日照植物（long-day plant）、短日照植物（short-day plant）和中日性植物（day-natural plant）。

1. **长日照植物**　在较长的光照条件下（一般为12～14h或以上）促进开花，而在较短的光照下不开花或延迟开花。例如，白菜、甘蓝、芥菜、萝卜、胡萝卜、芹菜、菠菜、莴苣、大葱、大蒜等一二年生园艺植物，在露地自然栽培条件下，它们多在春季长日照下抽薹开花。

2. **短日照植物**　实际上为长夜植物（long-night plant），在较短的光照条件下（一般在12h以下）促进开花结实，在较长的日照下不开花或延迟开花。例如，菊花、一串红、绣球花、豇豆、扁豆、刀豆、茼蒿、苋菜、蕹菜、草莓、黑穗状醋栗等，它们大多在秋季短日照下开花结实。

3. **中日性植物** 抽薹开花对每天日照时数要求不严，在长短不同的日照环境中均能正常孕蕾开花，如大多数果树，番茄、甜椒、黄瓜、菜豆等蔬菜，矮牵牛、香石竹、大丽花等花卉植物。

三、对水分条件的要求

水是园艺植物光合作用的原料，是养分吸收的介质，也是维持植株体内物质分配、代谢和运输的重要因素。园艺植物吸收的大部分水分用于蒸腾，通过蒸腾引力促使根系吸收水分和养分，并有效调节体温，排出有害物质。不同园艺植物和同一园艺植物的不同生育时期对水分的需求特性不同。

（一）园艺植物的需水特性

不同园艺植物的需水特性主要受遗传性决定，由吸收水分能力和水分消耗量两方面决定。根据需水特性通常将园艺植物分为旱生植物（xerophyte）、湿生植物（hygrophyte）和中生植物（mesophyte）3类。

1. **旱生植物** 耐旱性强，能忍受较低的空气湿度和干燥的土壤。一方面，其具有旱生形态结构，如叶片小或叶片退化变成刺毛状、针状，表皮层角质层加厚，气孔下陷，气孔少，叶面具厚茸毛等，石榴、沙枣、仙人掌、大葱、洋葱、大蒜等均属此类；另一方面，其具有强大的根系，吸水能力强，耐旱力强，如葡萄、杏、南瓜、西瓜、甜瓜等。

2. **湿生植物** 耐旱性弱，需要较高的空气湿度和土壤含水量，才能正常生长发育。其形态特征为叶面积较大，组织柔嫩，消耗水分较多；根系入土不深，吸水能力不强。例如，黄瓜、白菜、甘蓝、芹菜、菠菜、香蕉、枇杷、杨梅及一些热带兰类、蕨类和凤梨科植物等，藕、茭白、荷花、睡莲、王莲等水生植物属于典型的湿生植物类。

3. **中生植物** 对水分的需求介于上述两者之间。一些种类的生态习性偏于旱生植物特征；另一些则偏向湿生植物的特征。茄、甜椒、菜豆、萝卜、苹果、梨、柿、李、梅、樱桃及大多数露地花卉均属此类。

（二）园艺植物不同生育期的需水特性

同种园艺植物不同生育期对水分需要量不同。通常，种子萌发时需要充足的水分，以利胚根伸出。幼苗期因根系弱小，在土壤中分布较浅，抗旱力较弱，必须经常保持土壤湿润；但水分过多，幼苗长势过旺，易形成徒长苗。生产上常通过适当控制土壤水分，促进根系下扎，增强幼苗抗逆能力；但若控水过严，也易形成“小老苗”，即使定植后其他条件正常，也很难恢复正常生长。大多数园艺植物旺盛生长期均需要充足的水分，若水分不足，则叶片及叶柄皱缩下垂，植株呈萎蔫现象，暂时萎蔫可通过栽培措施补救；若水分过多，由于根系生理代谢活动受阻，吸水能力降低，导致叶片发黄，植株徒长等类似干旱症状。通常开花结果期，要求较低的空气湿度和较高的土壤含水量，一方面满足开花与传粉所需的空气湿度；另一方面充足的水分又有利于果实发育。各种园艺植物在生育期中对水分的需要均有关键时期和非关键时期，非关键时期是适宜节水栽培或旱作的时期。

四、对气体条件的要求

（一）氧气

空气中含氧气21%，一般地面不缺，但土壤中经常缺乏。如果土壤板结（地面灌水后干硬结皮）、水淹，根系在土壤中长期得不到氧气会窒息死亡。中耕可以增加土壤中的氧气，因为灌溉后土壤板结，空气中的氧气进不到土壤使根系窒息死亡。水培园艺植物也要注意营养液通气。

（二）二氧化碳

空气中二氧化碳（CO_2）含量约0.03%，增加CO_2对提高园艺植物产量和品质效果显著。如将CO_2浓度提高到0.3%，可增产番茄20%，菜豆50%，四季萝卜80%。但CO_2浓度大于0.3%，就会对蔬菜产生毒害，达到0.5%对人体也有危害。所以设施栽培中CO_2施肥浓度最好保持在0.1%左右，不宜超过0.2%。

（三）有毒气体

1. **二氧化硫**　保护地内燃烧煤、有机肥料分解、工业污染等都可能产生二氧化硫（SO_2）。受害蔬菜先在叶片气孔部位形成斑点、褪绿，严重时整个叶片呈水浸状、褪绿。当SO_2浓度达0.2μg/L时，蔬菜就可受害。对SO_2敏感的蔬菜有黄瓜、番茄、茄、辣椒、萝卜、白菜、菠菜等。

2. **乙烯**　园艺设施中为害植物的乙烯（C_2H_4）主要来源于有毒的塑料，可使植物叶缘或叶脉间发黄，最后变白枯死；其浓度达0.1μg/L就可致蔬菜受害。黄瓜、番茄、豌豆较易受害。

3. **氯气**　园艺设施中氯气（Cl_2）来源于有毒的塑料。当其浓度达到0.1μg/L，2h即可使植物受害，症状几乎与C_2H_4毒害相同，十字花科蔬菜极敏感。

4. **氨气**　园艺设施中施用大量有机肥和施用无机肥不当都可能产生氨气（NH_3）毒害，尤其是施用碳酸氢铵、氯化铵等化肥很易致害，尿素施用后3～4d也易产生NH_3。NH_3可使园艺植物叶子变黄，逐渐枯死。所以，设施内一般不要施用碳酸氢铵、氯化铵、氨水等易挥发性氮肥，施尿素后也要盖土或灌水。蔬菜中，黄瓜对氨气敏感，番茄、芥菜、白菜较敏感。

五、对土壤和营养条件的要求

土壤是园艺植物生长的支撑介质，按质地土壤可分为砂质土、壤质土、黏质土、砾质土等。砂质土质地疏松，适宜作为园艺植物扦插繁殖用土和西瓜、甜瓜、薯芋类蔬菜、桃、枣、梨等栽培土壤；壤质土质地均匀，松黏适中，通透性好，保水保肥力强，几乎适用于所有园艺植物的商品生产；黏质土保水保肥能力强，但通气透水性较差，常可种植喜肥园艺植物；砾质土通常需要适当改良后种植园艺植物较宜。大多数果树、木本观赏植物、南瓜、西瓜等根系入土深而广，与土壤接触面大，对土壤适应能力强。

土壤营养是园艺植物正常生长和优质、丰产的重要条件。园艺植物最重要的营养元素为氮、磷、钾，其次是钙、镁。微量元素虽需要量较小，但也为植物所必需。园艺植物种类繁多，对营养元素需求也存在一定差异。即使同一种类、同一品种，也因生育期不同，对营养条件要求也各异。因此，了解各种园艺植物的生理特性，采取相应的措施是栽培成功与否的关键。

土壤中有机质及矿质营养元素的含量是土壤肥力（soil fertility）的重要指标。大部分土壤有机质含量多为0.5%～1.0%，园艺植物高产、优质生产最好选择有机质含量在2%以上的土壤。大力推广有机生态农业，改善矿质营养水平，提高土壤有机质含量，是实现园艺产品高效、优质、丰产的重要措施。

土壤的酸碱度（pH）影响土壤养分的有效性及园艺植物的养分吸收和植株生理代谢。不同园艺植物适宜的土壤酸碱度不同（表3-1）。

表 3-1　园艺植物对土壤酸碱度的适应范围

园艺植物	适宜 pH 范围	园艺植物	适宜 pH 范围	园艺植物	适宜 pH 范围
苹果	5.5 ～ 7.0	甘蓝	6.0 ～ 6.5	紫罗兰	5.5 ～ 7.5
梨	5.6 ～ 7.2	大白菜	6.5 ～ 7.0	雏菊	5.5 ～ 7.0
桃	5.2 ～ 6.5	胡萝卜	5.0 ～ 8.0	石竹	7.0 ～ 8.0
栗	5.5 ～ 6.5	洋葱	6.0 ～ 8.0	风信子	6.5 ～ 7.5
枣	5.2 ～ 8.0	莴苣	5.5 ～ 7.0	百合	5.0 ～ 6.0
柿	6.0 ～ 7.0	黄瓜	6.5	水仙	6.5 ～ 7.5
杏	5.6 ～ 7.5	番茄	6.5 ～ 6.9	郁金香	6.5 ～ 7.5
葡萄	6.5 ～ 8.0	菜豆	6.2 ～ 7.0	美人蕉	6.0 ～ 7.0
柑橘	6.0 ～ 6.5	南瓜	5.5 ～ 6.8	仙客来	5.5 ～ 6.5
山楂	6.5 ～ 7.0	马铃薯	5.5 ～ 6.0	文竹	6.0 ～ 7.0

六、环境污染与安全优质园艺产品的生产

（一）环境污染

1. 工业“三废”污染　工业“三废”是指工业生产中产生的废水、废渣和废气，其通过污染周围环境中的水、土壤和空气，从而污染园艺产品。“三废”中含有的有害物质主要包括二氧化硫、氟化氢、氯、氨、硫化氢、氯化氢、一氧化碳等有害气体；铅、锌、铜、铬、镉、砷、汞等重金属及含毒塑料薄膜、酚类化合物等。工业废气主要破坏园艺植物的叶绿素，使植株出现失绿、黄化甚至枯死。园艺植物生产中应禁止使用工业污水和垃圾。

2. 农药污染　由于长期不合理、超剂量使用农药，尤其是化学农药，害虫和病原菌种群抗药性逐年增强，持续提高农药使用浓度和增加用药次数加剧了产品污染和提升了有害生物抗药性，形成恶性循环，致使园艺产品中农药残留量超标，直接危害人体健康。因此，采用综合农业配套技术措施控制园艺作物的病虫害，是减少农药污染，推进安全、优质园艺产品生产的重要保障。

3. 肥料污染　为追求产量，促进早熟，许多地区大量使用化肥，特别是过量追施无机氮肥导致植物体内硝酸盐大量积累，影响人体健康。据分析，人体摄取的硝酸盐80%以上来自蔬菜，而蔬菜硝酸盐含量严重超标问题也引起了广泛关注。

4. 有害生物污染 城镇生活污水、生活垃圾及医院排出的废水中都可能含有有害生物，如各种沙门杆菌、病毒、大肠杆菌、寄生性蛔虫等，这些污水和垃圾流入园田，就会造成产品污染。此外，在采后贮运、销售产品过程中处理不当，也会造成园艺产品有害生物的二次污染。

5. 激素与保鲜剂污染 有些人工合成的植物激素、生长调节剂、保鲜剂等，可能含有对人体有害的物质，园艺生产中使用这些农资可能会带来产品污染。例如，番茄、西瓜、甜瓜等生产中常使用保花促果类植物生长调节剂，一些果树生产中使用膨大剂，一些蔬菜水果贮藏过程中常使用保鲜剂等，都可能影响园艺产品的安全性。所以，园艺生产中应尽量采用生物措施和安全措施促进坐果和果实发育，延长产品货架期。

（二）安全优质园艺产品的生产

1. 安全优质类食品的概念 在我国，安全优质类食品包括无公害食品（safe food）、绿色食品（green food）、有机食品（organic food）及地理标志产品（product of geographical indication），常称为“三品一标”。

（1）无公害食品。是在环境符合无公害食品生产要求的产地或基地，生产过程中按照相应生产技术标准生产的，符合通用卫生标准并经有关部门认定的，安全、卫生的食品。其特征是安全、卫生。

（2）绿色食品。是遵循可持续发展原则，在绿色食品产地，按照特定生产方式生产，经专门机构认证，许可使用绿色食品标志的无污染的安全、优质、营养类食品，分为A级和AA级两种。其中A级绿色食品生产中允许限量按规范使用化学合成的生产资料，AA级绿色食品则较为严格地要求在生产过程中不使用化学合成的生产资料和其他有害于环境与人类健康的物质。其特征是安全、优质。

（3）有机食品。也叫生态食品（biologic food）或自然食品（natural food），是指在有机食品产地，以有机方式生产或加工的、符合有关标准并通过专门认证机构认证的农副产品及其加工品。其特征是天然。

（4）地理标志产品。是指在特定地域生产，产品所具有的质量、声誉或其他特性，本质上取决于该产地的自然因素和人文因素，经审核批准以地理名称进行命名的产品。地理标志产品包括来自本地区的种植、养殖产品；以及原材料全部来自本地区或部分来自其他地区，并在本地区按照特定工艺生产和加工的产品。其特征是独一无二。

2. 安全优质类园艺产品的标准化生产 安全优质类园艺产品的标准化生产主要涉及产地环境质量标准、生产技术规程、产品标准及包装和贮藏运输要求等。产地环境质量标准规定了产地的空气、灌溉水和土壤等的各项指标及浓度限值，强调在良好的生态环境地域产生，以保证产品的无污染和安全性。生产技术规程是控制生产过程的标准，规定了在播种、施肥、灌溉、喷药及收货等各个生产环节必须遵循的程序，尤其是对农药、化肥等生产资料的使用。产品标准是衡量产品质量的指标尺度，规定了产品的外观品质和卫生品质等内容。

无公害产品注重强调产品的安全性，主要通过园艺产品市场准入来控制，由政府主导推进生产；绿色园艺注重强调从土地到餐桌全程质量控制，由政府鼓励，企业主导生产；有机园艺则更强调产品的有机生产方式，并实行产品跟踪制，以及产品质量可追溯体系。有机产品生产，也由政府鼓励，企业主导生产。地理标志产品可以由政府或企业申请保护，农户或企业组织生产。

小　结

本章从器官形态与结构、生长发育和生态需求3个方面介绍了园艺植物的生物学特性。园艺植物的根、茎、叶、花、果实、种子等器官形态和结构因植物种类而不同。根是吸收营养和水分的主要器官，叶是光合作用生产有机物质的主要器官，茎是支撑和物质输导的主要器官，花、果、种子是繁殖器官。许多园艺植物的器官有多态性或变态，不同园艺植物食用或观赏的器官不同，有的食用或观赏器官就是变态器官，或是繁殖器官。一年生园艺植物在播种的当年形成产品并开花结实，完成生命周期；二年生园艺植物在播种当年主要进行营养生长，形成营养贮藏器官，第二年开花结果，形成种子，完成生命周期；多年生园艺植物的生命周期包括多个年生长周期，在一年的不同季节生长发育的主要器官不同。园艺植物各器官间存在着生长相关性。温、光、水、气、土壤等是园艺植物生长发育的生态条件，不同园艺植物生长发育对生态条件有不同的要求。园艺产品有无公害、绿色、有机和地理标志等类别，实施标准化生产是提升产品安全性和质量的重要保障。本章要求掌握园艺植物生物学相关的概念，了解各类园艺植物的器官形态特征、生长发育特性和对生态条件的需求特点，明确园艺产品类别和提升园艺产品安全性与质量的途径。

思考题

1. 园艺植物的根系有何特点？栽培中如何应用？
2. 园艺植物的茎有哪些类型？茎的类型与植株调整或整形修剪有何关系？
3. 园艺植物的叶有哪些类型？试述园艺植物叶片的形成与生长发育规律。
4. 园艺植物花芽分化的特点是什么？如何调控？
5. 园艺植物花的结构特点是什么？与开花坐果有何关系？
6. 试述园艺植物落花落果的原因和防控途径。
7. 简述主要园艺植物果实的类型。
8. 试述园艺植物果实形成与发育的规律。
9. 园艺植物器官生长间有哪些相关性？各有何特点？生产上如何应用？
10. 园艺植物生长发育周期包括哪些时期？各时期有何特点？
11. 园艺植物对温度的反应有哪些类型？高低温障碍产生的原因是什么？如何克服？
12. 园艺植物对光照强度的反应有哪些类型？对光周期的反应有哪些类型？
13. 按照需水特性，园艺植物有哪些类型？
14. 园艺产品有哪些类别？产品污染源有哪些？
15. 如何生产安全优质的园艺产品？

第四章

园艺植物的种质资源和育种途径

选择和应用优良品种是园艺植物优质、高效生产的前提，优良品种选育以种质资源收集、创新和利用为基础，以育种技术和方法为条件和手段。

第一节　园艺植物的种质资源和品种

种质资源是育种材料，品种是育种结果，是重要的生产资料。本节介绍园艺植物种质资源的概念、重要性和工作任务，以及品种的概念及其管理。

一、种质资源

（一）种质资源的概念

种质（germplasm）又称为遗传物质，是指决定生物遗传性，并将遗传信息从亲代传递给后代的遗传物质的总称，在遗传学上称为基因（gene）。携带种质的载体可以是群体、个体，也可以是部分器官、组织、细胞、个别染色体乃至DNA片段。遗传育种上把这一切具有一定种质（基因）的生物类型统称为种质资源（germplasm resource），这些都是培育新品种的原始材料，过去也称为育种的原始材料。园艺植物种质资源从来源上分，主要有本地种质资源、外来种质资源、野生种质资源、人工创造的种质资源等。

1．本地种质资源　指在当地自然条件和耕作制度下，经过长期培育选择得到的地方品种和当前推广的改良品种等。地方品种俗称“农家品种”，是长期人工选择和自然淘汰的产物，对本地的气候、土壤条件及大众的消费习惯有高度的适应性。因其基因型丰富，是一种重要的育种原始材料。当前推广的改良品种在适应新的环境上优于地方品种，但它对本地区的一些特殊不利的自然条件的抗性和耐性有时不及地方品种。

2．外来种质资源　指引自外地区或国外的品种或种质材料，因其来自不同起源中心或生态类型，携带有不同于本地种质资源的一些遗传特性，是改良当地品种的宝贵种质资源。也有些来自生态性相近地区的优良品种，经试验适宜本地者也可直接推广利用。

3．野生种质资源　指栽培植物的近缘野生种和有潜在利用价值的植物野生种，是经过长期自然选择生存下来，具有很强的适应性和抗逆性，还可能具有栽培植物所不具有的重要特性。

4．人工创造的种质资源　指人工诱变而产生的突变体、远缘杂交创造的新类型、育种过程中的中间材料、基因工程创造的新种质等，这些资源携带有自然界所没有的新种质，虽然不一定能够在生产上直接利用，但都是新品种选育或育种理论研究的珍贵遗传资源。

（二）种质资源的重要性

Harlan（1970）认为，人类的命运将取决于人类理解和发掘植物种质资源的能力。没有好的种质资源，就不可能育成好的品种。例如，19世纪中叶欧洲马铃薯晚疫病大流行，几乎毁掉整个欧洲马铃薯种植业，后来利用从墨西哥引入的抗病的野生种杂交育成抗病品种，才使欧洲马铃薯种植业得到挽救。当代植物育种中的每一重大成就，突破性品种的育成几乎都是和种质资源方面的重大发现和开发利用联系在一起的，植物种质资源是人类的宝贵财富。

（三）种质资源的工作任务

园艺植物种质资源主要的工作任务包括种质资源的收集、保存、研究和利用等。

1. 种质资源的收集　种质资源收集的原则是，有明确的目的和要求、多途径收集、严格资源质量、由近及远、工作细致无误。种质资源收集的方法一般有征集、考察、交换和转引4种。

2. 种质资源的保存　一般种质资源常用的保存方法有种植保存、贮藏保存、离体试管保存、利用保存和基因文库保存等。

3. 种质资源的研究　种质资源的研究一般包括对其一般特征、特性的观察和鉴定，性状遗传规律的研究，分类学及亲缘关系的研究，种质分析与标记。

4. 种质资源的利用　种质资源可以直接利用、间接利用、潜在利用等。如果收集到的种质资源适应当地生态条件，性状优良，具有开发价值和较高的经济价值，就可直接用于生产；如果收集到的种质资源在当地表现不理想或经济价值不高，但有某些明显优良性状，就可作为育种材料间接利用；有些种质资源虽不能直接利用或间接利用，但可能有潜在的应用价值，因此不能抛弃，要加以保存，待进一步研究认识后再加以利用。

二、品种

（一）品种的概念

品种（cultivar）是指一个种内具有共同来源和特有一致性状的一群家养动物或栽培植物。品种应具有以下5个属性。

1. 优良性（elite）　是指群体作为品种时，其主要性状或综合经济性状符合市场要求，有较高的经济效益。

2. 适应性（adaptability）　是指对一定地区气候、土壤、病虫害和不时出现的各种逆境的适应，对一定的栽培管理和肥水条件的适应，对机械化作业及采收、加工工艺的适应等。

3. 整齐性（uniformity）　是指品种内个体间在株型、生长习性、物候期等方面的相对整齐一致和产品主要经济性状的相对整齐一致。

4. 稳定性（stability）　是指在适当的繁殖方式下能保持其后代遗传的稳定。

5. 特异性（distinctness）　是指作为一个品种，至少有一个以上明显不同于其他品种的可辨认的标志性状。

品种还具有地区性和时间性。地区性（regionality）是指品种的生物学特性适应于一定地区生态环境和农业技术要求。每个品种都是在一定的生态和栽培条件下形成的，它都有一定的适应地区和适宜的栽培条件。时间性（timeliness）是指品种在一定时期内在产量、品质和适应性等主要经济性状上符合生产和消费市场的需要。随着每个地区的经济、自然和栽培条件的变化及人类新的需求的增加，原有的品种便不能适应，也因而被不断地淘汰、更新。一些过时的、不符合现代要求的老品种和不符合当地要求的引进品种，不完全具备生产上的要求，习惯上仍称为品种，但它们常常只用作选育新品种的种质资源。

品种是具有一定经济价值的农业生产资料，是农业生产上栽培植物特有的类别，在野生植物中没有品种。因此，只有当人类将野生植物引入栽培，通过长期的栽培驯化和选择等一系列的活动，才能创造出生产上的品种。品种有其在植物分类上的归属，通常属于植物学上的一个种、亚种、变种和变型，但不同于植物学上的变种和变型。

（二）品种管理

1. 品种审定和登记 品种审定（cultivar certification）是指对新选育或新引进的品种由权威性的专门机构对其进行审查，并作出能否推广和在什么范围内推广的决定。实行品种审定制度后，对我国主要农作物而言，原则上只有经品种审定合格的品种，由农业行政部门公布后，方可正式繁殖推广。品种登记（cultivar registration）或备案是指对新选育或新引进的品种，在育成者自愿申请的基础性，履行必要的登记备案程序，经作物品种审定委员会审议合格后登记在案的一种新品种管理方式。目前，我国对非主要农作物新品种的具体管理方式各省不尽相同，包括登记、备案和认定等方式。

2. 植物新品种保护 我国于1997年颁布并在2013年修订了《中华人民共和国植物新品种保护条例》，内容包括授予新品种的条件；品种权的内容和归属；品种权的申请、受理、审查和批准；保护期限和处罚等。对于已规定需经品种审定合格才能推广的作物，育成新品种即使已被批准授予品种权，但在生产、销售和推广前，仍应先通过品种审定。

3. 品种推广 品种推广一般可通过大众媒介传播、农业行政部门有组织的推广、育种者通过生产单位和专业户布点推广等多种途径。

4. 良种繁育 由于机械混杂、生物学混杂、自然突变及品种本身的遗传退化、不正确的选择和留种方式、不适宜的自然条件和栽培技术等，生产上的品种通常会出现退化现象。为了防止品种退化，最大限度地保持其优良种性，发挥良种在生产中的作用，必须采取适当的措施进行良种繁育，包括严格执行制种的技术操作规程，合理收获，严防机械混杂；隔离留种；合理选择和留种；利用和创造适合种性的生育条件；用种性较纯的优质种苗定期更新生产用种。

第二节 园艺植物的育种途径

园艺植物种类繁多，育种途径和技术多样。主要育种途径包括种质资源调查、引种、选择育种、杂交育种、杂种优势育种、诱变育种、倍性育种、生物技术育种等。

一、种质资源调查

我国园艺植物种质资源非常丰富，给育种工作提供了宝贵的材料。种质资源调查成为一条便捷的育种途径。

（一）调查内容

种质资源调查的主要内容包括资源所在地的气候、土壤、利用方法等，为品种的开发利用提供依据；品种资源的种类、类型和近缘植物等；代表植株的形态特征、生长习性、产品器官和生殖器官特征、栽培要点和繁殖方式等。在调查的同时还要尽可能地采集每个资源的代表植株、花果和种子，制作实物标本，并摄影拍照。

考察结束后，应及时对调查材料进行分类、整理和总结，发现遗漏应尽快补充。

（二）调查方法

1. **基本情况调查**　通过座谈了解当地的自然条件、作物种类和品种分布，重点了解对生产和育种有关的优良品种的主要性状及栽培方式等。

2. **实地观察**　在调查了解的基础上，对符合品种选育要求的优良品种或类型，进行实地观察记载。选择代表植株，详细记载品种的生物学特性、经济性状、土壤条件和栽培措施等，并尽可能采集标本、拍摄照片，或采收种子。

二、引种

（一）引种的概念和意义

植物的任何种类和品种在自然界都有一定的分布范围，人类为了某种需要把植物的种、品种或品系从其原分布区引进种植到新的地区的实践活动就叫做引种。引种分为简单引种（introduction）和驯化引种（domestication）。简单引种是指引进的品种在新栽培区表现好，能正常生长发育和开花结实。驯化引种是指引进的品种在新栽培区表现不好，不能正常生长发育和开花结实，需要采取一定的措施和技术，改变其遗传性，使其适应新环境。

引种是栽培植物起源与演化的基础，是丰富和改善品种结构，提高生活和生存质量的有效途径；是省时、节约成本、提高效益的捷径，是丰富种质资源的有效办法。

（二）引种的原理

植物和生长环境之间存在非常复杂的关系，而对植物生长发育有明显影响的主要是生态环境因素，如温度（平均气温、极端最低气温、有效积温和需冷量）、光照（光照时间和光照强度）、水分（降雨量和湿度）、土壤（pH和含盐量）及其他生态因子（菌根、授粉植物和病虫等），这些因子相互依存，相互制约，构成一个统一的环境系统，并综合地作用于植物。因此，有目标、有计划地重现当地生态环境特点，遵循生态系统动态平衡原理是引种成败与否的关键。气候相似论就曾指出：木本植物引种成功的最大可能性在于树种原产地和新栽培区域气候条件有相似的地方。

此外，植物的适应性大小，还与其系统发育历史上经历的生态条件有关，生态历史越复杂，其适应性就越广泛。

（三）引种程序

引种应坚持“积极、慎重”的原则，有组织、有计划、有步骤地进行。具体引种程序如下。

1. **确定引种目标**　主要根据引种的可行性、市场需要和经济效益来确定引种目标。

2. **收集和整理引种材料**　引种材料类型很多，可以是种子材料，也可以是球根、块根、块茎、枝段或整个植株。一般简单引种可应用营养器官或营养繁殖苗，驯化引种多选用能产生丰富变异的种子。

3. 检疫引种材料 对引种材料要严格遵守植物检疫的规定，避免外国或外地的检疫性病虫害进入。

4. 驯化选择引种材料 通过引种驯化试验，生物学特性和生态习性的观测，选择适宜新引种地气候土壤条件的优良品种。

5. 引种试验 通过引种试验，观测引种材料的适应性，探索配套的栽培技术。

三、选择育种

（一）选择育种的概念

利用现有品种或类型在繁殖或生长发育过程中产生的自然变异，通过人为选择手段培育成稳定新品种的育种途径叫做选择育种（selection breeding），简称选种。园艺作物选种有实生选种和芽变选种两种基本形式。实生选种（selection by seedling）是利用植物在有性繁殖过程中因植株个体基因重组和突变所产生的各种遗传变异，通过一次或多次定向选择，获得新品种的选择途径。芽变选种（selection by bud mutation）则是利用作物在生长发育过程中其芽的分生组织细胞产生可遗传的变异，进而发生芽变，通过人工选择、鉴定和培育而获得新品种的选择途径。

（二）选择的作用基础

1. 选择的实质 群体的遗传变异是选择作用的基础，无论是自然选择还是人工选择，都能使群体内一部分个体产生后代，其余个体因受淘汰而不能产生或较少产生后代。所以，选择的实质就是进行差别繁殖。

2. 选择的来源 自然的遗传变异主要来源于天然杂交和天然突变（基因突变和染色体畸变）。在自然界中，还存在很多可能引起基因突变的因素，如射线、高温等。因此，生物在生长发育过程中会产生很多变异，在有性繁殖过程中常因自然杂交发生染色体组分的改变；体细胞中的遗传物质也会发生基因的点突变（芽变）。这些均可导致子代和亲本之间某些性状上的差异。由于发生的突变多在遗传物质中，具有可复制和可遗传的特征，选择的目的是将这些可遗传的变异保留下来。

（三）选择育种的方法

1. 有性繁殖植物的选择方法 有性繁殖植物选择育种的基本选择法有混合选择法（mass selection）和单株选择法（individual selection）。

（1）混合选择法。是从一个原始混杂的群体中选取符合育种目标的优良单株，混合留种，次年播种于同一块圃地，与对照品种（当地优良品种）及原始群体小区相邻种植，进行比较鉴定的选择法（图4-1）。由于是根据表现型进行选择留种，故又叫表型选择法。此方法简单易行，省时省力，但由于不能鉴别每个个体基因型的优劣，降低了选择效果。

（2）单株选择法。是从原始群体中选取优良单株分别编号，分别留种，次年单独种植成一个单株小区，根据各株系的表现进行鉴定的选择方法（图4-2）。在此方法中，由于一个单株就是一个基因型，中选的单株形成了一个系谱，故又叫系谱选择法或基因型选择法。此方法可对所选优株的基因型进行鉴定，提高了选择效率，并且多次单株优选可定向积累变异，从而形成新品种。

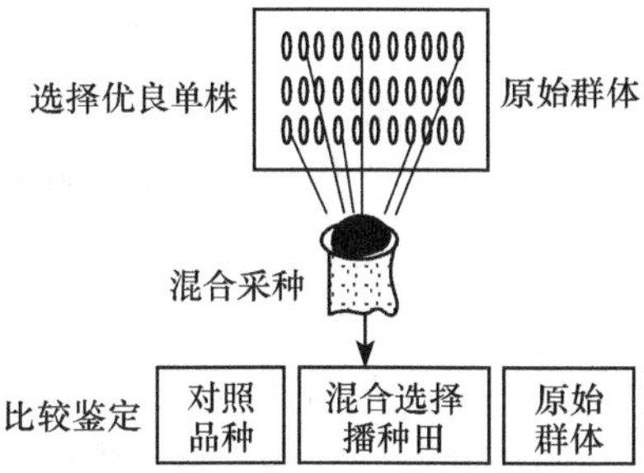

图 4-1　一次混合选择法

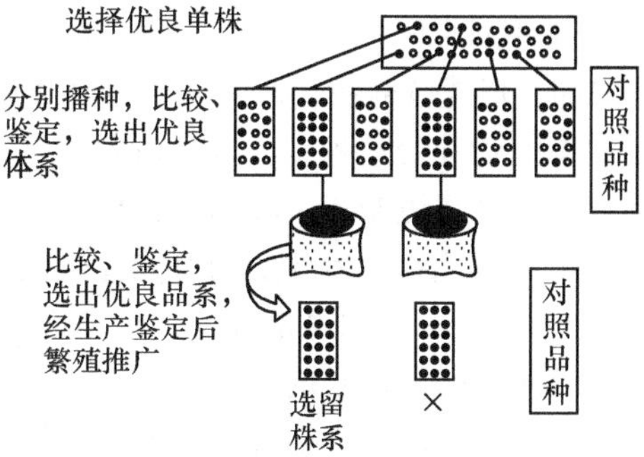

图 4-2　一次单株选择法

育种中常用的选择法因植物的授粉习性不同而不同。植物的授粉习性有自花授粉（self-pollination）、常异花授粉（often cross-pollination）和异花授粉（cross-pollination）。凡以同一品种、品系花内或同一植株内的花粉进行授粉而繁殖后代的植物称为自花授粉植物，如番茄、豆类，其自然异交率在5%以内。这类园艺作物可进行单株选择法。当结合生产进行品种提纯复壮时，为大量获得生产用种，也可采用混合选择法。

以自花授粉为主但有相当高的异花授粉率的植物，称为常异花授粉植物，如辣椒。一般自然杂交率为5%～50%。这类园艺作物品种在选育时常采用控制自交和单株选择的方法，次数可多些。实际中可根据生产需要及种子繁殖系数大小采用混合选择法，也可两种方法相间应用并进行多次选择。

凡是通过不同品种、品系植株花朵的花粉进行授粉而繁殖后代的作物都称为异花授粉植物，如瓜类、十字花科蔬菜、苹果、桃、梨等，其自然杂交率在50%以上。这类园艺作物一般采用由两种基本方法衍生出来的选择法，主要有单株–混合选择法、母系选择法、亲系选择法（parental-line selection）、剩余种子法（half seedsselection）、集团选择法等。

单株–混合选择法（single-mass selection）：先进行一次单株选择，然后进行一次或多次混合选择。

混合–单株选择法（mass-single selection）：多次混合选择后进行一次单株选择。

母系选择法（maternal-line selection）：又称为无隔离系谱选择法，即对所选植株不进行防止异花授粉的隔离，而只是根据母本的性状进行单株选择，对花粉来源未加选择控制。

亲系选择法（parental-line selection）：与多次单株选择相似，差别主要为这种选择法不在系统比较试验圃内留种，而在另设的留种区内留种。系统比较试验圃内各系统间不隔离，而在留种区各系统间要隔离。

剩余种子法（halp seeds selection）：将单株选择的种子分为两份，一份播于系统比较圃，另一份包装储藏于种子柜中。下一年或下一代播种应当选种子柜中的种子。

集团选择法（bulk selection）：根据原始群体的特征特性（如植株高低、果实大小、颜色、成熟期）选出优良单株，把性状相似的优良单株归并到一起，形成几个集团，集团内混合播种，而集团间分小区隔离播种，淘汰不良集团，选出优良集团，多次进行直到选出新品种。

2. 无性繁殖植物的选择方法 有营养系混合选择法、营养系单株（穴）选择法和有性后代单株选择法。前两种选择法的程序与有性繁殖植物的相应选择法相同，差别只是选择材料为营养繁殖体，如鳞茎、块茎等；而且营养系单株（穴）选择法一般只进行一次选择。有性后代单株选择法可用于能结种子的无性繁殖植物，通过自交或杂交获得种子，播种于实生选种圃小区，在此小区内按单株选择法选取优良单株，分别收获其营养繁殖体、编号、提纯，形成营养系。每一营养系再分别进行比较鉴定。

在木本植物芽变选种中，选择对象常常是单枝或单株。当发现一个变异后，首先要分析它是芽变还是环境变化引起的非遗传变异。判断芽变一般有以下依据：①变异性状的性质。典型的质量性状发生芽变的可能性较大。②变异体的范围。变异体常表现出枝变、株变和多株变3种情况。如果是枝变，且表现出典型的扇形嵌合体的特征，即可肯定是芽变。③变异的方向和变异性状的稳定性。芽变一般看不出与环境条件有明显的关系。④变异性状的变异程度。环境条件引起的非遗传变异具有一定的限度和范围，超出这一范围，就有可能是芽变。对于以嵌合体形式存在的优良芽变还需对嵌合体进行分离，以得到稳定的芽变类型。

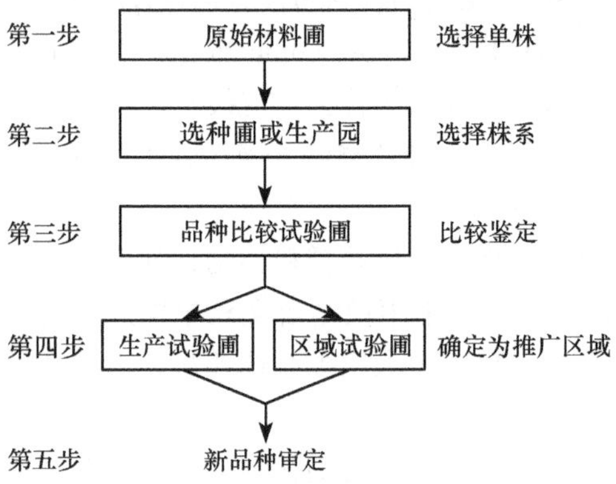

图 4-3 单株选择法选种简单程序

（四）选择育种的程序

整个选种过程先后经过原材料收集、优系选择鉴定等一系列工作环节。这种按照一定的先后步骤依次进行的工作环节就叫选种程序。园艺植物实生选种和芽变选种两种基本形式的选择对象来源不同，因此选择程序也有所差异。

1. 实生选种程序 以单株选择为例，选种程序一般分为选择单株、选择株系、品种比较试验、生产试验和区域试验及品种审定和推广。这些工作需要设置原始材料圃、株系圃或选种圃、品种比较预备试验圃、品种比较试验圃、生产试验圃和区域试验圃等圃地（图4-3）。

2. 芽变选种程序 芽变选种分两级进行（图4-4）。第一级是从生产园（栽培圃）内选出变异优系，即初选阶段；第二级是将初选优系无性繁殖后进行比较筛选，包括复选和决选。

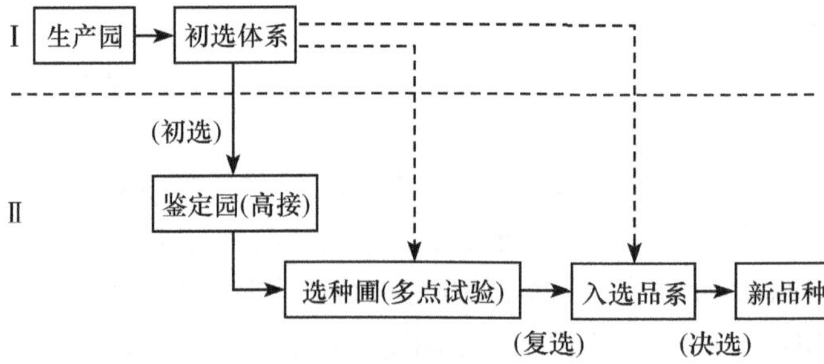

图 4-4 芽变选种程序

四、杂交育种

(一)杂交育种的概念和类别

不同基因型的配子结合产生杂种，称为杂交(cross)。杂交育种(cross breeding)是通过人工杂交的手段，把分散在不同亲本上的优良性状组合到杂种中，对其后代进行多代培育选择，比较鉴定，以获得遗传相对稳定、有栽培利用价值的定型新品种的育种途径。

根据杂交亲本亲缘关系的远近，可分为近缘杂交(close cross)和远缘杂交(wide cross)。近缘杂交一般指不存在杂交障碍的同一物种内，不同品种或变种之间的杂交，常规的杂交育种都属此范畴。远缘杂交通常指植物分类学上不同种、属及其以上类型间，或地理上相距很远的不同生态类型间的杂交。

(二)杂交亲本的选择与选配

1. **亲本选择原则** 包括广泛收集符合育种目标的原始材料，从中精选亲本；亲本应尽可能具有较多的优良性状；明确亲本的目标性状，分清目标性状的主次；重视选用地方品种；亲本的一般配合力要高。

2. **亲本选配原则** 包括父母本优良性状互补，选用不同生态类型的亲本配组，以具有较多优良性状的亲本作母本，亲本之一的性状应符合育种目标，用一般配合力高的亲本配组，注意父母本的开花期和雌蕊的育性。

(三)有性杂交方式

1. **两亲杂交** 两亲杂交(single cross)是指参加杂交的亲本只有两个，又称成对杂交或单交。两亲杂交的亲本可以互为父母本，因此又有正反交之分。正反交是相对而言的，如A(♀)×B(♂)为正交，则B(♀)×A(♂)为反交。

2. **多亲杂交** 多亲杂交(multiple cross)是指3个或3个以上的亲本参加的杂交，又称复合杂交或复交。

(1)添加杂交。多个亲本逐个参与杂交的方式称添加杂交。每杂交1次，添入1个亲本性状。一般添加杂交以3～4个亲本为宜。例如，先A(♀)×B(♂)→F_1，然后F_1×C→F_1'，再F_1'×D→F_1''等。

(2)合成杂交。参加杂交的亲本先配成单交种，再将两个单交种杂交，这种多亲杂交方式称合成杂交。例如，A×B→F_1，C×D→F_1'，然后F_1×F_1'→F_1''。

(3)多父本混合授粉杂交。用一个以上父本品种的混合花粉授给一个母本品种的方式称多父本混合授粉杂交。例如，A(♀)×B、C、D(♂)→F_1。

3. **回交** 杂交一代及其后世代与其亲本之一再进行杂交称回交(back cross)。采用多次回交方法育成新品种(系)称回交育种(backcross breeding)。参加回交的亲本称回交亲本(recurrent parent)，由于是有利性状(目标性状)的接受者，又称受体亲本；只参加一次杂交的亲本称非轮回亲本(non-recurrent parent)，它是目标性状的提供者，故又称供体亲本。

如果输出性状为显性时，可以直接进行回交，即A(♀)×B(♂)→F_1，F_1×A→BF_1，BF_1×A→BF_2，BF_2×A→BF_3。

如果输出性状为隐形时，需将F_1和每次回交后代进行一次自交，使隐形性状表现出来后再进行回交，即A（♀）× B（♂）→F_1，$F_1 \times F_1 \rightarrow F_2$，$F_2 \times A \rightarrow BF_1$，$BF_1 \times BF_1 \rightarrow BF_2$，$BF_2 \times A \rightarrow BF_2$，$BF_2 \times A \rightarrow BF_3$。

（四）有性杂交技术

杂交前先要做好准备工作，主要是制订杂交育种计划，熟悉花器构造和开花习性，以及准备杂交用具。杂交的步骤和方法是：①花粉的采集和贮藏。采集性状典型一致的父本植株花粉，贮藏在室温，干燥条件下，也可现采现用。②杂交母株和花朵的选择。选择生长发育正常的母本植株和花朵，挂牌、做记号备用。③去雄和隔离。摘去母本植株花器上的雄性器官，用硫酸纸或网纱袋隔离。④授粉、标记和登记。将花粉授到母本植株的花朵柱头上，进行标记、挂牌和登记。⑤杂交后的管理。注意检查纸袋脱落、破损与否，及时采取必要的补救措施。受精有效期过后或已结果实后，应急时摘袋，以保证果实正常发育。⑥杂交种子的采集和处理。当果实达到生理成熟时及时采集果实和种子，分组干燥和贮藏。

（五）杂交后代的培育选择

1. 杂种的培育 为了获得符合育种目标要求的优良类型，要尽量扩大杂种后代群体，并保证杂种后代正常发育。杂种后代的培育条件应与育种主要目标相对应，并且培育条件要相对一致。

2. 杂种的选择 杂种后代的选择常用的方法有系谱法（单株选择法）、混合-单株选择法和单子传代法。前两种方法参照选种部分的介绍。单子传代法是自F_2或F_3开始，从每株上留一颗种子混合播种，到F_4或F_5性状基本稳定时再进行一次单株选择，下一代分别播种，进行株系间的比较鉴定，一次选出符合要求的整齐一致的品系。这种方法只用于自花授粉植物。

（六）回交育种

在育种中，回交育种法主要用于增强抗性，转育雄性不育系，创造新种质和改善杂交材料的性状。

1. 亲本的选择选配原则 除了前述的杂交亲本选择选配原则外，回交育种还要注意：①轮回亲本综合性状优良，仅一两个性状需要改良。②非轮回亲本输出性状优良，且由少数基因控制。③轮回亲本在生产上应具有较长的预期使用寿命。④为了保持轮回亲本综合优良性状在回交后代中的强度，防止多代近交导致生活力下降，可选用同类型的其他品种作为轮回亲本。

2. 回交后代的处理 若输出性状是完全显性，则从F_1和每次回交后代中选择具有输出性状的个体，直接与轮回亲本回交。若输出性状是隐性时，则将F_1和每次回交后代分别自交一次，使隐性的输出性状表现出来，选择具有目标性状的个体继续回交。

3. 回交的次数 在基因不存在连锁的情况下，若双亲间有n对基因差异，则回交r次后，从轮回亲本导入基因的纯合体比率可按公式（$1-1/2^r$）^{n}计算。若非轮回亲本的目标性状基因与不良性状基因存在连锁时，则轮回亲本优良性状基因置换非轮回亲本基因的进程将减缓，其减缓程度依连锁的紧密程度，即交换价（C）的大小而异。在不施加选择的情况下，轮回亲本的相对基因置换非轮回亲本不良基因，获得重组的概率可用公式$1-（1-C）^r$计算，当输出性状为不完全显性，或存在修饰基因，或为少数基因控制的数量性状时，回交次数不宜过多，可在进行少数几次回交后自交，即“有限回交”。有限回交次数通常是1～3次。转育雄性不育性时进行“饱和回交”，连续回交一直到出现既有雄性不育性，又具有轮回亲本全部优良性状的个体为止。饱和回交通常需回交4～6次。

4. **回交后代的群体规模** 主要取决于轮回亲本优良性状所涉及的基因对数。涉及的基因对数多时，回交后代的群体需要较大的规模；反之，则回交后代的群体需要较小的规模。

（七）远缘杂交育种

远缘杂交育种法主要用于创造作物新类型、提高抗病虫性和抗逆性、改良品质、创造雄性不育及利用杂种优势。远缘杂交具有杂交不亲和性、杂种不育性、杂种不稔性、返亲遗传和“剧烈分离”等特点。

1. **杂交不亲和性** 指杂交不能结籽或结籽不正常的现象。可以采用染色体加倍；适当选择选配亲本，即利用同一对亲本正反交亲和性常不同的特性；有性媒介，即利用亲缘关系较近的“第三者”先与一亲本杂交，然后再与另一亲本杂交；混合授粉；重复授粉；花柱短截、父本柱头组织移植；应用化学方法诱导，如用萘乙酸（NAA）、吲哚乙酸（IAA）、赤霉酸（GA）、糖、维生素、微量元素等处理植株或花器；辐射诱导，即用射线等处理植株或花器等技术措施来克服。

2. **杂种不育性** 指从受精卵开始，在个体发育中表现一系列不正常的发育以致长不成正常植株的现象。可以采用胚胎培养；用温室、人工气候箱等改善发芽和生长条件；嫁接（可使根系发育不良的杂种免于死亡）等技术措施来克服。

3. **杂种不稔性** 指远缘杂种植株由于生理上的不协调不能形成生殖器官，或虽能开花，但由于形成配子的减数分裂过程中染色体不能正常联会，而不能产生正常的配子，不能结籽的现象。克服途径为：染色体加倍；回交；蒙导（嫁接）；延长杂种个体寿命（多次扦插、温室栽培等）；改善营养条件和其他环境条件（喷N、P、K、B等）；选择提高法（选择稔性较高的后代繁殖）等。

4. **返亲遗传** 指由于亲缘关系远，受精过程中两性配子不能正常结合，卵细胞受花粉刺激，孤雌生殖形成种子，产生母本型个体的现象。在杂交后代中，注意采用选择和回交等措施；注意选择杂种稔性高的系统，使远缘杂交育成的品种有较高的繁殖力等可以克服返亲遗传。

5. **剧烈分离** 远缘杂种后代的分离主要有综合性状类型、亲本性状类型和新物种类型3种。远缘杂种后代的选择应注意扩大杂种的群体数量，增加杂种的繁殖世代，注意采用再杂交和回交等方法，注意培育与选择相结合。

五、杂种优势育种

（一）杂种优势育种的概念

两个遗传组成不同的亲本杂交产生的F_1植株在生活力、生长势、适应性、抗逆性和丰产性等方面超过双亲的现象称为杂种优势（heterosis）。利用这一特点，通过选用合适的杂交亲本、特定的育种程序和制种技术培育新品种的育种方法，称为杂种优势育种（heterosis breeding）。

（二）杂种优势产生的原因

关于杂种优势产生的原因，至今还没有一致的结论。目前主要有显性、超显性和上位性等3种假说。

1. 显性假说（dominance hypothesis） 该假说认为，杂种优势来源于等位基因间的显性效应和非等位基因间显性效应的累加作用。其论点建立的基础是认为显性基因较隐性基因更有利于个体的生长和发育，来自于一个亲本的显性基因可能遮盖来自另一亲本的隐性基因，使得杂交种中显性位点数多于任何一个亲本，因而表现出杂种优势。

2. 超显性假说（overdominance hypothesis） 该假说认为，杂种优势来源于双亲基因型异质结合而引起等位基因间的互作，由于具有不同作用的一对等位基因在生理上相互刺激，使杂合个体比任何纯合个体在生活力和适应性上都有优势。

3. 上位性假说 指非等位基因的相互作用，当两对基因在一起相互作用时，其基因型值偏离两者相加之值，即基因位点间的非加性遗传效应。基因间的相互作用（上位性）是杂种优势的重要遗传学基础。

纵观生物界杂种优势的种种表现，3种假说解释的情况都存在。所以概括地说，杂种优势可能是由于上述某一种或某几种遗传机制造成的，近期利用分子标记遗传图谱进行的数量性状基因座（QTL）分析结果也分别得到了支持这3种假说的结论。

（三）杂种优势的度量

1. 中亲优势（mid-parent heterosis） 指F_1的某一数量性状的平均值与双亲（P_1，P_2）同一性状的平均值（中亲值，MP）差数的比率。

2. 超亲优势（over-parent heterosis） 用双亲中较优良的一个亲本的平均值（P_h）作为度量标准，衡量F_1平均值与高亲平均值差数的比率。

3. 超标优势（over-standard heterosis） 指F_1的某一数量性状的平均值与标准品种（目前生产上正在推广的品种）同一性状的平均值差数的比率。

4. 杂种优势指数（index of heterosis） 用某一数量性状的平均值与双亲同一性的平均值的比值，度量F_1超过双亲平均值的程度。

（四）杂种优势育种的一般程序

其主要步骤是优良自交系的选育，自交系配合力的测定和配组方式的确定，可概括为“先纯后杂”。

1. 优良自交系的选育 以优良的品种或杂交种作为选择自交系的基础，选择优良的单株进行自交，逐代进行系间淘汰选择。一般进行4～6代选择，直至获得纯度很高、主要性状不再分离、生活力不再衰退的自交系。

2. 自交系配合力的测定 配合力又称组合力，是衡量亲本系在其所配的F_1中某种性状的好坏或强弱的指标。通常可分为一般配合力（general combining ability，GCA）和特殊配合力（specific combining ability，SCA）。一般配合力是指某一亲本系与其他亲本系所配的几个F_1的某种性状平均值与该试验全部F_1的总平均值相比的差值。特殊配合力是指某特定杂交组合的某性状实测值与根据双亲一般配合力算得的理论值的离差。

配合力的测定一般采用以下3种方法。

（1）顶交法。以一个亲本为试验种，与各个被测自交系配组杂交，用一代杂种的优势表现来代表该自交系的一般配合力。

（2）不等配组法。又称无规则配组法或简单配组法，是把育成的自交系按育种目标，亲本选配原则，性状遗传规律及育种者经验配成若干组合，并对这些组合的F_1进行比较，直接获得这些材料的特殊配合力，选出最佳组合。

（3）轮配法。将各个自交系与其他自交系一一相配，使其包括全部可能配成的杂交组合。

3. 配组方式的确定 亲本选配的原则是，各亲本的一般配合力高，双亲间特殊配合力高；性状优良且双亲互补；双亲亲缘关系差异适当；亲本自身产量高，两亲花期相近。

杂交组合方式根据配置杂种一代所用的亲本自交系数，可分为单交种、双交种和三交种。两个自交系的杂种一代称为单交种；四个自交系先配成两个单交种，再用两个单交种配成的杂种一代称为双交种；用两个自交系先配成单交种，再以单交种作母本与第三个自交系杂交而成的杂种一代称为三交种。园艺植物杂种优势利用中主要是单交种，国外也有利用双交种和三交种的。

六、诱变育种

诱变育种（mutation breeding）又称引变育种或突变育种，是指人为地利用物理和化学等因素诱发作物产生遗传物质变异，在短时间内获得有利用价值的突变体，根据育种目标要求，对突变体进行选择鉴定，直接或间接培育成生产上有利用价值的新品种的育种途径。

诱变育种不但能提高突变频率，扩大“变异谱”，创造新类型，有效地改良品种的个别性状，打破性状连锁，促进基因重组，而且诱变处理比较简单，可缩短育种年限。但其存在变异方面和性质不易控制，有益突变频率不高等问题。若与其他育种方法结合使用，将发挥其巨大的作用。

（一）诱变育种的类别

根据诱因，诱变育种主要分为物理诱变（physical mutagenesis）和化学诱变（chemical mutagenesis）两类。

1. 物理诱变 主要包括辐射诱变、离子注入和太空诱变。

（1）辐射诱变。主要指用电离辐射照射生物，诱发基因突变和染色体突变。常用的射线有X射线、γ射线、紫外线、β粒子和中子。根据照射时间的长短又可分为急照射（较高剂量率的短时间处理）和慢照射（低剂量率的长时间处理）。

（2）离子注入。是中国科学院等离子物理研究所余增亮于20世纪80年代最早应用于作物诱变育种的，主要是将N^+、C^+、Ag^+、Ar^+等低能离子注入生物体内，不仅通过能量传递引起生物组织或细胞的表面溅射，而且慢化离子最终植入生物体内，引起染色体结构畸变、落后染色体的产生、DNA链的断裂及碱基缺失等效应，从而产生各种自然条件下比较罕见的变异。但其本身不参与生物体内的生物化学反应，故仍属于物理诱变的范畴。

（3）太空诱变。利用太空环境的高真空、微重力、强辐射、久变磁场及其他因素的综合作用，致使植物细胞内染色体等遗传物质发生突变，从中选择优良的突变个体。太空诱变往往变异幅度大，频率高，并且稳定快。我国太空育种已经取得初步成果，但是这一育种途径的诱变机制尚不清楚，是一个仍存在争议的领域。

另外，极端温度尤其是极端低温也会诱发突变。极地和高寒地带植物的突变率高可能就与极端气温有关。

2. 化学诱变 是应用一定浓度的化学诱变剂处理植物材料，以诱发基因突变和染色体变异的方法。除能诱导多倍体之外，还可诱发基因突变和染色体断裂效应。与辐射诱变相比，化学诱变的主要特点是经济方便，有一定的专一性，与辐射诱变的突变谱不同，诱变机制不同。

（1）化学诱变剂的种类。目前已经发现的化学诱变剂种类繁多，根据其作用原理可分为4类。

一是碱基类似物类，如5-溴尿嘧啶、2-氨基嘌呤等，主要在染色体复制过程中代替正常碱基掺入DNA分子中，使下一次复制前发生互变异构移位从而产生复制错误。

二是碱基修饰物类，主要有甲基磺酸乙酯（EMS）、甲基磺酸甲酯（MMS）、烷化剂类、亚硝酸和羟胺等，它们直接修饰碱基化学结构，改变其配对特性，引起DNA损伤和复制错误。

三是DNA插入剂，主要有吖啶橙、原黄素、吖啶黄素等吖啶类染料，这类化合物都含有吖啶环，呈平面分子形态，与碱基大小相近，在DNA复制时插入模板链之间，使得新合成单链对应位置上将随机插入一个碱基，或取代一个碱基插入新合成单链中，新合成单链缺失一个碱基，最终导致DNA复制过程中产生插入或缺失突变。

四是有丝分裂抑制剂，如秋水仙碱、氨磺乐灵、氟乐灵等，在细胞有丝分裂过程中，能阻止纺锤丝的形成和赤道板的产生，从而使复制后应分配于两个新细胞中的DNA仍保留于一个细胞中，产生染色体加倍的核。这类诱变剂主要应用于多倍体育种。

（2）化学诱变的方法。药剂的配制应注意化学诱变剂的特性，将其配制成一定浓度的溶液。诱变处理的方法有浸渍法、注入法、涂抹法、滴液法、蒸熏法等，可处理植株或种子。

（3）化学诱变注意事项。一般化学诱变剂都有剧毒，当诱变完成后，应及时中止药物作用，常以清水多次冲洗。正确地应用剂量和处理时间。另外，处理环境条件中，要特别注意温度的影响。

（二）诱变育种的一般程序

1. 处理材料的选择 选择不同特点的亲本材料进行诱变处理，容易达到预期的育种目的。材料选择包括原始材料及处理器官的选择。

2. 突变世代的划分 诱变材料为亲本世代，有性繁殖植物诱变材料种植后通过授粉受精获得的后代为突变第一代（M_1），突变第一代（M_1）通过授粉受精获得的后代为突变第二代（M_2）。无性繁殖植物诱变材料种植后，一般以营养繁殖的次数作为突变次数，分别称为突变第一代（VM_1）、突变第二代（VM_2）、突变第三代（VM_3）等。

3. 突变体的鉴定和选择 将处理过的植株或种子进行播种、种植或嫁接，观察变异情况，选出具目标性状的个体，与对照进行比较鉴定。

七、其他育种途径

（一）倍性育种

倍性育种是指通过改变染色体组的数量或结构，产生不同的突变个体，进而选择优良变异个体培育成新品种的育种途径，包括多倍体育种和单倍体育种。

1．多倍体育种　根据育种目标要求，采用染色体加倍的方法选育作物新品种的育种途径称为多倍体育种（polyploid breeding）。细胞内含有3个或3个以上染色体组的生物体称为多倍体，按染色体组来源的不同又可分为同源多倍体和异源多倍体。人工诱导多倍体的方法有物理方法、化学方法、有性杂交法和组织培养法等。

多倍体的鉴定可以通过：①形态比较，即比较处理与未处理植株的外部形态，一般多倍体会有“大型化”等形态表现。②气孔鉴定，花粉粒鉴定或梢端组织发生层细胞鉴定，因为多倍体的细胞及核一般均比二倍体大。③小孢子母细胞分裂行为观察，因为无论是三倍体还是同源四倍体，小孢子母细胞在减数分裂中都有异常行为，这可以作为鉴定多倍体的标志。④染色体观察计数，这是多倍体植物最精确的直接鉴定法。

育种材料经倍性鉴定后，得到的多倍体类型并不一定就是优良的新品种，还必须按照其变异特点，进一步培育选择和利用。对倍性变异后经济性状表现良好的类型，可进入选种圃，进行全面鉴定；对不稳定的嵌合类型进行分离同型化；保留不能直接成为品种，但在育种上有价值的材料；有些诱变本身就是为进一步杂交育种提供原始材料，可用倍性材料与二倍体亲本杂交，如$4x \times 2x \rightarrow 3x$；$2x \rightarrow 4x$，$4x \times 2x \rightarrow 3x$。

2．单倍体育种　利用植物仅有一套染色体组的配子体而形成纯系的育种途径称为单倍体育种（haploid breeding）。单倍体通常是指由未受精的配子发育成的含有配子染色体数的体细胞或个体。获得单倍体的方法主要有利用花药、花粉及未授粉的胚珠、子房离体培养，利用半配合诱导孤雌生殖等方法。

（二）生物技术育种

1．常规生物技术育种　包括利用组织与器官培养（tissue and organ culture）、花药和花粉培养（anther culture and pollen culture）、细胞筛选（cell selection）和体细胞无性系变异筛选（somaclonal variation）等技术进行育种。

组织与器官培养包括：①茎尖与分生组织培养，被广泛用于快速繁殖和无病毒苗生产。②胚培养，通过对一些种子退化或产生未成熟种子的杂交组合的幼胚培养可获得杂种后代。③胚珠和子房培养，主要用于诱导单倍体植株。④离体叶培养，不仅用于研究形态结构、光合作用、叶绿素形成等理论问题，也成为繁育名贵品种的有效手段。⑤胚乳培养，三倍体的种子发育不良，通过胚乳培养可获得三倍体，为无核品种的选育提供材料。⑥离体授粉受精，有离体胚珠、离体胎座、离体柱头培养3种方式，为杂交提供了一种新方法。

花药和花粉培养可培育出单倍体植株。单倍体加倍纯化为二倍体，可缩短育种年限，且有利于隐性突变体的筛选，也是进行基因分析和导入外源基因的理想材料，还可获得异源体附加系、代换系和易位系。

从组织和细胞的再生植株中筛选优变系统的途径，主要是在细胞阶段，或在再生植株阶段，施加选择压。前者称为细胞筛选，后者称为体细胞无性系变异筛选。体细胞无性系变异筛选可用于早熟、矮秆、抗性品种的选育，且由于激活了静止的局部基因，对创造新的种质资源也有重要意义。

2．现代生物技术育种　包括原生质体培养和体细胞杂交、基因工程与分子标记等，近几年还出现了分子设计育种及基因组编辑等高端育种技术。

（1）原生质体培养和体细胞杂交（protoplast culture and somatic hybridization）。可克服远缘杂交不亲和性，可转移基因组。

（2）基因工程（gene engineering）。是指把不同生物有机体的DNA（或基因）分离提取出来，在体外进行酶切和连接，构成重组DNA分子，然后转化到受体细胞（大肠杆菌），使外源目的基因在受体细胞中复制增殖，然后借助生物的或理化的方法将外源基因导入植物细胞，进行转译或表达。该技术可以将不同生物的优良基因通过转基因技术组合到某一种生物中，主要应用于改良品质，提高抗性，提高光合作用和固氮效率，创建雄性不育材料，延迟成熟和保鲜，选育抗除草剂品种等。

（3）分子标记（molecular marker）。可用于构建遗传图谱，分析亲缘关系，定位农艺性状，分子标记辅助选择，种质资源及杂种后代的鉴定。分子标记辅助育种是应用分子标记技术，借助于目标基因紧密连锁的遗传标记的基因分析，鉴定分离群体中含有目标基因的个体，以提高选择效率和准确性，加速育种进程的分子生物学方法和技术。

（4）分子设计育种（molecular design breeding）。通过多种技术的集成与整合，对育种程序中的诸多因素进行模拟、筛选和优化，提出最佳的符合育种目标的基因型及实现目标基因型的亲本选配和后代选择策略，以提高作物育种中的预见性和育种效率，实现从传统的“经验育种”到定向、高效的“精确育种”的转化。最典型的被誉为“第三代杂交水稻技术”的“智能不育”杂交育种技术，实现隐性雄性核不育材料在杂交水稻上的应用，将杂交水稻的生产带入了一个新的时代。

（5）基因组编辑（genome editing）。是一种可以在基因组水平上对DNA序列进行改造的遗传操作技术。这种技术的原理，是构建一个人工内切酶，在预定的基因组位置切断DNA，切断的DNA在被细胞内的DNA修复系统修复过程中会产生突变，从而达到定点改造基因组的目的，如CRISPR/Cas9技术。DNA修复系统主要通过两种途径修复DNA双链断裂，即非同源末端连接和同源重组。通过这两种修复途径，基因组编辑技术可以实现3种基因组基因敲除、特异突变的引入和定点转基因等改造的目的。

小　结

本章简要介绍了园艺植物种质资源的概念、重要性及其主要工作任务，以及品种的概念和管理等，阐述了园艺植物的育种途径和方法，包括种质资源调查的内容和方法，引种和选择育种的原理、方法和程序，杂交育种中亲本的选择选配、杂交方式、有性杂交技术、杂交后代的培育、远缘杂交的特点，杂种优势产生的原因及度量、杂种优势育种的一般程序、杂交种子生产等，诱变育种的一般程序、方法和步骤，并简要介绍了倍性育种、生物技术育种等其他育种途径。

思考题

1. 何谓种质资源？种质资源的工作任务包括哪些方面？
2. 何谓品种？品种具有哪些属性？

思考题

3. 园艺植物育种途径有哪些？
4. 引种的原理是什么？园艺植物引种的程序有哪些？
5. 何谓选择育种？选择的作用基础是什么？如何进行园艺植物选择育种？
6. 何谓杂交育种？有哪些类别？
7. 杂交亲本如何选择和选配？园艺植物杂交的方式有哪些？
8. 何谓回交育种？如何进行园艺植物回交育种？
9. 请比较说明杂交育种和杂种优势育种的主要异同点。
10. 杂交种为何具有优势？如何度量杂种优势？
11. 倍性育种在园艺植物育种中有何应用？
12. 诱变育种包括哪些方面？在园艺植物育种中有何应用？
13. 常规生物技术育种和现代生物技术育种分别包括哪些方面？如何运用？

第五章

种植园规划和园艺生产设施

园艺植物在园田中生产，有一二年生植物，也有多年生植物，种植园规划是园艺植物生产的重要环节。科学合理地规划种植园是优质、高效生产的基础。园艺设施是园艺生产的重要条件，合理利用自然环境和不同园艺设施环境，是园艺植物周年计划生产的基础。

第一节 种植园规划

园艺种植园包括果园、菜园、花园、茶园等。种植园规划包括园区整体布局规划，与外界连接的水、电、交通等基础设施规划，园区内的水、电、路、房、温室、大棚等生产设施规划，种植园区土地（分区布局）、作物种类、种植制度和种植计划等规划。现代农业种植园是特殊功能的种植园，其规划也体现了不同的特色。

一、果园规划

（一）果园的土地规划

根据“果树上山下滩，不与粮棉油争地”的国家政策，鼓励在山坡、丘陵、沙荒、河滩、海涂，乃至戈壁滩上建立果园。在生态适宜、土地富裕的地区，也可以在平地规划果园。

1. 园地调查 园地的调查及地形图测绘是果园规划的依据。调查内容包括地况，气候，土壤，水利条件，植被情况，当地农民和居民的分布，果树栽培技术力量，其他经济作物和粮食生产、加工等产业，产品市场现状和预测等。在调查的基础上写出书面报告，并绘制不小于千分之一的土地利用现况图、地形图、土壤分布图、土层深度图及水利图。地形图上一般地块平均每0.5m的高差须绘制一条等高线，山地和丘陵地每1m的高差应绘制一条等高线。

2. 园地规划 主要是果园大小、形状和辅助设施的规划。

（1）小区面积。合理的小区面积，应该是小区内土壤气候条件大体一致，便于防止果园土壤的侵蚀和风害，有利于运输和机械化管理。最适于果树栽培的地区，大型果园可以8～12hm^{2}为一小区；在气候条件较不适宜的大陆性地区，可以4～6hm^{2}为一小区；在自然条件特别恶劣的地区，可以2～3hm^{2}为一小区。在切割较为剧烈和地形起伏不平的丘陵、山地，小区面积可缩小到1～2hm^2。

（2）小区形状和位置。长方形的小区机械作业时工作效率高；平地小区的长边应与有害风的方向垂直；山地小区的长边必须与等高线平行。

（3）道路系统的规划。道路系统由主路、干路、支路组成。主路要求位置适中，贯穿全园，便于运送产品和肥料。在山地建立果园，主路可以环山而上，或呈“之”字形。干路须沿坡修筑，但须具有3/1000的比降。支路可以根据需要顺坡筑路。但顺坡的支路可以选在分水线上修筑，不宜将顺坡路设置在集水线上，以免塌方。

（4）水利设施的规划。生活用水应接到每幢管理房；生产用水可以建造蓄水塘、蓄水池和蓄水沟等解决。一是在有水源的地方建两个能蓄水3000～4000m^{3}的水塘；二是在每个小区的道路交汇处建一个能蓄水10m^{3}以上的蓄水池；三是在每行梯地的内侧开挖一条深×

宽约为20cm×25cm的排水沟，然后在排水沟上每隔3m左右（在种植穴内侧）挖一个长×宽×深为80cm×40cm×40cm的土坑，使之成为竹节状的排（蓄）水沟，以起小雨蓄水、大雨蓄土的作用。

（5）辅助建筑物。包括管理用房、贮藏室、农具室、包装场、晒场、药物配制场及畜牧场等。平地果园的包装场和药物配制场应交通方便，尽可能设置在小区中心；山地果园应遵循沉重物资运送由上而下的原则，畜牧场应设在较高部位，以便肥料往下运送，而药物场设在高处较为安全的地方，包装场、贮藏室则应设置在较低的地方。

（二）树种和品种的选择与配置

1．树种和品种选择的依据 在制订树种和品种规划时，当地的气候和土壤条件、果树栽培历史和现状、有无野生果树和近缘植物生长等，都可作为参考。但果树种类和品种的生物学特性与对立地条件的要求（表5-1）应当作为主要依据。

表 5-1 果树作物对立地条件的要求

果树种类	适宜土壤	最适 pH	光照	年均温/℃	极限低温/℃	适宜年降雨量/mm	地下水位	风霜
苹果	砂质、中性壤土	5.4～6.3	需光照强	7.5～14.0	−30	450～660	1m以下不能积水	抗风能力中弱，需防风林
梨	不严格	5.6～7.2	需光照强	7.2～15.0	−30～−25	500～800	1m以下不能积水	同上，不抗晚霜
山楂	不严格	5.7～7.1	需光照强	2.4～22.6	−35～−30	450～600	1m以下不能积水	抗风能力强，抗晚霜能力中强
桃	砂质、中性壤土	5.2～6.8	喜光性强	8.0～17.0	−23～−20	450～650	1.5m以下不耐水淹	抗风能力一般
杏	不严格	6.8～7.5	喜光性强	3.0～20.0	−30～−25	200～1200	1.5m以下不耐水淹	抗风能力一般，不抗晚霜
李	不严格	5.8～7.5	喜光性中强	1.0～18.0	−30～−25	450～1000	1.5m以下不耐水淹	抗风能力一般
樱桃	砂质、中性壤土	5.6～7.0	喜光性强	10.0～12.0	−18	600～700	1.5m以下不耐水淹	抗风能力一般
核桃	土层深厚，壤土	6.0～7.5	喜光性强	9.0～16.0	−28	600～800	1.5m以下不能积水	抗风能力中强
板栗	喜锰，土层通透性好	5.5～6.8	喜光性强	7.0～17.0	−28～−25	500～2000	1.5m以下不能积水	抗风能力中强
柿	不严格	5.7～7.5	喜光性强	10.0～21.5	−20～−18	450～800	1.5m以下不能积水	抗风能力中强
枣	不严格	5.2～8.0	喜光性强	10.0～22.0	−30	390～800	1.5m以下不能积水	抗风能力中强
葡萄	不严格	5.5～7.5	喜光性强	7.0～16.0	−20～−15	500～700	1m以下不常积水	较抗风霜
猕猴桃	微酸、砂质、壤土	5.5～6.5	喜光又怕强光	11.3～16.9	−20	400～1800	喜水怕涝	抗风能力一般
石榴	不严格	6.5～7.5	喜光性强	9.0～18.0	−17	400～1200	1.5m以下不能积水	抗风能力中强，冬季怕冻

资料来源：安国宁等，2002

（1）果树生物学特性。果树品种的生物学特性与所栽植的环境条件之间矛盾愈大，该种果树在当地栽植的价值愈小。应当尽量选择当地原产，或已经试种成功，有较长的栽培历史，经济性状较佳的果树种类和品种，就地繁殖和推广。但也要注意生物学特性合理引进外来种类和品种。

（2）果树产业发展规划。在果园规划时，应该依据国家和地方果树发展战略选择树种和品种。距城镇较近的果园，应注意发展城郊型果园，以鲜果供应城市为主要目的，适当考虑树种和品种的多样化。即一个果园采用1～2个树种为主，其余为辅。主要树种应注意选择早、中、晚熟的品种搭配栽植，以延长鲜果供应期。还要注意当地水果的淡旺季节，在常年发生淡季的时间，选栽成熟期适当的树种和品种，以解决淡季供应问题。

在距离城市较远的地区建立果园，必须选择耐贮藏运输的梨、苹果、石榴、柑橘等。在山川交通不便的地带，应多种柿、枣、栗及核桃、山楂等果树，既经济利用山地，又方便运输贮藏。

临近加工厂的果园，应根据任务来选栽适于加工的种类和品种。有外销任务的产区，则应根据国际市场销售对象所要求的种类和品种，进行栽培，建立外销基地。对于结果年龄迟的树种必须采取以短养长的措施，选栽一部分结果比较早的树种如葡萄、桃、菠萝等，使果园尽早投产收益。

2. 果树的配置

（1）种类和品种的配置。果园的地理环境条件越单纯，树种和品种的配置越容易。相反，果园的地形地貌越复杂，树种品种的配置越难。在地貌复杂地区建立企业性大果园时，树种品种宜单一化。但我国幅员广阔，一地的具体配置果树的方案不足以概括全国情况。原则上配置树种品种要因地制宜。在同一地点，由于地形、土壤和小气候的不同，应注意配置与之相适应的树种。

一般柑橘类、仁果类宜配置在肥水条件比较良好的地段上，而核桃、葡萄、杏、枣等，则可配置在砾质和较干燥的地段上。

在南方海拔不高的山地，下部可配置柑橘、枇杷、梨、柿等，中部可配置桃、李、梨等，上部可配置板栗、枣等。在山地，也可将同种果树栽在不同的高度上，使成熟有先有后，以延长市场供应期。

在南坡上，通常可以栽植比较喜光的核果类。在砾层分布不深的土壤种植杏、桃比较合适。在容易遭受大风的地区，不适于栽植仁果类。在沙荒地种梨，以杜梨为砧木最好；水田种蕉柑，以酸橘作砧木为佳；在盐碱土中，可以种葡萄和梨。

在配置果树种类和品种时，也应该考虑到果园组织上和经济上的因素。在同一小区内，最好配置一种果树，由于它们对生长条件的要求相近，以便于在一个小区内采用相同的管理。在同一果园内栽培几个品种时，最好选择成熟期相同的品种或成熟期相衔接的品种，以便同时或先后相继进行采收，管理较为方便。

（2）授粉树的选择和配置。许多果树如梨、苹果、李、柚等，有自花不实现象，即使能自花结实，但结果率很低。雌雄异株的果树，如杨梅、猕猴桃、银杏等，必须在果园中配置雄株才能结实。有些果树如柑核、桃、龙眼、荔枝、枇杷等能自花授粉结实，但如异花授粉，产量可以显著提高。

果树一般靠蜜蜂传粉，授粉树品种与主要品种间的距离一般不应超过60m。

授粉树在果园中配置的方式很多，在小型果园小果树作正方形栽植时，常用中心式栽植，即一株授粉品种周围栽8株主要品种。在大型果园中配置授粉树，应当沿着小区的长边的方向按行列式整行栽植。与授粉树间的距离，仁果类相隔4～8行，核果类相隔3～7行。在生长条件不很适合的情况下，如花期常有大风危害的地方，尤其是在高位山带，授粉树和授粉树间隔的行数最好少些；而在该果树的生态最适带，特别是栽植能自花结实的品种，授粉树间隔的行数可以更多些。在梯田化的坡地，可按梯田行向，按照每隔3、4行栽植一行授粉品种。

当授粉品种与主要品种经济价值相同时，可采取等量式配置，但要开花期相同，对授粉有利。

对于杨梅、银杏等雌雄异株的果树，雄株花粉量大，靠风传播，授粉树可作为果园边界树少量配置。有些果树品种，在某些地区，是自花结实的，而在另一些地区，往往又是自花不实的。外界环境条件越是适于该品种生长，自花结实性越能表现出来。

二、菜园规划

（一）菜园选择

菜园选择应考虑生态条件有利于蔬菜产量和品质的提高及产品质量安全，考虑生产与消费的关系、生产成本及社会经济发展水平等因素。

1. **土地条件** 针对不同栽培方式要求有所不同。露地栽培，要求土地宽阔、平坦、肥沃，土壤质地良好、保水保肥、无盐渍化及有害杂质，具备规模化、机械化农事操作的基本条件；对于设施蔬菜园区，也可选择缓坡地、梯田地及一些戈壁、荒滩、盐碱地等非耕地。

2. **大气及光照条件** 远离火电厂、水泥厂等可产生粉尘及有害气体的污染源；要求光照充足，周围无建筑或山冈等遮阴，尤其对于设施栽培应选择冬季晴天较多的地区，尽量避免在雾、霾频发的区域规划菜园。

3. **灌溉条件** 地下水位不宜过高或过低，水源充足无污染，地下水水质尽可能达到饮用水最低标准。此外，还要具备微灌、滴灌等节水灌溉设施的应用条件和排水条件。

4. **采后加工条件** 菜园选址应尽量靠近蔬菜加工或采后处理企业，减少损耗，易使蔬菜生产形成“大生产、大市场、大流通”的格局。

5. **交通及社会条件** 由于蔬菜主要采用冷链流通，以汽车运输方式为主，因此菜园择址时应尽量选择高速道路系统便利区域。由于菜园建设尤其是设施园区建设中需配备水、电、路、房等基础设施，要求建设方具有良好的投资能力。此外，蔬菜生产用工量较大，对从业人员素质要求较高，所以还要考虑到劳动力资源及人员专业素质等问题。

（二）菜园各区规划

菜园规划应便于机械化耕作、系统轮作、对菜园灌溉与排水进行统一安排、合理配置田间道路和农田防护林带等，还应考虑蔬菜的规模化、标准化生产，全面提高蔬菜质量安全。

1. **功能区规划** 从菜园的土地利用实际情况出发，形成独立合理的功能分区，如种苗生产区、设施生产区、露地生产区、管理区及居住用地，使土地得到合理利用。

2. 种苗生产区规划　随着现代园艺技术的发展，育苗移栽被广泛应用于露地和设施蔬菜生产，育苗设施的建设与配套至关重要。由于设施生产主要在低温季节，因此种苗生产区应设置在设施蔬菜生产区域的中心位置，缩短运输距离，降低种苗运输风险。此外，育苗设施内还要配备供暖、多层覆盖、喷灌、电热温床、补光等设施。

3. 生产区田块划分　首先应根据地形、地势和地下水位状况，从田块平整的技术要求、方便田间管理及提高农业机械的作业效率等因素出发，确定田块的大小及长宽比，建设规范化田块。一般来说，田块面积达到0.33hm^{2}以上，长宽比为3∶1～4∶1的长方形时，农业机械的作业效率较高。露地蔬菜栽培可按照蔬菜农业生物学分类，进行同类蔬菜集中种植，方便大区轮作。

设施用地规划时应尽量靠近人员居住和办公区域，方便管理。地块划分时，日光温室要求地块以南北宽7～10m，东西长50～100m为宜，并且根据当地地理情况和温室高度预留温室间距，以免造成遮阴。塑料拱棚则对方向等无严格要求，可因地制宜划分地块。

4. 水电路系统规划　水电路系统是菜园重要的配套设施。菜园排灌系统规划应根据灌溉方式而有所不同。沟灌的输水干线应尽量埋设地下水泥管道，田间灌溉沟应该同时具备灌排双重功能。喷灌与滴灌应考虑天然降水的排水问题。排水应有一个总的出路，如充分利用自然的排水河流。排水系统必须与当地的地形、地貌、水文地质相适应。应充分考虑地面的坡度，地下水的径流情况，以及地下水的矿化程度和土壤改良等因素。排水沟的出口处如有汛期倒灌的威胁，应设有控制闸，并在排水干渠出口处建立机械扬水站，必要时可以进行强制排水。此外，设施栽培时由于对水温等因素的要求，应充分考虑蓄水设施的建设。

电路规划应充分考虑负荷预测、供电电源点、供电工程设计内容、变（配）电所设置、供电线路布设及园区的长期发展等。电路设置时，应注意节约用地，尽量使线路短捷，节省建设费用。为保证作业方便及人员安全，一般不采用架空线路，必须采用时，线路应尽量沿路布设，避开生活区和管理区，尽可能不跨越建筑物或其他设施。

菜园道路规划应按主路中间、支路两边的原则，也要考虑管线与灌排系统的协调统一。主路要保证大中型农业机械能顺利会车及田间产品与生产资料的运输，主路的净宽一般要求在6m以上，支路要保证大中型农业机械进出顺畅，净宽在3m以上。

5. 防护林规划　在一些风沙较大的地区，可设立防护林带，以保持良好的菜田小气候，减少灾害天气带来的损失。在规划防护林时，要考虑其方位及树种，避免给蔬菜的生长发育带来不良影响。同时也应当把一些生产、生活建筑与林带有机结合，统筹规划。

6. 管理区规划　管理区是菜园经营管理而设置的内部专用区，此区包括管理、培训、会议、产品加工区、产品贮藏区、尾菜处理区、生活区等，与主要干道要有方便的联系，一般位于菜园入口附近，到管理区内有车道相通，以便运输和消防。

三、花圃规划

（一）花圃的特点及用地选择

花圃具有使用年限长、面积大、生产周期长、经营管理难度大、生产集约化程度高等特点。因此，花圃用地的选择要全面考虑当地的自然条件和经营管理水平等因素。

1. 地形 宜选择排水良好、地势平坦的开阔地带，坡度以小于3°为宜。容易积水的低洼地、风口地带及周围有污染排放的企业，经常排出污水、烟尘、有害气体的地段，不适宜作为花卉生产场地。

2. 水源 应选择在河流、湖泊、水塘、水库等附近，如能自流灌溉还可降低成本。总之，场地中或附近应该有洁净便利的灌溉水源。

3. 土壤 以中性或微酸性、微碱性、肥力较高的砂壤土和轻壤土为宜。若土壤质地较差，需进行土壤改良。酸性土可施入适量石灰加以中和；碱性土可以大量掺沙，严重时应挖排水沟，潜水洗碱。对生荒地要深翻晒垡，促进土壤风化，并施入大量有机肥料。对于占地面积不很大的场地，最理想的方法是使用客土进行土壤改良。

（二）花圃各区规划

在花圃规划前应测绘1：500～1：2000地形、地物平面图，并对气候、土壤、病虫害等方面的情况进行调查和资料收集，作为区划的依据，然后根据花卉生产任务，结合圃地的自然条件进行区划。

1. 生产用地的区划 生产用地可划分为保护地生产区、露地生产区、引种驯化及资源区、附属设施区、展示展览区等。

保护地生产区的主要任务是在不适合花卉自然生长的季节生产花卉及其苗木繁殖。幼苗一般对不良环境的抵抗能力较弱，要求管理精细，因此对土壤质地、肥力、水分等条件要求也较高。这个区应设在地势平坦、排灌方便、土壤条件较好、背风向阳、便于管理的地方。

露地生产区的主要任务是常规生产及大苗木的生产。

引种驯化及资源区一般设在苗圃的一角，以栽培研究外来树种或珍贵品种，保存和繁殖资源为主要目的。

附属设施区主要包括建设荫棚、冷库的区域。荫棚一般建在温室附近，冷库一般建在边角，而且交通便利的地方。

2. 辅助用地的区划 辅助用地既要满足生产的需要，又要尽量少占地。它主要包括道路系统、排灌系统、种子库、工具库、工作房等。道路系统对外要便捷，对内要通往苗圃的各个角落；排灌系统要规划成网状，以便灌水、排水。

任何苗圃都必须有方便的水源、充足的水量和优良的水质，以满足生产的需要。最好能安装自来水，以供苗床、盆花、温室的自流灌溉和喷灌使用。

3. 水源和给排水设施规划 给水管道水管的规格可根据用水量的大小，分别选用直径1.2～6.0cm的水管。地下管道的埋设深度，北方一定要在当地的冻土层以下，地下管道的铺设位置及出水支管的位置和间距要根据场地要求合理布局。在盆花生产场地和荫棚内的每个出水龙头下面，都应安放水缸存水，供喷壶提水浇灌时使用。苗圃内还应增设几个贮水池，以备停电、停水时使用。这些水池平时还可用来培养水生植物和养金鱼。喷灌设备根据需要选择。喷灌在苗圃中只适用于露地成年苗床和草坪繁殖区，但不适用于盆花的养护。

四、茶园规划

茶树是多年生常绿植物，一次栽种，多年收益，有效经济年限可维持20～30年。茶园建设要以优质、高效为核心，实现茶园园林化、生态化、良种化与机械化。

（一）园地选择

新建茶园园地必须考虑选择适宜茶树生长的环境条件。对气候条件的要求是：年均温13℃以上，全年≥10℃的活动积温3500℃以上，大气湿度以80%～90%为好，年降雨量1000mm以上，生长期间的月降雨量能达到100mm以上。对土壤的要求是：土壤酸性，pH 4.0～6.5。土壤疏松，土层深达100cm以上。土壤中氧化钙的含量低于0.05%，石灰性紫色土和石灰性冲积土不宜选作茶园。一般30°以上的陡坡地不宜开垦茶园，最好选择在5° ～25°坡地或丘陵岗地为宜。同时，对园地的土壤、空气、水源等，要按建园要求进行科学检测和评估，以达到无公害茶园、有机茶园的相关要求。

（二）基地规划

基地规划包括茶园区块划分，道路、水利、林地的设置等。

1. 区块划分　可根据茶园面积及地形情况，将全部园地划分为若干个生产作业区，作为一个综合的经营单位。每个生产作业区，又可按自然地形或将地形有明显变化的地块分别划分为若干片。每片按照茶园面积大小，再划分为若干块。每块茶园面积以3.33～5.33hm^{2}为宜。这样有利于田间的定额管理，以及产量、肥料、农药等各项指标和措施的落实。

2. 道路网的设置　一般分为主干道、支道、操作道、环园道。

（1）主干道。面积在60hm^{2}以上的茶园要设立主干道，作为全场的交通要道，贯穿场内各作业单位，并与外部公路、铁路或货运码头相衔接。路面宽度为6～8m，可供2辆汽车来往行驶。

（2）支道。根据地形、地势和茶园面积大小设置，作为茶园划区分片的界限，是园内运输、机具下地作业和园内小型机具行驶的主要道路，与干道相互连接。一般路面宽度为4～6m，可供1辆卡车或拖拉机单独行驶。

（3）操作道。为茶园地块的界线。作为下地作业与运送肥料、鲜叶等物之用，与干道、支道相接，与茶行垂直或成一定角度相接，路面宽度为1.5～2.0m。

（4）环园道。设在茶园四周的边缘，作为茶园与周围农田、山林及其他种植区的分界线，路面宽度为1.5m左右。在茶行两端为茶园机械调头使用的环园道，一般可设计成2～3m宽。

3. 水利系统的设置　茶园的水利系统包括蓄、排和灌3个方面。要沟渠相通，渠塘相连，能满足旱时能灌、涝时能排、雨多能蓄的要求。

（1）渠道。其主要作用是引水进园、蓄水防冲及排除渍水等，分干渠与支渠。坡地茶园应尽可能地把干渠抬高或设在山脊。按地形地势可设明渠、暗渠，渠道沿茶园干道或支道设置。

（2）隔离沟。在茶园与林地、荒地及其他耕地交界处设隔离沟，以免园地上方的洪水、树根、竹根等侵入园地。隔离沟一般深50～80cm，宽40～60cm。

（3）横水沟。与茶行平行设置，多设在梯级茶园内侧或坡地茶园水平带内，以留蓄园内雨水，减缓径流。一般沟宽30～40cm，深20～30cm。

（4）纵水沟。设在各片茶园之间、道路两旁，与渠道、横水沟和隔离沟相连，其主要作用是在雨量大时，能汇集雨水注入塘、池、库内，以排除园内多余雨水，需水时能引水分送到横水沟。沟深20～30cm，宽40～50cm。

（5）沉沙凼。园内沟道交接处须设置沉沙凼，使园内泥沙在此沉淀，以利流水畅通。

4．林地与行道树的布置 茶园周边、沟渠和道路旁、陡坡、山顶及垭口迎风处适当种植林木对茶树生长有利。园内植树须选择与茶树无共同病虫害、根系分布深的树种，最好选择能适应当地气候条件、生长较快和有一定经济、观赏价值的树种，如杉树、桂花、乌桕、樟树、杜仲、银杏等。夏季日照强烈，常有伏旱发生的地区，还可适当在园内间作一些遮阴树种，这样既美化了环境，又保护了茶树，改善了生态。此外，建立无公害茶园或有机茶园时，在园区内的适当位置应建立5～8m宽防护林隔离带。

（三）茶园开垦

园地开垦是茶园建设质量高低的关键工程。在开垦之前，首先要清除园地中的障碍物，将园地内的杂草、树木、乱石等全部运出园外，或深埋于1.5m以下的土层。平地及坡度15°以内的缓坡地，要沿等高线横向开垦，使坡面相对一致。若坡面不规则，应按“大弯随势，小弯取直”的原则开垦。生荒地一般要经初垦和复垦后再植茶。初垦一年四季可进行，其中以夏、冬季节最适宜，可利用烈日曝晒或严寒冰冻，促使土壤风化。初垦深度为50cm左右，注意清除树根、竹鞭、金刚刺、茅根等恶性杂草。复垦应在茶树种植前进行，深度为30～40cm，进一步清除草根、树根、杂草等杂物，并碎土整平，以便开沟种植。熟地或劳动力紧张时，可对种植沟进行分层深翻，待到种茶以后的适当时间再补垦行间。其方法是依照植茶行距，挖深度50cm、宽度50～70cm的种植沟，再分层施入底肥，回填表土。

坡度在15°～25°、地形起伏较大、无法等高种植时，可根据地形情况，建立梯级茶园。梯级茶园建设应注意以下几项质量要求：长度为50～80m，梯面宽度在最陡的地段不小于1.5m，梯高应控制在1.0～1.5m内。梯层等高，环山水平；大弯随势，小弯取直；心土筑梗，表土回沟；梯级应筑成外高内低（呈2°～3°之差），外埂内沟；梯梯接路，沟沟相通。

（四）茶树种植

1．种植规格 种植规格是指茶园内茶树的行距、株距（丛距）及每丛定苗数。种植规格直接影响茶园产量和机械化等，合理的种植规格应根据品种特性、地势、土壤状况、气候条件和管理水平等确定。

目前，生产上采用较多的种植规格有两种：一种是单行条列式种植，行距130～180cm，丛距20～35cm，每丛植苗2～3株，每公顷植茶 60 000株左右。在北方及一些高山茶区，气温较低，茶树年生长量较小，可适当缩小行、株距；而在南方茶区和海拔较低的茶区，行、丛距可适当放宽。不同的茶树品种，其种植规格和密度也有所不同，乔木或半乔木大叶品种，行、丛距要适当放宽；灌木型小叶茶树品种，行、丛距还可适当缩小。另一种是双行种植，大行距150～180cm，小行距25～35cm，丛（株）距20～30cm，每丛植1～2株，每公顷茶园植茶约75 000株。这种规格提高了茶树种植密度，成园快，投产早。其大行距与丛距也应因地制宜，视条件适当调整。

2．茶苗移栽 茶苗移栽必须严格把握茶苗质量、栽种时间和栽植技术关。

（1）茶苗规格。要求中小叶茶树品种以苗高20cm以上，并具1～2个分枝，主茎粗2.0mm以上，根系发育良好的为宜。乔木或半乔木茶树，则以苗高25cm以上，主茎粗2.5mm以上为宜。

（2）移植时期。移栽适期是在茶苗地上部处于休眠时或雨季来临之前。长江中下游茶区以晚秋或早春（10月或翌年3月）移栽为宜；云南以芒种至小暑（6月初至7月中，雨季）为宜；北部与高山茶区，气温低，冬季冻害发生严重，可选择在春季气温升高、气候条件适宜时再行移植。

（3）移栽技术。园地经初垦、复垦、平整或筑好水平梯田之后，依照植茶行距，开沟深30～40cm、宽30～50cm，再施入基肥。基肥以有机肥和磷、钾肥为主，一般基肥用量，每公顷施堆厩肥30 000～45 000kg，或菜饼3000～4500kg，磷肥450～750kg。基肥施入后，覆上7～10cm的表土，避免茶苗根系与肥料直接接触，以免肥害或伤根。

移栽茶苗，要一边起苗，一边栽植。一般每丛栽植1～3株茶苗，株间保持适当距离，随栽随浇水，待水渗下后覆土至略高出茶苗原来的压土痕迹为止。

五、现代农业示范园规划

示范型农业园区，就是在农业科技力量较雄厚、具有一定产业优势、经济相对较发达的城郊或农村，划出一定区域，由政府、集体经济组织、民营企业、农户、外商投资兴建，以农业科研、教育和技术推广单位作为技术依托，集农业、林业、水利、农机、工程设施高新技术为一体，引进国内外优质品种和适用新技术，以调整农业产业结构、增加农民收入、展示现代农业科技为主要目标，对农业新产品和新技术集中投入、集中开发，形成农业高新技术的开发基地、中试基地、生产基地，以此推动农业现代化的一种开发方式。

（一）示范型农业园区的规划要点

在农业示范园区的规划中，项目的选择和系统设计是核心。

1. 园区示范项目的选择　园区示范项目一般包括种植业高新技术、产品加工技术、节水农业高新技术、设施农业高新技术等。项目选择的原则是：服从于农业园区的定位，充分考虑市场需要，引进国内外项目要坚持先进适用原则，考虑开发难度和投资风险。

示范项目的选择通过对技术层次、设施水平、市场状况、投入产出比、竞争等方面的分析，可将园区产业分为3个层次：第一个层次为种子种苗产业、农产品精深加工产业、农业高新技术产业、教育培训与观光休闲产业等；第二个层次为设施栽培、特色种养、多色农业等；第三个层次为露地名特优瓜果、蔬菜等。

2. 示范项目的系统设计　系统设计的指导思想是，体现农业科技开发战略和建设规划，通过设立农业科技示范项目，要形成不同农业生产区域最先进适用的技术组装模式，对当地的农业科技推广起先导作用，提高农业科技园示范项目的科技含量和影响力，推动当地农业的发展。

系统设计遵循的原则：一是统筹规划；二是因地制宜，发挥优势；三是生态分区；四是超前示范；五是滚动开发，综合治理；六是论证先行，科学决策。

（二）示范型农业园区的功能分区

功能分区是农业科技示范园的结构在地域空间上的体现，是不同项目活动在园区范围内的空间分布及组织形式，园区的功能分区是否合理直接影响着各项活动的有效开展，从而影响园区的整体效益。

1. 按园区空间结构布局分区 一般来说，一个功能完善、结构合理的农业园区，在空间结构上的布局分为3个层次，即核心区（中心区）、示范区和辐射区。

（1）核心区。是整个农业园区的中心区，应有完整的边界和明确的范围。一般大型的农业园区的核心区面积为66～200hm^2。核心区的主要功能是：引进和应用现代农业高新技术和科技成果，进行农业科技成果的试验和示范；建立龙头企业，形成有市场竞争力的主导产业及企业和企业集团，实施高科技农业和设施农业项目开发，运用高新技术改造传统农业，实行农业产业化经营，提高园区农产品的市场竞争力；对整个园区进行管理、指挥和协调，为农业生产提供技术服务、生产资料运销服务、农产品运销加工服务；引进国内外农业科技专家，对园区的农业科技产业开发进行攻关和咨询；搞好农业科技培训，向周边地区的农户传播和推广先进技术，提高农业劳动者的素质。

（2）示范区。是农业园区的农产品生产基地和农业科技成果的试验基地，也是核心区的农业产业化带动基地、农业园区的主要示范平台、核心区的直接作用对象。

（3）辐射区。一般离核心区的距离较远，并不在农业园区的界域内，没有完整的边界和明确的范围，只能划出大致的影响层面或作用半径。它是园区核心区的主导产业涉及和影响到的周边的农业生产与农村经济区域，或在地理环境、资源特点、生产与经济特征相近的同类型的农业区域。

农业园区要立足国情、省情、市情，结合当地实际情况来准确定位。核心区相对集中，边界清楚，管理紧凑；示范区范围为核心区的3～5倍，与核心区一般相连或距离不远；辐射区范围为核心区的20倍，可以相邻也可以相隔，提倡跨区域的经济技术合作。

2. 按园区的功能导向和作用分区 根据园区功能导向和作用，农业科技示范园功能区通常包括农业生产区、科技示范区、观光娱乐区、配套服务区4类。

（1）农业生产区。一般占园区面积最大，是园区最基本的功能区，为园区的经济效益作出最大贡献。采用现代技术进行农业生产，涵盖农作物生产、果蔬花卉园艺生产、森林建设、畜牧养殖等方面。规划要点是选择气候、地形、土壤等条件好并且有排水、灌溉设施的地段，一般规划在园区外围。

（2）科技示范区。园区内必不可少的特色功能区，是以浓缩的典型现代农业模式，展示和传授现代农业科技知识，包括农业科技示范、生态农业示范、科普示范、新品种新技术的生产示范等。规划要点：选择地段条件与农业生产区相同，一般规划在园区核心区域。

（3）观光娱乐区。其主要作用是吸引游客了解和领略高科技农业的魅力，体验农事操作，从而达到文化教育上的启迪，包括农田、瓜果、花卉苗圃的观赏，果蔬的种植、管理和采摘，珍奇动物饲养，烧烤、垂钓、度假等。规划要点是一般靠近出入口，选择地形多变、景观层次丰富的区域，道路、广场和生活服务设施完善。

（4）配套服务区。其为园区的农产品销售、物流和技术的交流提供场所和服务，包括会议、农业培训、咨询、产品处理厂、物流商贸区和接待服务点等。规划要点是与园区外主干道相通，与其他功能区有一定的独立性。

第二节　园艺生产设施的类型与应用

园艺生产设施包括普通的保护加温设施如阳畦和温床、塑料大棚、温室，各种防护栽培设施如遮阴栽培设施、避雨栽培设施、防虫栽培设施、防风栽培设施等，也包括人工环境的植物工厂。

一、阳畦和温床

（一）阳畦

阳畦又叫冷床（cold frame），是靠太阳光加温的小型简易设施，常用作蔬菜冬春季育苗或春秋季栽培，保护花卉幼苗或老根防寒越冬，春播草花的播种繁殖，以及花卉幼苗移植露地前的锻炼等。

阳畦由风障、畦框、蒲席、玻璃（或薄膜）等组成。畦温受季节、天气变化影响很大。例如，北京地区1～2月外界最低气温-10℃时，畦内地表温度比露地高13～15℃。严冬时，白天畦温可达15～20℃，但夜间畦面仅有0℃左右，昼夜温差可达20℃以上。

阳畦有抢阳畦和槽子畦之分（图5-1）。抢阳畦北框比南框高，北框高35～60cm，底宽30cm左右，顶宽15～20cm；南框高20～40cm；畦面下宽1.6m，上宽1.8m，畦长6m。槽子畦南北框接近等高，畦面宽1.6m。

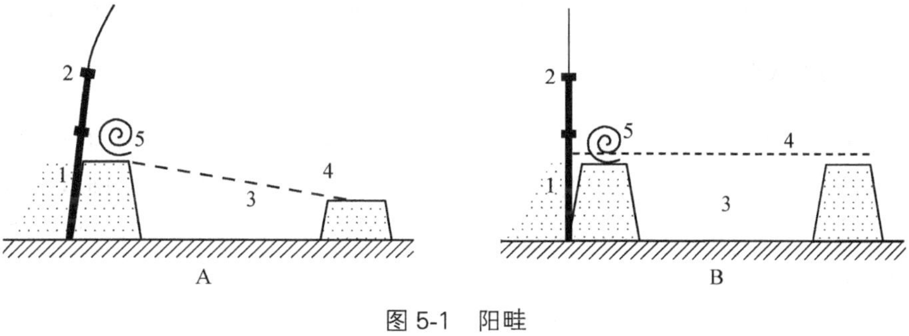

图 5-1　阳畦

A. 抢阳畦；B. 槽子畦；1. 土背；2. 风障；3. 畦框；4. 透明覆盖物；5. 草帘

改良阳畦加高了北框，形成土墙，增宽了畦面（图5-2），比同样长度的阳畦可增加栽培面积40%～60%；畦内空间加大，因而增强了对低温的缓冲能力，且便于操作。

改良阳畦采光及保温效果均优于阳畦，畦温和地温一般比阳畦高4～7℃，升温快，降温慢，可用于耐寒菜或喜温菜的栽培，也可用于早春育苗或分苗。

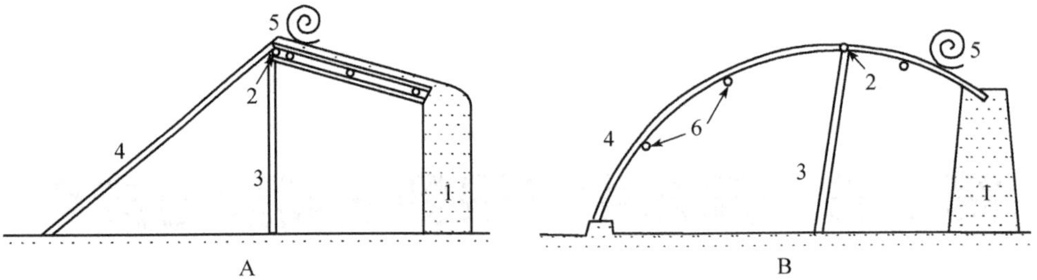

图 5-2 改良阳畦

A. 屋脊形；B. 拱圆形；1. 土墙；2. 柁檩；3. 立柱；4. 玻璃或透明塑料薄膜面；5. 草帘；6. 竹竿拱架

（二）温床

温床（hot bed）是一种简易的育苗和栽培设施，除具有阳畦的防寒保温设备以外，还利用酿热物、水暖加温或电热线加温设备等进行补充增温。目前，应用最广泛的是电热温床，其形式多样，如可在塑料拱棚或温室内的栽培床铺设电热线加温。

电热加温升温快，地温高，温度均匀，调节灵活，使用时间不受季节限制，又能根据作物种类和天气条件调控温度、加温密度和时间，通过仪表自动控制。电热加温的主要设备有电热线、控温仪、继电器（交流接触器）、电闸、配电盘（箱）等。

温床主要在冬春季节使用，主要为温室、大棚培育果菜类蔬菜幼苗，或为露地早熟栽培培育成苗。花卉上，温床多在冬季或早春播种一年生草花，以提早供应花苗。果树上，用于早春提早播种、插条催根、扦插育苗等。

二、塑料拱棚

塑料拱棚（arched plastic tunnel）依结构和规模常分为塑料小棚、塑料中棚和塑料大棚。

（一）塑料小棚

塑料小棚简称小棚，是利用毛竹片、细竹竿、荆条或Φ5～8mm钢筋作骨架材料，塑料薄膜覆盖临时性栽培设施。棚的高度一般在1m以内，跨度1.5～3.0m。小棚虽然结构简单，建造容易，取材方便，但空间小，人不能进入进行农事操作，管理不便；棚内温度变化较大，最低温度在12月至翌年1月下旬，在寒冷季节不适宜种植喜温作物，甚至耐寒作物也不能正常生长。常作为喜温蔬菜的春早熟栽培，或耐寒、半耐寒园艺植物的越冬栽培。

（二）塑料中棚

塑料中棚简称中棚，是介于小棚和大棚之间的塑料薄膜覆盖栽培设施，通常临时搭建。中棚一般宽3～6m，中高1.5～1.8m，长10m以上，面积为30～60m^2，人可以进入棚内操作，但通常不能站立自由作业。

中棚的气温比小棚稳定，日温差稍小，温度条件优于小棚，但比大棚差。在栽培中多用于喜温蔬菜的春早熟栽培和秋延后栽培。近年来，西瓜和甜瓜的春早熟栽培也多用此设施。在华北地区也可作为芹菜、韭菜、菠菜等耐寒蔬菜的越冬栽培。夏季还可作为防雨栽培，也有利用其支架作防虫网栽培的。

（三）塑料大棚

塑料大棚简称大棚，是利用竹木、钢筋或钢管等材料支成拱形或屋脊形骨架的塑料薄膜覆盖固定栽培设施。通常，棚高2.0～2.5m，宽8～15m，长30～60m，占地面积在300m²以上。大棚空间大，透光效果好，白天增温快，夜间保温仅次于玻璃温室，造价低，使用方便，是目前应用最广泛的塑料拱棚。

1．大棚的类型　按其覆盖的形式可分为单栋大棚和连栋大棚。单栋大棚有拱圆形和屋脊形两种，面积以1/15hm²为好，棚向以南北延长者为多。单棚又分为有柱和无柱两种。除钢管组装式棚以外，无统一标准。

连栋大棚由两栋或两栋以上拱圆形或屋脊形单栋大棚连接而成。单栋棚跨度4～12m，一般占地面积4000～6700m²，大的可达2hm²。

2．大棚的结构　大棚的骨架是由拱杆（架）、拉杆（纵梁）、压杆（压膜绳）和立柱组成，俗称三杆一柱（图5-3）。

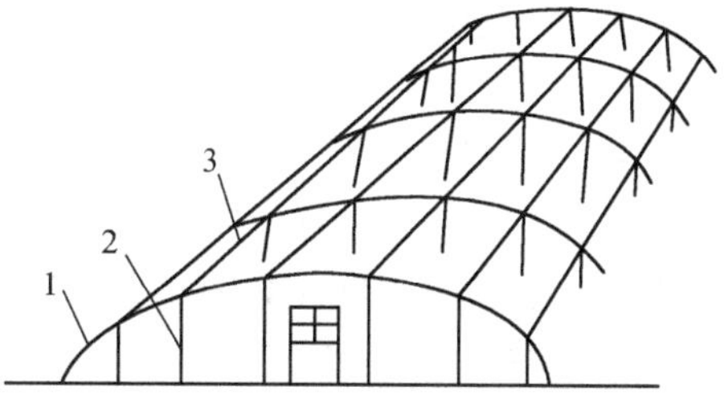

图 5-3　大棚骨架各部位结构

（李光晨，2000）

1．拱杆；2．立柱；3．拉杆

（1）拱杆（架）。是支撑棚膜的骨架，横向固定在立柱上，呈自然拱形，两端插入地下。一般拱架间距1.0～1.2m。拱架可分为单杆拱架（即拱杆，材料可用竹竿、钢筋、钢管等）、平面拱架（或称单片拱架，由钢材、钢管焊接而成）、三角形拱架3种形式。

（2）拉杆（纵架）。是纵向连接立柱、固定拱杆（架）的“拉手”，使大棚骨架连成整体，加固骨架。竹木棚多用拉杆，钢筋棚多用纵梁。

（3）压杆。棚架覆盖薄膜后，于两根拱杆（架）之间加上一根压杆，使棚膜压平、压紧，不易松动。压杆可用细竹竿、8号铁丝、聚丙烯压膜线和聚丙烯包扎绳等。管架大棚是用卡槽将薄膜卡紧。

（4）立柱。承受棚架、棚膜的重量，并有雨、雪的负荷和受风压与引力的作用，因此立柱要垂直或倾向于应力。钢材或薄壁钢管大棚骨架可以无立柱，而采用拱架负担棚顶的全部重量。

（5）塑料薄膜。覆盖在棚架上，一般为厚度0.1mm的农用聚氯乙烯、聚乙烯、醋酸乙烯薄膜。

（6）门窗。门设在大棚的两端，作为出入口及通风口。门的下半部应挂半截塑料帘，以防早春开门时冷风吹入。通风窗在北方地区宜采用扒缝放风的方式较为方便，且效果好。

（7）天沟。连栋大棚在两栋连接处的山谷部位设置天沟。天沟可用水泥预制成槽形构件，或用薄钢板做成落水槽，其作用是排除雪和雨水。

依照建棚所用材料的不同，可分为竹木结构大棚、钢材结构大棚、混合结构大棚、装配式钢管大棚。

竹木结构大棚的立柱和拉杆多用杨柳木、硬杂木或粗竹竿等，拱杆及压杆等用竹竿。优点是可以就地取材，造价较低。但竹木易朽，使用年限短，又因棚内立柱多，操作不便。

钢材结构大棚的骨架采用轻型钢材，如Φ12～16mm的圆钢、小号扁钢、角钢等。可焊接成单杆拱、平面或三角形拱架或拱梁，立柱少或无，操作方便，抗风雪能力强，坚固耐用。

混合结构大棚骨架多使用竹木、钢材、水泥构件等多种材料，其拱杆多用钢材和竹竿，立柱多用水泥，拉杆多用竹木或钢材。

装配式钢管大棚采用薄壁镀锌钢管组装而成。由工厂按照标准规格进行专业生产配套供应给使用单位。目前生产的有5.4m、6m、7m、8m及10m 跨度的大棚。8m跨度的大棚，棚高3m，拱杆用Φ25mm×1.2mm的薄壁钢管，内外镀锌；用Φ22mm×1.2mm的镀锌钢管作纵向拉杆，所有部件用承插、螺钉、卡销或弹簧卡具连接，用镀锌卡槽和钢丝弹簧压固薄膜，用卷帘器卷膜通风。结构特点是：具有一定的规格标准，结构合理，耐锈蚀，安装拆卸方便，坚固耐用。

3. 大棚的性能

（1）温度条件。大棚温度随外界日温及季节气温变化而变化。在北京地区从12月下旬至翌年1月上旬，旬平均气温多在0℃以下，基本不能从事生产。2月上旬至3月中旬，旬平均气温达10℃以上，耐寒性蔬菜可以生长。3月中旬至4月下旬，当外界气温尚低时，棚内最高气温可达15～38℃，比露地高2.5～15.0℃。最低气温0～3℃，比露地高1～3℃。4月棚内最高温度可达40℃左右。5～6月棚内最高温度可达50℃以上，如不及时通风降温，极易产生高温危害。7～8月外界气温最高，棚内随时会发生高温危害，要昼夜通风。9月中旬至10月中旬，最高温度在30℃左右，最低温度在15～16℃，并逐渐下降，夜温3～6℃，相继降至0℃左右，需注意防霜冻。11月下旬以后，大棚内长期呈现霜冻，只能种植耐寒的绿叶菜或维持其越冬。

地温在11月上旬至翌年2月一般在－7～－3℃，春分前后可在13～23℃，早春注意早扣棚、深翻、覆盖地膜等以提高地温。

（2）光照条件。棚内上部光强，下部光弱；东西延长的大棚光照南侧高于中部及北侧。单栋钢架及塑料结构的大棚受光好，单栋竹木结构及连栋棚受光条件较差。光周期与外界一致。

（3）湿度条件。由于薄膜不透气，棚内易产生高温高湿，造成病害的发生，需适时进行通风，或再加地膜覆盖降低空气湿度。

4. 大棚的应用 在蔬菜上，春季进行果菜类早熟栽培（温室育苗，大棚定植），可提早20～40d；秋季延后栽培，可延后25d左右，或春季为露地培育茄果类蔬菜的幼苗；秋冬进行耐寒性蔬菜的加茬栽培，如菠菜、油菜、白菜和青蒜等；早春栽培草莓、葡萄、桃等，提早成熟。

用于果树苗木培育苗或促成栽培，注意要在打破果树休眠之后，参照温室栽培技术。

在花卉栽培上，可作花卉越冬设备使用，夏季拆掉薄膜作露地花圃使用。在北方可代替日光温室或进行大面积草花播种和落叶花木的冬插及菊花等一些花卉的延后栽培。在南方则可用来生产切花，或供亚热带花卉越冬使用。

大棚也可用于茶树栽培。

三、温室

温室（greenhouse）是园艺生产中应用广泛的设施，其环境调控能力强，温室生产常不受地区和季节限制，可周年均衡生产。但温室一般需要较多设备和较大投资。

（一）温室的类型及特点

温室的历史悠久，种类很多。通常依据应用目的可分为休闲观赏温室、生产温室和科研温室等。

休闲观赏温室主要种植供休闲观光的花卉、观赏树木、蔬菜、果树等园艺植物，外形要求美观、高大。宽广的温室内可设置花坛、草地、水池及其他园林装饰，供游人游览。科研温室是科学研究的理想设施，对环境条件控制水平较高，又称人工气候室。休闲观赏温室和科研温室均采用钢结构、铝合金或钢铝混合结构，屋顶采用玻璃屋面，一般造价和维持费用较高。

生产温室类型很多，依热能来源可分为日光温室和加温温室；依屋面覆盖材料可分为塑料温室和玻璃温室；依建造材料可分为土木结构温室、金属（钢、铝合金）结构温室；依屋面形式可分为单坡面温室、双坡面温室、三折面温室、拱圆形温室、屋脊形温室和连栋温室等（图5-4）。

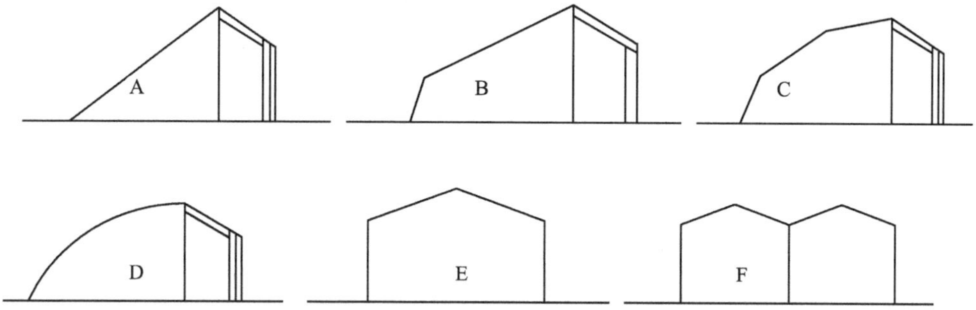

图 5-4 温室的外形

A. 单坡面式；B. 双坡面式；C. 三折面式；D. 拱圆式；E. 屋脊式；F. 连栋式

（二）日光温室的结构及性能

1. 日光温室的类型和结构 日光温室（solar greenhouse）不需人工加温，利用日光作为热能来源，加上良好的保温设施创造适宜的温度环境。它的建造方便，设施简单，造价较低，生产成本低，被称为高效节能日光温室，是目前我国园艺植物生产的主要温室类型。

按照前屋面形式的不同，有单坡面温室、双坡面温室、拱圆形温室；按照建筑材料的不同，有竹木结构（土墙）温室、钢筋（管）结构（砖墙）温室、混合材料骨架温室等；按照相对于地面的位置，有地面式日光温室和半地下室日光温室；按照各部分材料和结构的变化，又有其他类型的温室。

（1）单坡面温室。进光面是一个平面，由北向南倾斜接地，一般长度为30m，宽6m，后墙高1.6～2.0m，后屋面宽1.9m左右，中柱高2.5m，前柱高1.3m，后墙距中柱1.6m，中柱距前柱2.1m，前柱距南边2.3m，塑料薄膜与地面的夹角为30°左右。这种温室的骨架多用竹竿或木杆，也有用钢材的，温室只有一个朝南的透光面，结构简单，用料少，建造容易。冬季日光入射角小，透光率大，室内温度高，加上夜间便于覆盖草苫，保温性能好，可用于喜温蔬菜的越冬栽培。其缺点是温室南侧太矮，空间小，不便操作管理。

（2）双坡面温室。又叫立窗式温室，前立面有的垂直于地面，有的略向南倾斜。一般中柱高2～3m，前立柱高1.7～1.8m，跨度6.5～10.0m，后墙高1.8～2.0m，后墙用土打时，底宽1.2m，上宽1m；用砖砌时，一般为3砖空心墙。后坡长1.6～1.7m，铺上草箔并抹草泥共30cm厚。这种温室的骨架主要是木材，是土木或砖木结构。透明覆盖物是塑料薄膜，保温覆盖物多用棉被。温室空间较大，采光性能良好，保温性也强，可进行喜温作物的越冬栽培。

（3）拱圆形温室。透光面为拱式弧形。根据后屋面的宽窄又分为长后坡矮后墙式和短后坡长后墙式两种。

长后坡矮后墙式日光温室（图5-5）：跨度5～6m，中高2.2～2.4m，后屋面宽2.0～2.5m，后墙高0.6～0.8m，厚0.6～0.7m，后墙外培土。前屋面为半拱形，由支柱、横梁、拱杆组成，拱杆上覆盖塑料薄膜，在薄膜上面两杆之间设压膜线。夜间盖草苫或棉被防寒。前屋面外底脚处挖防寒沟，深50～60cm，沟内填乱草，以减少室外冻土低温传入温室内部。这种温室光照条件好，采光均匀，保温性强，当外界温度降至－25℃时，室内可保持在5℃以上，适宜较寒冷地区采用。但由于后坡较长，3月后遮光现象明显，不适宜春季早熟栽培利用。

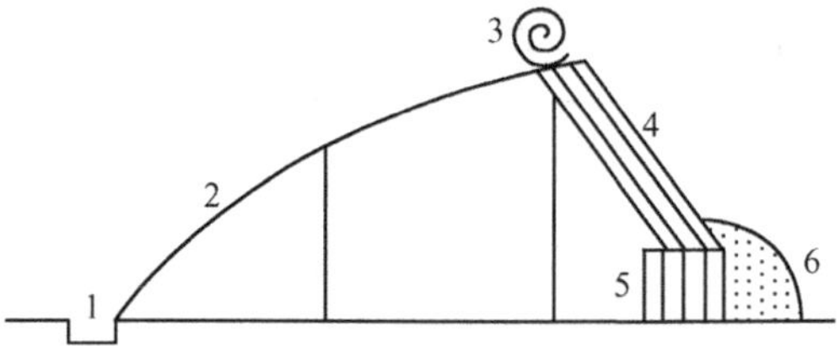

图 5-5　长后坡矮后墙式日光温室

1. 防寒沟；2. 拱杆；3. 草苫；4. 后屋面；5. 后墙；6. 培土

短后坡长后墙式日光温室：跨度6～8m，后坡长1.0～1.5m，后墙高1.5～1.8m，中高2.2～2.4m，其结构与前者相似。由于后墙高，后屋面短，冬春季节光照条件好，春秋光照也充足，保温性能也较好，室内作业方便，适宜北方地区春提早或秋延后栽培，也可进行冬季育苗或耐寒作物的冬季生产。

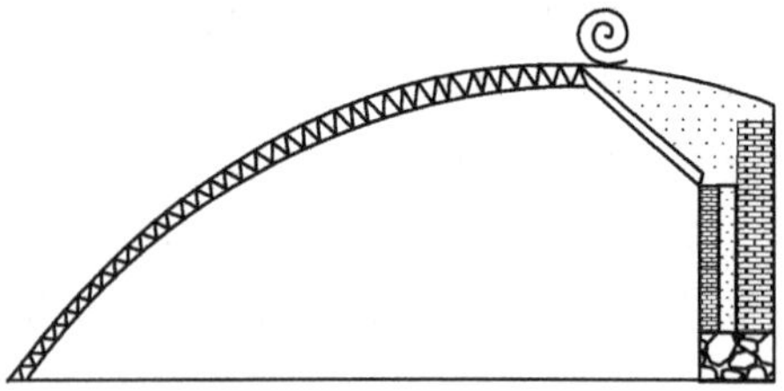
图 5-6　无立柱钢架日光温室

（4）无立柱钢架日光温室。跨度6～8m，前屋面每隔3道钢筋或竹木拱杆加设一道钢拱梁，也可用镀锌钢管作拱杆。矢高2.5～3.0m，后墙高1.7～1.8m，用砖筑空心墙，内填稻壳等隔热材料，后屋面长1.8m左右（图5-6）。结构坚固，前部无立柱，空间大，作业方便，光照分布均匀，增温快，保温性能好，使用寿命长，但造价较高。

2. 日光温室的性能及应用　日光温室的温度条件远优于大棚。在北纬40°左右的地区，当外界最低气温低于－10℃时，室内白天温度可保持在20℃以上，夜间保持在10℃左右。日光温室的夏季长173d，比露地多70d；冬季72d，比露地少90d。因此，从“雨水”至“大雪”均可栽培喜温蔬菜，从“大雪”至“雨水”可栽培耐寒的绿叶蔬菜。如果辅助加温设施，冬季也可种植喜温作物。在东北、华北、华东及西北高原等地广泛应用于冬春季蔬菜生产。秋季至初冬可进行果菜类延后栽培，早春进行果菜类早熟栽培，并可为塑料大棚及露地栽培的各种蔬菜育苗。利用日光温室也可进行葡萄、草莓等果树及鲜切花栽培。

（三）加温温室的构造及应用

加温温室（heating greenhouse），除了利用太阳光能以外，还用烟道、热水、蒸汽和电热等人为加温的方法来提高室内温度，使之满足园艺植物生长发育的需要。加温温室主要用于园艺植物周年生产及育苗。花卉园艺上可用于热带和亚热带花卉的越冬，一些花卉的促成栽培和催花等，还可进行播种、扦插等。加温温室有二折式、三折式、双屋面连栋式等典型结构。

1. 二折式温室　以北京改良式温室为代表，结构是在二折式日光温室室内靠后墙处设置了加温火炉。炉灶用砖砌成，分为炉身、火道（散热管）及烟囱等。改良温室借助充分采光、严密保温、适量通风和补充加温等措施，在冬春季节可控制达到适宜作物生长的小气候条件。改良温室的特点是温室较矮，空间及栽培面积小，便于加温保温，供热量小，热损耗小，可节省燃料，适宜周年生产。但是，室内操作不便，土地利用率低，室内局部温差大，冬茬地温低。

2. 三折式温室　无立柱，或在前檐下设一排立柱。玻璃屋面用丁字钢或角钢及圆钢焊接成桁架。桁架成3个不同角度的玻璃窗，故称三折式。与二折式温室比较，优点是空间高，跨度大，栽培面积扩大，土地利用率高，栽培床上无立柱，便于操作。玻璃屋面加大，由3个不同坡度的透明屋面组成，因此适合不同季节的采光，室内采光好，光能利用率高。后墙及后屋顶如果防寒保温好，则室内温度提高。若加强保温，冬季最低温－15℃左右的地区不加温，可作日光温室利用。三折式温室具有升温快、保温好、局部温差小的特点，但需注意保持适宜的地温。在正常管理条件下，可以满足植物生长发育的需要。

3. 双屋面连栋温室　连栋式温室是现代化大型园艺温室中应用最广泛的一种形式。这种温室使用钢材、钢化玻璃、普通玻璃、丙烯酸树脂玻璃纤维加强板（FRA）等建成。目前国内连栋温室类大体分为3种：国内自行设计制造型、荷兰型、美国拱圆屋面型。

连栋温室的设备包括加温、通风、灌水（施肥）、二氧化碳发生器、保温幕、蒸汽消毒、电控操作及监测装置等。各种装备的电控系统集中在一个室内或一个控制台上，作为温室的管理中心。各个系统的控制设备可设立电子程序控制设备，也备有手动控制设备，以便在机械发生故障或停电时不误操作。各控制系统应有单独的控制开关，并装有指示灯和故障报警信号。

（1）加温系统。采用集中供暖，分区控制及监测的加温设备。采用蒸汽、暖水两用炉，锅炉的点燃及灭火实行自动化。

（2）通风装置。通风窗的开关分为软传动（以用电机卷钢丝绳升降玻璃窗）和硬传动（以螺旋拉杆带动V形支架或用单轴双臂式自动旋转开窗机）。窗的开闭及开闭程度均自动调节。屋顶上设有雨星感应器，下雨时自动关窗。

（3）灌水设备。可定时、定量地进行喷灌、滴灌、浇灌、喷药、施肥和喷雾降温、调湿等作业。喷灌有地面及空间两种。温室的排水系统除天沟落水槽外，主柱为排水管，室内应设暗沟、暗井。

（4）保温幕。又称二层幕、节能罩，可节省能源24%以上，提高室温6～7℃，夏季遮阴降温7℃。幕布用合成纤维制成无纺布，寿命为5～6年，在单跨温室内从一端向另一端移动。

（5）二氧化碳施肥装置。即二氧化碳发生器，发生器燃烧液化石油气，放出二氧化碳，并由风扇将二氧化碳吹散到室内。

（6）土壤消毒。采用锅炉中的蒸汽进行土壤消毒，土层深0～30cm，用90℃蒸汽，保持30min可以杀死病菌、虫卵及杂草种子。

连栋式温室气温分布均匀，局部温差小，地温比较稳定。光照条件良好，室内透光率：春季51%，夏季70%，秋季60%～70%，冬季49%。由于有良好的通风设施和喷雾设施，相对湿度很容易控制。但连栋式温室造价较高，冬季供暖和夏季降温的维持费用高，管理水平也要求高，故目前尚未大面积使用。

四、其他生产设施

（一）遮光设施

遮光设施（shading facilities）主要有荫棚、无纺布和遮阴网，常用于喜阴园艺植物夏季栽培或育苗时减弱光照、降低温度或缩短光照时间。荫棚高度一般2m左右，顶部及东、西、南三侧均需挂苇帘遮挡强光，遮光率为24%～76%，棚下温度能降低2～3℃。也可用旧薄膜遮阴，遮光率达30%～50%。

在立柱较多的大棚或温室中，有的用无纺布在室内做两层保温幕。这种无纺布在冬季用于夜间保温，在夏季用于白天遮光，由于其密度大，遮光降温效果很好。

遮阴网又称冷纱，是用塑料扁丝编织成的专用遮光覆盖材料，有不同遮光率和颜色的产品，以黑色为主。遮阴网耐老化性好，遮光效果可达30%～70%，中午可降温4～6℃，地表温度可下降10℃。

（二）人工气候室

人工气候室（artificial climate chamber）是园艺设施中最科学、最完善的设施。由于设备复杂，生产成本高，主要供科学研究之用。人工气候室根据光源可分天然光室和人工光室两种。天然光室有透明的屋面，充分利用太阳光。人工光室则为不透明材料做成的密闭空间，光源均采用人工照明设备。室内利用计算机和空调系统对室内光照强度、温度和湿度等进行自动控制。

（三）植物工厂

植物工厂（plant factory）是像生产工业品那样生产蔬菜、花卉等小型园艺植物的场所。它与一般农业生产方式不同，是应用先进的技术，采用工厂化连续生产方式和管理形式，高效、均衡地生产。

植物工厂一般都采用无土栽培，从播种到收获全过程循序进行，人工控制环境，根据作物生育期的长短，利用传动装置移动作物，一区播种，到另一区可收获产品，包括出厂，做到作物天天播种，天天有收获，实现计划均衡生产。园艺作物的工厂化生产在发达国家已有较多应用，我国正处在试验阶段。

第三节　园艺生产配套设施与机械

园艺生产配套设施与机械包括基础设施、田间作业机械和运输设备、园艺产品及其副产品采后处理与储藏加工设施和设备等。

一、基础设施

园艺生产基础设施包括生产用房、场地、产品田间处理车间、灌溉设施、田间道路等。

（一）生产用房、场地和田间道路

生产用房包括生产管理用房、生产资料库、工具房、农机库、产品采后田间处理车间、产品预冷预贮库等，并配备相应的电路系统。生产用场地包括晾晒场、有机肥场等。

田间道路应该与生产场地的规模相适应，形成道路系统。

（二）灌溉和排水设施

1．**地面灌溉设施**　包括畦灌和沟灌，其设施主要包括水源（井、窖、池、泵）、渠（管）系。采用渠系给水的，有水泥U形渠或土渠；采用管材给水的，有地下埋设的管系和出水桩，也有地里面临时连接的软管。

2．**喷灌设施**　由水源工程、水泵和动力机、输配水管道系统、喷头，以及附属设备、附属工程组成。

（1）水源工程。水源可以是河流、湖泊、水库、池塘、井水或渠道水等。喷灌的建设投资较高，设计保证率一般要求不低于85%，水源应满足喷灌在水量和水质方面的要求。对于轻小型喷灌机组，应设置满足其流动作业要求的田间水源工程。

（2）水泵和动力机。除利用自流水头以外，喷灌系统的工作压力均需由水泵提供，与水泵配套的动力机在有供电的情况下应尽量采用电动机，无电地区只能采用柴油机，轻小型喷灌机组为移动方便，通常采用喷灌专用自吸泵并以柴油机、汽油机带动。在井灌区等建设的小型喷灌工程往往用水泵一次完成提水和加压工作，建设大型喷灌工程时为了降低系统工作压力，通常采用分级加压的方式。喷灌系统实际工作流量变化大时，应对水泵的运行进行调节，最常用的有增减水泵开启台数和配备压力罐进行水泵工作时间调节等方式。

（3）管道系统。采用压力管道进行输配水。大型喷灌工程或在渠灌区发展喷灌也可以利用明渠输水，在支渠或斗渠控制范围内设立加压泵站，加压后再进入喷灌管道系统。喷灌管道系统应能承受一定的压力并通过一定的流量，通常分为干管和支管两级。干管起输配水的作用，支管是工作管道，支管上按一定间隔安装竖管，竖管上安装喷头，压力水通过干管、支管、竖管经喷头喷洒到田面上。必要时可增加一级分干管。管道根据铺设状况可分为地埋管道和地面移动管道，地埋管道埋于地下，地面移动管道则按灌水要求沿地面铺设。部分喷灌机组的工作管道往往和行走部分结合为一个整体。

（4）喷头。其是喷灌系统的专用设备，形式多种多样，但作用都是将管道内的连续水流喷射到空中，形成众多细小水滴，撒落到地面的一定范围内补充土壤水分。作业中喷头边喷边移动时称为行走式喷洒（简称行喷），作业中喷头不移动的称为定点喷洒（简称定喷）。

（5）附属设备、附属工程。喷灌工程中还用到一些附属设备和附属工程。如果从河流、湖泊、渠道取水，则应设拦污设施；为了保护喷灌系统安全运行，必要时应设进排气阀、调压阀、减压阀、安全阀等。为了喷灌系统安全越冬，应在灌溉季节结束后排空管道中的水，故需设泄水阀。为观察喷灌系统的运行状况，在水泵进出管路上应设真空表、压力表及水表，在管道系统上还应设置必要的闸阀，以便配水和检修，利用喷灌喷洒农药和肥料时，还应有必要的调配和注入设备。

采用卷盘式喷灌机等机组式喷灌系统时应按喷灌的要求规划田间作业道路和供水设备，以电动机为动力时应架设供电线路，配置低压配电和电气控制箱等。

3. 微灌设施 微灌按灌水水流出流方式不同，可分为滴灌、微喷灌和小管出流灌（涌泉灌）。微灌系统由水源工程、首部控制枢纽工程、输配水管道、灌水器等组成。

（1）水源工程。江河、湖泊、沟渠、机井等均可作为微灌水源。另外，因为微灌水源要求的水量比其他灌溉方法所需水量小，所以山丘区的小水泉、山谷河床上游段渗水地区的空山水都可以开发成微灌水源，但其水质必须符合微灌要求。

（2）首部控制枢纽工程。由泵站，肥料和化学药品注入设备，水质净化装置，各种控制、调节、量测设备及安全装置（如控制阀、进排气阀、调节阀、压力及流量表等）组成。首部控制枢纽的作用是从水源取水，将其加压，并注入肥料和化学药品，经过滤处理成符合微灌系统要求的水流，将其及时定量地送到输水管道中去。首部控制枢纽部分安装在控制室或井室内，控制系统的操作方法基本上有手工操作和电脑自动控制两种。

（3）输配水管道。是按作物需水要求向作物输水、配水，包括干管、支管、毛管3级管道和必要的流量压力调节设备，如控制调节阀、流量调节器等。干管是输水系统，作用是将水从首部控制枢纽输送给连接在其上的支管，或直接将水输送给毛管。支管是配水系统，能调节水压，控制流量，将一定压力和流量的水供给下级管道——毛管。毛管是直接向作物供水的管道，其上安装灌水器。毛管上的各个出水口的流量须达到所设计的流量和均匀度，为避免毛管首端压力大、流量大，而尾端压力小、流量小的供水不均匀现象，其内径一般选10～20mm。

在微灌系统中，管道多采用塑料管，管径在63mm以下的采用聚乙烯管（PE管），在63mm以上的采用聚氯乙烯管（PVC管）。塑料管具有抗腐蚀、柔韧性较好、能适应较小的局部沉陷、内壁光滑、输水摩阻粗糙率小、密度小、重量轻和运输安装方便等优点，但受阳光照射易老化。一般将干、支管埋在地下，毛管则根据实际情况置于地面或埋于地下，可大大延长管道的使用寿命。

（4）灌水器。是微灌系统的重要组成部分，其作用是对末级管道中的压力水流造成能量损失，消能减压后形成间断（或连续）的水滴或以微细喷洒的形式均匀稳定地灌溉土壤。灌水器种类繁多，各有特点，适用条件也不同，包括滴头、滴灌带、微喷头等。灌水器的好坏直接影响到微灌系统的寿命及灌水质量的高低。在微灌系统中要求灌水器制造偏差系数C_v值应控制在0.07以下；出水量小而稳定，抗堵塞性能强；结构简单，便于制造、安装和清洗；坚固耐用，价格低廉。

4. 渗灌设施 渗灌系统由水源工程、首部枢纽、输配水管网、渗水管道、水量量测设备、水流控制部件等组成。

（1）水源工程。河流、湖泊、塘垸、渠道、水库、泉等，只要水质符合要求，都可以作为渗灌工程的灌溉水源。

（2）首部枢纽。通常由水泵（自流取水除外）、控制阀门（水闸）、水质净化装置、施肥（药）装置、压力及量水设备等组成。首部枢纽是渗灌系统的调度中心，它肩负着渗灌系统的供水、净化、加肥、检测和调控的任务。

（3）输配水管网。是将首部枢纽处理过后的水按照要求输送分配到每一级主管、支管道中，起着按作物需水量要求向田间作物输水的作用。管网布设的好坏，直接影响到工程投资大小，管网效益的发挥。

5. 排水设施 根据产地的自然地理条件，通常采用明沟排水、暗沟排水、井排水等排水方式，应配套相应的渠、沟、管、井等系统，并尽量将灌水和排水系统连成一体，配套使用。

二、田间作业机械和运输设备

（一）田间作业机械

1. 耕作机械 主要由动力机械和农机具组成。

（1）动力机械。根据地块大小、土壤质地、耕层深度等，动力机械可选用手扶拖拉机和轮式拖拉机两种类型。坡度较缓的小块田地和设施内作业，主要采用2.5～4.5kW动力驱动的小型手扶拖拉机，机身小、重量轻、操作灵活，旋耕作业时靠发动机直接驱动旋耕部件旋转，不装驱动地轮，靠旋耕部件工作时产生的推力带动机具前进，并设有“阻力棒”以控制耕深和前进速度。手把上下、左右可任意调整，以利棚室边角作业。大型田块耕作需拖带器型较宽的农机具时，一般选用13～44kW的四轮拖拉机，动力大，可带农机具类型多。

（2）犁。其主要类型有铧式犁和圆盘犁。其中铧式犁应用范围最广，可分为牵引式和悬挂式两种，耕深达12～42cm。牵引式犁重量大、灵活性差，多应用于大面积平原旱作地区。悬挂式犁可配置多个犁体，重量轻、机动性好，在小地块及果树行间应用较多。

（3）旋耕机。旋耕机是由拖拉机动力驱动旋耕刀高速回转铣切土壤，碎土能力强。能有效地切断植被，并将其与肥料等均匀混合于耕作层中。耕后地表平坦，通常旋耕一次即可满足种床或苗床的要求，具有犁耙合一的作业效果。但其缺点是耕深较浅（10～15cm），覆盖质量较差。旋耕机按照其刀轴位置可分为卧式、立式和斜轴式3种，其中卧式旋耕机应用最广。

（4）圆盘耙。常用的类型为中型悬挂式双列圆盘耙（1BJX-2.0型），主要用于旱地犁耕后的碎土，以及播种前或果园的松土除草。由于圆盘耙能切断杂草和作物根茬、搅动和翻转表土，所需动力小，作业效率高，并能以耙代耕，节省能源，避免过度耕翻土壤，而且耙后能使土壤和杂草、根茬、肥料等充分混合，以促进土壤中微生物的活动和有机质的分解。

2. 种植机械 根据园艺作物种植方式及特点，种植机械主要包括播种机械、育苗机械、栽植机械等。

（1）播种机械。主要有条播机、撒播机、穴播机和精量播种机4个类型，可根据需要选择。能够一次性完成开沟、排种、施肥、覆土及镇压环节。播种机一般由种子箱、排种器、输种管、开沟器、覆土器、镇压轮等工作部件，以及机架、传动装置、调节机构、行走轮等辅助装置组成。

（2）育苗机械。有床土或基质加工机械、育苗播种机、精量播种生产线、嫁接机械等。床土加工机械主要用于果树育苗床土破碎及土肥混合。育苗播种机主要有吸嘴式气力播种机、板式育苗播种机和磁力播种机。吸嘴式气力播种机适用于营养盘（钵）单粒点播，它由吸嘴、压板、排种板、盛种盒及吸气装置等组成。由于靠气力吸种，在播种过程中不损伤种子，且对中小粒种子的适应性较强。板式育苗播种机由带孔的吸种板、吸气装置、漏种板、输种管、育苗盘、输送机构等组成，能有效地吸附各种颗粒状的种子，也能吸附非颗粒状的种子，如辣椒种子等。可配置各种尺寸的吸种板，以适应各种类型的种子和育苗盘（钵）。精量播种生产线可完成基质混拌、基质提升混装料箱、穴盘装料、基质刷平、基质压穴、精量播种、穴盘覆土、基质喷水等工艺流程。例如，2XB-400精量播种生产线全长4.1m，宽0.7m，高1.45m，总质量0.5t，功率0.5kW，可对72孔、128孔、288孔和392孔穴盘进行精量播种，播种准确性高于95%，生产效率为8.8盘/min。嫁接机械包括用于木本植物嫁接的小型的嫁接机，以及用于蔬菜幼苗嫁接的嫁接机器人。

（3）栽植机械。是将育成的钵苗栽植到大田的一类机械，可一次性完成开沟、分秧、栽植、覆土和压实等作业，主要用于蔬菜和花卉的幼苗移栽。按其工作部件的不同，分为钳夹式、导苗管式、吊篮式及带夹圆盘式等类型。钳夹式栽植机，对幼苗株距控制准确，栽植后苗体直立性较好，但易出现伤苗和漏栽现象。导苗管式栽植机，根据幼苗进入苗沟的方式可分为推落苗式、指带落苗式、直落苗式3种，不伤幼苗，适用于大叶片蔬菜幼苗的移栽。吊篮式栽植机，钵苗在栽植过程中不受任何冲击，适合于尺寸较大、根系不发达且易碎的钵苗栽植，尤其适合于地膜覆盖后的打孔栽植作业。针对大葱等长秆作物的栽植，则可选用带夹圆盘式栽植机，栽植过程可实现全自动。

（4）挖坑开沟机械。主要用于开挖园艺植物栽植或施肥的穴或沟，也可用于挖掘埋设桩柱的坑穴等，常见的挖坑机有悬挂式和手提式。悬挂式挖坑机是以拖拉机为配套动力，钻机悬挂在拖拉机上，由拖拉机的动力输出轴驱动钻头旋转，这种挖坑机主要用于平原地和缓坡地挖掘大坑穴，坑穴直径和深度可达1m。手提式挖坑机是以小型汽油机为动力，手提操作，多用于坡度较大的山地，挖掘小直径坑穴，开沟机与犁地机械相似，由拖拉机牵引。

（5）植树机械。按机器的机械化程度，植树机可分为人工投苗植树机、半自动化植树机和自动化植树机3种。植树机的主要工作部件有开沟器、栽植装置、覆土压实装置等部分。其工作过程是首先开出深度和宽度符合栽植技术要求的植树沟，然后将苗木或插条按规定株距放入植树沟中。苗木在植树沟内应处于直立状态，不得有窝根现象。再用下层湿土埋盖苗木根系，压实根系周围的松土。耙松表层土，以减少水分蒸发。必要时也可以在植树的同时进行施肥和喷洒除草剂。

3. 地膜覆盖机械 按用途可分为地膜覆盖机、旋转地膜覆盖机、播种铺膜联合作业机；按耕作方式可分为畦作地膜覆盖机、垄作地膜覆盖机。生产上常见的主要有小型牵引式垄作覆膜机、旋耕地膜覆盖机两类。小型牵引式垄作覆膜机如1QF-2型牵引式垄作覆膜机，主要由机架、行走轮、起落机构和工作部件等组成，工作部件包括整形开沟器、挂膜架、压膜轮和覆土器4组部件，可以同时完成原垄整形、开压膜沟、覆膜和覆土等项作业。

旋耕地膜覆盖机是目前生产上应用最为广泛的一类地膜覆盖机械，常见的1DG-210型旋耕覆膜机（垄畦兼用）包括旋耕机、机架、弹性折叠架、覆膜工作部件和喷洒农药装置等部分，作业时可同时完成旋耕整地、起垄、压实、覆膜和覆土等项作业，需要时还可喷洒除草剂。

4．中耕、除草和培土机械　用于行距较宽的园艺植物栽培期间的土壤中耕、除草或培土，如果园中耕除草机，大葱、马铃薯、生姜等开沟培土机等。

5．喷药机械　按施药方式的不同可分为喷雾机、喷粉机和喷烟机等类型。喷雾机常见的类型有压力式、风送式和超低量3种，压力式喷雾机用于大、中等容量作业，风送式喷雾机用于低容量作业，此外还有机动式和电动式超低量喷雾机。可根据药剂量、作业面积、作业空间进行选择。喷粉机用以喷洒粉状药剂，主要用于设施内等高湿环境下。喷烟机可产生直径小于50μm的固体或胶态悬浮体，可较长久地悬浮在空气中，深入一般喷雾、喷粉所不能到达的空隙处，适用于较为郁闭的作物、果园及设施内的病虫害防治。

6．施肥机械　固体肥料施肥主要配套播种或土地耕作同时进行，液体肥施用设备主要有自压式、压入式、压差式、文丘里式等几种类型。自压式施肥设备的液态肥料主要靠自身势能进入滴灌系统，操作简单，但施肥速度较慢；压入式则需要通过机械泵给液肥加压，使其进入滴灌系统，施肥速度较快；压差式施肥可将施肥系统安装在灌溉管路中，靠施肥罐两侧压差使肥液流入滴灌系统，但不能连续加肥；文丘里式施肥器需与滴灌系统主管并联，靠负压吸入肥液，成本低、安装方便，目前应用较为广泛。

7．收获机械　不同园艺作物，产品不同，收获要求也不同。

（1）果品收获机械。果品的机械采摘是利用机械振动式或气动式采果机，使果实振摇掉落，由设置于果树下面的承接装置接收，并由输送装置输送至运输车上。工效高，但易造成果品和树体的损伤，而且只针对可一次性收获的果品。

（2）蔬菜收获机械。根据其生物学特性可分为3类：地下根和地下茎类产品收获机械，主要是通过机械挖掘或拔取的方式，将产品器官从土中取出，然后分离地上部和土块，最后进行捡拾，如马铃薯收获机、洋葱收获机和胡萝卜收获机。茎菜和叶菜收获机械，有切割式和拔取式两种，多为一次性收获，目前应用并不广泛。果菜收获机械，机械收获番茄、黄瓜等果菜的工序有两种，一种是不切割植株，收获机进入行间摘果，然后分离掉落的茎叶；另一种是先切割植株，送入机器内再摘果，并分离茎叶。无论哪一种方法，都采用一次性收获，然后再进行分选。分选工作一般用人工，也有的采用机械分选法（利用型孔、型槽）、水选法或光电分选法。

（3）采茶机械。采茶机械一般由汽油机驱动，有单人采茶机、双人采茶机等，如C-60采茶机、4CP-100L采茶机。

（二）运输设备

运输是流通过程中的一个重要环节，是联系生产与消费、供应与销售之间的纽带。现代生产对运输的要求是：快装快运，轻装轻卸，防冻防热，适宜的低温、恒温运输。

根据产品特性、运输数量、目标市场和要求到达时间等选择相应的运输形式。

陆地运输包括公路运输和铁路运输。公路运输中以汽车运输为主，有冷冻车（<-18℃）和冷藏车（>5℃的中温，0～5℃低温）；按安全载重量分为小型车（<3t）、中型车（3～6t）和大型车（>6t）；按控温方式分为机械制冷、液氮制冷、蓄冷板、冰或干冰保温等。单车运输量相对较低，但灵活机动，运输适应性极强。

铁路运输运输量较大，速度快，费用低，适宜国内长途运输和国际间的运输。运输设备有普通车厢运输、冷藏列车运输、用于集装箱运输的铁道手车运输，这些集装箱一般都与有关汽车相匹配，可以相互转移。

海上运输运输量大，运费低，振动小，但速度较慢，船内设冷仓或集装箱等。

航空运输速度最快，但相对运量少，运费高，主要应用于极不耐藏的和急需的高价值商品。

集装箱是一种现代化的周转设备，多半由铝合金制成，可以在汽车、火车、轮船和飞机上转移，所以集装箱运输加快了运送速度，且便于装卸、安全。为了保持所运输产品的新鲜度及品质，目前有保温集装箱、冷藏集装箱和气调集装箱。

三、园艺产品采后处理与储藏加工设施和设备

（一）采后处理设施和设备

其包括园艺产品采后田间处理的场所和预冷、清理、分级、简易包装等设施和设备，产品采后处理与配送厂的冷库、车间和其清洗、分拣、分级、涂蜡、包装、配送等生产线及其设备等。

（二）储藏设施和设备

不同园艺产品储藏要求不同，其储藏设施和设备也不同。储藏设施设备通常包括田间简易储藏场所和设施，如堆藏、埋藏、挂藏等储藏场和简易储藏库；各种各样的固定储藏场所和储藏库，如通风储藏库、冷藏库、气调库、低温储藏库等。

（三）加工设施和设备

不同园艺产品或副产品的加工产品和加工原理与工艺不同，其加工设施设备也不同。例如，干制、制粉、制酱、腌制、制脯、制汁等加工工艺简单，设施和设备也简易；色素提取、精油提取、功能成分制取等深加工工艺复杂，设施和设备也多。

小　结

园艺植物种植园的规划包括果园、菜园、花圃、茶园和现代农业示范园的规划。种植园规划主要依据植物的生物学特性、自然条件及产业发展要求选择和配置种类与品种，规划基础设施、生产设施和配套设施。现代农业示范园规划中，项目选择和系统设计是核心，根据“三区布局”原理进行规划。园艺生产设施主要包括阳畦、温床、塑料拱棚、温室及遮光设施等。不同设施类型在结构、性能和应用上差异较大，其中阳畦和温床结构简单、性能较差，主要用于育苗。塑料拱棚包括小棚、中棚和大棚，是目前生产应用最为广泛的设施类型之一，北方地区主要用于园艺作物的春提早和秋延后栽培，南方地区可用于越冬

生产。棚越大，空间越大，温光性能越好。塑料大棚有单栋和连栋，类型主要有竹木结构、钢结构、混合结构和装配式钢管结构。温室主要应用于北方地区园艺作物的周年生产，依热能来源可分为日光温室和加温温室；依屋面覆盖材料可分为塑料温室和玻璃温室；依建造材料可分为土木结构温室、金属（钢、铝合金）结构温室；依屋面形式可分为单坡面温室、双坡面温室、三折面温室、拱圆形温室、屋脊形温室和连栋温室等。园艺生产配套设施包括生产用房、场地、道路、供电系统、灌溉系统等基础设施，田间作业机械包括耕作机械、种植机械、地膜覆盖机械、中耕除草机械、喷药机械、施肥机械、收获机械及运输设备等，园艺产品流通有海陆空运输和集装箱运输等形式，需要相应的运输设备。园艺产品采后处理和储藏加工也分别需要不同的设施和设备。

思考题

1. 如何进行果园规划？果园规划中果树树种品种应如何选择和配置？
2. 如何进行菜园规划？露地菜园和设施菜园在规划时有哪些异同？
3. 如何规划花圃？花圃用地规划包括哪些方面？
4. 如何进行茶园规划？
5. 现代农业示范园空间结构布局的原理是什么？
6. 抢阳畦和槽子畦在结构和效果上有何异同？
7. 电热温床的特点是什么？
8. 塑料大棚的骨架由哪些部分组成？简述大棚的主要性能与应用。
9. 试述日光温室的结构和性能。
10. 试比较说明塑料大棚与日光温室结构和性能的主要异同点。
11. 园艺产品运输形式和设备有哪些？
12. 你知道的园艺作物田间种植机械有哪些？园艺种植机械的应用条件是什么？
13. 你知道的园艺产品采后处理、贮藏与加工设施和设备有哪些？

第六章

园艺生产基本技术

园艺植物生产的整个过程中涉及播种繁殖、栽植、整形修剪、肥水管理、有害生物防治等一系列技术，学习了解这些技术原理，熟悉技术要求和规范，是园艺植物高效生产的基础。

第一节　园艺植物种苗及其繁殖技术

种苗质量的优劣，直接关系到园艺植物的生产效益甚至成败。采用多、快、好、省的新技术和新方法繁育园艺植物种苗材料，并保持其良种的优良特性，对发展园艺生产有着重要意义。园艺植物的繁殖方式可分为有性繁殖（sexual propagation）和无性繁殖（asexual propagation）两大类，有性繁殖即实生繁殖（seedling propagation）或种子繁殖（seed propagation）；无性繁殖又称营养器官繁殖（vegetative organ propagation），即利用植物营养器官（如根、茎、叶等）的再生能力，培育新的个体的繁殖方式，包括扦插、压条、嫁接、分株繁殖及植物组织培养等方法。

一、实生繁殖

（一）实生繁殖的特点及利用

实生繁殖是用种子播种的繁殖方法，实生繁殖的种苗又称实生苗。实生繁殖的特点是：播种方法简便，易于掌握，种子来源广泛，便于大量繁殖；种子体积小，重量轻，在采收、运输及长期贮藏等工作上简便易行；实生苗根系发达，生长旺盛，寿命较长，其抗性、适应性强，并且在隔离条件下育成的实生苗不带病毒。但实生繁殖的多年生园艺植物一般开花结实较晚，后代易出现变异，从而失去原有的优良性状，出现品种退化问题；同时，实生繁殖不适用于自花不孕植物和无籽植物，如香蕉、葡萄、山药、大蒜和许多重瓣花卉植物等的繁殖。

实生繁殖主要用于大部分蔬菜，一二年生花卉及地被植物的生产；大部分果树及一些木本观赏植物的砧木也用实生繁殖；园艺植物杂交育种也须采用播种来繁殖。

（二）影响种子发芽的因素

种子萌发是指种子在适宜的条件（温度、水分、氧气等）下，胚器官利用种子内贮存的养分进行生长的过程。影响其过程进行的主要因素如下。

1. **种子休眠特性**　指有生命力的种子置于适宜的萌发条件下而表现不能萌发的现象，这是植物在长期的系统发育过程中自然选择的结果。这种特性有利于植物适应外界自然逆境条件以保持物种繁衍，但有时给实生播种繁殖带来一定的困难。

2. **种子质量**　主要是指其净度、发芽力和生活力等，是保证出苗和幼苗健壮整齐的前提，也是确定其播种量的重要依据之一，往往受采种植株营养状况、采种时期和方法、贮藏条件和贮藏年限等条件的影响。优质种子必须发育充实、籽粒饱满、营养丰富、富有生活力，且品种纯正，无杂质和有害生物。

3. **环境条件**　种子必须在适宜的温度、湿度、氧气、光照等条件下，种胚才能利用种子内部营养物质而萌发生长，任何一个因子不适合，都会影响种子的正常萌发。

（1）温度。是种子发芽的必要条件之一。温度过高或过低，种子均不能发芽。不同作物种子萌发要求的适宜温度不同，一般温带植物以15～25℃为宜，亚热带与热带植物以25～30℃为宜；变温处理常有利于种子的萌发。

（2）水分。是种子发芽的必要条件之一。种子只有在土壤含水量达到10%～16%的条件下，才能吸水膨胀，启动胚的生长发育，最后胚根突破种皮而萌发生长。

（3）氧气。种子发芽时进行有氧呼吸，氧是种子萌发的必需条件，因此种子发芽时必须保持良好的通气条件。生产中如果播种覆土过深，镇压太紧，或土壤中水分过多就会造成通气不良而影响种子发芽。

（4）光照。对种子发芽的影响因植物种类而异，大多数植物种子发芽不受或很少受光暗条件的影响。有些植物种子发芽需要光照，为需光发芽种子，如莴苣、芹菜、报春花等，播种后若温度和水分条件适宜，不覆土或覆薄土，种子发芽较快；也有一些植物，如葱、苋菜、水芹和飞燕草等，其种子发芽需要黑暗条件，为嫌光发芽种子，在光照条件下会严重抑制发芽。

（三）种子播前处理

为了促进种子后熟或解除种子休眠，或使种子在播种前整齐萌发，生产中播种前常需对种子进行一些技术处理。

1. 层积 层积（stratification）是创造适宜条件下，使种胚完成后熟过程和解除休眠促进萌发的一项措施，多用于木本果树和观赏树木种子的处理。由于处理时常用河沙为基质与种子分层放置，故又称沙藏层积。

层积必须选择清洁河沙，一般种子与河沙的比例是：大粒种子1∶5～1∶10，中小粒种子1∶3～1∶5。处理前先将种子浸水5～24h，待充分吸水后取出晾干。层积时种子与河沙既可分层沙藏也可混合沙藏，依种子量的多少将种子沙藏层积于花盆、木箱或地沟中。若种子量大时用沟藏。选择背阴干燥不易积水处，挖深50～100cm、宽40～50cm的沟，长度视种子量而定，沟底先铺一定厚度的湿沙，然后将与河沙混合均匀的种子放入沟内，到距地面10cm处，用河沙覆盖，一般要高出地面呈屋脊状，上面再用稻草或草垫盖好。层积天数因不同种类及层积温度而定，如八棱海棠40～50d，毛桃80～100d，山楂200～300d。

沙藏种子一般要求在0～5℃的低温，保持河沙湿润（以手握沙成团而不滴水，约为最大持水量的50%）和氧气充足。种子沙藏期间要检查温、湿度，以防止变干或过湿而种子霉烂。春季大部分种子露白时要及时播种。

2. 机械破皮 有些植物的种子种皮较厚、较坚硬，阻碍了水分的吸收和通气，需要采取破皮、开裂、擦伤等方法改变种皮透性以促进种子发芽，如山杏、山桃、酸枣、美人蕉、荷花等植物的种子。

3. 脱蜡 有些植物的种子外包被蜡质，播种后非常难从土壤中获得水分和氧气。这类种子必须先脱蜡，再播种。例如，玉兰、花椒等植物的种子可用草木灰加水拌成糊状，也可将种子混沙、土、草木灰干搓或将种子放入温水、碱水、洗衣粉水、肥皂水中搓洗直至脱去油皮，以利种子吸收水分和氧气而发芽。

4. 清水浸种 用清水浸泡种子可使种皮软化，除去发芽抑制物，促进种子发芽。浸种的水温和浸种的时间要掌握适度，有凉水（20～30℃）浸种、温水（55℃）浸种、热水

(70～75℃)浸种和变温浸种等方法，应根据植物种类选择处理方法和处理时间。后两种处理适宜油厚壳硬的种子，如核桃、山桃、山杏、山楂、油松和马蔺等，处理时可将种子在沸水中浸泡数秒钟，再用冷水浸泡1～3d，每天换水1～2次即可。

5. 种子消毒　种子消毒(seed sterilization)处理可杀死种子表面所带的病菌，免受病害影响。其方法有以下两种。

(1)农药浸种和拌种。药剂浸种可用甲醛溶液(甲醛含量37%～40%)、1%硫酸铜、10%磷酸三钠或2%氢氧化钠，药粉拌种可用70%敌克松、50%福美锌、50%退菌特等。

(2)种衣剂包衣。种衣剂的活性成分有生长调节剂、微量元素、肥料、杀虫剂、杀菌剂等，因此用种衣剂包衣种子可以促进发芽、防病虫、培育健壮种苗和提高幼苗抗逆性。但不同种衣剂的活性成分不同，包衣种子时，应根据具体作物种子的特性或发芽过程中存在的问题选择种衣剂。

6. 催芽　催芽(pregermination)是将吸水膨胀的种子置于种子发芽适宜条件下，促进其迅速、整齐地发芽，目的在于缩短种子播种至出土的时间，提高出苗整齐度。催芽一般在浸种基础上进行，种子催芽短的需1～2d，长的需7d左右，待50%的种子胚根突破种皮(通常称露白)时即可播种。

(四)播种技术

1. 播种时期　选择适宜播期是培养健壮苗木的基础，而生物学特性和自然环境条件是决定播种时期的主要依据。一般可分为春播和秋播。春播从土壤解冻后开始，多在每年的3～4月；秋播多在8～9月，至初冬土壤封冻为止。一般温室蔬菜和花卉没有严格的季节限制，常随需要而定；而露地蔬菜和花卉主要是春秋两季播种。果树一般早春播种，冬季温暖地区也可晚秋播。亚热带和热带地区可全年播种，以幼苗避开暴雨与台风季节为宜。

2. 播种方式　有大田直播、畦床播种和穴盘播种等方式。大田直播可以平畦播，也可以垄播，播后间苗、补苗、定苗，进行生产；或播种嫁接砧木，培养成嫁接苗出圃。畦床播种一般在露地苗床、阳畦或温室内集中育苗，经分苗培养后再移栽定植于大田。穴盘播种是集约化育苗的播种方式，常用机器播种，也可手工播种。

3. 播种地选择　播种地块应选择有机质较为丰富、排水良好、疏松的砂质壤土。播前要施足基肥，整地做畦并将其耙平，穴盘育苗一般要使用营养基质。

4. 播种方法　一般有撒播(broadcast sowing)、条播(drilling sowing)和点播(dibble sowing)(或穴播)等。

(1)撒播。对于一些种子较小、生长迅速、植株所占营养面积较小的蔬菜播种，以及苗床播种的多用撒播，如韭菜、菠菜、小葱、海棠和山定子等。撒播可以湿播(播前浇底水)或干播(播前不浇底水)，前者播后用筛过的细土覆盖，以稍埋住种子为宜，后者要播后镇压以利保墒，避免因干旱影响正常出苗。此法省工，方法简便，但往往密度大，出苗量多，不均匀，管理不方便。

(2)条播。大多数种子较小的果树、花卉和一些小株型蔬菜如菠菜、芹菜、胡萝卜、洋葱等可用条播。条播有垄作单行条播、畦内多行条播和双行带状条播等，具体可根据不同植物的要求及栽培目的进行选择。条播在一定程度上具有撒播的优点，同时因其有一定行距，便于机械播种、中耕管理、嫁接操作等。

(3)点播(或穴播)。多用于种子较大的果树、花卉和一些株型较大的蔬菜如菜豆、马铃薯、茄果类、瓜类等作物种子的播种。点播种子集中，分布均匀，容易出苗，营养面积大，成苗质量好，但产苗量少，且一般都是干播，为了保证土壤墒情，可整好地即覆膜，再行点播。

5. 播种量 播种量关系到单位面积出苗数、幼苗质量和栽培效益。理论播种量公式为

播种量（kg/hm^2）=$1hm^2$计划出苗数/（1kg种子粒数×种子发芽率×种子纯净度）

在生产实际中应视土壤质地、气候冷暖、病虫草害、雨量多少、种子大小、种子质量、播种方式等情况，适当增加播种量。

6. 播种深度 播种深度依种子大小、气候条件和土壤情况而定。一般播种深度为种子最大直径的2～3倍，大粒种子取低限，小粒种子取高限。例如，核桃等大粒种子播种深度为5～6cm，海棠、杜梨2～3cm，甘蓝、石竹、香椿0.5～1.0cm。另外，高温干燥和沙性土壤条件下应适当深播，秋冬播种比春季播种应适当深播。为解决土壤温湿度和出土困难的矛盾，在春季可分次覆土和深播浅覆土，在夏季可浅覆土加覆草。

7. 播后管理 包括出苗期间的管理和间苗、中耕、除草、肥水管理等。

（1）覆盖及灌水。种子发芽要求水分充足，温度适宜，可于播后覆膜、覆草、增温保湿。出苗前若土壤干旱应及时喷水或渗灌，切勿大水漫灌，以防土壤板结闷苗，或冲淹种苗。

（2）去掉覆盖物。种子幼芽出土后，尤其小粒种子发芽后，要逐渐去掉覆盖物。播后覆膜的要及时划膜，揭膜放风降温，以免灼伤幼苗。

（3）间苗移栽。幼苗2～4片真叶时可进行间苗、移苗、分苗，或直接移栽于大田。移苗要适时，否则太晚易伤根，缓苗期长；太早则成活率低。移栽前要适当干旱炼苗（蹲苗），移栽前1～2d灌透水1次以利起苗带土，同时喷药防病；移栽后灌水1次，使根系与土壤充分接触，以利缓苗。

（4）中耕、除草。育苗地应勤浅中耕，勤除草，保持土壤疏松。除草可用人工、机械或除草剂，中耕和除草时注意勿伤种苗根。

（5）施肥灌水。幼苗生长过程中，要适时适量补充肥料和浇水。迅速生长期以追施或喷施速效性氮肥为主，后期要增施速效磷、钾肥。因幼苗根系弱，施肥应掌握少量多次。

（6）摘心。对用于嫁接的实生砧木苗，一般在苗高30cm左右时进行摘心，促进砧木苗增粗，以利嫁接。

二、嫁接繁殖

（一）嫁接繁殖的特点及应用

嫁接繁殖（grafting propagation）是将园艺植物优良品种植株上的枝或芽，通过嫁接技术接到另一植株的枝、干或根上，使其成活形成一新的植株的繁殖方法。通过嫁接培育的苗木称为嫁接苗。用来嫁接的枝或芽称为接穗（scion），而承受接穗的植株称为砧木（rootstock）。

因嫁接繁殖是无性的营养器官繁殖，所以嫁接苗可保持接穗优良性状，而且表现生长快、开花结果早的特点。嫁接繁殖还可利用砧木的某些性状，如抗旱、抗寒、抗病性、耐

涝、耐盐碱等，来增强栽培品种的抗性和适应性，以扩大栽培范围或降低生产成本。同时，也可利用砧木来调节果树和花木长势，使树体矮化或乔化。多数砧木可用种子繁殖，故繁殖系数大，便于在生产上大面积推广种植。但必须提前培育砧木苗，嫁接技术也较复杂，且嫁接苗的寿命比实生苗短。

园艺植物中绝大多数果树采用嫁接繁殖，在花卉上多用于木本观赏植物，以及不能扦插或种子繁殖的花卉。例如，用山桃、山杏嫁接梅花、碧桃，用小叶女贞嫁接桂花，用黄蒿、仔蒿嫁接菊花。此外，对果树和观赏植物自然界的芽变、枝变或杂交育种的优良株系，可用嫁接繁殖保存和进行早期鉴定。蔬菜生产中也可用嫁接繁殖提高栽培品种的抗病抗逆性，提高产量或改善品质，如利用南瓜、瓠瓜作砧木嫁接黄瓜、西瓜，用野生茄、番茄作砧木嫁接茄、番茄等。

（二）砧木的选择和接穗的采集

1. 砧木的选择 不同类型的砧木对气候、土壤环境条件的适应能力，以及对接穗的影响都有明显的差异。适宜的砧木应与接穗有良好的亲和力；对接穗生长、结果有良好的影响，如生长健壮、结果早、丰产、优质及长寿等；对栽培地区的气候、土壤环境条件适应能力强，如抗寒、抗旱、抗涝、耐盐碱等；能满足特殊的需要，如乔化、矮化、抗病虫、根系发达等；繁殖材料资源丰富，易于大量繁殖。

2. 接穗的采集 选择在品种优良、生长健壮、无检疫病虫害的母株上采集接穗。接穗生长充实，芽体饱满。因园艺作物种类、嫁接时期和方法不同，采用的接穗也不同。例如，果树春季嫁接多用一年生枝条作接穗，一般结合冬季修剪采集，也可随用随采；夏秋季嫁接多用当年生新梢或发育枝作接穗，随用随采，采下后立即去掉叶片，保留叶柄，减少水分蒸发。瓜类（如西瓜）嫁接时，接穗（西瓜）则必须与砧木（如瓠瓜）同季节播种，根据嫁接方法的不同和接穗与砧木种子发芽时差，与砧木播种时间常相差3～4d。

（三）嫁接技术

1. 嫁接时期 随嫁接方法、植物种类、地域不同而有差异。例如，枝接一般以早春树液开始流动、芽尚未萌动时为宜，南方落叶树在2～4月，常绿树在早春发芽前及每次枝梢老熟后进行；北方落叶树一般在3月下旬至5月上旬进行。而芽接可在春、夏、秋3季进行，一般以夏、秋为主。但绝大多数芽接方法都以砧木和接穗离皮（即木质部与韧皮部分离），且接穗芽体充实饱满时进行为宜。落叶树在7～9月，常绿树在9～11月进行。

2. 嫁接方法 嫁接方法按接穗材料分主要有芽接和枝接。

（1）芽接。凡是用一个芽片作接穗的嫁接方法称芽接。芽接时多不剪砧，芽接方法简单、速度快、嫁接时期长、成活率高，适合于大量繁殖苗木。芽接方法主要有“丁”字形芽接、方块形芽接、嵌芽接等。无论哪种芽接，都要求接穗芽体充实饱满。当砧木和接穗的木质部与韧皮部不易分离时（常在春季），则采用嵌芽接。

（2）枝接。凡以带芽枝条作接穗的嫁接方法称枝接。枝接时多要剪砧，常在砧木较粗，砧穗的木质部与韧皮部不易分离时用，枝接成活率较高，且生长较快。常用的枝接方法有劈接、切接、皮下接、腹接、舌接等。

3. 嫁接苗的管理

（1）检查成活率及补苗。木本植物一般芽接后7～15d检查芽成活情况，若接芽新鲜，其上叶柄一触即落则表明已成活；而枝接后14～21d检查成活，若接穗萌芽并有一定生长量时为成活。发现未成活的要及时进行补接。草本植物一般嫁接后1周左右即可确定是否成活。

（2）解绑、剪砧和除萌。对嫁接成活的嫁接苗，应及时解除绑缚物，以促进接穗萌发及生长。夏末和秋季芽接的在翌春发芽前及时剪去接芽以上砧木部分，春季芽接的随即剪砧，夏季芽接的一般10d之后解绑剪砧，以促进接芽萌发。对砧木基部发生的萌蘖应及时除去，以免消耗养分和水分，影响接穗生长。

（3）其他管理。在嫁接苗生长过程中，应中耕、除草、追肥灌水，加强病虫害防治，以保证嫁接苗的正常生长。在大风的地区或季节，要注意防风折枝或立支柱，直至生长牢固为止。对某些树种和品种的半成苗，发芽后在生长期间会萌发副梢，如桃树可在当年萌发2～4次副梢。可利用副梢进行圃内整形，培养优质成形的大苗。草本植物嫁接后缓苗愈伤阶段，要保持较高的温度和湿度环境，避免阳光直射和设施通风降温。

（四）嫁接成活的原理和影响嫁接成活的因素

1. 嫁接成活的过程及其原理 当接穗嫁接到砧木上后，在砧木和接穗伤口的表面，受伤细胞的残留物质形成一层褐色的薄膜覆盖着伤口。随后在愈伤激素的刺激下，伤口周围的形成层细胞旺盛分裂，并使褐色的薄膜破裂，形成愈伤组织。愈伤组织不断增加，接穗和砧木间的空隙被填满后，砧木和接穗愈合组织的薄壁细胞便互相连接，将砧木和接穗的形成层连接起来。随之愈合组织不断分化，向内形成新的木质部，向外形成新的韧皮部，进而使导管和筛管也相互沟通，从而使砧木与接穗结合为砧穗复合体，这样就形成一个新的植株。

2. 影响嫁接成活的因素

（1）嫁接亲和力。嫁接亲和力（graft compatibility）是指砧木和接穗经嫁接能愈合成活并正常生长发育的能力。其具体是指砧木和接穗两者在内部组织结构、生理和遗传特性等方面的相似性或差异性，嫁接后能够成活及成活后生理上相互适应的能力。砧木与接穗的亲和力是嫁接能否成功的前提。亲和力越强，嫁接口愈合越好，成活率越高，生长发育越正常。

砧木与接穗不亲和或亲和力低的主要表现有：①伤口愈合不良，即嫁接后不能愈合，接穗不成活；或愈合能力差，成活率低；有的虽能愈合，但接芽不萌发；或愈合的牢固性很差，萌发后枝条极易断裂。②生长结果不正常，嫁接后虽能生长，但枝叶黄化，叶片小而簇生，生长衰弱，以致枯死；有的早期形成大量花芽，或果实发育不正常、畸形、肉质变劣等。③大小脚现象，即砧木、接穗接口上下生长不协调，出现“大脚”“小脚”或“环缢”现象。④后期不亲和。有些嫁接组合嫁接后愈合良好，前期生长和结果也正常，但经过若干年后则表现严重的不亲和，如桃嫁接在毛樱桃砧木上，进入结果期后不久，就出现叶片黄化、焦梢、枝干衰弱甚至枯死的现象。

嫁接亲和力是嫁接成功的基本条件，而亲和力的强弱则主要取决于砧木、接穗之间亲缘关系的远近。一般亲缘关系越近，亲和力越强，嫁接越容易成功。例如，月季接在蔷薇上、黄瓜接在黑籽南瓜上、秋子梨接南果梨等都较好。此外，砧木、接穗组织结构、代谢状况及生理生化特性与嫁接亲和力的大小也有很大关系。例如，中国栗接在日本栗上，由于后者吸收无机盐较多，因而产生不亲和；嫁接柿或核桃时还常因单宁类物质较多，而影响成活。

（2）嫁接的极性。无论是砧木还是接穗，都有形态上的顶端和基端，愈伤组织最初发生在基端部分，这种特性可影响砧木和接穗接口部的生长。为此，常规嫁接时，应将接穗的形态基端插入砧木的形态顶端部分（即异端嫁接），否则就不能成活，或成活后生长不良，发生早衰枯死。

（3）嫁接时期。嫁接时期主要与砧木和接穗的活动状态及气温、土温等环境因素有密切的关系。一般砧穗形成层都处在旺盛活动状态时，气温在20～25℃（热带植物在25～30℃）的条件下，愈伤组织形成快，嫁接易成活。生产上要根据植物种类的特性、嫁接方法要求，选择适期嫁接。

（4）砧穗质量。一般砧木和接穗发育充实，贮藏的营养物质和水分较多时，嫁接后容易成活。因此，应选择组织充实健壮、芽体饱满的枝条作接穗。草本植物或木本植物的未木质化嫩梢也可以嫁接，如瓜类嫁接，但对技术和环境条件要求较高。

（5）嫁接技术。嫁接技术直接影响嫁接的成活。例如，嫁接时砧木和接穗削面平滑，形成层对齐，接口绑紧，包扎严密，操作过程干净迅速，则成活率高。反之，削面粗糙，形成层错位，接口缝隙大，包扎不严，操作不熟练均会降低成活率。

（6）嫁接时的湿度和光照。愈伤组织是嫩的薄壁细胞，嫁接时应保持较高的接口湿度（相对湿度达95%以上即可）有利于愈伤组织的产生。为此，接口部位要用塑料薄膜包扎严紧，可起到保湿作用，同时避免雨季和大风天气嫁接。一般在光照条件下，愈伤组织形成减缓。因此，接口部应尽可能遮光。

（7）其他。例如，伤流、流胶、单宁等物质影响嫁接成活率。葡萄、核桃等果树的根压较大，春季根系开始活动后，地上部伤口部位易出现伤流。若伤流量大，会窒息切口处细胞的呼吸而影响愈伤组织产生及嫁接成活。此外，桃、杏等果树伤口部位易流胶；核桃、柿等切口细胞内单宁易氧化形成不溶于水的单宁复合物，从而形成隔离层，影响愈伤组织的形成而降低成活率。

三、自根繁殖

（一）自根繁殖的特点及应用

自根繁殖（self-root propagation）是利用优良母株的枝、根、芽、叶等营养器官的再生能力，发生不定根或不定芽而长成新植株的繁殖方法。其特点是：苗木生长快、幼苗期短、结果早、投产快，且变异性较小，能保持母株的优良性状和特性，繁殖方法简单易掌握等；但因自根繁殖的苗无主根且根系分布浅，导致其适应性和抗性不如实生苗或实生砧嫁接苗，此外其繁殖系数也较低。

自根繁殖包括扦插繁殖（cuttage propagation）、压条繁殖（propagation by layering）和分株繁殖（division propagation），在园艺植物生产中应用广泛。

（二）自根繁殖的类型

1. 扦插繁殖　是指切取植物的枝条、叶片或根，插入基质中使其生根萌芽抽枝，长成新的植株的繁殖方法，包括硬枝插、绿枝插、叶插、芽叶插、根插等方法。

（1）硬枝插。是用充分成熟的一年生枝段扦插繁殖的方法，简单易行，繁殖成本低。落叶树木常在早春进行，将枝条剪成长10～25cm的枝段插条，插条顶端在芽上1～2cm处平截，下端在节上斜剪成马耳形，保持剪口平滑，然后以45°角斜插于基质或土壤中，露出插条顶端的芽体。为了促进生根和成活，可进行各种处理。葡萄、无花果、梅花、月季、罗汉松等常采用此法。

（2）绿枝插。在生长季利用半木质化的新梢进行带叶扦插，常在柑橘类、葡萄、猕猴桃等果树，大部分花卉树木，以及蕹菜、番茄等蔬菜作物繁殖中采用。绿枝插的插条必须随剪随插，最好在早晨有露水时采取，并注意保湿，防止失水萎蔫。一般插条长10～15cm，上部保留1～3片叶，以利光合产物积累；基部去掉部分叶片，以利扦插和生根。插条插入基质深度为插条长度的1/3～1/2，并以斜插为好，扦插密度以叶片互不遮挡为度。绿枝插后保持较高的空气和基质湿度很重要，一般空气湿度保持100%。

（3）叶插。是指剪下叶片进行扦插，利用叶的再生机能，长出不定根和不定芽，形成新的植株的繁殖方法。叶插在花卉中应用较多，如玉树、豆瓣绿、千岁兰、虎尾兰、落地生根等的繁殖。叶插又分全叶插和片叶插。全叶插是以完整叶片为插穗，既可采用平置法（即将去掉叶柄的叶片平铺沙面上，用大头针或竹签固定，使叶背与沙面密接），也可采用直插法（即将叶柄插入基质中，叶片直立于沙面）。而片叶插是将叶片分切数块，分别进行扦插，每块叶片上均形成不定芽和不定根。但无论采用哪种方法，都必须保持适宜的温度、湿度条件，才能有较好的效果。

（4）芽叶插。是指在生长季节用带芽的叶片进行扦插繁殖的方法。应选择健壮的枝条，用刀连同带饱满芽的叶片和部分茎一起切下，将其以45°角斜插于苗床，行株距以10cm×10cm为宜。苗床应设在设施或荫棚内，其他管理与绿枝插相似。芽叶插主要用于叶插不易生芽的菊花、山茶花、橡皮树、桂花、天竺葵等观赏植物，菠萝也可用其吸芽、冠芽或蘖芽带叶扦插繁殖。

（5）根插。是利用植物根上能产生不定芽的能力进行扦插繁殖的方法。常用于根插易生芽而枝插不易生根的园艺植物，如枣、柿、李、核桃等果树及牡丹、芍药、金丝桃、梅等观赏植物。

2. 压条繁殖 是指在枝梢不与母体分离的状态下，将枝梢部分埋于土中或包裹在能发根的基质中，促使枝梢生根，然后剪离母体成为独立新株的繁殖方法，包括直立压条、水平压条、普通压条和空中压条等。压条繁殖对易扦插和难扦插的园艺植物都适用，因新植株在生根前，其养分、水分和激素等均可由母株提供，且新梢埋入土中又有黄化作用，故易生根。

（1）直立压条。又称垂直压条或培土压条，是指在春季萌芽前自地面重剪枝条，促使基部发生萌蘖的方法。一般在新梢长到15～20cm时进行第1次培土，之前将新梢基部几片叶剪掉或进行纵刻伤等以利生根。当新梢长到40～50cm时进行第2次培土，约20d生根。入冬前或翌春萌芽前即可分株起苗，起苗时扒开土壤在靠近母株处留桩短截，可继续进行繁殖。苹果和梨的矮化砧及石榴、无花果、玉兰、樱花等，均可采用此法。

（2）水平压条。又称沟压或水平复压，是指在春季萌芽前将母株枝条弯曲到地面呈水平状态，并用枝杈将其固定，为促进其新梢萌发，每隔10cm左右在芽上方刻伤或环割。待新梢长到20cm左右时进行第1次培土，新梢长到30～40cm时进行第2次培土。入冬前或翌春扒开培土，将生根的新梢剪离即可。留1～2个靠近母株基部的枝条或萌蘖，以备再次水平压条用。

（3）普通压条。是指在夏季当新梢长到一定长度时，从母株上选靠近地面的当年新梢，在其附近挖20～30cm见方的坑，将新梢中部弯曲压入坑底，梢部露出地面，用枝杈固定，并在弯曲处进行环剥、纵刻伤以利生根。然后将坑填平，使新梢埋入土中部分生根，露在地面的部分继续生长。入冬后或翌春将生根枝条与母株分离即可。

（4）空中压条。又称高枝压条法，一般在生长季进行。选发育充实的1～3年生枝条，在其基部进行环剥或纵刻伤等，再于环剥或刻伤处用塑料薄膜包以保湿生根基质如泥炭、湿锯末等，2～3个月后即可生根。生根后剪离母体即成为一个新的独立植株。

3. 分株繁殖　又称分生繁殖，是指将植物分生出来的幼植体（如根蘖、吸芽、珠芽等）或植物营养器官的一部分（如变态茎等）进行分离或分割，脱离母体而形成新的独立植株的繁殖方法。此法成苗快，但繁殖系数低。又依其繁殖器官类型不同可分为以下几种。

（1）根蘖分株法。利用根上易生不定芽、萌发成根蘖苗的特点，将其与母枝分离后形成的植株。枣、石榴、金针菜、芦笋、茭白等常用此法繁殖。

（2）匍匐茎与走茎分株法。例如，草莓利用其短缩的茎部或由叶轴基部长出的茎蔓（茎蔓上有节、节间较短、横走地面的茎）即匍匐茎，其节部能生根发芽，产生幼小植株，将其与母体分离可得到新植株的繁殖方法；或者吊兰等利用节间较长而不贴地面的走茎繁殖新植株的方法。

（3）吸芽分株法。某些植物（如菠萝、芦荟等）的根际或近地面茎叶腋间自然发生的短缩、肥厚呈莲座状短枝，常称吸芽。吸芽分株法是指由于吸芽下部可自然生根，将其与母体分离即可得到一新植株的繁殖方法。

（4）球茎、块茎、根状茎分株法。是指某些植物地下的球茎（如芋、荸荠、唐菖蒲等）、块茎（如马铃薯、菊芋等）、根状茎（如姜、藕、美人蕉等）等营养器官有节、有芽，易产生不定根，将其切块或切段用于繁殖即可形成一新植株的繁殖方法。

（5）鳞茎分株法。如百合、水仙、大蒜、郁金香等的鳞茎鳞叶间可发生腋芽，而腋芽会萌发抽生新的鳞茎并从老鳞茎旁离生，将其与母体分离即可得到新植株的繁殖方法。

（6）块根繁殖法。块根是指由营养繁殖植株的不定根或实生繁殖植株的侧根，经过增粗生长而形成的肉质贮藏根。因在块根上很易发生不定芽，故可用于繁殖形成一新的植株，如甘薯、大丽花等。

（三）促进扦插和压条生根的方法

1. 伤枝处理　通常在扦插压条繁殖前，对繁殖材料进行环剥、纵刻伤、剥老皮等轻微伤枝处理，有利伤枝部位增加营养积累，增加呼吸，提高酶的活性，促进细胞分裂及根原体的形成。例如，对木栓组织比较发达的枝条（如葡萄），或较难发根的木本园艺植物，扦插前一般将表皮木栓层剥去（勿伤韧皮部），对促进发根有效。

2. 黄化处理　对不易生根的枝条在其生长期用黑色布或纸条包扎基部，使其黄化，促其薄壁细胞增多，生长素积累，可促进生根，但耗时费工。

3. 浸水处理　若休眠期扦插或采用硬枝扦插，在插前将插条置于清水中浸泡10～12h，使之充分吸水，有利于插后根原体形成，促进成活，提高扦插成活率。

4. 加温（催根）处理　扦插时若气温高，土温低，则插条先发芽，但难以生根而易干枯死亡，这是导致扦插失败的主要原因之一。为此，可用阳畦、塑料薄膜覆盖或利用电热床加温催根处理，促进其先长根后发芽，保证扦插成活。

5. 药剂处理　对繁殖材料进行药剂处理，其目的是加强呼吸作用，促进细胞分裂，有利生根成活。常用的药剂主要是生长调节剂，如吲哚丁酸（IBA）、萘乙酸（NAA）、ABT

生根粉等。此外，用维生素B_1、维生素C、硼、高锰酸钾等处理插条也有促进生根成活的效果。

（四）影响自根繁殖成活的因素

1. **植物种和品种** 不同园艺植物种产生不定根和不定芽的能力有较大差异。例如，枣树的枝条再生不定根的能力很弱，而根再生不定芽的能力却较强；葡萄枝条和根再生不定根及不定芽的能力均较强。同一种植物的不同品种产生不定根或不定芽的能力也有差异。

2. **树龄、枝龄和枝条部位** 一般情况下，树龄越大的枝条生根越难，枝龄越小，扦插越易成活。因此扦插多用一年生或当年生枝条进行，其再生能力最强。枝条的不同部位的生根情况也有差异，如落叶果树夏秋扦插以枝条中上部枝段为好，冬春扦插以枝条中下部枝段为好。

3. **枝条发育状况** 因繁殖材料所贮藏的营养物质多少，与不定根和不定芽产生有密切关系，所以凡发育充实的枝条，其营养物质比较丰富，扦插容易成活，生长也较好。此外，夏秋嫩枝扦插时留有适当叶面积，为新根产生合成所需的营养物质和激素，有利于扦插成活。

4. **枝条极性** 因植物体内内源激素及营养物质的运输方向具有极性运输的特点，所以不定根、不定芽的产生具有极性现象。例如，枝条总是在其形态顶端抽生新梢，而下端发生新根。为此在扦插时注意不能倒插，否则将难以成活。

5. **温度** 温度影响扦插生根和萌芽。一般白天气温达到21～25℃，夜间15℃左右时即可满足硬枝扦插或压条生根的需要。在土温10～12℃条件下可以萌芽，但生根则要求土温达到18～25℃或略高于平均气温3～5℃。如果土温偏低，或气温高于土温，则扦插虽萌芽但不能生根，且由于先长枝叶大量消耗营养，会抑制根系发生，导致死亡。

6. **湿度** 土壤湿度和空气湿度对扦插、压条生根成活影响很大。因空气湿度直接影响枝段和叶片水分蒸发，所以空气湿度越大越可减少水分蒸发，尤其是绿枝扦插，可使叶片不致萎蔫。生产上常用遮阴等方法，维持较高的空气湿度。对扦插、压条繁殖用基质的湿度也要适宜，一般保持其最大持水量的60%～80%较好。

7. **光照** 因光对根系的发生有抑制作用，所以硬枝扦插生根可以完全遮光进行；而绿枝带叶扦插需要有适当光照，以利于光合作用制造养分，促进生根，但应避免日光直射。

8. **生根基质** 理想的扦插基质应通水透气性好，pH适宜，可提供全面的营养元素，不带任何的有害病菌，同时既能保持适当的湿度，又能在浇水或大雨后不积水。一般插床基质多选用干净河沙、蛭石、珍珠岩、泥炭、椰绒等。

四、微体繁殖

（一）微体繁殖的特点及应用

微体繁殖（micropropagation）又称离体培养繁殖（*in vitro* propagation），是指通过无菌操作，把植物的器官、组织或细胞（即外植体）接种于人工配制的培养基上，在人工控制的环境条件下培养，使之生长、发育成植株的技术与方法。近年来，随着该项技术的不断发展，应用范围也日益广泛，其主要有以下几方面：①无性系的快速大量繁殖。例如，采用茎尖培养的方法，一个兰花的茎尖一年内可育成400万个厚球茎，一个草莓茎尖一年内可育成3000万株苗等。②培育无病毒苗木，就是利用不带毒或少毒的植物茎尖分生组织离体培养繁殖获得无病毒种苗。③繁殖材料的长距离寄送和无性系材料的长期贮藏。④细胞次生代谢物的生产并应用于生物制药工业。

（二）微体繁殖无病毒苗木的主要途径

1. 茎尖培养脱毒　由于病毒在植物体内是靠筛管组织进行转移或通过胞间连丝传给其他细胞，因此病毒在植物体内的传递扩散也受到一定限制，使得植物体内部分细胞组织不带病毒，另外，植物分生组织的细胞生长速度又快于体内病毒的繁殖转移速度，根据这一原理，可利用茎尖培养获得无病毒种苗。方法是：切取0.1～1.5mm 的带有1～2个叶原基的茎尖作为繁殖材料，为了提高茎尖脱毒效果，最好先进行热处理，再进行茎尖培养脱毒。

2. 茎尖嫁接脱毒　茎尖嫁接是组织培养与嫁接方法相结合以获得无病毒苗木的一种新技术，又称微体嫁接。该项技术是将0.1～0.2mm 的茎尖作为接穗，在解剖镜下嫁接到试管中培养出来的无病毒实生砧木上，并移栽到液体培养基中。茎尖愈合后开始生长，然后切除砧木上产生的萌蘖。生长 1 个月左右，再移栽到培养土中。

3. 珠心胚脱毒　有些植物（如柑橘）珠心胚一般不带病毒，用组织培养方法培养其珠心胚，可得到无病毒植株。培养出来的幼苗先在温室内栽培2年，观察其形态变异。如苗木正常则可作母本，嫁接繁殖无病毒植株。此法简单易行，但存在20%～30%的变异，且苗木的童期较长，一般要6～8年时间。

4. 愈伤组织培养脱毒　通过植物器官或组织诱导产生愈伤组织，然后用愈伤组织再诱导分化芽，长成植株，可以获得脱毒苗，如马铃薯、大蒜、草莓、百合和天竺葵等植物的脱毒种苗繁殖。

5. 超低温处理脱毒　是基于超低温保存对细胞的选择性破坏的原理，结合组织培养达到脱毒的目的，含有病毒的顶端细胞液泡含水量较多，超低温处理下易形成冰晶致死，而由保存成活的不含或少含病毒的分生组织的繁殖可获得无病毒的苗木。用这种方法已成功去除植物的李属病毒、黄瓜花叶病毒和香蕉条斑病毒等。

（三）无病毒苗木的鉴定和繁育体系

1. 无病毒苗木鉴定　经过脱毒处理的植株是否存在病毒，必须经过病毒学检测才能确定。目前，检测脱毒苗常用的方法主要有症状和内含体观察法、指示植物鉴定法（传染试验）、抗血清鉴定法、电子显微镜检查法、分光光度法、组织化学检测法、荧光染色检测法、免疫学方法、分子生物学方法等。

2. 无病毒原种的保存　经过脱毒和通过病毒检测的植株，可作为无病毒原种保存。保存的方法主要有组培保存和田间原种圃保存。

（1）组培保存。将由组织培养获得的无病毒原种，保留在培养瓶内不断继代保存。每次保留5～10瓶，并在4℃条件下保存，一般每半年重新培养更新一次。

（2）田间原种圃保存。将获得的无病毒原种植株，按一定株行距，定植于未种过同类植物且距离同类植物园50m以上的田间原种圃内保存。田间保存的原种，要定期随机抽样检测，一旦发现带病毒植株必须及时剔除，对其相邻植株也要及时剔除，以保证原种的质量。

3. 无病毒种苗繁育体系　无病毒种苗繁育体系必须经过国家或省（自治区、直辖市）主管部门核准，一般分无病毒原种保存圃、无病毒母本圃、无病毒种苗繁殖圃3级场圃。

（1）无病毒原种保存圃。主要负责无病毒原种培育、引进、保存和病毒检测；向无病毒母本圃提供无病毒繁殖材料并负责对无病毒母本圃的繁殖材料做定期检测。

（2）无病毒母本圃。主要负责保存和繁殖无病毒母本材料，包括无病毒品种母本园、无病毒砧木种子园、无病毒无性系砧木园等；向无病毒种苗苗圃提供经检测确认的各种无病毒繁殖材料。

（3）无病毒种苗繁殖圃。是无病毒种苗的专业生产单位，利用由无病毒母本圃提供的各种繁殖材料，繁殖无病毒种苗，向生产单位提供无病毒种苗用于栽植建园。

第二节　园艺植物栽植技术

栽植（transplant）泛指将秧苗或苗木从一个地方移栽到另一个地方的过程。栽植多数情况下专指定植（field planting），即将植物的秧苗或苗木移栽于生产田园的过程，植株定植后将一直生长到收获结束。若将秧苗从一个苗圃移栽到另一个苗圃，则称为移植或假植；将花卉从一个苗钵（或容器）移栽到另一个苗钵（或容器）的作业过程称为倒钵或换盆。栽植是园艺植物栽培中的重要环节，园艺植物采用育苗栽植，能够提高土地利用率，提高植株质量，达到丰产、优质、高效的目的。

一、栽植密度与栽植方式

栽植密度与栽植方式影响园艺植物的生产性能，与栽培管理措施也密切相关，因此要结合园艺植物的生物学特性、当地的自然条件和栽培管理水平，合理地选择栽植密度和栽植方式。

（一）栽植密度

栽植密度（planting density）是指单位土地面积上栽植园艺植物的株数，常用株行距表示。为提高土地和光能利用率，提倡合理密植。过密或过稀栽植都不利于提高产量和经济效益，也不利于改善产品品质。确定园艺植物栽植密度的主要依据如下。

1．园艺植物种类和品种　植株的冠幅是决定栽植密度的主要依据。不同园艺植物种类和品种的生长发育特性不同，在植株高矮、冠幅、生长势等方面差异很大。一般植株高大、生长势较旺、比较喜光的种类和品种，其栽植的株行距应加大，反之则缩小株行距。例如，茄一般品种冠幅40～60cm，早熟品种的冠幅小于晚熟品种，露地栽培早熟品种每公顷定植45 000～57 500株，晚熟品种22 500～30 000株；辣椒一般品种冠幅小于茄，每公顷定植株数大于茄。

2．气候与种植园土地条件　气候、土壤及地形地势等生态条件影响园艺植物的生长，从而影响着栽植密度。一般，气候适宜、肥水条件较好的情况下植株生长发育良好，应适当稀植，使个体充分发育，利用单株优势实现高产；相反，气候干旱、土壤贫瘠、肥力低下时植株生长会受到抑制，植株矮小，则应适当密植，通过增加群体株数获得高产。

3．栽培设施和栽植方式　园艺作物生产有不同形式的支架栽培、匍匐栽培，以及单株植、丛植、带状植等多种栽植方式，这些都会影响栽植密度。例如，冬瓜普通无支架栽培每公顷栽植6000～9000株，而支架栽培可达22 500株；葡萄篱架栽培每公顷栽植1665～3330株，棚架则栽植624～1330株；辣椒、月季、牡丹、黄杨、石榴等园艺植物较适宜丛植，丛植时1穴栽植2～3株，栽植密度大。设施栽培能为作物创造良好的生长发育条件，植株生长旺盛，栽植密度一般比露地小。例如，辣椒设施栽培每公顷定植可达5万株。

4. **栽培技术水平**　通常，密植时应采取相应的管理措施，来控制植株过分生长或徒长，避免植株个体和群体光照恶化，保证正常的生长发育。种植园管理粗放、栽培技术水平较低时应适当稀植。另外，嫁接栽培时砧木对植株大小影响很大，如用矮化砧和半矮化砧嫁接的树冠显著小于乔化砧，苹果乔化砧的品种冠幅4～6m，矮化砧时冠幅只有3～5m。因此，矮化砧的果树应适当密植。

一些园艺植物的栽植密度见表6-1和表6-2。

表6-1　主要果树树种、类型的栽植密度

树种	类型	株距×行距	每公顷株数
苹果	乔化砧	（3～5）×（5～6）	336～666
	矮化砧	（2～3）×（3～4）	833～1 666
	短枝型	（2～3）×（3～5）	666～1 666
梨	普通型	（4～6）×（5～7）	238～500
	短枝型	（3～4）×（3～5）	500～1 111
	西洋梨	（3～4）×（4～5）	500～833
桃	普通砧	（4～5）×（5～7）	285～500
	矮化砧	（3～5）×（4～5）	400～833
葡萄	篱架	（1.5～2）×（2～3）	1 666～3 333
	小棚架	（1.5～3）×（3～5）	666～2 222
	大棚架	（3～5）×（4～8）	250～833
柑橘	甜橙	（3～4）×（4～5）	500～833
	温州蜜柑	（3～4）×（3～5）	500～1 111
	柚	（4～6）×（5～7）	238～500
	柠檬	（2.5～4）×（4～5）	500～1 000
香蕉		（2.3～2.7）×（2.5～3）	1 235～1 740
菠萝		（5～6）×（8～10）	167～250
杧果		（4～6）×（6～8）	208～416
荔枝		（4～6）×（6～8）	208～416
枣		（2～5）×（6～15）	133～833
板栗		（3～6）×（5～7）	238～666
核桃		（5～6）×（6～8）	208～333
杏		（4～5）×（5～7）	285～500
李		（3～5）×（4～7）	285～833
草莓		（0.2～0.4）×（0.4～0.6）	41 670～125 000

注：株距和行距的单位均为米（m）
资料来源：李光晨，2000

表 6-2 部分蔬菜和花卉的栽植密度

作物种类	普通栽植		密植栽培		备注
	株距 × 行距	每公顷株数	株距 × 行距	每公顷株数	
大白菜	0.66 × 0.50	30 000	0.66 × 0.33	45 000	
番茄	1.00 × 0.33	30 000	0.50 × 0.33	60 000	
甜椒	0.30 × 0.50	65 000	0.33 × 0.33	90 000	
芹菜（移栽）	0.20 × 0.16	300 000	0.16 × 0.10	600 000	普通品种
菜豆	0.40 × 0.33	75 000	0.33 × 0.20	150 000	矮生
菜豆	1.00 × 0.30	30 000	1.50 × 0.11	60 000	蔓生
郁金香	0.16 × 0.10	60 000	0.12 × 0.10	900 000	
小苍兰	0.16 × 0.10	60 000	0.12 × 0.05	1 400 000	
麝香百合	0.20 × 0.16	300 000	0.16 × 0.10	600 000	
朝鲜山丹	0.50 × 0.40	51 000	0.33 × 0.20	150 000	
球根鸢尾	0.16 × 0.10	600 000	0.12 × 0.10	900 000	
水仙	0.25 × 0.10	450 000	0.12 × 0.10	900 000	
牡丹	1.00 × 1.00	9 900	1.00 × 0.50	19 800	

注：株距和行距的单位均为米（m）
资料来源：改编自李光晨，2000

（二）栽植方式

园艺植物常用的栽植方式（planting pattern）有以下几种。

1. **长方形栽植** 栽植行距大于株距，相邻株间的平面构成长方形。这种栽植方式株距小、便于密植，行距宽、有利于通风透光和栽培管理，是园艺作物生产中广泛应用的一种栽植方式。

2. **正方形栽植** 行距与株距相等，特点是每株占有一定相对独立的空间，植株间通风透光好，无行间与株间之分，纵横作业均可，适用于稀植栽培。由于土地利用不经济，这种栽植方式实际应用较少。

3. **三角形栽植** 两行植株错开栽植，相邻3株呈正三角形或等腰三角形，行距与株距相等或不等。这种方式适合密植。

4. **带状栽植** 也称宽窄行栽植。由2～4行植株组成1带，带间距离大于带内的行间距离。带内可以是长方形栽植，也可以是正方形或三角形栽植。这是最适宜密植的栽植方式，带内密栽可充分利用土地和空间，也可增强群体的抗逆性（如防风、抗旱等），带间距离宽、作业方便、透光通气状况好。在园艺作物生产上应用比较普遍，如畦栽蔬菜、花卉等。

5. **计划密植** 又称变化栽植，是一种有计划分阶段变化密度的栽植形式，即开始时采用高于正常的密度栽植，以增加单位面积上的株数，提高地面覆盖率和叶面积系数，充分利用空间，提高光能利用率，达到早期丰产；待植株冠幅较大植株间相交时，再间伐和移走一部分植株达到正常栽植密度。计划密植管理时对临时株和永久株应区别对待，首先保证永久植株的正常生长发育，也要充分利用好临时植株。计划密植在果树及蔬菜生产上都有应用。

此外，还有山区丘陵地果树的等高栽植；公园、道旁及风景地观赏绿化树木、花卉的单植、丛植、片植、混植等多种栽培方式。

二、栽植时期与方法

（一）栽植时期

不同栽植时期对园艺植物的生长、产量、品质及收获期等均有显著影响。应根据当地自然气候条件、园艺植物的生物学特性、栽培设施设备的性能、市场需求及栽培目的等来确定适宜的栽植时期。

1．果树及观赏树木的栽植时期　一般落叶观赏树木和落叶果树多在落叶后至萌芽前栽植，主要包括秋植和春植。苗木在这段时期内处于休眠状态，体内贮藏营养丰富，水分蒸腾较少，根系易于恢复，因此栽植成活率高。秋植有利于根系的伤口愈合，促进新根生长，缩短第二年的缓苗期，但在冬春季干旱和寒冷地区幼株易受冻和抽条。因而冬春较寒冷或秋季少雨地区应以春栽为宜，冬季温暖地区可选择秋植。

常绿果树及观赏树木，在春、夏、秋季均可栽植，通常以新梢停止生长时栽植较好。春夏栽植时应注意去掉一些枝叶，以减少树体水分蒸发散失，栽植后充分灌水，促进缓苗和成活。

2．蔬菜及草本花卉的栽植时期　蔬菜和草本花卉植物的栽植时期变化较大，可根据实际需要和可能随时栽植，但以春秋两季栽植为主。一般露地生产时，喜温性作物如茄果类、瓜类、水生蔬菜等应在晚霜过后栽植。耐寒性植物如莴苣、小白菜和葱蒜类等以早春栽植、播种为主，也可秋季播种栽植。保护地生产时，因设施性能和栽培目的不同，蔬菜或草本花卉植物的栽植时期可提早或延后。

（二）栽植前准备

园艺植物栽植前准备主要包括种苗准备和土地准备。

1．种苗准备　种苗是重要的生产资料，栽植前应确保育成适龄优质种苗，或定购好商品种苗。

（1）果树及观赏树木种苗准备。栽植前首先核对种苗的种类和品种，确保无误；选择生长健壮、根系发达、芽饱满、无检疫病虫害的苗木，淘汰杂苗、伤苗和病弱苗。然后按苗木大、中、小分级，分别栽植，以便于管理。栽前还需要浸根，使其充分吸水达到生理饱和。为了进一步促进生根成活，在浸根时可加入生根促进剂，如生根粉、生长素、根宝2号等，也可先浸根然后再用生根促进剂处理。栽前对苗木进行修根，剪除伤根、病根、烂根及失水干枯根，可促进伤口愈合和发生新根；对过长的根减去一部分，避免其因卷在定植穴内而影响根系下扎和侧根的发生。

（2）蔬菜及草本花卉种苗准备。包括炼苗、囤苗和修整植株等。为使种苗栽植后能尽快适应新的生长环境，在栽植前7～10d 进行炼苗，主要措施是减少或停止灌水，加强通风降温，进行低温炼苗。囤苗是在栽植前5～7d，将种苗挖出，带土坨屯集在原苗床内，控制幼苗地上部分生长，使受伤的根系伤口愈合并长出新根，有利于栽植后缓苗。有些园艺植物在栽植前还进行植株修整，去掉烂根和剪除部分过长的根，促进侧根、新根发生；摘除一些较老叶、病叶和枯萎叶，以减少水分散失。例如，韭菜定植时先剔出老根，并剪根和叶。为了促进侧芽发生，有些种类还可以摘心。为防止一些病虫害的扩散和流行，栽植前利用秧苗集中的特点，在苗床喷施农药防治，可节省农药用量、节省人力和物力。

2. 土地准备 主要是整地和施基肥，在果树和观赏树木等栽植前还应提前挖好定植穴或定植沟。一般情况下，稀植时挖定植穴，密植时挖定植沟。定植穴、定植沟的大小也要依树种而定，高大的深根性树种应大些，矮小的浅根性树种可小些。定植穴的宽度和深度一般为1m，山地和丘陵地可视具体情况而定。实践证明，大坑有利于果树和观赏树木根系的生长和发育，小坑限制根系扩展和枝干生长。所以，在有条件的地区宜挖大坑栽植。但风沙大的地区，大坑不利保墒，宜小坑栽植。在下层具有卵石层或白干土的土壤中，必须客土或换土，然后栽树。否则其根系发育会受到抑制而导致地上部发育不良。南方地下水位较高和多雨地区，应注意排除坑内积水或降低整个种植园的地下水位，然后植树。挖穴时先根据种植园规划的栽植密度要求定线、定点，然后人工或机械挖掘。挖出的表土和深层心土分开放置，挖好后下层填入表土和有机肥，掺入有机肥时沟穴下部可用粗有机肥，上部用充分腐熟的精肥。

除在坡地和山地建园外，园艺植物种植园一般要求土地平整、土壤肥沃、生长期施肥和灌水方便，因此栽植前需进行整地做畦。

（三）栽植方法

1. 果树及观赏树木的栽植 先将表土混合好肥料，取其一半填入坑内，培成丘状，按品种栽植计划将苗木放入坑内使根系均匀分布在坑底的土丘上，同时进行前后、左右对直，校正位置。然后将另外一半掺肥土分层填入坑中，每填一层土都要踏实，并随时将苗木稍稍上下提动，使根系与土壤紧密接触，最后将心土填入栽植穴，直至填土接近地面，根颈应高于地面5cm左右，并将苗木四周筑起直径1m的灌水盘。栽植后立即灌水，要灌足灌透。水渗下后要求根颈与地面齐，然后堆土成丘状，以利保墒。为防止矮砧苗木的接穗生根，嫁接口应高出地面10cm。

2. 蔬菜及草本花卉的栽植 蔬菜及草本花卉栽植的方法简单，一般按预定的株行距开沟或挖穴，放入秧苗，填土捺实即可。栽植深度依作物种类而定，一般因植株根系较小，可比秧苗原先所处地表位置稍深。

（四）栽植后管理

1. 果树及观赏树木栽后管理 包括整修、防寒、防病虫与补栽等树体管理和土肥水管理。

（1）整修植株。根据树种、品种类型、树形要求及栽培条件对有些果树苗木进行定干处理，即在干高要求基础上加20cm左右的整形带将苗木剪截。定干一般在幼树成活后春季发芽前进行。不同树种干高要求不同。稀植的苹果、梨一般为80～100cm（包括整形带20cm），桃树40～60cm（包括整形带15～20cm）。对观赏树木要按实际需要进行树冠整修，同时去掉一些伤枝、病枝等，以利苗木成活和成形。

（2）幼树防寒。抽条是指幼龄树木越冬后枝干失水干枯的现象。在北方，无论春栽还是秋栽都要注意防止冻害和发生抽条。冬季可埋土防寒，春季可设置风障或套塑料薄膜袋保护，以防发生抽条。

（3）防治病虫害。幼树树体幼小，枝、芽、叶稀少，应注意防治金龟子、毛虫、红蜘蛛、蚜虫等虫害和病害，以利于提高成活率和促进苗木生长。

（4）检查成活及时补栽。栽后14～21d应检查苗木栽植成活情况，出现缺苗情况时应及时补栽。

（5）土肥水管理。秋栽植株采用埋土防寒的，在春季要及时出土，避免在土中萌芽而影响成活。栽植后修筑树盘或树行，及时灌水，促进根系与土壤充分接触和发生新根。春季为提高地温和保持土壤水分，可在发芽前树下覆盖地膜，促进苗木成活。及时中耕可保水、增温、抑制杂草滋生，提高土壤肥力，对苗木的根系下扎和生长十分有益。展叶后可连续根外追肥2～3次，每次间隔15d左右，以速效氮肥为主。6月以后，可以土壤追肥1～2次，要少量多次，勤施薄肥，以复合肥为佳。结合追肥或视土壤墒情进行灌水，以保证苗木成活并且生长良好。

2. 蔬菜及草本花卉栽后管理　包括灌水、移苗补苗和中耕等管理。

（1）灌水。栽植后第一次灌水称为定植水，以浸透土壤使秧苗根系与土壤紧密接触为宜，不宜大水漫灌，否则既影响地温，不利于缓苗，也会冲倒冲跑栽植的秧苗。栽植后5～7d，幼苗叶片舒展或发出新叶，表明根系开始恢复生长和吸收功能，苗已缓转，这时浇缓苗水。缓苗水可降低土壤溶液浓度，避免伤根，促进根系快速生长。

（2）移苗补苗。出现死苗、缺苗现象时，要及时移苗补栽。补栽的秧苗要求是同品种定植时专门留下的备用苗。

（3）中耕。缓苗水下渗后及时进行中耕，不仅能抑制杂草滋生，保持土壤水分，还可提高土壤温度，促进根系下扎，发生新根，防止徒长，调节地上部和地下部及营养生长和生殖生长的平衡。如番茄在第一花序果实迅速膨大前不浇水，进行中耕蹲苗。蹲苗时间一般10～15d，应根据不同蔬菜种类、栽培季节及生长情况等灵活掌握。

第三节　园艺植物整形与修剪技术

无论是食用、饮用园艺植物，还是观赏园艺植物，要达到园艺生产目的，都必须对植株形体进行管理，保持健康、健壮或优美的株型。整形（pruning）与修剪（training）是实现这一目标的重要技术措施。

一、果树的整形与修剪

整形与修剪就是根据果树的生物学特性，结合一定的自然条件、社会经济条件、栽培制度和管理技术水平，通过修剪、培养，在一定空间范围内形成有较大的有效光合面积，能担负较高的产量，便于管理的丰产树体结构。应用剪枝、扭梢、摘心等技术措施，调节树体养分、水分的运转和分配，改善光照条件，调节器官间的数量、质量、性质和分布，以平衡营养生长与生殖生长之间的关系，达到高产、优质、低耗、高效的目的。

（一）整形与修剪的作用与影响

1．调节生长与结果的关系 营养生长是结果的基础，而结果又会抑制营养生长。整形与修剪适当时，既有利于生长，也有利于结果。生产中整形与修剪的实际效果常取决于果树的年龄、修剪方法、修剪程度和修剪时期。因此，不同生育时期的树的整形与修剪要求不同。

（1）幼树期。冬剪往往可促发强枝，剪得越重，剪口处的局部反应越明显，距剪口越远，反应越小。冬剪对局部生长有促进作用，但对全树总生长量却有削弱作用。连年重剪，枝条旺长，营养消耗多，积累少，不利于花芽形成和结果。对于不易结果的品种，要采取有利于结果的树形和修剪方法，加大骨干枝角度，轻剪缓放，夏季促花等各种措施。幼树至初果期，如为了促生结果枝，可轻剪长放，改变枝条方向，拉平、下压，使之缓和势力，促生中、短枝。为了促进生长，则要适当重剪，减少枝量，刺激抽生强枝。

夏季修剪的主要作用是抑制果树旺长，改善树冠光照，促进分枝、成花和枝组的形成。因此，一般在幼树至初果期采用较多，效果也明显。

（2）盛果期。此期多数表现为短枝比例大，结果多，树势弱。细致修剪后，花芽和生长点减少，营养集中，生长变强。剪得轻而粗放，花芽留量大，结果过多，产量虽高，树势显著变弱，易形成大小年。所以，在盛果期的树，主要是控制枝量，保持枝条短截更新的适宜比例，保留适宜的花、叶芽比，才能达到稳产壮树的目的。

（3）衰老期。此期主要是更新复壮，去弱留强，去老留新，集中养分供应，培养新的枝组，恢复结果能力。

2．调节树冠的光照状况 果树一般只能利用截获的全部自然光能的1%～2%，若能提高到3%，则产量会有大幅度提高。一般果树叶面积指数达3～5就基本上可保证正常光照条件和丰产、优质。叶面积指数过大会恶化树间和树冠下层光照，降低产量和质量。因此，必须通过各种行之有效的修剪方法，及时控制或促进叶面积的消长，以取得稳产、优质的效果。

树冠光照由上向下逐渐减弱。自然树冠内膛，光照只有冠顶的1%～2%；小冠树的下层光照是全光照的30%～35%，叶片光合作用强，除叶片自身消耗外，光合产物有一定积累。通过修剪，可以控制叶幕层和打开光路，使树冠保持稀、疏结果，达到枝枝见光，“树下有稀疏光斑，对面能隐约见人”的状况。

光照对果实产量和分布有显著影响，也对果实着色有直接关系。例如，山坡地阳光充足，果实着色好，风味浓。在一株树上，光照在全日照70%以上时，果实着色最好；40%～70%时有一定着色；40%以下不易着色，对产量、品质和花芽分化来说，应保持在全日照的50%左右。为了提高果树的光合作用，必须从改善光照条件，扩大有效叶面积，提高叶片质量和叶功能，延长光合时间入手，通过整形与修剪，选择适宜的树形和合理的树体结构，以及正确的修剪方法达到上述目的。

3．改变果树的营养和水分状况 枝条里贮存营养基本上是碳水化合物和含氮物质，修剪部位组织中氮和水有所增加，未剪截的部位淀粉和糖含量高，随着修剪程度越重，其影响越显著。

萌芽、抽枝、成花、结果等生命活动，均与树体内激素和酶的存在有关。例如，赤霉素、乙烯、细胞激动素和脱落酸等广泛分布于生长旺盛的器官（根尖、茎尖、幼叶、花、果）中，能促进或抑制生育过程。短截枝条，剪去了先端，暂时减少了生长素的供应，减少了生长激素对侧芽的抑制作用，因而促进了侧芽的萌发；在枝、芽上环剥、刻伤，切断了激素向下运输的通道，因而促进了这些枝、芽的萌发。开张角度、弯枝、扭梢等措施，也都影响激素的运输与分布。修剪改善光照后，激素的运输加快；重剪可以提高酶的活性，如过氧化氢酶，从而消除代谢中产生的过氧化氢的毒害，提高了果树的代谢能力。

（二）果树的常用树形

1. **自然开心形**　没有中心干，在主干上错落着生主枝，主枝上着生侧枝，结果枝组分布在主侧枝上。这种树形生长健壮，结构牢固，通风透光良好，结果面积大，适于喜光的核果类果树，梨和苹果也有应用。

2. **主干疏层形**　该树形主要由主干、中心干、主枝、侧枝、辅养枝等构成。树高3m左右，有主枝6～7个，主枝自下而上按3、2、1、1的次序，螺旋形分层排列在中心干上，最下层的称第一主枝，依次向上称第二主枝，第三主枝……其骨架牢固，树冠大，有效空间大，光能利用率高，长势均衡，各种类型枝分布合理，结果部位多，负载量大，单株与单位面积产量高，寿命长；不足之处是整形时间长，结果偏晚，只适宜于株行距4m以上的稀植仁果类果园。

3. **纺锤形**　具有宜立中心干，配置10～12个侧枝，主枝上不着生侧枝，结果枝直接着生在主枝上。主枝角度开张，一般不分层，作均匀分布，枝展小，树冠呈纺锤形，树高达到要求后需及时露头。这种树形结构简单，整形容易，修剪量轻，结果早，树冠狭长，适宜密植仁果类果园应用。

4. **自然杯状形**　其结构特点是三股六杈十二枝，六杈以上不再分杈，而自然延伸。从主干上分生3个一级主枝，每个一级主枝上再培养1～2个二级主枝。培养一个二级主枝的是单条独伸，培养2个二级主枝的是顶部平均分为两股杈，以后各枝逐年延伸。在培养主枝的同时，再培养几个内侧枝、外侧枝、旁侧枝。外侧枝分别着生在各级主枝的外侧，旁侧枝为平侧，即与主枝的开张角度一致；内侧枝着牛在主枝内侧，数目不等，有空就留，互补遮光。各主侧枝之间距离应保持在1m以上，主侧枝上着生结果枝和结果枝组，各主枝之间的开张角度以45°为宜，各侧枝之间的开张角度以70°～80°为宜。

5. **自然扇形**　无主干，几个主蔓自地面直接发出，主蔓留侧蔓或不留侧蔓而直接着生结果枝组和结果母枝。各主蔓的粗度、长度、年龄可不相同；便于随时培养和轮流更新；主侧蔓均匀分布于架面，呈自然扇形。结果母枝可用长、中、短梢混合修剪，适合大小不同的棚架和篱架藤本果树。

（三）修剪方法与树的反应

修剪方法主要有疏剪、剪截和放3种。

1. **疏剪**　枝条从基部剪去叫疏剪。一般是疏除干枯枝、病枝、无用的徒长枝、把门侧枝、衰弱下垂枝、密生交叉枝、外围发育枝和过多的辅养枝等，作用是改善树冠光照条件，提高叶片光合性能，有利于成花、坐果（图6-1）。但疏枝对全树起到削弱树势的作用，疏枝的削弱作用大小要由疏枝量和疏枝粗度而定，去强留弱削弱作用大。

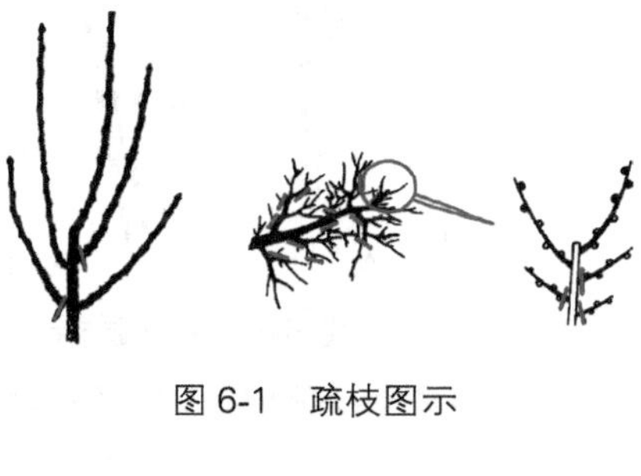

图6-1　疏枝图示

2. 剪截（包括短截和回缩） 剪去一年生枝条的一部分叫短截，剪去多年生枝条的一部分叫回缩或缩剪。夏季摘心也属于短截，是生长季节的短截。

剪截对枝条生长有局部的刺激作用，可以促进剪口以下侧芽的萌发，达到增加枝梢密度、缩短枝轴和养分运输距离、促进生长和复壮更新、改变枝梢的角度和方向、调节主枝平衡等作用。

剪截程度不同，其反应也不一样。短截可以促进分枝生长，在一定范围内，短截越重，单枝生长量越大，但总生长量减少。短截，减少了枝、芽，可改善树体营养状况，有利于生长，但剪的过重或弱芽当头，则抑制生长。剪截程度可分为轻、中、重、极重4种。

（1）轻短截。剪去一年生枝条的少部分枝梢，如没有秋梢的枝条，则剪去不超过1/3的春梢（春梢饱满芽以上部位）；有秋梢的枝条，在春、秋梢交界处留轮痕剪截（戴死帽），或在秋梢基部留1～2个芽剪截（又叫戴活帽），或破顶芽剪等都属轻短截（图6-2）。

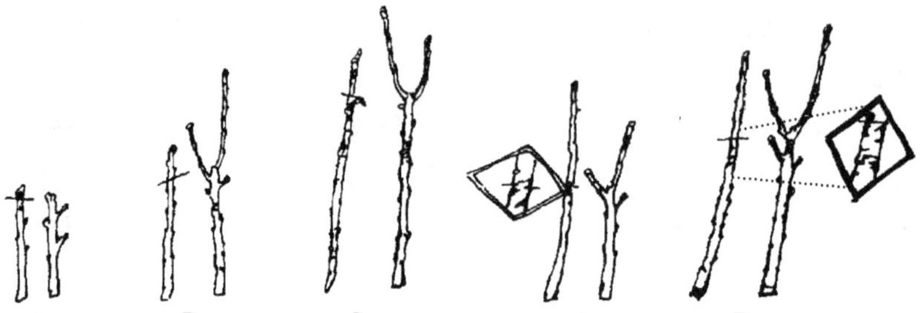

图 6-2　轻短截图示

A. 破顶芽；B. 剪去春梢上段一少部分；C. 在秋梢上截剪；D. 在春、秋梢交界处留轮痕剪截（戴死帽）；E. 在秋梢基部留1～2个芽剪截（戴活帽）

戴死帽适宜单独延伸的弱枝，能促进萌发中、短枝，有利于花芽形成，但枝条多集中在剪口附近，后部易光腿。戴活帽适宜于生长势较强的两年或多年生枝，当年萌发1～2个较旺枝，分散营养，后部发出中、短枝，不致于冒条。

轻短截留下的枝段长，侧芽多，养分分散，能形成较多的中、短枝，缓和树势，树体削弱作用小，易成花。

（2）中短截。在春梢中上部饱满芽处剪截，一般是在饱满芽带中部短截，剪掉春梢的1/3～1/2。截后分生中、长枝较多，成枝力强，母枝加粗生长较快，可以促进生长，一般用于延长枝，培养健壮的大枝组和衰弱枝的复壮。若春梢短，秋梢长，秋梢饱满芽短截效果与春梢饱满芽短截相似，所以也称中短截（图6-3）。

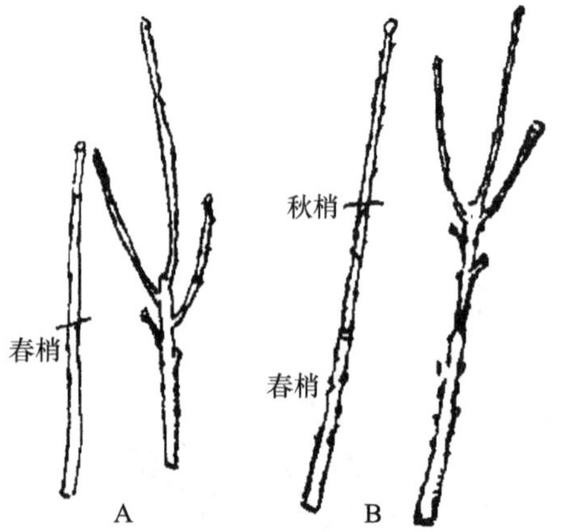

图 6-3　中短截图示

A. 在春梢饱满芽带中部剪；B. 在秋梢饱满芽带中部剪

（3）重短截。在春梢中下部留半饱满芽短截。修剪量大，对枝条削弱大，截后发枝少而强旺，用于培养枝组和发枝更新，一般剪口下抽生1～2个旺枝或中、长枝。虽总生长量较小，但可促发旺枝。图6-4为在春梢下部半饱芽处短截后斜生枝的反应，直立枝反应较差，剪口下只抽生1～2个长枝。

（4）极重短截（抬剪）。春梢基部留1～2个瘪芽短截，截后一般发1～2个弱枝，可以降低部位，削弱与缓和枝势，在生长中庸的树上反应较好，强旺树上仍然会抽出强枝。极重短截修剪量过大，剪口大，对枝势削弱大，一般用于徒长枝、背上直立旺枝和竞争枝的处理，以及旺枝组的调节等。

枝条不同程度短截的生长反应如图6-5所示。

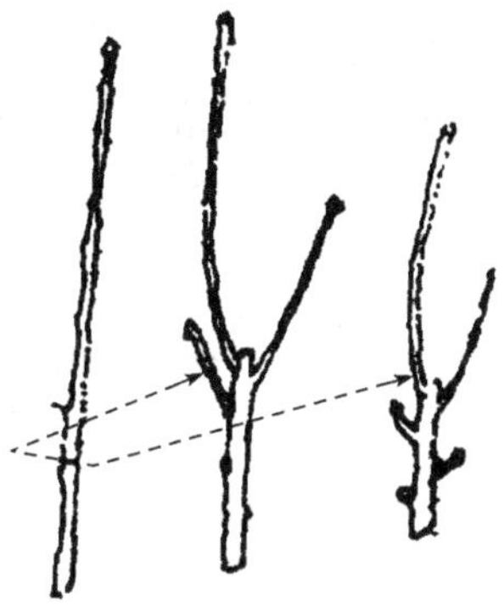

图 6-4　重短截图示

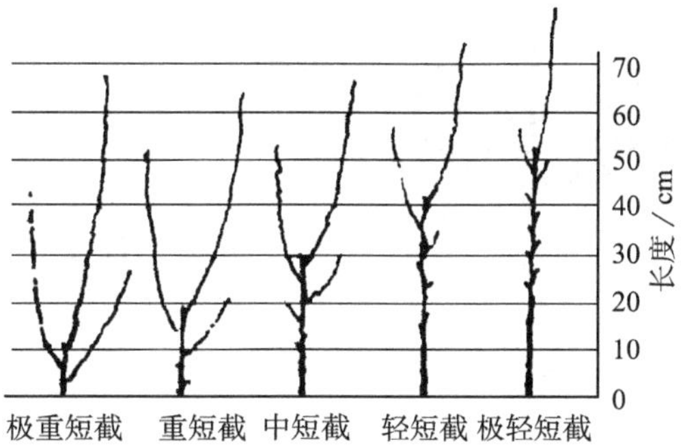

图 6-5　剪截程度与分枝多少和强弱的关系

缩剪（回缩）是剪掉多年生枝条的一部分。按回缩程度可分为轻回缩、中回缩和重回缩。轻回缩是在2～3年生枝段上剪截，中回缩在4～5年生枝段上剪截，重回缩则在6年生以上枝段上剪截。回缩具有改善光照、调整角度和方位、控制树冠或枝组的发展、复壮和更新枝组、充实内膛、延长结果年限、提高坐果率等作用。

缩剪反应与被剪、锯掉枝的粗细、强弱、姿势，以及剪、锯口以下枝条的粗细、强弱、姿势有关。回缩较粗的强旺枝，应先疏剪或先轻回缩，待枝势减弱以后，与剪、锯口下第一枝粗细相当或细于剪、锯口下第一枝的时候，再最后回缩。回缩对剪、锯口下的枝条有增强作用，有利于树势的恢复更新。利用背后枝换头开角，应对原头轻回缩（疏去一年生延长枝和旺枝，缓放中庸枝），待背后枝逐渐加粗，原头逐年回缩。

缩剪多用于骨干枝的换头，多年缓放枝枝组复壮，处理辅养枝等。在老树、弱树、弱枝上不是回缩越重越好，重回缩不但不能复壮，反而会削弱生长势。幼、旺树回缩重会在剪口附近发生徒长现象。为抑前促后，在剪、锯口下应留短枝、弱枝。为复壮枝势，则剪、锯口下应留强枝、向上枝，其前后粗度差异不宜太大。

3. 放（缓放，甩放） 枝条不剪称放；长枝不剪称甩，短枝不剪为缓，通称缓放。缓放的作用是利用枝条自然生长逐年减弱的规律，使其生长逐年放慢，以利营养物质的积累，使枝条充实、芽体饱满，形成花芽、提早结果。在幼、旺树上多采用此法，避免因修剪而引起徒长。长枝甩放后，增粗效果显著，特别是背枝，极性显著，越缓越旺，出现树上树；一般缓放一年生中庸枝易抽中、短枝，有利于成花结果；缓放长枝时结合拉、曲、扭、拿枝和环剥（割）等措施削弱枝势，可促进花芽形成（图6-6～图6-10）；幼、旺树上利用先放后缩的办法，对培养枝组效果好。

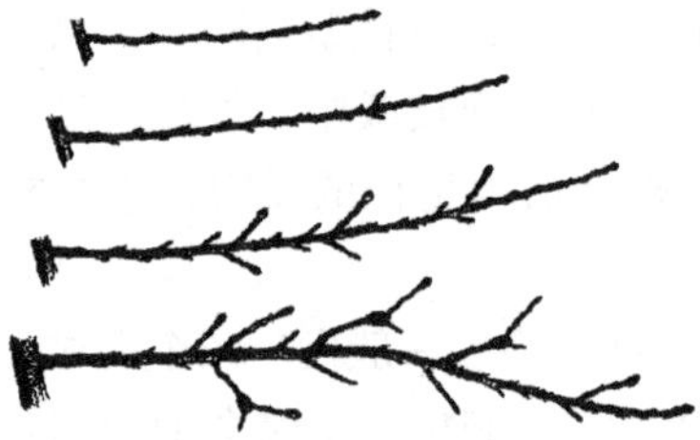

图 6-6　缓放图示

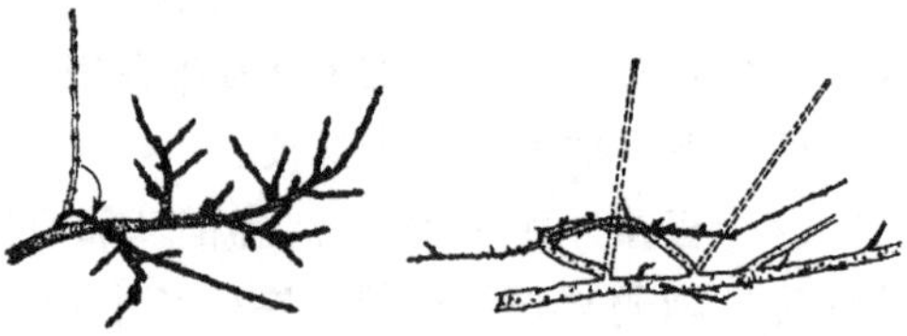

图 6-7　曲枝图示

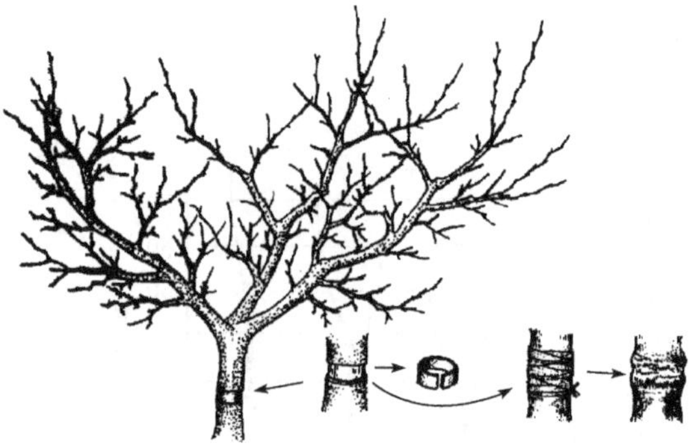

图 6-8　环剥图示

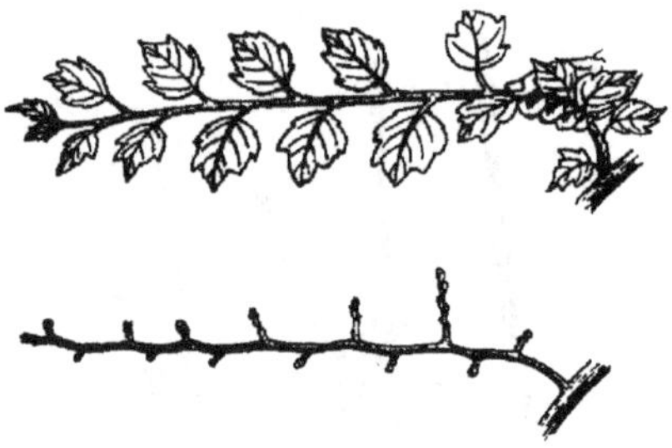

图 6-9　扭梢图示

图 6-10　拿枝图示

（四）修剪技术的综合应用

1. 调节枝梢　修剪具有调节枝条生长、枝条角度、枝条疏密等作用。例如，冬重夏轻、提早冬剪，可促进生长；冬轻夏重、延迟冬剪，可抑制生长；减少枝干（低干、小冠、近骨干枝结果，密生枝干），去弱留强（去弱枝、弱芽，留强枝、强芽），去平留直，少留果枝，顶端不留果枝，可使群体和冠内枝条合理间隔，加强生长势，反之，则减弱生长势；枝轴直线延伸，抬高芽位（将枝扶直或不加修剪，使芽在冠中的位置提高），增强极性，减少损伤，可促进生长，反之，则抑制生长。选留培养角度开张的枝芽，利用枝梢下部的芽所抽枝梢换头，利用芽的异质性（一次枝基角小，二次枝基角大），进行撑、拉、坠、扭，利用果树枝叶果本身的重量自行拉坠等都可增大枝条角度（图6-11）；选向上枝芽作为剪口枝芽，撑、拉使枝芽向上，短缩修剪、枝顶不留或少留果枝，以直立代替原头换头等，都可缩小枝条角度。尽量保留已抽生的枝梢，利用竞争枝和徒长枝，控上促下延迟修剪，摘心，骨干枝弯曲上升，芽上换割，刻伤或扭曲等增加分枝，短剪增加枝梢密度，利用整形素、化学摘心剂、代剪灵等促分枝，可增加枝梢密度；疏枝和长放、加大分枝角度等，可减少枝梢密度。

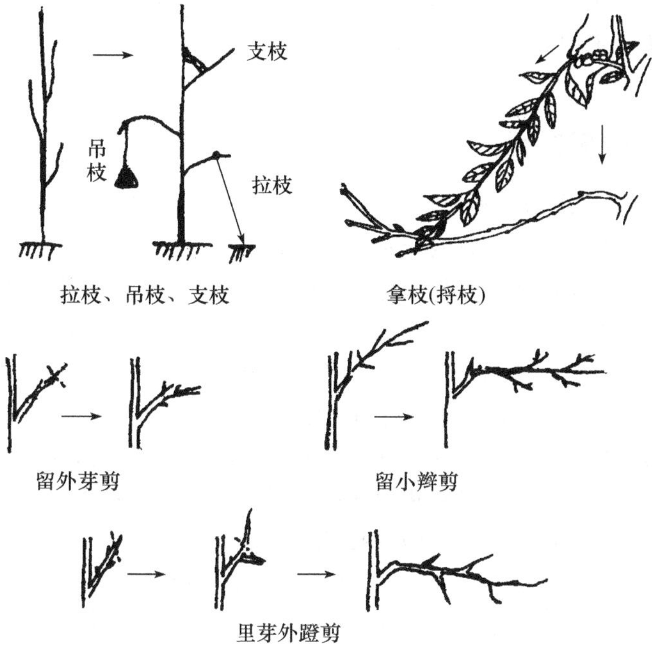

图 6-11　开张枝角图示

2. **调节花和果实**　修剪对花、果具有调节作用。对于花芽量不足的旺长树，在花芽分化前疏去过密枝、开张大枝角度，从而改善光照、增加营养，可促进花芽分化，增加花量；对于幼树，在壮旺生长和必要枝、叶量的基础上，轻剪、长放、拉梢、扭梢、环割、摘心，以及应用植物生长抑制剂缓和树势、及时停长，可促进花芽分化，增加花量；对结果多的树，多留叶芽，增加有机养分，可促进花芽分化，增加花量。对于花芽量过多的衰弱树，则采取重短剪、回缩更新，冬重夏轻，从而加强树势，促进枝梢生长，可抑制花芽分化；也可直接疏剪花芽，减少花芽量，从而促发营养枝。按丰产指标保持各器官合理的数量比例；调节枝梢的生长长度，有利于花、果的营养供应；改善光照条件；选优淘劣，保留壮枝、壮花芽等，都可促进保花保果。

3. **枝组的培养和更新**　主要方法有先放后缩、改造辅养枝、枝条环割、短枝型修剪等。如苹果、梨的短枝型修剪，是通过几年时间，将枝条培养成小型枝组。其具体做法是：冬季，将一年生枝条重短截，第二年开春，抽枝如仍过旺，则再重短截，如此反复，经过3～4年时间便可形成小型结果枝组。

二、观赏植物的整形与修剪

观赏植物整形是指在植物生长前期（幼树时期），为构成一定的理想树形而进行的植株生长调整工作。观赏植物修剪是指植株成形后才实施的技术措施，目的是维持和发展一定的树形。整形是目的，修剪是手段。整形是通过一定的修剪措施来完成的，而修剪又是在整形的基础上，根据某种树形的要求而实施的技术措施，二者紧密相关。整形与修剪要在土、肥、水管理的基础上进行，它是提高园林绿化艺术水平不可缺少的一项技术环节。

整形与修剪可以调整观赏植物的长势，防止徒长，使营养集中供应给所需的枝叶，促进开花，使叶、花、果所组成的树冠相映成趣，创造出协调美观的景致，或构成特定的园景。

（一）整形与修剪的目的

1. 调节植株生长和发育 整形与修剪可以调节树体水分平衡及生长与开花结果。

（1）促进树体水分平衡，保证移栽成活。在苗木移栽之前或以后修剪枝叶，减少水分蒸腾，缓解移栽伤根导致的根部吸水功能下降与叶片大量耗水的矛盾，保障移栽成活率。

（2）调节生长与开花结果。在观花观果的植物中，生长与结果之间有着一定的矛盾，通过修剪的方式来打破原来的营养生长和生殖生长之间的平衡，调节树体的养分分配，协调营养生长和生殖生长，使双方达到相对的均衡。

2. 保证植株形体健康 放任生长或修剪不当的树木，往往树冠郁闭，致使树冠内部相对湿度增加，为喜欢阴湿环境的病虫繁殖提供了条件。如果枝条过密，内膛枝得不到足够的光照，内膛小枝光合作用降低，致使枝条下部光秃，开花部位也随之外移，呈现表面化。经过适当修剪，去掉部分枝条，树冠内空气流通、光照充足，则会减少病虫害发生。内膛小枝得到充足的光照，光合作用加强，促使其分化大量的花芽，为开花创造条件。

3. 控制树体的结构，培养良好的树形 多年生的观赏树木枝条过密，逐渐可能出现枯枝、死枝及病虫枝，影响树木的外观。观赏树木的配置要与周围的房屋、亭台、假山、漏窗、水面、草坪等空间相协调，形成各类景观。因此，栽植养护要通过不断的适度修剪来控制与调整树体的大小，以免过于拥挤，影响景观效果。

4. 调节树木与环境的关系 修剪可以调节树木个体与群体结构，提高有效叶面积指数和改善光照条件，提高光能利用率；还有利于通风，调节温度与湿度，创造良好的微域气候，使树冠扩展快，枝量多，分布合理，能更有效地利用空间。

树上的死枝、劈裂和折断枝，如不及时处理，将给人们的生命财产造成威胁，其中城市街道两旁和公园内树木枝条坠落带来的危险更大。下垂的活枝，如果妨碍行人和车辆通行，必须修至2.5～3.5m的高度。去掉已经接触或即将接触通信或电力线的枝条，是保证线路安全的重要措施。同样，为了防止树木对房屋等建筑的损害，也要进行合理的修剪。

5. 促进老树复壮更新 树体进入衰老阶段后，树冠出现秃裸，生长势减弱，而对一棵衰老的树木进行强修剪，剪掉树冠上的主枝或部分侧枝，可刺激隐芽长出新枝，选留其中一些有培养前途的代替原有老枝，进而可以形成新的树冠，达到恢复树势、更新复壮的目的。例如，对许多大花型的月季品种，在每年秋季落叶后，将植株上的绝大部分低枝条修剪，仅保留基部主茎和重剪后的短侧枝，让它们在翌年重新萌发新枝。这样对树冠年年进行更新，反而会比保留老枝生长茂盛，开花数量也会逐年增加。

（二）整形与修剪的原则

不同的树种生长习性不同，其顶端优势、萌芽力、成枝力有极大差别，修剪方法也有所不同；对具有很强萌芽发枝能力的树种，可进行多次修剪；而对萌芽发枝力弱或愈伤能力弱的树种，则应少行修剪或只行轻度修剪。同一树种因树龄、树势、栽培目的和功能不同，整形与修剪的方法也不尽相同。

行道树以遮阴为主，应将顶端优势转移到方位合适、树势均衡的几个主枝上，使它横向发展，形成合轴树形或尖塔树形，树冠高大丰满；以观花果为主的采取短截1年生枝，去除顶端优势，使植株的生长优势转移到中下部，采用自然开心形的整形方式，培养立体结构良好的树形，以利于通风透光。

幼年期植株生长势旺盛，修剪不宜过重，否则会使枝条不能在秋季充分成熟，降低抗寒力，也会使开花年龄延迟。所以，除特殊需要外，幼龄小树只宜轻剪，不宜重剪。成年期多年生观赏树木正处于旺盛的开花结果阶段，树冠优美，整形与修剪的目的在于保持植株的健壮完美，使开花结果能持续保持下去。衰老期多年生观赏树木，因生长势衰弱，每年的生长量小于死亡量，修剪时应以重剪为主，以刺激其恢复生长势，并可利用徒长枝来达到更新复壮的目的。

（三）整形与修剪技术

1. 整形技术　观赏植物的整形方式因栽培目的、配置方式和环境状况不同而有很大的不同，在实际应用中主要有3种常用的方式。

（1）自然式整形。是在树木本身特有的自然树形基础上，按照树木本身的生长发育习性，稍加人工调整而形成的自然树形。这不仅体现园林树木的自然美，同时也符合树木自身的生长发育习性，有利于树木的养护管理。行道树、庭荫树及一般风景树等基本上都采用自然式整形。长圆形如玉兰、海棠；圆球形如黄刺玫、榆叶梅；扁圆形如槐树、观赏桃；伞形如合欢、垂枝桃；卵圆形如苹果、紫叶李；拱形如边翘、迎春。

（2）人工式整形。由于园林绿化的特殊要求，有时将树木修剪成有规则的几何图形，如方形、圆形、多边形等，或修剪成各种动物图形。这类整形违背了树木生长发育的自然规律，抑制强度较大；所采用的植物材料又要求萌芽力和成枝力都较强的树种，如黄杨、罗汉松、六月雪等，并且只要见有枯死的枝条就要立即剪除，以求能保持整齐一致，所以往往为满足特殊的观赏要求才采用此种方式。

（3）自然与人工混合式整形。根据园林绿化上的某种要求，对自然树形加以或多或少的人工改造而形成的形式。常见的有杯状形、开心形、多领导干形、中央领导干形、丛球形、棚架形等。

2. 修剪技术　分为休眠期修剪和生长期修剪。休眠期修剪是自树木休眠后至次年春季树液开始流动前进行的，而生长期修剪是萌芽后至新梢或副梢延长生长停止前进行的。

（1）休眠期修剪。包括截干和剪枝两种措施。截干是对干茎或粗大的主枝、骨干枝等进行截断的措施，具有促进树木更新复壮的作用。在截除粗大的侧生枝干时，为防止发生劈裂，应先用锯在粗枝基部的下方，由下向上锯入 1/3～2/5，然后在侧枝基部略前方处由上向下锯入，最后将伤口削平，并涂上护伤剂，如接蜡、白涂剂、桐油或油漆，以免病虫侵害和水分散失。

（2）生长期修剪。包括折裂、抹芽、摘心、捻梢等多种措施。折裂是为防止枝条生长过旺，或为了曲折枝条使之形成各种苍劲的艺术造型，在早春芽略萌动时对枝条施行的一种修剪措施。抹芽是把枝条上多余的芽抹掉，以改善其他保留芽的养分供应而增强其生长势；或将主芽除去而使副芽或隐芽萌发，以抑制过强的生长势或延迟发芽期。摘心是将新梢顶端摘除的措施，摘除部分长2～5cm。摘心可抑制新梢生长，使养分转移到芽、果或枝部，有利于花芽分化、果实肥大或枝条充实。但摘心后，新梢上部的芽容易萌动成二次梢，可待其生长数叶后再次摘心。捻梢是将新梢屈曲但不使其断离母枝的措施，多在新梢生长过长时应用。此外，还有屈枝、摘叶、摘蕾、摘果等修剪措施。

修剪应按照“由基到梢，由内及外”的顺序进行，即先看树冠的整体应整成何种形状，然后由主枝的基部自内向外逐渐向上修剪，这样既避免差错，又可保证修剪质量，提高工作效率。

（四）不同观赏植物的整形与修剪

1．行道树的整形与修剪 行道树必须有一个通直的主干，栽在道路两侧，主干高度以3～4m为好，以免妨碍车辆的通行，公园内的园路树或林荫路上的树木主干高度以不影响游人为原则，一般枝下高在2m左右。行道树要考虑装饰性的需要，要求它们的高度和分枝点基本一致，树冠要整齐，富有装饰性。成形后不需要大量修剪，经常进行常规修剪（疏除病虫枝、衰老枝、交叉枝、冗长枝等），即可保持理想的树形。在生长季树干上萌生的枝条要趁没有木质化之前抹掉，不然长大后会影响交通，如枝条木质化后再疏掉还会在树干上留下疤痕，有碍美观。行道树除要求具有直立的主干以外，一般不做特殊的造型，以采用有主干疏散形为好。一般分为有较强中干的（有主轴）和中干不强或不明显的（无主轴）两种。有较强中心干的行道树一般栽植在道路比较宽、上面没有架高压线的街道上，中心干不强或不明显的行道树栽植在街道比较窄或架有高压线的街道上。

2．庭荫树的整形与修剪 庭荫树种植于庭院和公园中以取其荫，为游人提供以遮阴纳凉为主要目的的树种，应具有庞大的树冠、挺拔的树形、光滑的树干。这类树木整形时，首先要培养一段高矮适中，挺拔粗壮的树干。树木定植后尽早把1.0～1.5m甚至以下的枝条全部剪掉，以后随着树体的不断增大，再逐年疏掉树冠下部的分生侧枝。作为遮阴树，要为游人提供在树下自由活动的空间，一般应在2.0～2.2m；栽植在山坡或花坛中央的观赏树主干大多不超过1m。庭荫树树冠的大小与树高的比例，一般以2/3以上为佳，以不小于1/2为宜。

3．灌木的整形与修剪 花后发叶的树种可在春季开花后修剪老枝并保持理想树姿。像榆叶梅枝条稠密，可适当疏剪弱枝、病枝。用重剪进行枝条的更新，用轻剪维持树形。对于具有拱形枝的种类如迎春可将老枝重剪，促进抽发强壮的新枝条以充分发挥其树形的优点。

当年新梢开花的枝条可在冬季或早春修剪。例如，八仙花、山梅花可重剪使新梢强健。珍珠梅、月季等在生长季节中开花不断的，除早春重剪老枝外，并应在花后将新梢重短剪，以便再次发枝开花。

观赏枝条及绿叶的种类，应在冬季或早春进行重剪，以后轻剪，促使多萌发枝叶。例如，红瑞木等耐寒的观枝植物，可在早春修剪，以便冬季枝条充分发挥观赏作用。

萌芽力强的树种或冬季易干梢的种类可在冬季自地面刈去，使来年春季重新长出新枝。

例如，荆条可用此法。

4. 绿篱的整形与修剪　绿篱又称植篱、生篱。常见的绿篱形式有规则式和自然式两种。自然式绿篱一般不用专门的修剪整形工作，适当控制高度，在栽培管理中去除病老枝；规则式绿篱每行只能选择1个树种，所有苗木的高度、干径、分枝等要根据绿篱的设计大致相同，为今后的整形与修剪工作打下良好的基础。定植后的绿篱最好任其生长1年，以免因修剪过早，妨碍地下根系的生长。从第二年开始，再按照所要求的绿篱高度开始进行修剪，截去苗高的1/3～1/2。为使苗木分枝高度尽量降低，多发分枝，提早郁闭，可在生长期内对所有新梢进行2～3次修剪，2～3年内反复进行，直到绿篱下部分枝条长得匀称、稠密，上部树冠彼此连接成形为止。绿篱成形后，可根据需要整剪成形。正确的修剪方法是先剪其两侧，使其侧面呈一个斜面，两侧剪完，再剪平顶部，整个断面呈梯形。这样修剪可抑制绿篱植株上下各部枝条的顶端优势，刺激上下部枝条再长新侧枝，而这些侧枝的位置，距离主干相对接近，有利于获得充足的养分。同时，上小下大的斜面有利于绿篱下部枝条获得充足阳光，从而使全树枝叶茂盛，维持美观外形。

5. 藤本类的整形与修剪　有棚架式、凉廊式、篱垣式、附壁式和直立式等树形。

（1）棚架式。适于卷须类及缠绕类藤本植物。应在地面处重剪，使发生数条强壮的主蔓，垂直引导主蔓于棚架的顶部，使侧蔓均匀分布在棚架上，形成荫棚，如紫藤。

（2）凉廊式。常用于卷须类及缠绕类植物，偶尔用于吸附类植物。因凉廊有侧方格架，所以主蔓勿过早诱引至廊顶，否则易形成侧面空虚。

（3）篱垣式。多用于卷须类及缠绕类植物。将侧蔓水平诱引后，每年对侧枝进行短截，就能形成整齐的篱垣，如金银花。

（4）附壁式。常用于爬墙虎、凌霄、扶芳藤、常春藤等靠吸盘或吸附根可自行附壁而逐渐布满墙面的植物。修剪时注意使壁面基部全部覆盖，各蔓枝在壁面上分布均匀，避免互相重叠交错。附壁式最容易出现的问题是基部空虚，不能维持基部枝条长期茂密，对此应采取轻、重修剪及曲枝诱引等综合措施加以纠正。

（5）直立式。对于一些茎蔓粗壮的种类，如紫藤等，可以整形与修剪成直立灌木式，用于公园道路旁或草坪上效果好。

三、蔬菜的植株调整

整形与修剪在蔬菜上叫植株调整（plant regulation），就是利用植物生长相关和源库关系等理论，在蔬菜植株生长发育过程中，采取人为的调整措施，改变不同组织或器官的生长与发育速度，促进器官的平衡和产品器官形成。蔬菜作物植株调整是一项细致的管理工作，包括利用支架、绳索、铁丝等材料对蔬菜植株进行整枝、打杈、摘心、摘叶、束叶、疏花、疏果、保花保果、压蔓、支架、套管（桶），以及利用植物生长调节物质进行的化学调整等。

（一）整枝、打杈和摘心

番茄、茄和瓜类等蔬菜，如放任其自然生长则枝蔓繁生，结果不良。为了控制生长，促进果实的发育，调整植株同化器官与结实器官的比例，提高单位叶面积的光合作用效率，使每一植株形成最适的果枝数目（如单干或双干），需进行整枝、打杈和摘心。保留和培养适

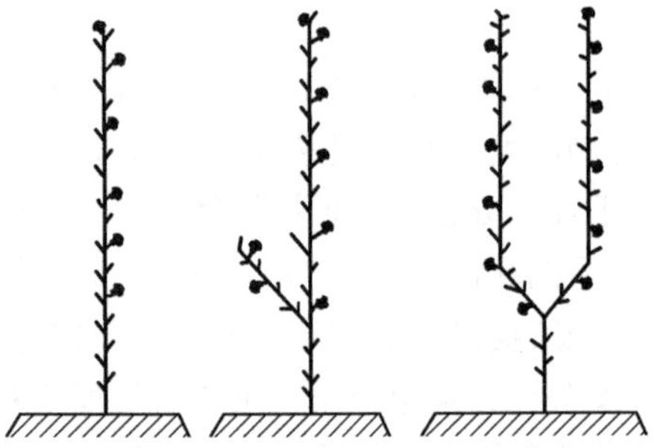

图 6-12 番茄整枝示意图

A．单干整枝；B．改良单干；C．双干整枝

当的结果枝数的操作叫整枝（training），摘除无用的侧枝或腋芽叫打杈（pruning），整枝和打杈可调节生长发育，强壮主枝，减少侧枝（蔓）养分的消耗。去除抽枝前的芽又叫抹芽，更有利于减少植株不必要的养分消耗。摘除顶梢、顶芽叫摘心（topping），也叫打顶、打尖、拦头。摘心可抑制生长，使植株矮化，促进花芽分化，增加花枝数目。

整枝、打杈和摘心多用于在地面爬行的蔓性植物或直立需要绑蔓的蔬菜。不同蔬菜作物、不同类型的品种，适宜的种植方式不同。常用的有单干（蔓）整枝、双干（蔓）整枝、三干（蔓）整枝（图6-12）。例如，番茄和黄瓜上以单干（蔓）整枝为主，西瓜以双蔓或三蔓整枝为主，爬地栽培的甜瓜以多蔓整枝为主。

（二）压蔓和支架

蔓性蔬菜如南瓜、冬瓜等爬地栽培时，为了使茎蔓在田间整齐分布，防风伤害，植株受光良好，管理方便，常需要压蔓，即用土块等适当的重物在茎蔓的一定节位固压茎蔓。压蔓有轻压、重压和明压、暗压之分，合理运用压蔓技术还可以促进茎节上发生不定根，调节茎蔓生长和开花坐果，增进品质。

蔓性或直立性不强的蔬菜如黄瓜、番茄、菜豆等，支架栽培（staking cultivation），使茎蔓向立体空间发展，可以增加栽植密度，大大增加叶面积指数，更好地利用阳光并使通风良好，减少病虫害，提高土地利用率和产量。支架有矮支架、单行连架、双行架、丛生架（喜鹊窝）、棚架等多种形式，供不同蔬菜栽培时选用。支架以细竹竿、树枝、塑料杆、金属杆等为材料，主要视蔬菜产品的重量和本身攀缘能力而定。

（三）吊蔓、摘叶、落蔓和缠蔓

在设施栽培中，可利用设施骨架吊绳吊蔓替代支架，并随着作物的生长，在摘除基部老叶的基础上不断扶蔓、缠蔓，使茎蔓顺着吊绳向上生长；或用固蔓夹固蔓。设施长季节栽培的吊蔓黄瓜、番茄等蔬菜，生长期间还要多次落蔓，以调节植株生长点和结果部位的高度，以方便采收等操作。

生长在植株下部各层的老叶，其同化作用弱，同化物质的合成少于本身的呼吸消耗，成为寄生叶。还有的叶子可能感染病虫害，丧失同化功能。因此在栽培上，番茄、茄、菜豆、黄瓜等蔬菜于生长中后期，要摘除植株下部的老叶和病叶，有利于植株下部空气流通，减少病虫害的蔓延。

（四）疏花疏果与保花保果

对于以地下产品为食用目的的蔬菜，如大蒜、马铃薯等，摘除花蕾有利于地下产品器官的肥大。对茄果类、瓜类等蔬菜作物，去掉部分畸形有病的果实，可促进留存的果实正常肥大，同时生产上应通过肥水管理等措施，进行保花保果，增加果实数量。

疏花和疏果对植物的影响并不相同，且疏去一朵已经开放的花和疏去一个花蕾的意义也是不同的。在植物的生殖生长过程中，有两个时期可以刺激营养生长：一个是细胞分裂的染色体联会期，表示同源染色体的相互并拢与同化，会引起营养生长的加强；另一个是受精期，是雌、雄配子的结合与相互同化，会使植株有更大的适应外界环境的能力。例如，除去黄瓜的花蕾，花蕾还没有经过联会期和受精期，对植株的影响不大；而除去刚开放的花朵，花朵已经过了联会期，但尚未经过受精，对促进植株营养生长有一定的作用；除去已经受精的幼果，对促进植株营养生长的作用更大。

另外，果实发育尤其是种子发育时，需要植株供应大量营养物质。例如，许多茄果类、豆类及瓜类，如能做到及时采摘食用期的果实，可以延长植株的营养期，并延长果实的采收期和增加产量。如果不及时采收，让其留在植株上老熟，由于消耗了植株的大量营养物质，会使新枝的发生和后期果实的发育受到影响，产量会降低。

（五）套管、套桶和模具造型

其是将生长过程中的蔬菜产品器官置于塑料管、塑料桶或模具等刚性容器中，强迫其按照一定的方向或形状生长，从而生产出形状特殊、外形整齐的蔬菜产品。其中，套管技术多用于山药栽培，套桶和模具技术主要用于生产不同形状的西瓜、南瓜等果菜。

（六）束叶和盖叶

束叶适用于大白菜、花椰菜和青花菜等蔬菜，多在秋季栽培的生长后期，当自然季节已到采收期而蔬菜产品尚未充分成熟时进行，通常可在收获前半个月进行。其具体方法就是将莲座叶向上拢起，用稻草或绳索从顶上扎住以保护内部叶球或花球。

盖叶主要用于花椰菜，在花球形成期进行。其具体方法是将花球邻近叶片的中脉从中间折断，活叶盖在花球上，保护花球使其洁净、白嫩，提高商品性。

（七）化学调控

蔬菜的生长、发育和繁殖，除了受遗传因素和自然环境条件的影响外，还受一些生理活性物质的调节和控制。化学调控，就是利用植物生长调节剂调控蔬菜作物的生长发育和开花坐果。例如，促进扦插枝生根、打破休眠、促进抽薹开花，抑制徒长、培育壮苗，抑制器官脱落，防止在贮藏期中的抽芽，形成无籽果实、促进果实成熟，以及控制瓜类蔬菜的性别，提早开放雌花，增加产量等。

1．防止器官脱落　植物器官脱落（主要指落花、落果和落叶）与生长素浓度及脱落酸含量有关。在蔬菜生产中可以通过生长素处理防落花，促进坐果。例如，防止番茄因低温或高温而引起的落花，常用10～20mg/L 2，4-D 浸花，可促进坐果和果实膨大，提早5～7d 成熟；或用25～30mg/L PCPA（简称防落素）喷花。防止茄落花可用3mg/L 或10～15mg/L防落素喷花。防止辣椒落花可用50mg/L 的萘乙酸，或20～30mg/L 2，4-D，或30～50mg/L 防落素。利用生长素类物质也可以防止豆类、瓜类及其他蔬菜作物的落花。

白菜类蔬菜在贮藏期间的脱帮，可以用生长素来处理。不论是在采收前5～7d用25～50mg/L 2，4-D喷洒外叶，还是采收后用萘乙酸甲酯（MENA）处理，都可以防止脱帮，延长贮藏时期。

2．抑制徒长，培育壮苗　蔬菜育苗期间高温、高湿或因群体过密，都易引起幼苗徒长。采用生长延缓剂能防止果菜类幼苗徒长。例如，防番茄苗期徒长，可用矮壮素

250～500mg/L浇灌土壤，用药液量1kg/m^{2}左右。为使植株矮化、粗壮、株形紧凑，在茄8叶期、辣椒11叶期、番茄6叶期用浓度150mg/L多效唑喷施能有效抑制秧苗徒长，促进生殖生长。

3. 促进果实发育成熟 果实在自然成熟过程中，其自身会产生乙烯。而乙烯可以调节果实中酶、核酸及呼吸代谢等一系列活动，促进果实的成熟。乙烯利溶液渗入植物体后，随着细胞液pH的不同，会以不同的速度释放乙烯，加速果实的成熟，因而被作为促熟剂使用。例如，番茄转色期的离体果实用1000～4000mg/L 乙烯利浸1min，捞出沥干后放置于22～25℃的环境条件下，经2～3d即可转红；在植株上用2000～4000mg/L乙烯利涂果，可提前6～8d成熟。辣椒生产中，当植株上有1/3果实转红时，用200～1000mg/L 乙烯利喷洒植株，经4～6d后果实即全部转红。西瓜也可用乙烯利催熟，不同品种要求的浓度也不同。

因为催熟的产品往往品质不如自然成熟的好，所以生产中一般不提倡催熟。

4. 调控瓜类花性别 在植物花芽分化过程中，核酸物质大量产生。因此，使用外源的核酸物质，可控制花芽分化及开花结实。乙烯利不但能促进果实成熟，也能改变瓜类植物生长发育过程中性别的表现。黄瓜和南瓜2～4 叶期内的幼苗用100～200mg/kg乙烯利处理可早生和多生雌花，提高早期产量。相反，当由于低温、土壤干燥，以及使用乙烯利浓度过高而形成“花打顶”时可用50～100mg/kg GA_3处理使雄花增多，恢复正常生长发育。

5. 控制休眠与促进发芽 马铃薯、洋葱、大蒜等蔬菜在收获后有休眠期，延迟休眠有利于贮藏，但提早播种需要打破休眠。马铃薯、洋葱、大蒜等在收获前用青鲜素或萘乙酸处理可抑制贮藏期间萌发。萝卜、胡萝卜等根菜类在采收前4d 用1000～5000mg/L 的萘乙酸喷洒叶面，在较低气温下贮藏可以有效抑制萌芽。

在打破休眠、促进发芽方面，应用较多的是GA_3和6-苄氨基腺嘌呤（6-BA）。一些喜冷凉蔬菜如芹菜、莴苣夏秋茬催芽比较困难。用1000mg/kg 6-BA 浸泡莴苣种子3min，30℃条件下16h后可萌发；用1000mg/kg GA_3浸种2～4h，发芽率可提高到70%。秋播马铃薯可用赤霉素解除休眠。

6. 控制抽薹开花 GA_3可以促进抽薹开花，而各种抑制剂可以抑制抽薹。对一些二年生蔬菜作物，如胡萝卜、白菜、甘蓝、芹菜等，用50～500mg/L 的萘乙酸处理，不需经过低温春化，即可促使越冬前抽薹开花。对花椰菜用500mg/L 的GA_3，每隔1～2d滴1次花球，也可促进花梗生长而开花。在春季用100mg/L 邻氯苯氧丙酸喷洒植株能显著抑制芹菜及甘蓝抽薹，促进产品器官的形成。

第四节 园艺植物灌水与排水技术

水是园艺植物各种器官的组成成分，一般蔬菜产品含水量为80%～90%，水果的含水量为75%～95%。虽然不同种类的园艺植物对水分的需求有较大的差异，但是在生长发育过程中，都需要一定量的水分，才能保持生理代谢正常地进行。生长季节缺水，会使光合作用减弱，生长减缓或停止，轻者会影响生长、结实、产量和品质，严重时会导致植株枯萎死亡。多年生园艺植物休眠期缺水，也会加重冻害，抽干枝芽。因此，适时、适量、适法排灌，是园艺植物栽培的重要管理技术。

一、灌水时期

不同园艺植物由于生育特性、环境因子、栽培条件等不同，适宜灌溉期之间存在着差异。把握最佳灌水时期首先要把握生态习性，应根据不同园艺植物在各生育阶段生长及需水特点，以及土壤水分状况和气候条件，合理地确定灌水时期。

（一）果树灌水时期

在果树年生长周期中，前半期植株萌芽、枝叶生长、开花、坐果，生命活动旺盛，需要充足的水分；而后半期为了促进枝蔓成熟，则要适当控制水分。在土壤封冻前灌水，有利于树体安全越冬。

1．**发芽前到开花期**　此时正值越冬后土壤水分缺乏时，灌水可减轻春旱、倒春寒和晚霜的为害，促进萌芽及新梢生长，迅速扩大叶面积，促进光合作用，有利于开花坐果，为丰产打下基础。在北方春旱地区，此期充分灌水更为重要。

2．**新梢生长和幼果膨大期**　是果树需水的临界期，供水不足会引起新梢生长和果实生长之间的水分竞争，供水不足，会影响坐果率，严重时能导致长势减弱，落果加重。

3．**果实迅速膨大期**　多数落叶果树的果实迅速膨大期常常也是花芽大量分化期，一般在6～8月，气温较高，蒸发量较大，因而保证水分供应对当年及次年的产量形成均有良好作用。

4．**果实采收后及休眠期**　为了提高果实品质及贮藏性，促进枝芽成熟，果实采收前一般不灌水。但在果实采收后到越冬前，结合施有机肥，适当灌水有利于延缓叶片衰老，恢复树势及促进花芽分化。在土壤封冻前再次灌水，也称灌冻水，有利于树体安全越冬和翌年正常萌芽生长。

此外，进行果树灌水要在不同种类、品种、树龄、气候环境等综合条件影响下灵活把握最佳灌水时期。在水分缺乏的地区可以只灌花前水、花后水和封冻水，无条件灌溉的情况下，要重视抓好蓄水保墒工作。

（二）蔬菜灌水时期

1．**不同种类蔬菜的需水特点**　不同种类、品种的蔬菜对水分需求差异较大。有的蔬菜需水较多，消耗水分也多，如甘蓝、莴苣、芥菜、黄瓜、白菜、绿叶菜类等，叶面积较大而组织柔嫩，但根系入土不深，属消耗水分很多，但对水分吸收力较弱的蔬菜，生产上要经常灌水，保持较高的土壤湿度和空气湿度；西瓜、甜瓜、苦瓜等蔬菜，叶子虽大，但叶子有裂刻，叶表面有茸毛，蒸腾较小，且有强大的根系，因此抗旱，需水少；葱蒜类蔬菜地上部蒸腾作用虽小，但根系分布范围小、入土浅，且几乎无根毛，吸收能力很弱，对水分要求也比较严格；茄果类、根菜类、豆类等，则属于水分消耗量中等，对水分的吸收能力也中等的蔬菜；藕、荸荠、茭白、菱等，其茎叶柔嫩，蒸腾作用旺盛，但根系不发达，根毛退化，吸水能力很弱，需在经常蓄水的地方才能栽培。因此，生产上应视不同蔬菜的生态习性进行水分管理。

2. 蔬菜不同生长发育阶段的需水特点 不同蔬菜在生长的各个时期对水分的要求也不相同，但也有一定的规律。

（1）种子发芽期。种子吸水膨胀及根系生长和胚轴生长均要求一定的土壤湿度，水分不足会影响出苗，因此播种前要充分灌水，播后要尽量保持土中的水分。

（2）幼苗期。叶片较小，蒸腾量小，需水少，但对水分要求严格，加上地面覆盖率低，土壤蒸发量较大，易引起土壤干旱，也需适当灌水。

（3）养分积累期。此期是植物积累并形成养分的时期，又是植株细胞体积增大的主要时期，是需水量最大的时期，应勤浇水，多浇水，使土壤水分达最大持水量的80%～85%，保证植株生长、养分积累的水分需求。

（4）开花期。对水分较为敏感，水分亏缺易引起落花落果，水分过多又会导致植株徒长。因此在开花初期适当节制灌水，待第一茬果实坐果后再大量供水。

（5）果实生长期。需要较多水分，种子成熟时要求适当减少水分供应。

（三）花卉灌水时期

1. 不同种类花卉的需水特点 花卉种类各异，品种繁多，不同种类花卉的生长习性不同，其需水要求有很大差异，是正确进行水分管理的主要依据。

（1）旱生花卉。如仙人掌类、景天类、龙舌兰等，具多浆、多肉的茎或叶及强大的根系，需水量少，即使生长盛期也要在盆土完全干燥时再浇，宁干勿湿；冬季要求完全干燥。

（2）湿生花卉。如一些热带兰类、蕨类、天南星科和凤梨科花卉等，需要生长在潮湿的地方，要求土壤温度和空气湿度较高，要多浇勤浇，宁湿勿干，一年四季都要保持盆土湿润。

（3）水生花卉。如荷花、睡莲等，需要生活在水中，其根或地下茎能适应低氧环境。

（4）中生花卉。如露地栽培的大部分花卉，对水分的需求介于旱生花卉和湿生花卉之间，灌水要见干见湿，即浇时要浇足，当盆栽花卉表土发白时浇水，浇至盆底渗出水为止。

另外，一二年生草本花卉对水分需求量大，但根系分布较浅，故灌水要勤。多年生木本花卉，根系发达，分布较深，所以灌水间隔时间可较长。宿根、球根类花卉，尤其是后者，浇水过多会引起地下器官腐烂，因而浇水间隔时间也应较长。木本类花卉，其根系达到较深土层，吸收深层地下水的能力强，所以灌水时间间隔较长。

有些花卉植物对水分特别敏感，若浇水不慎就会影响生长和开花，甚至导致死亡。例如，大岩桐、蒲包花、秋海棠的叶片淋水后往往会腐烂；仙客来球茎顶部的叶芽、非洲菊的花芽等淋水后也会腐烂、枯萎；兰科花卉和牡丹分株后，在新根生出以前，灌水量过大也会引起腐烂。

2. 不同季节花卉的需水特性 一年中不同生长季节，花卉需水也不同。通常在春天生长初期，生长量较小，耗水量少，隔1～2d浇水1次即可。入夏以后，气温升高，日照渐长，花卉生长进入旺盛时期，蒸腾强，耗水多，宜每天早上和午后各浇水1次。冬季温度较低，植株生长缓慢或进入休眠，应少浇水或不浇水。冬季温度低于10℃时即要减少灌水次数。若需要浇水，一般视情况3～4d或更长时间浇1次。

3. 花卉对灌溉水质的要求 一般观赏植物，尤其是盆栽花卉，对灌溉水的水质有一定的要求，最好用雨水或是河流、池水等矿物质少的软水，一般不用井水。经常使用含矿物质多的水对花卉生长不利，特别是兰花，矿物质过多容易造成伤根。

二、灌水量

灌水量应根据园艺植物的种类、品种、季节及其不同生育时期的生育和需水特点，土壤水分状况、天气状况及灌水方法等多方面因素确定，尚缺乏统一的标准，并且不同灌溉方式间灌水量也不尽相同。最适宜的灌水量，应在一次灌溉中，使园艺植物根系分布范围内的土壤湿度达到有利于植株生长发育的程度。灌水量过少达不到灌水效果，长此以往易引起根系浅化；灌水量过多，土壤通透性差，不利于根系呼吸，影响生育。

一般适宜的灌水量要在一次灌溉中达到根系分布的主要区域，如果树浸润深度应在0.8～1.0m，并使土壤湿度达田间最大持水量的60%～80%。春季灌水要一次性浇透，夏季灌水量宜稍少，但要增加灌水次数，有利于稳定和降低土温；沙土地要少量多次灌水，盐碱地一般地下水位高，灌水不宜太大，以防返碱。理论灌水量可参考下列公式计算。

灌水量=灌溉面积×土壤浸润深度×土壤容量×（田间最大持水量–灌前土壤湿度）

应用上述公式计算出的灌水量还可根据植物种类、品种、生育期，以及干旱持续时间的长短、日照、气温等因素进行调整。

三、灌水方法

随着科学技术和工业生产的发展，灌水方法也不断改进，向着机械化、管道化和节水化的方向发展，灌水效果和灌水效率也大大提高。

（一）地面灌水

地面灌水（surface irrigation）是生产上最为常用的传统的灌溉方法，包括漫灌、畦灌、沟灌、穴灌、盘灌（树盘灌水）等形式。果树及多年生木本花卉植物平地种植园的封冻水、解冻水可用漫灌，灌水充分，有利于更好地稳定土壤温度和湿度；生长季节的灌水采用沟灌能经济用水，防止土壤板结，水经沟底及沟壁浸润根系，有利于根系生长和吸收；山地及水源缺乏的种植园也可用穴灌，用水经济，有效可行。蔬菜及草本花卉多畦栽，故灌水多采用开渠畦灌，灌水均匀、充分。地面灌溉虽然简单易行，但存在浪费水源、易造成土壤板结、肥力下降的现象，山地丘陵地种植园还会造成土壤冲刷的问题。生产上地面灌水后应及时中耕松土。

（二）喷灌

喷灌（sprinkling irrigation）是利用喷灌设备将水加压经喷头喷至空中的一种灌溉方法，比地面输水灌溉节水50%～60%。按其设备能移动与否有固定式、半固定式和移动式3种方式。果园喷灌一般树冠以上多采用固定式喷灌系统，喷头射程较远，冠中冠下可采用半固定式或移动式喷灌系统。采用喷灌进行灌水可节约用水，调节种植园小气候，不破坏土壤结构，不受地形限制，高效省工，还可喷肥、喷药。但喷灌所用管道需要压力高，设备投资较大，能耗较大，成本较高，风大时难以做到灌溉均匀，且增加水量损失；另外，喷灌明显增加空气湿度，会加重某些真菌病害的发生。

微喷灌是利用直接安装在毛管上，或与毛管连接的灌水器即微喷头，将压力水以喷洒状的形式喷洒在作物根区附近的土壤表面的一种灌水形式，简称微喷，是一种高效、经济的喷灌技术，特别适合于各类花卉和蔬菜设施规模生产。微喷灌喷水雾化程度高，不易损坏各种植物，且能增加植物的光合作用，促进作物生长，既能节水、省人工，又可结合肥料、农药喷洒，不会引起水土流失，药肥损失；造价低廉，一次性投资回收快，且安装容易，快捷；使用年限长，且喷头更换容易；兼有喷灌不易堵塞和滴灌耗水少的优点，克服了它们两者的一些缺点。但微喷灌会增加空气湿度，对一些容易因空气湿度大而产生病害的作物，不能使用微喷灌；在空气干燥，风力大的地区使用微喷灌因蒸发漂移损失较大，一般也不选用。

（三）滴灌

滴灌（drip irrigation）是将水加压经过滤后再通过毛管、滴头，以水滴或细小水流缓慢地输送到植物根域附近土壤的灌溉方式，具有节约用水，持续供水，维持土壤水分稳定，不破坏土壤结构，不受地形限制，可以施肥，省工高效，有利根系生长吸收等优点。不足之处是需管材较多，投资较大，管道和滴头容易堵塞，要求过滤设备良好。在设施栽培内应用滴灌还可降低棚内湿度，减少病害的发生。内镶式滴灌适用于按行株距栽种的作物，如番茄、茄、辣椒、南瓜、黄瓜等蔬菜。

（四）渗灌

渗灌（infiltrating irrigation）是通过地下管道系统，使灌溉水从渗水管渗出，在土壤毛细管的作用下，自下而上浸润植物根域的灌溉方法。可减少水分地表蒸发散失，不破坏土壤结构，经常保持根区湿润、通气良好，具有节约用水，灌水效果好，有利于根系吸收、生长等优点，是理想的灌溉方式。园艺植物设施栽培时采用渗灌，可降低空气湿度，明显减少病害发生。渗灌中渗水管道的埋深和间距是影响渗灌效果的主要因素，一般以埋深40～60cm，间距2～3cm为宜。

（五）节水灌溉

节水灌溉是一项系统工程，包括水土保持、土壤管理和输水、灌水、耗水等环节的节水技术。目前主要有如下几种节水技术。

1．渠道防渗和管道输水灌溉技术 采用混凝土护面、浆砌石衬砌、塑料薄膜等多种方法进行渠道防渗处理，与土渠相比，可减少渗漏输水损失60%～90%，并加快输水速度。

管道输水技术是将低压管道埋设在地下或铺设在地面，将灌溉水直接输送到田间，常用的输水管多为硬塑管或软塑管。该技术具有投资少、节水、省工、节地和节省能耗等优点，比土渠输水灌溉省水30%～50%。

2．田间地面灌水技术 在习惯大水漫灌或大畦大沟灌溉的地方，推广宽畦改窄畦，长畦改短畦，长沟改短沟，控制田间灌水量，提高灌水的有效利用率，是节水灌溉行之有效的措施。

3．涌流灌溉技术 通过改进放水方式，把传统的沟、畦一次放水改为间歇放水，进行间歇灌溉。间歇放水，使水流呈波涌状推进，由于土壤孔隙会自行封闭，在土壤表层形成一薄封闭层，水流推进速度快。在用相同水量灌水时，间歇灌水流前进距离为连续灌的1～3倍，从而大大减少了深层渗漏，提高了灌水均匀度，田间水的利用系数可达0.8～0.9。间歇灌比连续沟灌可节水38%，省时一半左右；比连续畦灌节水26%。

4．膜上灌和膜下滴灌技术 膜上灌是我国在地膜覆盖栽培技术的基础上发展起来的一种新的地面灌溉方法。它是将地膜平铺于畦中或沟中，畦、沟全部被地膜所覆盖，将灌溉水在地膜表面的凹形沟内借助重力流动，从而实现利用地膜输水，并通过作物的放苗孔和专设灌水孔入渗给作物，改变了传统的大水漫灌浇地的方法，其灌水效果类似于滴灌。由于放苗孔和专设灌水孔只占田间灌溉面积的1%～5%，其他面积主要依靠旁侧渗水湿润，因而膜上灌实际上也是一种局部灌溉。

膜下滴灌是将地膜栽培技术与滴灌技术有机结合，即在滴灌带或滴灌毛管上覆盖一层地膜，在设施作物越冬栽培中应用较多。

5．微灌技术 是将水和肥料加压、过滤，经各级管道和灌水器具将水输送到植物根际附近，属于局部灌溉，只湿润部分土壤。与地面灌溉相比，微灌技术可节水80%～85%。当前在我国推广的微灌主要形式有微喷灌、滴灌、渗灌、微管灌、涌泉灌溉和膜下滴灌等。微灌在果树、花卉、设施蔬菜等生产中应用效益十分突出。

6．关键时期灌水和调亏灌水技术 在水资源紧缺的条件下，应选择植物一生中对水最敏感、对产量影响最大的时期灌水，在关键时期灌水可提高灌溉水的有效利用率。

调亏灌水技术是指作物在某一生育期内，有目的、主动地减少灌水量，造成作物受到一定程度的水胁迫的灌溉方法。它有别于其他非充分灌溉方式，如亏水灌溉、有限灌溉等。番茄采用调亏灌水，不但可以节水，而且可以改进果实品质。

总之，通过提高灌溉管理水平，采用科学的灌溉方式，根据植物需水量和对土壤墒情的监测，进行适时适量的科学灌溉，达到节水的目的。

四、排水技术

园艺植物正常生长发育需要不断地供给水分，但土壤水分过多时影响土壤通透性，氧气供应不足又会抑制植物根系的呼吸作用，降低水分、矿物质的吸收功能，严重时可导致地上部枯萎，落花、落果、落叶，甚至根系或植株死亡，所以排水工作也非常重要。在容易积水或排水不良的种植园区，在建园时就要做好排水工程的规划设计，修筑排水系统，做到及时排水。

积水一般主要来自雨涝、上游地区泄洪、地下水异常上升与灌溉不当的淹水等方面。虽然不同种类的园艺植物的耐涝性各有不同，但多数情况是涝害比干旱更能加速植株死亡，涝害发生5～15d就会使一半以上的栽培植物完全死亡。水生植物地上部怕淹，淹水1～2d都可能带来严重危害。

目前生产上应用的排水方式主要有3种，即明沟排水、暗管排水和井排水。

明沟排水是我国大量应用的传统方法，是在地表面挖沟排水，主要排除地表径流。在较大的种植园区可设主排、干排、支排和毛排渠4级，组成网状排水系统，排水效果较好。但明沟排水工程量大，占地面积大，易塌方堵水，养护维修任务重。

暗管排水技术多在不易开沟的栽植区使用，一般是在地下一定深度内，按一定比降埋设管道，将地下水浸渗入集水井再抽排出去，作用与机井相同，但资金较节省，管理更方便。暗管排水具有不占地，不妨碍生产操作，排盐效果好，养护任务轻，使用年限长等优点。

井排水对于内涝积水地排水效果好，黏土层的积水可通过大井内的压力向土壤深处的沙积层扩散。

明沟暗管结合排水技术，也称明暗结合排水技术，在布局上是一条明沟、一条暗管

（出口在支沟边坡）。明暗结合排水技术的使用范围是支沟深度在1.5m以下，经治理后无滑塌现象，在自流排水条件相对好一些的地区效果最佳。明暗结合排水技术减少了一级管的埋设，省去抽排集水井，节省了电费，管理十分方便，节约耕地。

第五节　园艺植物施肥技术

营养元素是植物生长和产量与品质形成的物质基础，施肥（fertilization）是供给植物生长发育所必需的营养元素的过程，是园艺植物种植管理的重要环节，但施肥必须适时、适量、适位、适法、精准、科学，并与其他管理措施合理配合，才能达到最佳效果。施肥不仅涉及园艺植物的生产效益，也关系到园艺产品安全和园田生态环境安全。了解肥料的种类和特点、施肥的基本原理、施肥时期、施肥量、施肥方法，以及园艺植物营养诊断与施肥特点，是园艺植物精准科学施肥的基础。

一、肥料的种类及其特点

农业生产中，常用的肥料种类繁多，可分为农家肥料和商品肥料。农家肥料是指就地取材、就地使用的各种有机肥料，由生物物质、动植物残体及排泄物、生物废物等沤制而成，包括堆肥、沤肥、厩肥、沼气肥、绿肥、作物秸秆肥、泥肥、饼肥等。商品肥料是指按国家法规规定，受国家肥料部门管理以商品形式出售的肥料，包括无机（矿质）肥、叶面肥、商品有机肥、腐殖酸类肥、微生物肥、有机复合肥。根据来源和性质不同，肥料一般可划分为有机肥、化肥和微生物肥料三大类。

（一）有机肥

有机肥（organic fertilizer）是天然有机质经微生物分解或发酵而成的一类肥料，含有丰富的有机物。有机肥是一类完全肥料，不仅含有大量元素和许多微量元素，还含有一些植物生长所需的激素和多种土壤有益微生物。传统的有机肥又叫农家肥。合理施用有机肥一方面可以增加土壤有机质含量和多种生物活性物质，改善土壤物理、化学和生物学性状，提高土壤肥力；另一方面能够为作物提供持续、全面的养分供应，不但可以增加作物产量，而且能够改善农产品品质。有机肥和无机肥配合施用，还可以提高化学肥料的利用率。有机肥主要有以下几种。

1. 动物粪肥类　是指人、畜、禽等动物的排泄物，含有丰富的有机质和作物所需的各种营养元素，属优质有机肥。猪、牛、马、羊等家畜的厩肥是农村的主要有机肥源，占农村有机肥总量的60%～70%。

动物粪尿肥的肥力与动物饲料或食物结构有关。人类摄取的食物丰富，养分全面，因此人粪尿的有效成分含量高。鸡、鸭、鹅等家禽的饲料组成远高于家畜，其有机肥中氮、磷、钾元素也较多，是用作高效作物如保护地蔬菜、果树等底肥的主要有机肥品种。而家畜的食物结构一般比较简单，因此厩肥肥力在有机肥中相对较低。

2. 堆沤肥类 堆肥是利用作物秸秆、杂草、落叶、垃圾及其他有机废物为主要原料，再配一定量的动物粪尿、污水和少量泥土堆制，经好氧微生物分解而成的一类有机肥料。堆制过程是微生物分解有机质的过程，因此必须创造适合微生物活动的条件。堆肥多在高温季节进行，堆料含水量控制在65%～75%，有利于微生物的好氧性发酵。微生物发酵过程产生的高温有利于促进有机物充分腐熟和杀灭病虫。充分腐熟后堆肥适宜作基肥。

沤肥所用物料与堆肥基本相同，区别是使原料在淹水条件下，经微生物厌氧发酵而成。

3. 作物秸秆肥 以麦秸、稻草、玉米秸、豆秸、油菜秸等直接还田的肥料。各种作物秸秆含有相当数量的营养元素，具有改善土壤的物理和化学性状，增加作物产量的作用。作物秸秆因植物种类不同，所含营养元素的多少也不同。一般来说，豆科作物秸秆含氮元素较多，禾本科作物秸秆含钾元素较丰富。

4. 绿肥 以新鲜植物体就地翻压、异地施用或经沤堆而成的肥料。绿肥是利用其植物体的全部或部分作为肥料，是一种养分完全的生物肥源。其主要分为豆科绿肥和非豆科绿肥两大类。豆科绿肥的根部有根瘤，根瘤菌有固定空气中氮素的作用，如紫云英、豌豆、苕子、豇豆、木豆、柽麻、绿豆、田菁等。非豆科绿肥，指一切没有根瘤的，本身不能固定空气中氮素的植物，如油菜、肥田萝卜、金光菊、黑麦草、大米草、水生绿肥等。绿肥植物适应性强，大多数具有较强的抗逆性，容易栽培，是改良障碍性土壤的“先锋作物”。绿肥作物有机质丰富，含有氮、磷、钾和多种微量元素等养分，且分解快，肥效迅速。

5. 饼肥和糟渣肥 饼肥是以各种含油分较多的种子经压榨去油后的残渣制成的肥料，如菜籽饼、棉籽饼、豆饼、芝麻饼、花生饼、蓖麻饼等，一般营养丰富，肥力高。糟渣肥是酒糟、酱油渣、醋渣、味精渣、粉渣等制成的肥料。

6. 土杂肥 土杂肥包括各种土肥（炕土、熏土、硝土）、泥肥（以河泥、塘泥、沟泥、港泥、湖泥等，经过厌氧微生物分解而成的肥料）、草木灰、生活垃圾等。这类肥料所含成分比较复杂，收集施用时应根据农田保护的有关标准，避免污染园田环境。

7. 沼气肥 在密封的沼气池中，有机物经微生物厌氧发酵制取沼气后的副产物。其主要有沼气水肥和沼气渣肥两种。沼气肥是花卉、果树和蔬菜等作物的优良有机肥料，具有促进植物生长和增产的功能。

8. 海肥 是以海洋生物为主要成分的有机肥料，包括植物性海肥、动物性海肥和矿物性海肥。

9. 腐殖酸类肥料 简称腐肥，由泥炭、褐煤、风化煤为主要原料经酸或碱等化学处理和掺入少量无机肥料而制成的肥料。其中富含腐殖酸和一定标明量的养分，如腐殖酸铵（简称腐铵）、硝基腐殖酸铵（简称硝基腐铵）、腐殖酸钠（钾）肥、腐殖酸氮磷复合肥等。腐肥既含有大量有机质，具有农家肥料的多种功能，又含有速效养分，兼有化肥的某些特性，所以是一类多功能的有机无机复合肥料。

腐殖酸类肥料具有改良土壤理化性状，提高化肥利用率，刺激作物生长发育，增强农作物抗逆性，改善农产品品质等多种功能。

（二）化肥

化肥（chemical fertilizer）也称无机肥料（inorganic fertilizer），是通过化学合成方式将某些含有肥料成分的矿物质，经过粉碎、精选、加工制成的肥料。化肥与有机肥相比，具有养分含量高、肥效快、便于运输等方面的优点。化肥常按所含的营养元素或肥效的快慢分为不同类别。

1. 按所含的养分分类 分为氮肥、磷肥、钾肥、微肥、复混（合）肥等类型。其中，氮肥、磷肥、钾肥分别含有肥料的三要素之一，称其为“单一肥料”或“单元肥料”。

常见的氮肥有铵态氮肥（如碳酸氢铵、硫酸铵、氯化铵、氨水、液氨）、硝态氮肥（如硝酸钠、硝酸钾、硝酸钙）、硝铵态氮肥（如硝酸铵）、酰胺态氮肥（如尿素）、缓释氮肥（如脲甲醛）。常见的磷肥有水溶性磷肥（如过磷酸钙、重过磷酸钙）、枸溶性磷肥（如钙镁磷肥、钢渣磷肥）、难溶性磷肥（如磷矿粉、骨粉）。常见的钾肥有氯化钾、硫酸钾。常见的钙肥有生石灰、熟石灰、过磷酸钙。常见的硫肥有硫酸铵、石膏、硫磺等。常见的镁肥有硫酸镁、白云石、钙镁磷肥。常见的微量元素化肥有硼肥、锌肥、锰肥、铁肥、钼肥。

复混（合）肥是指用化学方法或物理方法加工制成的氮、磷、钾3种养分中至少有两种养分标明量的化肥。复混（合）肥包括复合肥、掺合肥、有机-无机复混肥，以复合肥较多。含有两种主要营养元素的复混（合）肥称为“二元复混（合）肥”，含有三种主要营养元素的称为“三元复混（合）肥”。常见的复合肥有磷酸铵、磷酸二氢钾、硝酸钾和硝酸磷肥等。

复混肥料养分种类多、含量高，副成分少；物理性状好，便于贮存和使用。但其主要缺点，一是养分比例固定，不能完全适用于任何土壤和作物；二是难以满足不同营养施肥技术的要求，如复合氮磷钾肥只能按照同一时期、施肥方式和深度施用。

2. 按肥效快慢分类 分为速效化肥和缓效化肥。速效化肥是指被作物吸收利用较快的肥料，如氮素化肥（石灰氮除外）、水溶性磷肥、钾肥等；缓效化肥是被作物吸收利用迟缓的肥料如钙镁磷肥、磷矿粉、钢渣磷肥等。

缓效化肥（slow-release fertilizer），又称控释化肥（control release fertilizer），肥料中含有养分的化合物在土壤中释放速度缓慢或者养分释放速度可以得到一定程度的控制以供作物持续吸收利用。缓效化肥可分为三大类：难溶于水的化合物，如磷酸镁铵等；包膜或涂层化肥，如包硫尿素等；载体缓释化肥，即肥料养分与天然或合成物质呈物理或化学键合的肥料。施用缓释化肥可以减少肥料养分（特别是氮素）在土壤中的损失，减少施肥作业次数，避免过量施肥对种苗的伤害。

（三）微生物肥料

微生物肥料（microbial fertilizer）是特定的微生物菌种生产的活性微生物制剂，无毒无害，不污染环境。通过微生物活动改善植物的营养或产生植物激素，促进植物生长。目前微生物肥料主要有根瘤菌肥、固态菌肥、磷细菌肥、硅酸盐细菌肥、复合微生物肥等。

根瘤菌肥是能在豆科作物上形成根瘤菌的肥料，通过生物固氮可增加土壤中的氮素营养。固态菌肥是含有自生固氮菌、联合固氮菌的肥料，能在土壤和作物根际固定氮素，为作物提供氮素营养。磷细菌肥是含有磷细菌、解磷真菌、菌根菌剂的肥料，能把土壤中的难溶性磷转化为作物可利用的有效磷，改善磷素营养。硅酸盐细菌肥是含有硅酸盐细菌、其他解钾微生物的制剂，俗称钾细菌肥。硅酸盐细菌生长代谢产生的有机酸类物质，能够将土壤中含钾的长石、云母、磷灰石、磷矿粉等矿物的难溶性钾及磷溶解出来被作物和菌体本身利用，菌体中富含的钾在菌死亡后又被作物吸收；产生的激素、氨基酸、多糖等物质可促进作物生长。复合微生物肥是含有两种以上有益微生物的肥料，它们之间是互不拮抗的微生物制剂，以固氮类细菌、活化钾细菌、活化磷细菌3类有益细菌共生的体系为主，互不拮抗，能提高土壤营养供应水平，是生产无污染绿色食品的理想肥源。

二、施肥的基本原理

科学施肥的基本原理主要包括养分归还学说、最小养分律和报酬递减律。

养分归还学说是德国化学家李比希提出的。其中心内容是：植物从土壤中吸收养分，每次收获植物必然从土壤中带走某些养分，使土壤中养分减少，土壤贫瘠化。要维持土壤地力和作物产量，就要归还植物带走的养分。

最小养分律是作物营养学中的一条基本定律。其基本含义是：作物产量受数量最小的养分所控制，产量的高低随着这种养分的多少而变化。所谓最小养分就是指土壤当中最缺乏的那一种营养元素，作物为了生长必须要吸收各种养分，但是决定作物产量的却是土壤中那个相对含量最小的营养元素，产量在一定限度内随着这个元素的增减而相对变化，因而无视这个限制因素的存在，即使继续增加其他营养成分也难以再提高作物的产量。最小养分律可用装水木桶来形象地解释。以木板表示作物生长所需要的多种养分，木板的长短表示某种养分的相对供应量，最大盛水量表示产量，很显然，盛水量取决于最短木板的高度。要增加盛水量，必须首先增加最短木板的高度。通过木桶原理我们知道，要提高作物产量，必须首先找到影响产量的最小养分，才能有针对性地采取措施。农业生产实践充分证明，最小养分律对于合理施肥、促进农业发展具有重要的指导意义。

报酬递减律是反映肥料投入与产出的客观规律。在作物产量水平较低的情况下，施肥与产量的关系往往是直线关系，但随着施肥量的继续增加，施肥量与产量之间呈曲线关系。其特点是，在同一生产条件下，随着施肥量的增加，产量随之增加，但是作物的增产量随着施肥量的增加则逐渐递减，即报酬递减律。而且当作物产量达到最高之后，再增加施肥量，不但不增产，反而引起减产。这说明，在生产实践中并不是施肥越多，产量就越高。如果不改变其他生产条件，一味追求高产而盲目超量施肥，必然会受到报酬递减律法则的惩罚。因此，运用这一规律对于按照一定生产条件可能达到的最高产量进行科学定量施肥，克服盲日施肥具有重要的指导意义。

三、施肥时期

园艺植物的不同生长发育时期需肥和施肥不同，对营养元素最需要和吸收最多的时期往往是生长发育最旺盛的时期，如开花前一般是枝叶迅速生长期，根系已较大，新根也多，施肥肥效最高，对产量的形成和提高产品品质作用最大。所以，施肥时期主要根据园艺植物生长发育习性和肥料性质确定，不同园艺植物的施肥时期不尽相同。准确地把握施肥时期，就能更好地发挥施肥效果。若施用速效肥可在特定施肥时期稍前施入，若施用缓效肥则应提早施入。施肥种类应根据不同园艺植物各个物候期的需肥特点来定，一般园艺植物在一年内生长前期需较多的氮肥，生长后期需较多的钾、钙肥，幼苗期需磷较多，全面性肥料要及早施入。

按照园艺植物生产周期，施肥一般分为施基肥、种肥和追肥。

（一）基肥

基肥（base fertilizer）是指在播种或定植前施入土壤中的肥料，通常把多年生园艺植物每年休眠期前后或第二年生长起始之前的施肥也称为基肥。基肥主要选择充分腐熟的有机肥、肥效持久的复合肥和磷肥等。一年生草本园艺植物一般在整地时普施畜禽粪肥等有机肥，在栽植时还可集中沟施或穴施厩肥、饼肥、磷肥、复合肥等基肥。多年生果树基肥最适宜的施用时期是每年的秋季（落叶前1个月），其次是落叶至封冻前，以及春季解冻至发芽前。冬前施基肥有充足的时间腐熟，并使断根愈合并发出新根，这时正是根的生长高峰期，根的吸收力较强，吸收后可提高树体的贮藏营养水平，并可促进花芽的发育充实。树体较高的营养贮备和早春土壤中养分的及时供应，可以满足春季发芽展叶、开花坐果和新梢生长的需要。

（二）种肥

种肥（seed fertilizer）是指在作物播种、栽培块茎或移植幼苗时施用的肥料，目的是为培育壮苗提供必需的养分。种肥一般采用速效性氮、磷肥料或腐熟的有机肥，因为肥料与种子或秧苗接触较近，故在选择肥料和使用方法时，应预防肥料对种子或秧苗可能产生的腐蚀、灼伤和毒害作用，如肥料的浓度、酸碱反应、有机肥料的腐熟程度等。

（三）追肥

追肥（after fertilizer）是指在园艺植物生长期间的施肥。其主要选择速效性化肥，并配合肥效较长的复合肥及有机肥。园艺植物的主要追肥时期有以下几个。

1. **花前追肥** 以氮肥为主，多年生果树或观赏树木在萌芽开花前追肥能促进萌芽和新梢生长；一年生蔬菜、花卉植物在苗期少量多次适当追肥可促进花芽分化。

2. **花后追肥** 以氮肥为主，配合磷、钾、钙及其他营养元素肥料，可以促进坐果和幼果发育。

3. **产品膨大期追肥** 以氮、磷、钾配合施肥，对提高产量和品质有重要作用。

4. **采前或采后追肥** 为进一步提高园艺产品产量和品质，可采收前追肥，以追施磷肥、钾肥、钙肥等为主。多年生果树为恢复树势，提高树体贮藏水平，可结合施有机肥。早熟品种在采后、晚熟品种在采前可进行追施氮肥和磷肥。

四、施肥量

园艺植物的施肥量根据植物种类、品种、植物发育状况、目标产量、土壤条件、肥料特性等多种因素综合考虑来确定。目前，我国园艺生产中普遍存在过量施肥的问题，正在研究和实施化肥减施增效技术。科学的方法是通过土壤分析及植物分析等营养诊断手段来确定施肥量，做到缺什么补什么，缺多少补多少。

配方施肥（directive fertilization），也叫测土配方施肥、平衡施肥，是根据作物需肥规律、土壤供肥能力和肥料效率提出的大量元素和微量元素的配比方案和相应的施肥技术，是联合国在全世界推行的先进农业技术，包括测土、配方、配肥、供应、施肥指导5个核心环节。配方施肥根据土壤条件和作物的营养特点选择肥料种类，在最适宜用量和配比的基础上，还要考虑配方的实施，即肥料在作物各个生育期内的适宜用量和分配比例，从而提高肥料的利用率。一般生育期短的作物在肥料分配上应以基肥为主，追肥早施；而生育期长的作物宜加大追肥比例，分次施肥。在追肥中，首先要考虑作物营养临界期和最大效率期，保证肥料适时有效地被作物利用。

园田有机肥施入量在总施肥量中应占到70%～80%，即菜田一般75～125t/hm^2，盛果期果树60～75t/hm²。优质、丰产果园必须增加基肥用量，同时考虑到树体生长与改良土壤的双重需要，有机肥的施用量应掌握在每千克果2～3kg肥的标准。追肥中无机肥的施入量占总施肥量的20%～30%，并且要依作物不同生育阶段分次施用。一些园艺植物氮、磷、钾的施用量及适宜比例见表6-3。

表 6-3 一些园艺作物氮、磷、钾三要素的施用量及比例

作物种类	施用量 / (kg/hm²)			比例		
	N	P_2O_5	K_2O	N	P_2O_5	K_2O
柑橘	300～375	210～255	210～255	1	0.7	0.7
苹果	150～300	75～150	150～300	1	0.5	1.0
葡萄	120～150	84～150	108～187.5	1	0.7～1.0	0.9～1.25
桃	150	90	150～180	1	0.6	1.0～1.2
梨	150	75	150～165	1	0.5	1.0～1.1
核桃	60～90	90～135	90～150	1	1.5	1.0～1.7
草花类	90～225	75～225	75～120	1	0.8～1.0	0.6～0.8
球根花卉	150～225	105～225	180～300	1	0.7～1.0	1.2～1.4
番茄	150～225	75～90	225～390	1	0.5	1.5
辣椒	120	60	150	1	0.5	1.25
黄瓜	450	180	720	1	0.4	1.6
莴苣	180	67.6	360	1	0.4	2.0
芜菁	60	18	150	1	0.3	2.5
茄	240	120	600	1	0.5	2.5
网纹甜瓜	270	135	405	1	0.5	1.5
西瓜	270	135	360	1	0.5	1.3

五、施肥方法

施肥方法常因肥料种类、施肥时期、作物种类和栽培方式等不同而不同。按施肥后肥料在田间的分布，分为均匀施肥和集中施肥；按施肥部位分为土壤施肥（根部施肥）、叶面施肥和茎干施肥；按施肥方式分有撒施、条施和穴施，单施、混合施、随水冲施等。例如，固体肥料作基肥常可撒施或条施，作追肥可撒施、条施、穴施或随水冲施；挥发性强的肥料常需埋施，水溶性肥料可随水冲施，也可吊瓶滴施，设施生产中常采用灌溉施肥（fertigation）；水溶性微量元素及一些难吸收的营养元素肥料常叶面喷施。

（一）基肥施用方法

1. 撒施法 即在作物播种前，将肥料均匀地撒施于地表，然后翻耕入土。该施肥方式适用于种植密度较大的作物如蔬菜和观赏植物等，和大量施肥。

2. 条施和穴施法 指在播种前结合整地做畦、开沟或开穴，将肥料施入其中后覆土播种。适用于条播（多数蔬菜和花卉）或穴播（多数果树）作物。这属于集中施肥，肥效较高。但应注意肥料的浓度不宜过高，有机肥应充分腐熟。

3. **分层施肥法** 根据所用基肥的性质结合深耕，把迟效性肥料施入下层，上层施速效性肥料，各层肥料应分布均匀。这种施肥方式可以满足作物根系伸长时对养分的需要，对生长期长、深根性作物效果更明显。

（二）种肥施用方法

1. **拌种法** 用少量的肥料和种子拌和在一起播种。拌种肥料用量都较少，拌种时，肥料和种子应该都是干的，随伴随播。

2. **浸种法** 一些水溶性肥料可配成稀溶液，将种子浸泡一定时间后，取出播种。经过处理的种子，发芽出苗比较整齐健壮，抗逆性增强，有利于作物增产。但要严格掌握溶液浓度、浸泡时间，以免对种子造成不良影响。

3. **沾秧根法** 是在作物秧苗栽植时，根部沾上一定浓度的肥料，随沾随栽。常可与农药混在一起，既防病虫，又有营养作用。

4. **盖种肥法** 播种以后，再用一定量的肥料盖在种子上面，多用有机肥料。肥料除供给作物养分外，还有保墒、保温作用，促进作物的早期生长。在作物套种或穴播时，可采用此法。

（三）追肥施用方法

1. **撒施法** 一般适合作物植株密度较大，根系遍布于整个耕层，追肥用量又多的情况下采用，要求撒施均匀，并与中耕、除草和灌排水相结合。撒施法简便易行，但肥料利用率不高，经济效益差。

2. **条施法** 适用于条播园艺作物。追肥时，可先中耕、除草，然后在行间开沟，将肥料施入其中覆土。施肥深度应与作物根系入土深度相适应。

3. **穴施法** 在株行距较大的作物的株间或行间开穴施入肥料，如大型果菜和果树。此法肥料用量少，又可减少损失，但费工。

4. **环施法** 适合于行距较大的作物，如果树。沿树干周围开环状沟，将肥料施于沟内然后覆土，环状沟的直径和深度应与作物根系分布的区域相适应。

5. **冲施法** 适合于液体肥料和水溶性肥料追肥，是结合作物灌水（沟灌或畦灌）进行追肥的方法，在设施蔬菜生产中应用较多。

6. **灌溉施肥法** 是结合喷灌、滴灌、渗灌和微灌等灌溉形式，将肥料与灌水同时输送到作物根区的追肥方法，也叫水肥一体化技术，在设施园艺作物生产中应用多，适合于液体肥料和水溶性肥料追肥。

7. **根外施法** 是利用植物叶片、嫩枝、幼果、枝干等具有吸收能力的特点，将稀释到一定浓度的液体肥料喷施或涂抹于树体、器官表面的一种施肥方法，常用的是叶面喷施，此外还有枝干涂抹、注射、吊瓶等方法。叶面喷施追肥在生长期间均可进行，其优点是见效快，喷后12～24h就可见效，可满足植物对营养元素的急需，尤其是对某些微量元素、容易被土壤固定而根系难以吸收利用的营养元素，叶面喷施效果更好。叶面喷施应选无风天气，在上午10时前、下午4时后喷洒，均匀喷在叶片背面为好；喷施肥料浓度一般为0.1%～0.5%，喷后可持效10～15d。

六、园艺植物的营养诊断与施肥特点

园艺植物体内有100多种元素，其中16种元素为正常生长发育所必需的元素，包括碳、氢、氧、氮、磷、钾、钙、钠、硫等9种大量元素和铁、硼、锰、锌、铜、钼、氯等7种微量元素。植物对这些营养元素的需要量虽然差异很大，但各种营养元素对植物生长发育是同等重要和不可代替的。稀土元素对一些园艺作物生长发育也有良好的作用。这些元素包括化学周期表中原子序数为21的钪和39的钇，以及原子序数为57～71的镧、铈、镨、钕、钷、钐、铕、钆、铽、镝、钬、铒、铥、镱、镥等17种元素。

园艺植物生长发育所需要的营养元素中，碳、氢、氧主要从大气和水中摄取，其他营养元素称为矿质元素，主要从土壤中摄取，需要施肥补充。土壤缺乏植物必需营养元素时，轻者会影响发育，重者表现缺素病症，甚至死亡。但是，植物营养元素供应过量同样会影响植物的生长发育，严重时也表现营养元素过多的有害症状。

（一）园艺植物的营养诊断

园艺植物的不同种类、品种、器官（尤其是营养器官和生殖器官），同一器官的不同生育阶段，对营养元素的需求量是不同的；不同土壤类型，同一地块不同季节土壤中营养元素的释放供应是有变化的；不同营养元素之间还存在着增效作用和拮抗作用。因而施肥中注意切勿单一施肥、盲目混肥、过量增施，要科学诊断、合理施肥。

营养诊断就是通过土壤分析、植株分析和生理生化指标测定，以及植株的外观形态观察等途径对植物营养状况进行判断，为合理施肥提供依据。

1. **土壤分析**　是在种植园中随机挖取不同地块、不同土层有代表性的土壤样品，分析土壤质地、有机质含量、pH、全氮和硝态氮含量，以及其他矿质营养元素的含量等，并将分析结果与常规数据或丰产、优质园土壤分析数据比较，从而判断土壤中营养元素的丰缺状况和肥力水平。尽管土壤营养的实际供给还受天气条件、土壤水分、通气状况及元素间相互作用的影响，但土壤分析仍是科学施肥的重要依据。

2. **植株分析**　就是采取有代表性的植物叶片或其他敏感器官进行化学分析，将分析结果与常规（标准）数据或丰产、优质园叶片分析数据比较，判断植物的营养状况水平。供作分析的叶片，宜在其营养元素变化较小时或营养临界期采取，如北方落叶果树多在春梢停止生长后的7～8月取样，大多数蔬菜在生长中期取样，叶片营养元素含量常因园艺植物的种类、品种、年龄、砧木和种植地区及立地条件的不同而异，同时叶片分析提供的营养元素组成及其比例数据，也只表示植物某一时期的静态营养状况，因此叶分析尽量以当地的园艺植物叶分析结果为参照，并辅以其他分析方法更为可靠。

3. **形态诊断**　是根据植物的外观形态，如叶面积、叶色、新梢长势、果实大小等外观形状或症状来判断植物营养状况。此法简单易行，但有滞后性，补充矿质营养元素是在器官表现明显缺素症状后才进行。

4. **实验诊断**　是通过田间试验补充施肥或减少施肥的方法，结合外观诊断来判断植物营养元素盈亏，为施肥提供依据。此法比较客观，但一般费时。最简单的方法是：叶片涂抹或喷施一定浓度的营养元素溶液，然后观察其外观形态表现症状是否有变化。

（二）园艺植物的需肥与施肥特点

营养元素是植物生长和结果的基础。施肥条件下作物吸收的营养元素来源于土壤和肥料。

1. 果树的营养特点 果树是多年生经济作物，在其一生中明显有营养生长、结果、衰老和更新的不同年龄阶段，在不同年龄段中果树有其特殊的生理特点和营养要求。如在幼树阶段，以营养生长为主，主要任务是尽快形成树冠和根系骨架，氮肥是这一时期的营养主体，以保证树体正常生长，但要注意前促后控，并适当补充钾肥和磷肥，以促进枝条成熟，安全越冬。结果期果树以生殖生长为主，结果量由少到多而后又由多变少，营养生长逐步减弱，此阶段氮肥仍不可缺少，且应随结果量增加而逐年增加；由于磷、钾对促进果实发育和改善果实品质有明显作用，同样要逐年增加磷肥、钾肥的施用量。另外，在盛果期果树容易出现微量元素的缺乏症，也应在施肥中注意补充。衰老期果树，为延缓其生长势衰退，结合地上部更新修剪，应增施氮肥，促进树体营养生长的恢复，以延长结果年限。

果树在年周期中有明显的根系生长、萌芽、开花坐果、枝叶生长、花芽分化、果实膨大成熟等不同生育阶段，表现为在营养生长的同时进行生殖生长，并且在树体内贮存养分以备来年果树树体前期生长发育之需。这样果树不但在不同生育阶段有其特殊的营养代谢特点和需肥要求，而且必须平衡营养生长和生殖生长的需肥要求。若营养生长不良，则花芽由于缺乏营养而不能良好发育，导致果实减产和品质降低；若营养生长过旺或树体徒长，花芽也会发育不良，并且落花落果严重。只有营养生长与生殖生长平衡协调才能实现高产、优质。同时施肥既要考虑当年的树体营养需要，还要考虑加强采收后施肥管理，增加树体营养贮藏积累，满足来年生长发育需求。

多数果树为多年生根深体大的木本植物，在生长发育过程中养分需求量大，因此在建园时改良土壤的基础上，需要定期进行园地深翻熟化，并重视深施有机肥、复合肥料和微量元素肥料。

另外，果树多为嫁接繁殖，不同砧木对土壤适应性和对土壤养分的吸收有差异，因此要针对砧木加强施肥管理。

肥料的正确使用是生产无公害水果的关键环节之一。农业部颁布实施的国家农业行业标准，对生产绿色食品（果实）的肥料使用准则也作了明确规定，要求施肥原则要以有机肥为主，化肥为辅，保持或增加土壤肥力及土壤微生物活性，同时所使用的肥料不应对果园环境和果实品质产生不良影响。农家肥施用后能改良土壤，提高土壤肥力，是果园的主要用肥。其主要包括堆肥、沤肥、沼气肥、绿肥、作物秸秆肥、泥肥和饼肥等。

2. 蔬菜的营养特点 蔬菜是喜肥作物，一般生长快，生育期短，可复种多茬，单位土地面积需肥量大。许多种类蔬菜，如番茄、南瓜、马铃薯、萝卜、菜豆、蚕豆、豌豆、黄瓜、茄、甘蓝、花椰菜、菠菜、莴苣等单位面积产量高，需要使用大量的肥料。一些速生蔬菜，如小白菜、四季萝卜、苋菜、油菜等，由于生长周期短，单位时间内吸收的养分反而比单产高、生长周期长的蔬菜多得多。因此，生长期短的蔬菜，栽培时更应多施速效肥料。

不同类型蔬菜的生长发育过程和营养需求特点不同。蔬菜作物种类繁多，按其食用器官不同，可大致分为根菜、茎菜、叶菜、花菜和果菜五大类。各类蔬菜由于其生物学特性不同，对营养的要求也不同。同类不同种、同种蔬菜作物不同生长发育时期，对养分的需求也各异。因此，应采取不同的施肥方法。

以变态的营养器官为产品器官的蔬菜，如结球甘蓝、结球莴苣、萝卜、胡萝卜、芜菁、洋葱、姜、山药、茭白等，其叶生长期长，是营养供应的主要时期，并且叶生长后期和养分积累前期要均衡施肥。若由于养分不足导致生长势弱或过早进入营养积累时期，会影响产品器官的发育；若由于养分过剩，茎叶贪长，也会影响产量、品质及成熟时期。例如，萝卜、胡萝卜等根菜类蔬菜，食用部分为肉质根，应以基肥和早期追肥为主。其生长前期主要供应氮肥，促使形成肥大的绿叶；到生长中后期（肉质根生长期），则要多施钾肥，适当控制氮肥用量，促使叶的同化物质运输到根中，以便形成强大的肉质直根。如果后期氮肥过多而钾肥不足，则使地上部分徒长，根茎细小，产量下降，品质变劣。

以生殖器官为产品器官的蔬菜（果菜类）包括瓜类、茄果类和豆类，如番茄、辣椒、菜豆、黄瓜等。该类蔬菜生长期较长，所需氮、磷、钾肥较多。在苗期即进行花芽分化，其茎叶生长与果实发育同步进行，平衡营养生长和生殖生长的需肥矛盾是施肥管理的关键。施肥应以基肥和全程追肥为重，营养元素以氮、磷、钾为主。以基肥足、追肥早、结实期花肥重为原则进行施肥。一般幼苗期需氮较多，但氮肥过多易引起植株徒长，反而延迟开花、结果，增加落花、落果。进入生殖生长期，需磷量剧增，而需氮量略减，应增施磷肥，节制氮肥用量。瓜果坐住后，就应重施肥，并在每收获一茬果实后，立即追施一次速效氮肥，促进下茬果实迅速形成、膨大。如果同时喷施防落素、保果灵、细胞分裂素等，增产效果会更好。

以鲜嫩的叶片、叶柄或嫩茎为产品器官的蔬菜（叶菜类），如菠菜、生菜、茼蒿、白菜、甘蓝、青菜、菠菜、苋菜等，产品器官为普通营养器官，生长期短，生长速度快，产量高，肥水管理需要集中充足供应。该类蔬菜的施肥方法应以追肥为主，肥料以速效氮肥为主。一般在苗期和每收获一茬产品后，立即追肥一次，促进下茬植株叶片迅速生长。但到生长盛期，在施用氮肥的同时，还需增施磷钾肥。如果叶菜类在生长期氮素供应不足，往往不易结球。

蔬菜是需钙量大、含硼量高的作物。由于钙、硼在蔬菜体内移动性差，再利用率低，因此蔬菜很容易缺钙、缺硼。缺素症往往在其生长旺盛的部位表现严重。生产上大白菜和结球莴苣的干烧心、番茄和甜椒的脐腐病等均是钙缺乏造成的生理病害；而芹菜茎裂病、花椰菜和萝卜的褐心病、根恭菜心腐病等就是缺硼引起的生理病害。

大量施用有机肥是无公害蔬菜生产的基本施肥原则。为了保证蔬菜的优质、高产和减少污染，应增施有机肥，减少化肥用量，在能够达到高产的前提下，生产出硝酸盐含量较低的优质蔬菜。但生产中如果仅施用有机肥，难以满足作物全面、充足的养分需求，难以实现可持续优质、高产，因此生产中应有机、无机、生物肥配合施用。有机氮与无机氮比例不低于1∶1，推广以控氮为主的平衡配方施肥技术，做到氮、磷、钾和钙、镁及各种微量元素肥料合理搭配，使各种营养元素之间保持适当的比例，达到全价营养，避免蔬菜产品过量积累硝酸盐。生物肥料具有提高肥料利用率，降低蔬菜作物体内硝酸盐、亚硝酸盐的含量，抑制土传病害发生和增强蔬菜抗病能力的功效。

当前温室或大棚生产蔬菜比露地蔬菜单位面积施肥量大得多，且因无雨水淋失，致使剩余的肥料大部分残留于土壤中，使土壤溶液浓度过高，妨碍根系吸收养分或损伤根系。所以，设施栽培蔬菜时应充分考虑前茬肥料的后效，多施有机肥，适当少施化肥，避免因盐类积聚而使作物受害，从而进一步发挥保护地栽培蔬菜的优势。

3. 花卉的营养特点 花卉种类繁多，观赏器官不同，花色各异，又有露地和棚室栽培之分，其营养和需肥特性差异较大，施肥复杂，要求精细。同种花卉不同生长期需肥不同。一般花卉苗期需氮多，花芽分化和孕蕾期需磷、钾多。不同类别的花卉对肥料的需求也不同。例如，一二年生花卉对氮、钾要求较高，施肥以基肥为主，生长期可以视生长情况适量施肥。宿根花卉花后应及时补充肥料，常以速效肥为主，配以一定比例的长效肥。球根花卉对磷、钾肥比较敏感，施肥上应考虑如何使地下球根膨大，前期追肥以氮肥为主，在子球膨大时应及时控制氮肥，增施磷、钾肥，以利球根充实。

花卉植物要求营养全面，营养水平高而持久，施肥以充分腐熟的有机肥和复合肥为佳。例如，杜鹃、山茶、茉莉、栀子等喜酸性土壤的花卉，要选择油渣、饼肥、禽肥和硫酸铵、磷酸二氢钾等酸性肥料，少施或不施厩肥、堆肥、尿素和草木灰等碱性肥料；需要每年重剪的花卉需加大磷、钾肥的比例，以利萌发新的枝条；以观叶为主的花卉（如绿萝），可偏重于施氮肥；大花型的花卉（如菊花、大丽花等），在开花期需要施适量的完全肥料，才能使所有花都开放，形美色艳；观果为主的花卉，在开花期应适当控制肥水，壮果期施以充足的完全肥料，才能达到预期的效果；香花类花卉，进入开花期，多施些磷、钾肥，促进花香味浓。

另外，营养元素对花色的影响也不同。例如，红色系花卉在氮素过多或碳水化合物过量的情况下，红色会减退、变淡；当缺铁、锰等元素时，红色花朵会变浅且开花鲜艳时间缩短；钾对花卉的颜色影响更大，如对绿色菊花‘绿云’根施或叶片喷施磷酸二氢钾，其绿色加重；用0.05%～0.10%的钾明矾处理黄玫瑰、红玫瑰，其色泽更加鲜艳，且能保持更长时间的亮丽；镁、钼、铜等元素对冷色系花卉影响明显，缺乏时其花色变灰、变白，而且花期短、色泽不鲜艳。

花卉施肥要看长势，定用量，坚持“四多、四少、四不”原则，即黄瘦多施，发芽前多施，孕蕾多施，花后多施；茁壮少施，发芽少施，开花少施，雨季少施；徒长不施，新栽不施，盛暑不施，休眠不施。

第六节　园艺植物有害生物防治技术

园艺植物生产过程中伴随着各种各样的有害生物，有害生物以园艺植物为寄主而生存，也给园艺植物和园艺生产带来危害。有害生物防治是园艺生产管理的重要内容，事关园艺生产效益和产品安全。

一、园艺植物的有害生物

园艺植物的有害生物有病原物（pathogen）、害虫（pest）和杂草（weed），是园艺生产的主要威胁之一，常给生产带来不同程度的损失，甚至灾害或绝收。

（一）园艺植物的病害

病原菌引起植物侵染性病害。植物侵染性病害按照病原可分为菌物病害、原核生物病害、病毒性病害、线虫病和寄生性种子植物源病害。环境或营养条件的不适，也会引起园艺植物生理性病害，即非侵染性病害。

1．**菌物病害**　菌物（union of fungi）是园艺植物最主要的一类病原物，菌物病害占园艺植物病害的80%以上，菌物的营养体通常是丝状分枝的菌丝体，具有细胞核和细胞壁；以各种类型的孢子进行有性或无性繁殖；没有叶绿体，属于异养生物，通过菌丝或菌丝上形成的吸器从寄主细胞中吸收养分。对园艺植物为害较重的有卵菌门、子囊菌门、担子菌门和半知菌类的菌物。由卵菌引起的病害如辣椒疫病、番茄和马铃薯晚疫病、十字花科白锈病和霜霉病、菊花茎腐病、葡萄霜霉病等；由子囊菌引起的病害如瓜类白粉病、十字花科菌核病、苹果白粉病、炭疽病、白纹羽病、苹果树腐烂病、梨黑星病、核果类缩叶病、苹果干腐病、轮纹病、叶片穿孔病、煤污病等；由半知菌引起的病害如瓜类枯萎病、番茄早疫病、叶霉病、茄褐纹病、黄萎病、桃褐腐病、杜鹃叶斑病、柿角斑病、黑斑病、菊花立枯病、白绢病、炭疽病、苹果褐斑病、轮纹病、月季叶斑病、柑橘疮痂病等；由担子菌引起的病害如豆类锈病、梨锈病、苹果紫纹羽病、苹果白绢病等。

2．**病毒性病害**　病毒病（virus disease）是园艺植物的第二大病害，由病毒、类菌质体和类病毒侵染引起。病毒是一种极微小的、没有细胞结构的生物，由核酸和蛋白质外壳组成；类菌质体又称类菌原体，是一种介于病毒和细菌之间的最小的单细胞微生物；类病毒是比病毒结构更为简单的、体积更微小的微生物，只有核酸碎片，没有蛋白质外壳。病毒病的主要症状有花叶、黄化、卷叶、畸形、矮化等。常见的病毒病如番茄黄化曲叶病、番茄条斑病、蕨叶病、黄瓜花叶病、豆类花叶病、草莓斑驳病、香石竹斑驳病、菊花矮化病、大丽花病毒病、郁金香病毒病、仙客来病毒病、一串红花叶病、苹果花叶病、苹果锈果病、柑橘衰退病、柑橘黄龙病、枣疯病、葡萄扇叶病等。有些观赏植物遭受病毒侵染后，常造成叶或花的变异，如黄边、黄脉、花叶、绿萼、花冠卷曲等，可提升其观赏价值。所以，对植物本身的生长发育无太大影响的话，有些病毒也可加以利用。

3．**原核生物病害**　主要为细菌（bacterium）侵染引起，还有植原体（phytoplasma）侵染引起的。园艺植物病原细菌都是杆状细菌，且多数在休外有丝状鞭毛，能游动。细菌性病害的症状主要为植物组织坏死和萎蔫，在发病后期常出现脓状物。常见的细菌病害有十字花科软腐病、茄科青枯病、马铃薯环腐病、黄瓜细菌性角斑病、唐菖蒲细菌性疫病、秋海棠冠瘿病、百合立枯病、果树根癌病、桃细菌性穿孔病、柑橘溃疡病、樱花根癌病等。植原体病害如枣疯病、柑橘黄龙病等。

4．**线虫病**　线虫（nematode）是一种低等动物，形体微小，一般长不到1mm，多为不分节的乳白色透明线形体，可穿刺植物吸取汁液，并分泌各种酶或毒素，造成植物发病。习惯上将线虫造成的危害称为线虫病。植物病原线虫多数专性寄生，以地下部寄生为主。线虫除直接伤害植物外，还能传带许多病原，并常常是土传病害的先导和媒介。线虫病的主要症状有植株生长衰弱、矮小，发育缓慢，叶色变淡甚至萎黄，类似营养不良症状；根部形成瘤肿、丛根或卷曲，有的根部坏死。线虫广泛存在于土壤和植物体内，几乎每一种园艺植物都有线虫危害，如根结线虫、种瘿线虫、鳞茎线虫、胞囊线虫、根腐线虫、草莓线虫、鸢尾根线虫等。

5．**寄生性种子植物源病害**　寄生性种子植物都是双子叶植物，有2500多种。常见的有菟丝子、列当、野菰、桑寄生、槲寄生等，其危害主要是抑制寄主生长。草本植物受害后植株矮小黄化，甚至整株死亡；木本植物受害后开花延迟或不开花，落果或不结果，叶片缩小，顶梢枯死，或不同程度的落叶等。

（二）园艺植物的虫害

为害园艺植物的害虫种类繁多，除了一些螨类和软体动物外，绝大多数是昆虫。其中，直翅目、同翅目、鞘翅目和鳞翅目害虫对园艺植物危害尤为严重。根据为害植株的部位和为害方式，害虫有以下主要种类。

1．地下害虫 又称根部害虫，为害期间主要生活在土壤中，以发达的咀嚼式口器嚼食为害园艺植物的根部、近地面部分或幼苗，是苗圃和一二年生种植园中常见的害虫。已知中国有地下害虫60多种，为害严重的有蝼蛄、地老虎、蛴螬、金针虫、叩头甲、蟋蟀、种蝇等。这类害虫分布广泛，其发生与各地区土壤质地、含水量、酸碱度等环境条件有密切的关系。秦岭、淮河以南以地老虎为主，以北则以蝼蛄、蛴螬发生最为普遍。

（1）蛴螬。是金龟子类幼虫的统称，主要啮食幼苗的地下部分及茎基部的根颈，并可食害萌发的种子。被害部位断口整齐，一年发生一代或几代，以成虫或幼虫在土中越冬。蛴螬的种类很多，为害较重的有苹毛丽、铜绿丽金龟、大黑鳃金龟等。

（2）蝼蛄。以若虫和成虫为害植物地下部和近地面的种子、根、茎，被害部位呈不整齐的丝状残缺。同时，成虫和若虫常在表土层活动，钻成很多纵横交错的隧道，使幼苗根与土壤分离而死亡。为害较重的有华北蝼蛄和非洲蝼蛄。

（3）金针虫。是叩头甲类幼虫的总称，咬食刚播下的种子及幼苗的根、茎，使种子不能萌发或幼苗枯死，被害部位不整齐。金针虫一般2～3年完成一代，以幼虫或成虫在土中越冬。为害较重的有沟金针虫和细金针虫。

（4）地老虎。幼虫常咬断幼苗的根部、幼茎和茎干皮层，使整株死亡，还咬食生长点，以小地老虎分布最广，为害最重。一年可发生2～7代，以幼虫或蛹在土中越冬。幼虫有假死性和自残性，成虫在夜间活动，对蜜糖和黑光灯有较强的趋性。另外，还有大地老虎、黄地老虎等。

2．刺吸性害虫 是一个较大的害虫类群，常见的有同翅目的蚜虫、介壳虫、叶蝉、粉虱、木虱，半翅目的网蝽、盲蝽，蜱螨目的叶螨、瘿螨，缨翅目的蓟马等，其若虫和成虫以刺吸式口器在植物的叶、枝和果实上吸食汁液，造成受害部位褪色、发黄、卷缩、畸形，使树体营养不良，树势衰弱，甚至整株枯萎或死亡。

（1）蚜虫。种类多，为害普遍，主要有瓜蚜、苹果黄蚜、苹果瘤蚜、棉蚜、桃粉蚜、葡萄根瘤蚜等。蚜虫繁殖能力极强，一年可繁殖10～30代甚至以上，取食部位大多为嫩茎、嫩叶和花蕾，且叶背面较多，常群集为害。蚜虫还可传播病毒病，分泌的蜜露还会引起多种病害的发生，葡萄根瘤蚜为害葡萄根部后形成根瘤，也影响植株发育，甚至造成死亡。

（2）介壳虫。种类繁多，分布极广，对园艺植物为害严重。常见的有桑白蚧、草履蚧、梨圆蚧、龟蜡蚧、吹绵蚧、朝鲜球坚蚧等。除固定刺吸为害外，很多介壳虫还能分泌蜜露，诱发黑霉病。介壳虫体表常覆盖介壳或各种粉状、绵状蜡质分泌物，防治困难。因种类和环境条件不同，一年可发生数代。

（3）螨类。是蛛形纲蜱螨目的一些微小节肢动物，不属于昆虫。园艺植物的有害螨类如叶螨、瘿螨、球根粉螨、甲螨等，以山楂叶螨、苹果金爪螨、果台螨、朱砂叶螨、两斑叶螨等最为常见。螨害除直接使植物出现褪绿、黄点、褐斑、落叶、变形、形成瘿瘤外，还传播多种病源，尤其是病毒病。螨类体形微小，繁殖能力极强，一年可发生十数代。在高温干旱条件下为害尤为严重。

（4）椿象。主要有绿盲蝽、三点盲蝽、苜蓿盲蝽、梨花网蝽、牧草盲蝽等，主要刺吸为害园艺植物的叶、花、果实及嫩茎，削弱树势，影响果实品质。

（5）粉虱。主要有白粉虱、烟粉虱、黑刺粉虱和葡萄粉虱。粉虱主要刺吸为害植物的叶和果实，并排泄蜜露诱致煤污病的发生。尤其是白粉虱，在温室内终年繁殖，是设施园艺植物的重要害虫。有的粉虱还传播植物病毒病，如烟粉虱是番茄黄化曲叶病毒病的主要传播者。

（6）蓟马。主要有瓜蓟马、葱蓟马，有时还有稻蓟马、西花蓟马等。蓟马为害一年四季均有发生，以成虫和若虫锉吸植物幼嫩组织（枝梢、叶片、花、果等）汁液，使被害叶面形成密集小白点或长形条斑，组织变硬、卷曲、枯萎，植株生长缓慢，严重影响产量和品质，已成为设施作物一大害虫。

3. 食叶害虫 具有咀嚼式口器，以为害叶片为主，啃食叶肉，在叶面造成孔洞或缺刻，还造成大量落叶、枝干枯死等，是园艺植物常见的害虫，为害严重。食叶性害虫主要有鳞翅目的蛾类如刺蛾、卷叶蛾、毒蛾、蓑蛾、舟蛾、尺蠖、蝶类、天蛾、大蚕蛾等，鞘翅目的金龟子、叶甲、芫菁，以及膜翅目的叶蜂等。刺蛾以幼虫为害植物的叶片，尤其在苗圃中发生较重，其幼虫的背面和侧面大都有刺和毒毛，对人畜也有毒害。为害园艺植物的刺蛾主要有黄刺蛾、中国绿刺蛾、褐边绿刺蛾、扁刺蛾等。卷叶蛾幼虫有卷叶、缀叶习性，常将叶片吃成网状，有时也为害花蕾和果实，为害严重的卷叶蛾有顶梢卷叶蛾、苹小卷叶蛾、褐卷叶蛾、忍冬双斜卷叶蛾等。尺蠖以其幼虫的行动姿态而得名，常见的有枣尺蠖、木橑尺蠖、国槐尺蠖等。毒蛾以幼虫啃食叶片，有的也啃食果皮，其幼虫体表具有特殊的长毒毛，对人畜有害。常见的毒蛾有舞毒蛾、古毒蛾、桑毛虫等。蝶类以幼虫食害植物叶片，常见的有菜粉蝶、花椒凤蝶等。

4. 蛀干害虫 为害特点是蛀食枝干造成树体中空，树势衰弱，枝条枯死或遇风折断，且除成虫期补充营养、觅偶交配外，其他为害时期隐蔽性很强，难以发现和及时防治。这类害虫主要有鞘翅目的天牛类、吉丁虫类，鳞翅目的木蠹蛾、透翅蛾、夜蛾、螟蛾及膜翅目的茎蜂等。天牛是园艺植物的重要害虫，常见的有星天牛、桑天牛、桃红颈天牛、云斑天牛、薄翅锯天牛等。吉丁虫常见的有苹果小吉丁虫、核桃小吉丁虫、六星吉丁虫等。

5. 蛀果害虫 蛀果害虫主要钻蛀为害园艺植物的果实，有的也为害花蕾，为害对象主要是果树，也有部分果菜。蛀果害虫除造成果实脱落、品质降低外，也影响产品的贮藏、加工和销售，是园艺植物危害最大的害虫之一。这类害虫主要有鳞翅目的食心虫类、双翅目的实蝇类和鞘翅目的豆象类等，以食心虫和棉铃虫最为常见，为害也最为严重。常见的食心虫主要有桃小食心虫、梨小食心虫、梨大食心虫等。

（三）园艺植物的草害

杂草与园艺作物争肥、争水、争空间，造成作物不同程度的减产和质量下降，同时增加生产成本。杂草也是多种病原物和害虫的中间寄主和越冬场所，能引起或加重病、虫害的发生。有些杂草，如毒麦等有毒性，能引起人畜中毒，或对作物产生化感抑制作用。

1. 杂草种类 全世界有杂草5万多种，生长在农田的有8000种，常见的有100多种，分布广泛、为害猖獗的有10多种。园田常见杂草有藜、反枝苋、打碗花、稗草、马唐、莎草、龙葵、葎草、蒺藜、酸模叶蓼、蒲公英、虎尾草、早熟禾、白茅、繁缕、荠菜、猪秧秧、刺儿菜、狗牙根、小根蒜、香附子、马齿苋、扁蓄、车前等。

2. 杂草发生时间和影响因素 杂草一年四季均有发生，不同种类的杂草发生的时间不同。春季型杂草多在3～4月发生，如芦苇等；夏季型杂草多在5～7月发生，如稗、马唐、狗牙根等；秋季型杂草多在8～10月发生，如繁缕等。杂草的发生与其生物学特性及田间生态有关，其种子多有休眠现象，而营养繁殖器官一般无休眠现象。杂草种子和繁殖体在土壤中的寿命有长有短，寿命1～5年的有牛筋草、看麦娘等，5～10年的有荠菜、繁缕、苋菜等，20年以上的有狗尾草、龙葵等，30年以上的有藜、马齿苋等。

杂草种子萌发对环境条件也有一定的要求。例如，大花看麦娘发芽起始温度为5℃左右，最适温度为15～20℃，25℃以上发芽少或不发芽。有70%杂草的发芽需要光的诱导，27%的杂草发芽受光的抑制，3%的杂草发芽对光照要求不严格。大部分杂草，尤其是双子叶杂草，在土壤质地较轻的疏松土壤发芽、生长良好；在土壤中的埋藏深度也影响杂草种子萌发，埋得越深，发芽越不好。

3．杂草的繁殖与传播 杂草具有繁殖力强、繁殖系数高、繁殖方式多样，种子生命力强、寿命很长，生长迅速、适应性极强的特点。一般杂草的种子数量很多，如马齿苋一年可发生2～3代，每代产种子20万～30万粒。杂草种子往往具有很强的生命力，如马齿苋种子在土壤中可维持生命力长达40年之久。杂草除了种子繁殖外，还可以无性器官繁殖。例如，狗牙根可根茎繁殖，香附子可块茎繁殖，小根蒜可鳞茎繁殖，野慈姑可球茎繁殖。杂草的适应性极强，分布范围广泛，各种耐热、耐寒、耐旱、耐涝、耐阴、耐贫瘠、耐盐碱的杂草普遍存在。

杂草传播的途径多种多样，传播速度快。大部分杂草可混杂在目标作物的种子或种苗中远距离传播，有些杂草种子被鸟类或其他动物食用，随其粪便传播；有些杂草种子具有翅、绒毛或密度较小，可随风和流水传播，如蒲公英、刺儿菜、白茅等；有些杂草的种子具有钩、刺等附属器官，黏附在动物身上传播，如苍耳、鬼针等。

4．杂草的种群特性 田间杂草种群往往是多个种群同时存在的，随着杂草本身的生长发育，以及环境条件的改变、栽培措施的应用，种群会发生变迁和演替。杂草的种群和生长也与生态条件密切相关，在地理分布上有一定的规律性。中国长江以南地区高温多雨，主要杂草种类属于喜温、喜湿植物，如香附子、狗牙根、通泉草等；而长江以北地区，气候比较干燥和寒冷，耐旱杂草占优势，如灰绿藜、野燕麦、刺儿菜等。盐碱地区主要分布一些耐盐碱的种类，如灰绿碱蓬、市藜、地肤等，还有一些杂草对环境条件的适应性很强，广泛分布于世界各地，如芦苇、白茅、稗等。

二、园艺植物有害生物综合防治技术

有害生物综合防治，就是以保障产品质量安全为前提，从种植园生态系统出发，以预防为主，协调应用农业、生物、物理、化学等手段防治病害、虫害及杂草的策略和措施。综合防治要有全局观念，措施要安全、有效、经济，能够相辅相成、取长补短、力求兼治、化繁为简，既把病、虫、草害控制在经济损害水平以下，又使对产品和环境的不良影响控制在最小范围，以维护种植园生态系统的自然平衡。

（一）植物检疫

植物检疫（plant quarantine）是按照国家颁布的有关法令，对植物及其产品进行管理和控制，防止危险性病、虫、杂草传播蔓延。植物检疫可分为对内检疫（国内检疫）和对外检疫（国际检疫）。不同国家或地区，其检疫对象是不同的，但其共同的原则是：检疫为害严重而又难防治的，主要由人为传播的，在本地区尚未发生或仅在局部发生的病害、害虫和杂草。植物检疫可采用在现场或产地进行检查，在观察圃进行观察，在实验室内进行检验等方法。植物材料经检疫机关进行抽样检查后，根据检查结果，按照检查的条例规定，签发检疫证书后方可调运。如发现检疫对象，可依据情况分别给予消毒、销毁、加工使用、种子作食用或退回等处理。

《中华人民共和国进境植物检疫危险性病、虫、杂草名录》于1992年9月25日公布,《全国植物检疫对象名单》于1995年4月17日发布。根据《植物检疫条例》的有关规定和全国农业植物有害生物普查结果，农业部2006年发布施行了新的《全国农业植物检疫性有害生物名单》和《应施检疫的植物及植物产品名单》，检疫性有害生物名单包括昆虫中的菜豆象、柑橘小实蝇、柑橘大实蝇、蜜柑大实蝇、三叶斑潜蝇、椰心叶甲、四纹豆象、苹果蠹蛾、葡萄根瘤蚜、苹果绵蚜、美国白蛾、马铃薯甲虫、稻水象甲、蔗扁蛾、红火蚁、杧果果肉象甲、杧果果实象甲；线虫中的菊花滑刃线虫、腐烂茎线虫、香蕉穿孔线虫；细菌中的瓜类果斑病菌、柑橘黄龙病菌、番茄溃疡病菌、十字花科黑斑病菌、番茄细菌性叶斑病菌、柑橘溃疡病菌、水稻细菌性条斑病菌；真菌中的黄瓜黑星病菌、香蕉镰刀菌枯萎病菌4号小种、玉米霜霉病菌、大豆疫霉病菌、马铃薯癌肿病菌、苹果黑星病菌、苜蓿黄萎病菌、棉花黄萎病菌；病毒中的李属坏死环斑病毒、烟草环斑病毒、番茄斑萎病毒；杂草中的豚草属、菟丝子属、毒麦、列当属、假高粱。植物检疫部门还会根据检疫性有害生物发生情况实时发布检疫性有害生物对象。

（二）园艺防治

园艺防治（horticultural control）就是利用园艺植物栽培管理的各项技术措施，如选用抗性品种，促进寄主健壮生长以增强抗性，清洁栽培环境，调控栽培环境因子等，避免或减轻病、虫、草害的发生，将其控制在经济受害水平之下。

1. 选育和选用抗性品种　园艺植物的不同种类和品种，对病、虫、草害的抵抗能力差异很大，选育和选用抗性品种是避免或减轻病、虫、草害发生和流行的最经济且具实效的途径。

2. 选用不带病、虫、草害的繁殖材料　在生产上，对繁殖材料进行精选和必要的消毒处理，减少侵染源，是减少病、虫、草害的重要手段。

3. 嫁接栽培　利用抗病虫或具有化感抑草作用的砧木，与栽培品种的接穗嫁接，可以增强寄主的抗性。

4. 合理设计栽培制度和布局作物群体结构　合理的轮作、间套作等栽培制度可以改变或恶化病原物、害虫和杂草的环境条件，起到中断传播和抑制的作用。常用的轮作方式有水旱轮作、粮菜轮作、粮果轮作等。合理的作物布局也可以起到控制作用，如采用成熟期不同的品种，可有效地避开病、虫、草害的流行时期。通过间作、套作、混作，可以丰富生物的多样性，抑制有害生物的发生和为害。

5. 清洁栽培环境　大多数病原物和害虫都在土壤、杂草或植物病残体中越冬，对园地进行精耕细作，铲除病原物和害虫寄主杂草，在生长季和休眠季节及时清除园地中的病枝、病叶、病果和杂草，集中深埋或烧毁，可以大大减少病原物、害虫和杂草数量；深翻土壤冻垡和晒垡，可使病原物、害虫和杂草在土层深处窒息或冻晒致死。经常中耕，可有效减少杂草的发生。

6. 调控环境因子，创造不利有害生物的生态　生产中，尤其是在设施栽培中，利用群体结构设计自然或强制措施，调控和改变与有害生物发生紧密相关的环境因子，创造不利于有害生物发生或流行的生态环境，减轻病、虫、杂草的为害程度。

（三）物理机械防治

物理机械防治（physical and mechanical control）是指利用各种物理因子、机械设备防治病、虫、草害的技术措施。其包括筛选法，热处理法，光、射线、磁场等处理法，捕杀诱杀法，趋避法等。

1. 筛选法 有些病原物、害虫和杂草混杂在作物的种子或繁殖器官中，采用风选、水选和筛选的方法，可以淘汰或减少混杂在其中的病原物、害虫和杂草，减少田间有害生物源。

2. 热处理法 利用有害生物不耐高温的特性，采用热处理可杀死某些病原物、害虫和杂草。热处理方法可以处理种子、土壤，也可以处理植株，如温汤浸种、热水烫种、干热处理种子，黄瓜设施栽培中采用高温闷棚法防治霜霉病等，明火局部烧烤病斑或害虫。

3. 光电辐射处理法 利用光、电波、磁场、γ射线、X射线、红外线、紫外线、超声波等电磁辐射处理，可直接杀灭有害生物或使其不育，从而控制有害生物的发生和为害。这类方法具有穿透力强、杀虫效果好、无污染、成本低和快速等特点。晒种和晒土就是利用光能射线杀死种子和土壤中病原物和害虫的一种方法；利用激光的光束可杀死多种害虫，如红宝石和钕激光辐射可使害虫表皮裂开，害虫因脱水而死；二氧化碳激光辐射可使虫体变质，破坏含大量脂肪的细胞或阻碍孵化等。微波具有加热快和加热均匀的特点，应用微波技术可快速高温杀灭害虫，如利用小型微波炉处理杀死植物种子中的害虫。

4. 捕杀诱杀法 就是采用人工捕杀，或采用色、光等物理诱因诱捕或诱杀有害生物，主要用于控制害虫。例如，多数夜间活动的昆虫均有趋光性，特别是对300～400nm 的紫外线趋性很强。利用黑光灯诱虫，诱集面积大，成本低，能消灭大量虫源，降低下一代的虫口密度。利用蚜虫、白粉虱等对黄色、蓝色的趋性，在栽培田设置黄色或蓝色胶板诱粘害虫。此外，还有多种简单而有效的器械工具，如钩杀天牛用的各种铁丝钩，各种梳具、拉网和粘网、黑光灯、金属卤化物诱虫灯，光电结合的高压网灭虫灯、诱蚜色板、避蚜膜，以及诱集害虫前来产卵或越冬的高粱、玉米等作物秸秆等，可以直接杀死或诱集后集中杀死害虫，达到控制害虫数量的目的。此外，还可以利用毒饵诱杀、饵木诱杀等措施。

5. 趋避法 就是采用各种隔离或趋避措施防治有害生物。例如，在设施等栽培环境中利用防虫网阻碍蚜虫等迁飞性害虫，并防止其传毒传病。地膜覆盖可造成局部环境高温和机械阻碍作用而抑制杂草生长为害，温室和塑料大棚在一定程度上可产生物理阻隔作用而阻止病、虫、杂草的传播为害。采用银灰色膜避蚜；对重病区隔离，可防止病害蔓延；挖障碍沟、设障碍物、土表覆盖薄膜或盖草、树干涂胶或刷白、喷用防病膜、果实套袋等措施都可以阻碍病虫传播和为害。

（四）生物防治

生物防治（biological control）是利用自然界生物间的矛盾，用有益的生物天敌或微生物及其代谢产物，来防治病、虫、草害的方法。其优点是对人、畜、植物安全，无污染，不会引起病原物或害虫形成抗性，对一些病、虫、草害具有长期的控制作用，有良好的生态效益。

1. 微生物的利用 一种微生物对另一种微生物的生长发育有抑制甚至消解作用的现象，称为拮抗现象，对其他微生物有拮抗作用的微生物称为拮抗微生物。拮抗微生物产生的对其他微生物有拮抗作用的代谢产物称为抗生素。

（1）拮抗菌和抗生素的利用。土壤中存在的大量微生物处于一种平衡状态，人工培养拮抗菌并施入土壤，可以改变土壤微生物群落之间的平衡关系，达到用有益微生物控制有害微生物的目的。一些放线菌、真菌和细菌产生的抗生素已被广泛用于植物病、虫害的防治，如春雷霉素、链霉素、内疗素、青霉素、四环素、灰黄素等。目前已开发利用的拮抗菌有细菌、真菌、放线菌，在土传病害的控制中应用较多。

（2）寄生微生物的利用。在自然界存在多种能引起昆虫疾病的真菌、细菌、病毒和原生动物，到目前为止已发现这类真菌530余种。例如，利用寄生于细菌和放线菌体内的噬菌体防治植物病害；利用可感染蚜虫、蝗虫及蝇类的虫霉属，可寄生于鳞翅目、鞘翅目、同翅目及螨类的白僵菌属、绿僵菌属，对粉虱有较高致病力的座壳孢菌属等。能使昆虫致病的细菌有90多种。例如，生产上应用苏芸金杆菌防治菜粉蝶、菜蛾、松毛虫、金龟子等多种害虫。能侵染昆虫的病毒有500多种，其中核型多角体病毒、颗粒体病毒、细胞质多角体病毒，可使感病虫体组织软化，体壁破裂，并从裂缝处排出无臭混浊液体而死亡。昆虫病毒的专一性极强，使用最为安全。在杂草防治上也可利用一些寄主选择性强的病原微生物使杂草发病，从而控制杂草。例如，用菟丝子枯萎菌防治菟丝子。

（3）交叉保护作用的应用。在自然界的许多病原物中都有强毒株系和弱毒株系的存在，在寄主上先接种病原物的弱毒株系，多能限制强毒株系的侵染，减轻强毒株系的危害，这种现象称为交叉保护现象。在番茄花叶病、柑橘的部分病毒病、苹果花叶病、栗干枯病的防治中都成功地利用了交叉保护作用。

2. 寄生性和捕食性虫鸟的利用　寄生性昆虫很多，最主要的是寄生蜂，如姬蜂、小茧蜂、蚜茧蜂、肿腿蜂、黑卵蜂、小蜂类，还有寄生蝇。最常见的捕食性昆虫有蜻蜓、螳螂、猎蝽、花蝽、刺蝽、草蛉、食虫虻、食蚜蝇、步行虫、瓢虫、胡蜂、泥蜂等。大多数蜘蛛、鸟类、两栖类、爬虫类、少数鱼类和哺乳动物（台刺猬、蝙蝠），也是捕食害虫的重要动物。在杂草防治上，也可利用一些寄主专一的昆虫，如可用一种瘿蚊防治泽兰。另外，也可在水田养鱼和果园放牧抑制杂草，减轻杂草为害。

3. 昆虫激素的利用　利用昆虫激素防治虫害是生物防治的一条新途径，广泛应用的有保幼激素和性外激素。在昆虫体内保幼激素水平极低的幼虫末期和蛹期，施用保幼激素，可打乱昆虫正常发育进程，使昆虫出现各种变态类型而死亡。利用保幼激素对豌豆蚜、草莓蚜、烟青虫的防治效果突出。应用性外激素可以迷惑昆虫，使之找不到配偶而丧失交配的机会，不能顺利地繁衍后代；或诱集害虫成虫，加以捕杀。

4. 不育昆虫的利用　利用射线或化学药剂处理昆虫，或利用杂交培育辐射不育型、化学不育型、遗传不育型昆虫；然后大量释放这种不育的个体，使之与野外自然昆虫进行交配，使后代不育；经过累代释放，最终导致有害昆虫种群消灭。

5. 基因工程技术　利用基因转移技术，可以把其他植物的抗病、虫基因转移到目标作物中，使其获得对某种病、虫害的抗性。另外，可把致病基因转移到病原物或害虫体内，使其感病而死亡。例如，利用某些细菌体内的一种基因物质，使夜盗蛾产生致命毒素。

6. 植物防治的利用　就是利用植物的抑菌防虫作用、化感作用或诱捕作用等控制有害生物。例如，果园生草法就是利用一种草本植物来抑制果园有害生物的方法。生草法应用较多的是植株低矮、便于管理、生长期长、与目标作物肥水矛盾小的豆科植物和禾本科植物。生草不但可用于防治杂草，还有利于保水、保肥，增加天敌数量，减轻病、虫、草害的发生和危害。豇豆种子中含有大量的牡荆碱和异牡荆碱等黄酮类化感物，可抑制多种杂草的萌发及根系的生长。大蒜等葱属植物具有抑菌作用，通过间作套种或合理轮作可以控制其他作物病害。

7. **人工灭虫** 利用人工或各种简单的器械捕捉或直接消灭害虫。例如，利用金龟子的假死性，在其成虫盛发期晃动果树，使金龟子掉落后将其捕杀；挖桃小食心虫越冬茧，人工捕杀；喷水冲刷红蜘蛛；人工刮除或刮刷枝干上的蚧虫、树裂缝中越冬的苹果绵蚜、红蜘蛛、梨木虱等小型害虫；人工捕杀小地老虎幼虫；人工摘取害虫卵块、捕捉幼虫集中销毁等。

（五）化学防治

化学防治（chemical control）是指用化学农药防治病、虫、草害的方法，具有见效快、效果好、受环境条件影响小、便于机械化操作等优点，但易造成环境污染和产品有害化学物质残留超标。所以化学防治应注意遵循无公害、绿色和有机园艺产品的生产要求。

农药的种类很多，主要的种类有杀菌剂、杀虫剂、杀螨剂和除草剂等，又有粉剂、可湿性粉剂、乳油、水剂、胶悬剂、缓释剂、超低容量制剂、颗粒剂、烟剂和气雾剂等剂型。农药使用方法常用的有种苗处理、土壤处理和叶面喷洒等。化学防治应注意以下事项。

1. **正确选择农药种类** 每种农药都有适宜的防治对象和一定的残留期，有的为内吸性的，有的为触杀性的。使用时，要认真了解每种农药的性质，正确选择和使用，达到防治病、虫、草害，保护天敌，保护环境的目的。同时要经常更换针对一种防治对象的农药种类，以降低病原物、害虫和杂草的抗药性。

2. **适量用药** 根据农药的性质、气候状况和防治对象、保护对象的动态，确定用药的适宜浓度、用药次数、用药量。

3. **科学施药** 根据作物对象、栽培环境、天气状况等因素，确定适宜的用药方法。例如，喷雾要选择晴朗、无风的天气进行，并要避开中午的高温。设施室内病虫害防治首选烟雾剂进行熏蒸防治，环境湿度高时可用粉尘剂，通风时选用叶面喷雾法。

4. **合理混用** 由于各种农药的理化性质不同，有些农药不能混合使用，而有些农药混合使用可提高药效和工效。可以混合的农药，除考虑酸碱性一致外，可长效与短效、触杀与内吸、农药与肥料、农药与展着剂等配合施用。

5. **交替用药** 为了避免产生抗药性，应注意交替用药，并按农药施用安全间隔期合理用药，保障防效和产品安全。

小　结

园艺植物生产是在园田或设施中进行的，整个过程中涉及播种繁殖、建园栽植、整形与修剪、肥水管理、有害生物防治等一系列技术。园艺产品是劳动密集型产品，生产技术要求高，了解技术原理，熟悉技术要求和规范，是园艺植物高效生产的基础。园艺植物的繁殖方式有无性繁殖和有性繁殖。有性繁殖多用于草本园艺植物，无性繁殖包括扦插、压条、嫁接、分株及微体繁殖等方法。园艺植物栽植的密度因作物种类、品种、栽植后的生长环境、栽培管理水平等而异，栽植方式有长方形、正方形、三角形、带状等，栽植时期应根据气候条件、生物学特性、栽培设施、市场需求及栽培目的等确定。木本园艺植物一般可春栽或秋栽，草本园艺植物露地生产有春栽和秋栽，设施和温暖地区可依环境和生产目的随时栽植。整形与修剪是生产中调整园艺植物生长与结果、营养与环境、器官生长及植株造型的重要措施，果树修剪的主要措施有疏剪、剪截和放；观赏植物整形常有自然式、人工式和混合式3种，休眠期修剪包括截干和剪枝，生长期修剪包括折裂、抹芽、摘心、捻梢等，行道树、庭荫树、灌木、藤木、绿篱等不同类观赏植物的整形与修剪方式不同。蔬菜植株调整措施包括整枝、打杈、摘心、压蔓、支架或吊蔓、落蔓、缠蔓、保花保果、疏花疏果、摘叶、束叶、盖叶、套管（桶）、模具造型和利用植物生长调节物质进行的化学调整等。水肥是园艺植物生存和高效生产的重要条件，依据园艺植物的生物学特性，合理地利用水肥资源，适时、适量、适法排灌和施肥，是园艺植物栽培的重要管理技术。采用节水技术、水肥一体化技术、实施测土配方施肥，是实现园艺植物精准化管理的方向。病害、虫害和草害是园艺植物的有害生物和园艺生产的主要威胁。园艺植物侵染性病害有菌物病害、原核生物病害、病毒性病害、线虫病和寄生性种子植物病害，虫害有地下害虫、刺吸式害虫、食叶害虫、蛀干害虫、蛀果害虫等，杂草种类多样。有害生物防治应采取农业措施、物理措施、生物措施和化学防治相结合的综合防治技术。

思考题

1. 实生繁殖、嫁接繁殖及自根繁殖有哪些主要特点？
2. 影响嫁接苗成活的主要因素有哪些？
3. 压条繁殖有哪些方式？简述其技术要点。
4. 分株繁殖指什么？依其繁殖器官类型的不同可分为哪几种？
5. 什么是微体繁殖？主要有哪些应用？
6. 无病毒苗木培育的主要途径有哪几种？请举例说明。
7. 影响园艺植物栽植密度的因素有哪些？
8. 简述园艺植物生产中常用的栽植方式和方法。
9. 果树植物修剪有什么作用？常用的修剪方法有哪些？
10. 观赏植物的整形方式有哪些？不同类型的观赏植物应如何整形？
11. 蔬菜植株调整措施主要有哪些？
12. 如何确定果树、蔬菜和花卉的灌溉时期？
13. 节水灌溉技术有哪些？
14. 施肥的基本原理有哪些？简述其对科学施肥的指导意义。
15. 请简述园艺植物的施肥方法。
16. 如何进行植物营养诊断和测土配方施肥？
17. 园艺植物的有害生物有哪些？
18. 园艺植物有害生物防治的物理机械措施有哪些？
19. 园艺植物有害生物的生物防治措施有哪些？
20. 园艺植物有害生物化学防治应注意哪些问题？

第七章

园艺产品的采收和采后处理技术

园艺生产的季节性、地域性和产品的多样性、易腐性，给产品的贮藏、运输、包装、销售等流通环节带来了极大困难。很多号称大宗农产品之乡的地方，像“杨梅之乡”“生姜之乡”“辣椒之乡”“柑橘之乡”“猕猴桃之乡”等，由于采摘不当、产后保鲜缺乏、运输不及时与包装粗放等，往往收获后产品积压腐烂，最终导致大量损失。因此，加强园艺产品的采收和采后处理技术，根据需要进行适时采收，提高产品采后商品化处理技术，合理贮藏、调运显得尤其重要。

第一节　园艺产品标准和采收技术

产品标准是规范园艺产品规格和质量的重要规定和文件，采收技术是保障园艺产品质量和标准的重要技术环节。

一、园艺产品标准

园艺产品标准是对园艺产品规格、质量、检验方法、包装、标识、运输和贮藏等所做的技术规定。它是一定时期和一定范围内具有约束力的园艺产品技术准则，是园艺产品生产、质量检验、选购验收、使用维护和洽谈贸易的技术依据。

我国现行的园艺产品标准，按照标准的不同层级，可分为国际标准、国家标准、行业标准（专业标准、部颁标准）、地方标准和企业标准5级。

我国现有果品质量标准约30个，鲜苹果、鲜梨、香蕉、鲜龙眼、核桃、板栗、红枣等产品有国家标准；关于香蕉的销售质量、梨的销售质量、出口鲜苹果的检验方法、出口鲜甜橙、鲜柠檬等有行业标准。

蔬菜产品由于供食用的部分不同，成熟标准不一致，因此没有统一的产品规格标准，需按照各种蔬菜品质的要求制订其产品标准。现有32种蔬菜产品分级农业行业标准（如番茄、黄瓜、大白菜、结球甘蓝、茄、洋葱、大蒜、菠菜、西葫芦、苦瓜、胡萝卜、菜豆、荷兰豆等蔬菜）；从类别上，相对较为小众的芽菜类与野菜类尚无分级标准。在中国蔬菜商业行业标准中，规定了17种蔬菜流通规范，包括芹菜、胡萝卜、大白菜、萝卜、豇豆、苦瓜、冬瓜、南瓜、佛手瓜、长辣椒、青椒、鲜食马铃薯、加工马铃薯、芦笋、莲藕等蔬菜，以及《瓜类蔬菜流通规范》《块茎类蔬菜流通规范》和《预包装蔬菜流通规范》。

关于花卉产品，国家质量监督检验检疫总局于2000年发布了7个标准，不仅规定了鲜切花、盆花、盆栽观叶植物、花卉种子、花卉种苗、花卉种球和草坪等相应类别中一些花卉产品的等级划分原则、控制指标，还规定了其质量检测方法。农业部也相继颁布了23项花卉产品农业行业标准，其中，种苗标准 7 项（香石竹、满天星、菊花、非洲菊、牡丹、百合、月季），切花类标准9项（月季、唐菖蒲、菊花、满天星、康乃馨、石斛兰、小苍兰、红掌、芍药），干花类标准1项（叶脉干花），可食用类花卉标准6项（包括可食用花卉、窨茶用茉莉花、饮用菊花等3项无公害食品标准和食用花卉、啤酒花、红花花绒等3项绿色食品标准）。随着标准体系的发展和完善，可食用花卉、窨茶用茉莉花、饮用菊花等3项农业行业标准已经废止，食用花卉、啤酒花、红花花绒等3项绿色食品标准仍在实施。

二、产品采收时期

采收是园艺产品生产中的最后一个环节，同时也是影响园艺产品贮藏成败的关键环节。

采收过早，不仅产品的大小和重量达不到标准，且风味、品质和色泽也不好；采收过晚，产品已经成熟衰老，不耐贮藏和运输。在确定园艺产品的采收期时，应根据品种本身的遗传特性、产品采后的用途、采后运输距离的远近、贮藏和销售时间的长短及产品的生理特点和市场需求等综合因素来确定。

以番茄果实为例，作为远距离运输或贮藏的，应在果实由绿变白时采收；就地销售的，应在半红果时采收；加工用的，可在全红果时采收。草莓鲜食果的果面着红色70%以上即可采收，用于加工果酱、果汁、果冻等的果实以达到充分成熟为好。果实贮藏方法不同，采收成熟度也可有异，如气调贮藏用果宜早采，冷藏用果对成熟度要求较高。

对一些以幼嫩器官供食用的园艺作物（如黄瓜、茄、甜玉米、菜豆和绿叶菜类），要在鲜嫩且未老化阶段采收。有些园艺产品在完全成熟时采收，耐藏性较好，如块根和块茎类蔬菜。因此采收时期的确定必须综合考虑各方面的因素。而采收适期，一般是依据园艺产品贮藏要求的适宜采收成熟度而确定。

（一）成熟度划分

根据不同的用途，园艺产品的成熟度可分为以下几种。

1. **可采成熟度** 这时果形大小已基本确定，但果实尚未完全成熟，果实的应有风味还未充分表现出来，肉质硬，适于贮运及特定加工。

2. **食用成熟度** 果实完全成熟，品种特有的色、香、味表现最佳，营养价值和化学成分达到极点。可供鲜销及做加工果汁、果酱、果酒的原料，但不宜长途运输和长期贮藏。

3. **生理成熟度** 果实在生理方面达到充分成熟，种子充分成熟。但果实的风味与营养价值急剧下降，不宜贮运或食用，一般只作为采种使用。以种子作为食用的种类宜在此时采收。

（二）判定园艺产品成熟度的方法

判定园艺产品成熟度的方法多种多样，主要有以下几种。

1. **果皮色泽** 果皮色泽是判定果实成熟度的重要指标之一。此法直接、简单，也很容易掌握。但面色也与日照程度有关，不能仅凭果皮色泽判断成熟。

2. **果肉硬度** 随果实成熟度的提高，果实的硬度随之减小，常用硬度计来测定。硬度对判断果实成熟有一定的参考价值，但准确性低，应与其他指标结合进行。

3. **果实脱离的难易程度** 有些种类的果实，如核果类和仁果类果实，成熟时果柄与果枝间常产生离层，稍有振动果实就会脱落，所以常根据其果梗与果枝脱离的难易程度来判断果实的成熟度。离层形成时应及时采收，否则果实会大量脱落。但有些果实如柑橘，萼片与果实之间离层的形成比成熟期迟，对于这些种类，不宜将果实脱落难易程度作为成熟度的标志。

4. **主要化学物质变化** 产品器官内某些化学物质如糖、淀粉、有机酸、可溶性固形物的含量与成熟度有关。例如，含糖量在浆果成熟度的判断上经常使用。马铃薯、芋头等淀粉含量多少是采收的标准，一般应变为粉质时采收。可溶性固形物中主要是糖分，其含量高标志着含糖量高、成熟度高。总含糖量与总酸含量的比值称为“糖酸比”，它们不仅可以衡量果实的风味，也可以用来判别果实的成熟度。例如，苹果和梨以糖酸比30：1时采收最佳。

5．**生长期**　不同品种的果品和蔬菜由开花到成熟有一定的生长期，各地可以根据当地的气候条件和多年的经验得出适合当地采收的平均生长期。在实践中，各种指标常因环境和管理条件而发生变化，因而判断果实的成熟度不要片面进行，要综合考虑各项成熟指标，才能判断成熟度。对于果实，通常用口尝，简单易行。

6．**园艺植物生长状态**　以鳞茎、块茎为产品的蔬菜，如大蒜、洋葱、马铃薯、芋头、山药和鲜姜等，应在地上部开始枯黄时采收；莴笋达到采收成熟度时，茎顶与最高叶片尖端相平时为采收期；甜玉米则是花柱秆呈褐色，苞叶上的叶脉间距因果穗籽粒发育而撑开，叶色发干时采收。黄花菜则是含苞待放的花蕾时采收；黄瓜、丝瓜、茄、菜豆应在种子膨大、硬化之前采收；南瓜应在果皮形成白粉并硬化时采收；冬瓜在果皮上的茸毛消失，出现蜡质白粉时采收，可长期贮藏。

（三）鲜切花采收时期

适时、合时采收是鲜切花生产中的关键环节，采收过早，由于发育不充分，花朵甚至不能正常开放；采收太晚，会缩短切花寿命。在能保证开花的前提下，应尽早采收。不同种类切花的采收期通常依据其花枝发育阶段和特点来确定，主要分为以下3种类型。

1．**花蕾显色期采收**　蕾期采收的优点是可减少花枝的体积、花苞比较耐碰擦，有利于切花产品的包装、运输和储藏，从而大大减少生产成本；可在处理和运输期间降低花卉对极端温度、湿度及乙烯的敏感性，提高鲜切花在低光照、高温条件下的品质和寿命，减少田间不利因素对花的不良影响。例如，唐菖蒲在花序下端的花蕾显色时，即可采收；芍药在花蕾显色时采收，吸水后即可盛开，且耐贮藏。

2．**花朵初开时采收**　多数种类的切花采收期均属于花朵初开时采收。以月季为代表，花蕾紧包时剪切，花朵不易开放；盛花时剪切，则切花开放时间短，在1～2枚花瓣外展初开时采收最佳。属此类型的还有香石竹、荷兰菊、金光菊等。

3．**盛开时采收**　以花期持久的种类为多，如花烛、红鹤芋、山茶和向日葵等。

三、产品采收技术

园艺产品采收一般宜在晴天上午、露水已干时进行，采收方法有人工采收（manual harvesting）和机械采收（mechanical harvesting）。

（一）人工采收

用手摘、采、拔，用刀割、切，用锹挖等方法都是人工采收的方法。人工采收可边采边选，分期分批采收，便于满足一些特殊园艺产品的采收要求，如苹果带梗、黄瓜带花、草莓带萼等。具体的采收方法应根据园艺产品的种类而定。

1．**果品采收**　不同果品的采收方法不同。例如，核桃采收常用竹竿或木杆从内向外顺枝击落（但不要击打枝叶和果枝）。采收香蕉时，应先用刀切断假茎，然后紧护母株让其轻轻倒下，再按住蕉穗切断果轴，避免擦伤、碰伤。柑橘、葡萄等果实的果柄与枝条不易分离，需要用采果剪采收。为了使脐橙、柑橘果蒂不被拉伤，此类产品多用两剪法进行采收，即第一剪在距果蒂1cm处将果实从树上剪下，第二剪再将果柄齐萼片剪平。苹果和梨成熟时，果梗与果枝间产生离层，采收时以手掌将果实向上一托，果实即可自然脱落。桃、杏等果实成熟后果肉特别柔软，容易造成伤害，所以人工采收时应剪平指甲或戴上手套，小心用手掌托住果实，左右轻轻摇动使其脱落。

为了保证果实的商品性，采收过程中要尽量使果实完整无损，在采果用的筐或箱内部垫蒲包或麻袋片等软物，采果、捡果时要轻拿轻放，尽量减少转换筐的次数。还要防止折断果枝、碰掉花芽和叶芽，以免影响次年产量。

2. 蔬菜采收 地下根茎菜类的采收都用锹或锄挖，有时也用犁翻，但要深挖，否则会伤及根部，如胡萝卜、萝卜、马铃薯、芋头、山药、大蒜、洋葱的采收都是挖刨，通常马铃薯采收时希望块茎的水分减少，应在挖掘前将枝叶割去或在挖后堆晾块茎。山药的块根较细长，采收时要小心，以免折断。山药通常长有很多小块根，所以在挖时将大块根在根与藤连接处割断取出，而让小块根继续生长。有些蔬菜用刀割，如石刁柏、甘蓝、大白菜、芹菜、西瓜和甜瓜等。甘蓝、大白菜收割时留2～3片叶作为衬垫，收芹菜时要注意叶柄应当连在基部，南瓜、西瓜和甜瓜采收时可保留一段茎蔓以保护果实。菜豆、豌豆、黄瓜和番茄等用手摘。

3. 切花采收 切花采收时要刀口锋利，剪口光滑，避免压破茎部。切口最好为斜面，以增加花茎吸水面积。另外，切割花茎的部位应尽可能地使花茎长些，但剪切部位也不能太低，否则茎基部因木质化程度过高，导致吸水能力下降，缩短切花瓶插寿命。因此，切割的部位应选择靠近基部而花茎木质化程度适宜的地方。例如，切花菊采收应从花枝距地面10cm左右处切断。有的种类如菊花，最好在水中进行二次剪切，或将切口置于80～90℃热水中浸泡10～15min，以排出花茎中的空气，有利于切花水养时的水分吸收和输导。对于那些对乙烯敏感的切花，可在田间先置于清水中，转到分级车间后再用银盐制剂做抗乙烯处理。

（二）机械采收

机械采收效率高，节省劳动力，主要用于采收后加工园艺产品或能一次性采收且对机械损伤不敏感的产品。例如，美国使用机械采收番茄、樱桃、葡萄、苹果、柑橘、坚果类等。根茎类蔬菜可使用大型犁耙等机械采收，豌豆、甜玉米、马铃薯均可采用机械采收，但要求成熟度一致。机械采收前也常喷洒果实脱落剂如放线菌酮等以提高采收效果。此外，采后及时进行预处理可将机械损伤减小到最低限度。

园艺植物种类繁多，需要的机械各异，很难有通用机械。现有采收机械主要有振动机械、台式辅助采收机械、地面拾取机械和挖掘机械。由于机械采收不能进行选择采收，造成产品的损伤严重，影响产品的质量、商品价值和耐贮性，所以目前大多数新鲜园艺产品的采收，还不能完全采用机械采收。

目前，一些发达国家的部分园艺产品已经实现机器人采收。例如，荷兰农业环境工程研究所已经成功开发出了移动式黄瓜收获机器人样机，该机器人的行走车能够快速到达初步作业位置，视觉系统能够探测到黄瓜果实的精确位置及成熟度，末梢执行器可以抓取黄瓜果实并将果实从茎秆上分离。

第二节　园艺产品商品处理

园艺产品采收后，需要进行适当的处理方能变成商品进入市场销售。商品处理包括清洗、修整、分级、包装、预冷等，现代化的商品处理可在包装房生产线上一次性完成。

一、分级

分级（sorting or grading）是根据特定的标准进行级别划分，并除去残、次、劣、畸形及不合格产品。分级标准有国际标准、国家标准、协会标准和企业标准等。园艺产品分级指标包括大小、形状、色泽、风味、质地、病虫害、机械伤、新鲜度、整齐度、清洁度等，应根据具体产品选择其适合的指标。如水果分级，按照我国目前的标准做法，是在果形、新鲜度、颜色、品质、病虫害和机械伤等方面已符合要求的基础上，再按大小进行分级，即根据果实横径最大部分直径，分为若干等级。

二、包装

园艺产品具有鲜活性，多汁，易伤易腐，包装（packing）是商品处理的重要环节，可以避免或减少产品在贮、运、销过程中的机械损伤、污染、病害蔓延和水分蒸发，缓冲外界温度剧烈变化引起的产品损耗。良好的包装除具有保护产品、提高商品率和卫生质量作用外，还能宣传产品，方便贮、运、销，增加产品附加值，提升产品竞争力。

（一）包装材料和包装标识

包装材料应该具有保护性，在装载、运输、堆码中有足够的机械强度，防止园艺产品受挤压碰撞而影响品质；具有一定的通透性，利于产品呼吸热的排出及氧、二氧化碳、乙烯等气体的交换；具有一定的防潮性，避免由于容器的吸水变形而致内部产品的腐烂。包装材料还应该具有清洁、卫生、美观、重量轻、成本低、便于取材与加工、易于回收及处理等特点，并在包装外注明商标、品名、等级、重量、产地、特定标志、包装日期及保存条件等。

（二）包装的种类

园艺产品的包装按形式可分为外包装和内包装两类。

1. 外包装　高密度聚乙烯、聚苯乙烯、纸箱、木板条等都可用于园艺产品的外包装。包装容器的长宽尺寸在《硬质直立体运输包装尺寸系列》中可以查阅，高度可根据产品特点自行确定；具体形状则以利于销售、运输、堆码为原则。我国目前外包装容器的种类、材料、特点、适用范围见表7-1。

表 7-1 包装容器的种类、材料及适用范围

种类	材料	适用范围
塑料箱	高密度聚乙烯	果蔬、切花
	聚苯乙烯	高档果蔬、切花
纸箱	板纸	果蔬、切花
钙塑箱	聚乙烯、碳酸钙	果蔬、切花
板条箱	木板条	果蔬、切花
筐	竹子、荆条	果蔬、切花
加固竹筐	筐体竹皮、筐盖木板	果蔬、切花
网袋	天然纤维或合成纤维	网袋不易擦伤、含水量少的果蔬

各种包装材料都有其优缺点，如塑料箱轻便防潮，但造价高；筐价格低廉，大小却难以一致，而且容易刺伤产品；木箱大小规格便于一致，能长期周转使用，但较沉重，易致产品碰伤、擦伤等。纸箱的重量轻，可折叠平放，便于运输；能印刷各种图案，外观美观，便于宣传；通过上蜡，可提高其防水防潮性能，受湿受潮后仍具有很好的强度而不变形。经营者可根据自身产品的特点及经济状况进行合理选择。

2. 内包装 在良好的外包装条件下，内包装不仅可进一步防止产品受震荡、碰撞、摩擦而引起的机械伤害，还具有一定的防失水，调节小范围气体成分浓度的作用。内包装的另一个优点是便于零售，为大规模自动售货提供条件。内包装的主要缺点是不易回收，难以重新利用导致环境污染。目前国外逐渐用纸质包装和可食性包装袋取代塑料薄膜内包装。常见的内包装材料及作用见表7-2。

表 7-2 园艺产品包装常用的各种支撑物或衬垫物

种类	作用
纸	衬垫、包装及化学药剂的载体，缓冲挤压
纸或塑料托盘	分离产品及衬垫，减少碰撞
瓦楞插板	分离产品，增大支撑强度
泡沫塑料	衬垫，减少碰撞，缓冲震荡
塑料薄膜袋	控制失水和呼吸
塑料薄膜	保护产品，控制失水

（三）包装方法与要求

包装应在冷凉的环境下进行，避免风吹、日晒、雨淋。水果和蔬菜在包装容器内应该有一定的排列形式，防止产品在容器内滚动和相互碰撞，使产品通风透气，并充分利用容器的空间。产品包装量要适度，防止过满或过少而造成损伤。不耐压的水果和蔬菜包装时，容器内应加支撑物或衬垫物，减少产品的震动和碰撞。易失水的产品应在包装容器内加衬塑料。园艺产品包装和装卸时应轻拿轻放，避免机械损伤。由于各种水果和蔬菜抗机械伤的能力不同，为了避免上部产品将下面的产品压伤，一些水果和蔬菜的最大装箱深度为：

苹果60cm，洋葱100cm，甘蓝100cm，梨60cm，胡萝卜 75cm，马铃薯100cm，柑橘35cm，番茄40cm。

在切花包装中，可依花卉品种、贮藏及运输方法的不同，采用不同的包装设施和包装方法。通常的贮运方法有干藏及湿藏两种。湿藏是将花的茎部浸入充满水或保护液的容器中，可保持花卉充足的水分，但运输较困难，费用较大，这种方法适于短期贮藏及运输。在实际生产中，应用较多的是干藏，包装的湿度由箱中包装的蜡层或提供各种类型的薄膜来保证。花朵不能放在箱子中间而应靠近两头，在箱内采取分层交替放置。对向地性弯曲敏感的金盏花、水仙、飞燕草等应采用垂直方式。

产品装箱完毕后，还必须对重量、质量、等级、规格等指标进行检验，检验合格者方可捆扎、封钉成件。对包装箱的封口原则为简便易行、安全牢固。纸箱多采用黏合剂封口，木箱则采用铁钉封口。木箱、纸箱封口后还可在外面捆扎加固，常用的材料为铝丝、尼龙编带，上述步骤完成后对包装进行堆码。

（四）我国园艺产品包装现状

包装是制约我国园艺产品品牌走向国际市场的关键。例如，山东蔬菜出口量很大，大部分出口到日本、韩国，但在国外市场上也很难看到中国山东标识的蔬菜。一些国家进口我国的园艺产品后还需要再重新包装，然后贴上他们的商标销售，其市场价格远比进口时高。尤其是水果、蔬菜、茶叶等园艺产品的运输包装与发达国家差距较大。

按照国际惯例，绿色食品必须要有绿色包装，世界上发达国家要求绿色食品包装要符合“4R+1D”的原则，即低消耗、开发新绿色材料、再利用、再循环和可降解。我国虽已经制定了绿色食品包装通用准则NY/T 658—2002，但该标准并不是强制性标准，在园艺产品包装上并不十分普及。

目前，食品包装工业正朝着高技术、多功能、环保化的方向发展，并且不断涌现新的包装形式，如活性包装、智能包装、环保包装等，在包装材料上，绿色包装（主要包括可降解包装和可食性包装）和纳米包装材料也正在进行大力开发和应用。而国内园艺产品包装上，仍存在大量使用非环保材料、包装简陋、尺寸规格乱、打眼不规范、承重能力差、图案设计拙劣或繁杂、印刷质量粗糙、保鲜效果差、配套设施缺乏等一系列问题。

三、预冷

预冷（pre-cooling）是指将采收后的园艺产品迅速除去田间热，将其品温降低到适宜温度的采后处理措施。大多数园艺产品采后运输或储藏前都需要进行预冷，恰当的预冷可以减少产品的腐烂，延缓其成熟衰老的速度，最大限度地保持产品的新鲜度和品质。

预冷是冷链流通的首要环节。在整个冷藏链中，不经预冷的园艺产品在流通中损失为25%～30%，而经过预冷的园艺产品损失率仅为5%～10%。但是，我国园艺产品的预冷，特别是产地预冷环节尚不普及，预冷技术也与发达国家有较大差距。

为了保持园艺产品的新鲜度、优良品质和货架寿命，预冷措施必须在产地采收后立即进行。预冷方法一般分为自然预冷和人工预冷。人工预冷中有接触冰预冷、风冷、水冷和真空预冷等方式。

1. **自然降温冷却** 将采后的园艺产品放在阴凉通风的地方，使其自然散热。这种方式冷却的时间较长，受环境条件影响大，而且难于达到产品所需要的预冷温度，但最简单易行。

2. **水冷却** 用冷水冲、淋产品，或者将产品浸在冷水中，在不使产品受冷害的情况下，水温尽量低，一般为0～1℃。冷却水中加入一些化学药剂，减少病原微生物的交叉感染，水冷却器应经常用水清洗，包装箱要具有防水性和坚固性。适合于水冷却的园艺产品有胡萝卜、芹菜、甜瓜、菜豆、柑橘、桃等。

3. **通风冷却** 包括冷库空气预冷、强制通风预冷和差压通风预冷。冷库空气预冷就是将产品放在冷库中降温，空气以1～2m/s的流速在库内和容器间循环时，冷却的效果最好。强制通风预冷是利用冷风机强制冷空气在货堆或包装箱之间循环流动，将产品散发的热量带走，从而对箱内产品进行冷却。差压通风预冷是在包装箱堆或垛的两个侧面造成空气压力差，使冷空气经过货堆或包装箱时将园艺产品热量带走的冷却方式。差压通风预冷要比冷库空气预冷快4～10倍，但比冷水预冷和真空预冷所需的时间至少长2倍。大部分水果和蔬菜适合采用差压通风预冷，在草莓、葡萄、甜瓜、番茄上使用效果显著。

4. **包装加冰冷却** 是一种古老的方法，就是在装有产品的包装容器内加入细碎的冰块，降低其携带的热量，一般采用顶端加冰。它适于那些与冰接触不会产生伤害的产品或需要在田间立即进行预冷的产品，如菠菜、花椰菜、甜玉米、抱子甘蓝、芹菜、萝卜、胡萝卜、葱等。

5. **真空冷却** 是将产品放在坚固、气密的容器中，迅速抽出空气和水蒸气，使产品表面的水在真空负压下蒸发而冷却降温。

各类预冷方法的特点见表7-3。

表 7-3 几种预冷方法的优缺点比较

预冷方法		优缺点
空气冷却	自然对流冷却	操作简单易行，成本低廉，适用于大多数园艺产品，但冷却速度较慢，效果较差
	强制通风冷却	冷却速度稍快，但需要增加机械设备，园艺产品水分蒸发量较大
水冷却	喷淋或浸泡	操作简单，成本较低，适用于表面积小的产品，但循环冷水容易导致病害发生和增加腐烂
碎冰冷却	碎冰直接与产品接触	冷却速度较快，但需冷库采冰或制冰机制冰，碎冰易使产品表面产生伤害，耐水性差的产品不宜使用
真空冷却	降温、减压	冷却速度最快，效率高，不受包装限制，但一次性投资最大，一般以经济价值较高的产品为宜

四、其他采后处理

（一）愈伤

园艺产品在采收过程中，很难避免各种机械伤害，即使很小的损伤，也会招致微生物侵染而引起腐烂。收获后的园艺产品如薯类受到机械损伤，在预贮过程中条件适宜时，轻微伤口会自然产生木栓愈伤组织，逐渐使伤口愈合，这是生物适应环境的一种特殊功能。

利用这种功能，人为地创造适宜的条件可以加速产品愈伤组织的形成，即称为愈伤处理（healing treatment）。愈伤主要用于薯类和葱蒜类园艺产品，如马铃薯、洋葱、大蒜、芋、山药等。

（二）涂膜

涂膜（film coating）也称打蜡，是用蜡液或胶体物质涂在某些园艺产品表面使其保鲜的技术。随着采后技术的发展，涂料的种类越来越多，所以概称为涂膜。涂膜处理可减小园艺产品的水分蒸发、延长贮藏期和货架期及利于保鲜防腐等。此外，涂膜可增加园艺产品表面光泽，改善外观，提高商品价值。

涂膜剂的种类比较多，主要有石蜡类，如乳化蜡、虫胶蜡、水果蜡等；天然涂被剂，如果胶、乳清蛋白、天然蜡、明胶和淀粉等；合成涂料，如防腐紫胶涂料等。

涂膜处理的方法有浸涂法、刷涂法和喷涂法等，可手工进行，也可机械操作。不论采用哪种涂膜方法，在果品上均必须按照“果实分级—清洗—擦干果皮—涂蜡—风干—包装”的工序来进行。

（三）脱涩

有的园艺产品，如大多数柿品种，成熟后依然涩不可食，脱涩（de-astringent）后方可食用。其主要原因是可溶性的单宁与口中黏膜的蛋白质结合产生有收敛感的浓郁涩味。单宁存在于果肉细胞中，食用时因细胞破裂而流出。如果使可溶性的单宁物质变为不溶性的单宁物质就可避免涩味的产生。当涩果进行无氧呼吸时，可形成一种能与可溶性单宁物质发生缩合的中间产物，如乙醛、丙酮等，当它们与可溶性的单宁物质缩合时，涩味解除。根据以上原理，可以采取某种方法，使果实产生无氧呼吸，促使单宁物质变性而脱涩。

常见的脱涩方法有温水脱涩、混果脱涩、冷冻脱涩、石灰水脱涩、盐水脱涩、乙醇脱涩、乙烯及乙烯利脱涩等，这几种方法脱涩效果良好，经营者可根据自身资金状况合理选择适当的脱涩方式。

第三节　园艺产品采后生理和采后病害

采后园艺产品是一个活的有机体，生命代谢活动仍在有序进行。其在贮、运、销过程中要发生一系列的生理、病理变化，采后的生理变化主要包括组织的呼吸作用、蒸腾作用、生长与休眠、成熟与衰老等。采后病理变化即病害的发生和发展是导致园艺产品品质恶化的最主要原因。

一、采后生理

园艺产品采收后，仍然进行着各种生命活动，其生命活动的能量来自自身的物质分解过程。由于生命活动的存在，产品有一定的抗病性和耐藏性；同时，生命过程又是一个消耗过程，使产品逐渐衰老变质。因此，园艺产品采收后，应维持其低而正常的生命活动。

（一）呼吸生理

园艺产品收获后光合作用基本停止，呼吸作用就成为采后生命活动的主导过程。采后园艺产品需要呼吸作用维持正常的生命活动，但呼吸作用过强会使产品品质下降，并且加速产品衰老，缩短贮藏寿命。因此，控制采收后园艺产品的呼吸作用，保持产品采后尽可能低的、正常的呼吸过程，是新鲜园艺产品贮藏与运输的基本原则和要求。

1. 有氧呼吸和无氧呼吸 水果和蔬菜的呼吸类型分为有氧呼吸和无氧呼吸。有氧呼吸是在充足氧的存在下，将产品中的糖、有机酸等氧化成二氧化碳和水，同时放出能量，是正常的呼吸作用；无氧呼吸是在缺氧条件下进行呼吸，产生乙醇、乙醛和乳酸，并释放少量能量。无氧呼吸对贮藏是不利的，因为无氧呼吸释放能量少，要维持正常的生理活动就必须消耗更多的呼吸基质，同时所产生的乙醇和乙醛等物质，对细胞组织有毒害作用，品质恶化，吃起来有酒味，是不正常的呼吸作用。因此，园艺产品采后贮藏的关键之一就是尽可能降低呼吸强度，但又不能引起无氧呼吸的发生。

2. 呼吸强度与贮藏寿命 呼吸强度（respiration rate）是评价园艺产品新陈代谢快慢的重要指标之一，根据呼吸强度可估计园艺产品的贮藏潜力。产品的贮藏寿命与呼吸强度成反比，呼吸强度越大，表明呼吸代谢越旺盛，营养物质消耗越快。呼吸强度大的产品，一般其成熟衰老较快，贮藏寿命也较短。例如，不耐贮藏的菠菜在20～21℃时的呼吸强度约是耐贮藏马铃薯呼吸强度的20倍。

3. 呼吸跃变与贮藏保鲜 测定园艺产品呼吸强度有多种方法，常用的方法有碱液吸收法、气相色谱法、非色散红外分析法等。根据采后呼吸强度的变化规律，可将园艺果实分为呼吸跃变型和非呼吸跃变型两种类型。一些果实进入完熟期时，其呼吸强度骤然提高，然后随着果实衰老的进程而逐渐下降，这种现象称为呼吸跃变（respiration climacteric），这类果实称为跃变型果实，如苹果、杧果、猕猴桃、柿、无花果、番茄、香蕉等。另外一类果实在进入完熟期后呼吸强度不提高，一直保持在稳定的低水平，这类果实称为非跃变型果实，如柑橘类、葡萄、菠菜、草莓、黄瓜、荔枝等。

果实的呼吸跃变直接影响品质的变化、耐藏性、抗病性。当果实进入呼吸跃变期，耐藏性急剧下降。人为地采取各种措施延缓呼吸跃变的到来，是有效地延长园艺产品贮藏寿命的重要措施。

4. 影响呼吸强度的因素 控制采后园艺产品的呼吸强度，是延长贮藏期和货架期的有效途径。园艺产品的种类、品种、成熟度、温度、湿度、气体成分、机械伤害、病虫害和植物生长调节剂等都会影响贮藏期间的呼吸强度。对于种类和品种，一般地说，呼吸强度表现为热带水果＞亚热带水果＞温带水果，浆果的呼吸强度比柑橘类和仁果类大，早熟的比晚熟的大，叶菜比果菜的大。产品的成熟度不同，呼吸强度不一，幼嫩时期呼吸强度大，随着发育，逐渐减弱。贮藏温度也是一个重要因素，在一定范围内，温度愈低，呼吸强度愈缓慢，物质消耗愈少，贮藏寿命愈长。贮藏环境中的气体成分也影响到呼吸强度，如果适当降低氧的浓度或增加二氧化碳浓度，就能抑制呼吸强度，延长贮藏寿命。乙烯对产品有显著的催热、促进衰老的作用，因此要注意贮藏库的通风换气，防止库内乙烯累积，影响贮藏寿命。机械损伤也是增加呼吸强度的一个重要因素，任何轻微的擦伤或压伤都会使产品的呼吸强度增加。

（二）蒸腾生理

新鲜的果实、蔬菜和花卉组织含水量高达85%～95%，采收后由于蒸腾作用，水分很容易损失，导致产品的萎蔫、皱缩及硬度和脆度降低，严重影响产品的商品外观和贮藏寿命。大多数果实在失去鲜重3%～10%时失鲜。而蒸腾是产品采后失重、失水、失鲜的主要原因。因此，了解影响产品蒸腾作用的因素，有助于采取相应的措施，减少水分的损失，保持产品的新鲜。

1．影响水分蒸腾的因素　园艺产品蒸腾速度的快慢主要受产品自身因素和环境因素的影响。自身因素包括种类品种、组织结构、理化特性等。一般情况下，表面积比大的产品蒸腾强烈，如叶菜类的表面积比最大，蒸发最旺盛；贮藏器官（块根、地下茎、球根和成熟果实）表面积比小，则蒸腾缓慢而量小；同一器官个体小的比个体大的失水相对多些。另外，表皮组织发育完善并具有蜡质的产品水分蒸腾较慢，如完全成熟的产品比幼嫩的产品蒸腾缓慢。马铃薯、洋葱经适当晾晒，形成完好的周皮层、木栓层和膜质化层，使其蒸腾大为降低。

环境因素包括湿度、温度、气流速度、光照等。一般情况下，湿度低、温度高、气流速度快、光照强都会引起蒸腾加快，反之，则减慢。

2．结露现象及其危害　园艺产品贮藏及运输过程中，当空气温度下降至露点以下时，过多的水汽从空气中析出而在产品表面上凝结成水珠，出现结露现象，或叫“出汗”现象。

结露的原因主要有：园艺产品贮前未充分冷却，产品温度高于库温，遇到冷湿空气而形成水滴；堆内温度过高，湿热空气不断排出，通到外围产品的冷表面而凝结成水；园艺产品体温低于库温；库温波动大，而且频繁，使园艺产品体温与库温差增大，也会造成结露。一般情况下，在园艺产品贮藏初期蒸发量大，库温又下降剧烈时，最容易出现结露现象。

结露使产品表面湿润，极有利于病原菌孢子的传播、萌发和侵染，所以结露现象会导致贮藏产品腐烂损失增加。在贮藏中，要尽可能防止结露现象的出现，防止的主要原则是设法消除或尽量减小温差。

（三）休眠与生长

1．休眠　有些园艺产品，如一些块茎、鳞茎、球茎、根茎类蔬菜及板栗等，在采收后进入休眠状态，休眠的方式和休眠期的长短因种类和品种而异。

休眠状态非常有利于产品的贮藏，休眠期一过产品就会萌芽，产品的重量减轻，品质下降，甚至产生一些有毒物质。例如，马铃薯的休眠期过后，不但表面开始皱缩，而且发芽并产生对人体有害的龙葵素；洋葱、大蒜和生姜休眠期过后会发芽，使肉质变空、变干，失去食用价值。因此，园艺产品采后必须设法延长休眠，防止发芽，延长贮藏期。

2．生长　许多蔬菜、花卉和果实采后贮藏过程中，普遍存在着成熟衰老与再生长的同步进行。例如，芹菜、菠菜等蔬菜在假植贮藏过程中叶子长大；花椰菜、花卉采收后花朵不断长大、开放；蒜薹采收后薹苞生长发育；板栗休眠期过后出现发芽现象；黄瓜采后出现种子的发育和大肚现象；菜豆的膨粒；结球白菜的抱球；马铃薯、洋葱的萌芽等，这些现象均是采后园艺产品成熟衰老进程中的部分组织再生长的典型实例。

园艺产品采收后的生长现象在大多数情况下是不希望出现的，因此必须采取措施加以有效地控制。植物的生长需要一定的光、温、湿、气和营养供给，将这些条件控制好，就可以比较好地控制它的生长。针对生长的条件，可采取避光、低温、控制湿度、低氧、辐照处理等措施控制生长。

二、采后病害

园艺产品采后在贮、运、销过程中要发生一系列的生理、病理变化，最后导致品质恶化。尽管新鲜的园艺产品品质恶化受诸多因素的影响，但病害是最主要的原因。

产品采后在贮藏、运输和销售期间发生的病害统称为采后病害。采后病害可分为两大类：一类是由非生物因素如环境条件恶劣或营养失调引起的非传染性生理病害，又称为生理失调（physiological disorder）；另一类是由于病原微生物的侵染而引起的传染性病害，也称为病理病害（pathological decay）。

（一）生理病害

园艺产品采后生理病害是由于物理、化学及生物等因素引起的代谢异常、组织老化、变质腐败等现象。常见的症状有褐变、干疤、黑心、斑点、组织水浸状及不能正常成熟等，使商品价值下降甚至完全丧失。

生理性病害的病因很多，主要有采前因素和采后因素两个方面。采前因素包括栽培管理引起的矿质元素含量不当，如土壤中钙含量低引起的大白菜和甘蓝心腐（干烧心），缺硼引起的甜菜黑心，收获成熟度不当，气候异常等；采后因素包括产品贮运过程中由于不适宜的温度、湿度、空气成分等条件引起的病害。

冷害是导致园艺产品采后生理病害的主要环境因素之一，通常由温度低于产品形成或贮藏适宜范围的下限所致。冷害出现的温度范围因园艺产品的种类而异，一般出现在0～15℃。冷害可能发生在田间或采后的任何阶段，不同种类的园艺产品对低温冷害的敏感性也不一样。一般来说，热带水果（如香蕉、凤梨等）对低温特别敏感，亚热带的园艺产品（如柑橘、黄瓜等）次之；温带水果（桃和某些苹果品种）相对较轻。对低温敏感的产品，在不适低温下存放的时间越长，冷害的程度就越重，造成的经济损失也越大。

为了避免冷害，最好将园艺产品贮藏在其冷害的临界温度之上。同时，某些处理如采前喷乙烯利，采后用杀菌剂处理，通过打蜡或半透气性薄膜袋包装，以及分步降温、间隙式升温和气调贮藏等都有利于减少冷害的发生。

（二）病理病害

病理病害是指由于病原微生物的入侵而导致产品品质下降乃至腐烂的病害。引起新鲜园艺产品采后腐烂的病原菌主要有真菌和细菌两大类，其中真菌是最主要和最流行的病原微生物，它侵染广，危害大，是造成水果在贮藏运输期间损失的重要原因；而细菌则是叶菜和花卉腐烂的主要病原物。

侵染性病害的发生与非侵染性病害的关系密切，两者相互影响，相互作用。非侵染性病害可为侵染性病害开辟侵入途径，诱发侵染性病害。同样，侵染性病害发生后，可削弱产品对不良环境的抵抗力，从而诱发非侵染性病害。

侵染性病害的发生应具备3个基本因素，即病原物、适合的环境条件和易感病的产品

（寄主），三者缺一不可。病原菌生长繁殖的快慢，主要受寄主的抗性和环境条件影响。

1. 寄主的抗性 采后园艺产品的抗性主要与成熟度、伤口和生理病害等因素有关。一般来说，未成熟的果实有较强的抗病性，如未成熟的苹果不会感染焦腐病和疫病，但随着果实成熟度增加，感病性也增强。伤口是病菌入侵园艺产品的主要门户，有伤的产品极易感病。果实产生生理病害后对病菌的抵抗力降低，也易感病，发生腐烂。

2. 环境条件 影响采后园艺产品发病的环境条件除了气体成分外，主要有温度和湿度。首先是温度条件，病菌生长的最适温度一般为20～25℃，温度过高、过低对病菌都有抑制作用。一般而言，较高的温度加速产品衰老，降低产品对病害的抵抗力，有利于病菌孢子的萌发和侵染，从而加重发病；相反，较低的温度能延缓产品衰老，保持产品抗性，抑制病菌孢子的萌发与侵染。因此，贮藏温度的选择一般以不引起产品产生冷害的最低温度为宜，这样能最大限度地抑制病害发生。

其次是湿度条件，如果温度适宜，较高的湿度将有利于病菌孢子的萌发和侵染。含水量多的产品，往往要求较高的环境湿度才不易失水萎蔫或皱缩，而空气相对湿度较高则病原菌侵入和繁殖加快，这是园艺产品保鲜工作中突出的问题。因此采用高湿度贮藏，应将低温或其他有效的防腐措施相结合，才能获得理想的结果。

第四节 园艺产品贮藏技术

园艺产品贮藏的基本原理，就是根据其生物学特性及其对温度、相对湿度和气体成分等条件的要求，创造适宜而经济的贮藏条件，以维持产品低而正常的新陈代谢作用，从而延缓产品品质变化，保持新鲜饱满状态，减少腐烂损失，延长贮藏寿命。

园艺产品在贮藏中，需要调节和控制的基本环境因子为温度、湿度和气体成分。从这3个因素来看，又以温度为最主要的控制因素。因此，贮藏方法的分类，也以温度控制方式为主要依据。例如，依靠天然的温差来调节贮藏温度的，称为简易贮藏法；用人工方法维持低温的，称为冷藏法；在调节温度的基础上，再加上气体成分的控制，则称为气调贮藏法；在控温的基础上辅以化学药剂处理的，称为化学保藏；辅之以辐射处理的，则可称为辐射保藏。温度控制是任何一种贮藏方式都离不开的基本手段。

一、简易贮藏

简易贮藏（simple storage）是依靠自然气温的调节，以维持贮藏所需要的温度，是贮藏园艺产品的传统方式，使用非常普遍。简易贮藏主要包括堆藏、沟藏（埋藏）和窖藏3种基本方式，以及由此衍生的假植贮藏和冻藏，还有切花的干包装贮藏。

简易贮藏简单易行，设施构造简单，造价低廉，但这种简易贮藏方式受地区和气候等自然条件的限制，使用有地域性和季节性。同时，简易贮藏因不能完全满足产品对贮藏条件的要求，产品质量下降的速度较快，贮存时间短。因此，简易贮藏方式主要用于新鲜园艺产品的短期和临时性贮藏。

二、通风贮藏

通风贮藏（ventilation storage）是在隔热建筑内，利用库内外温度和昼夜温度的变化，以通风换气的方式来维持库内比较稳定、适宜的温度的贮藏形式。通风库具有良好的隔热库体和通风设施，降温和保温性能都优于简易贮藏。通风库具有投资较低、无需特殊设备、贮藏量大、管理方便的优点，在我国北方地区广为发展。但是，由于是依靠自然条件来调节库内温度，在气温过高或过低的地方，则很难达到理想的贮藏温度，而且其中的湿度也较难控制，因此通风贮藏库在使用上受到一定的限制。

通风贮藏库分为地上式、半地下式、地下式3种形式。地上式通风贮藏库的库身全部建在地上，故库温受外界气温的影响较大，设计时要注意库墙的保温，进气口和排气口分别设在库墙的基部和库顶，使空气对流快，通风降温效果较好；半地下式通风贮藏库约一半库身在地面以下，因而增大了土壤的保温作用；地下式通风贮藏库的库身全部在地下，仅库顶露出地面，保温性能很好，但进出气口的高差较小，空气对流速度慢，通风降温效果较差。由此可见，为了在秋季容易获得适当的低温，冬季又便于保温，在温暖地区宜用地上式，寒冷地区需要用地下式，如果加上适当的排风装置，则地下式或半地下式更好。

三、机械冷藏

机械冷藏是指在一个适当建筑物中（机械冷藏库，简称冷库），借助机械冷凝系统的作用，将库内的热空气传送到库外，使库内温度降低并保持一定相对湿度的贮藏方式。其优点是受外界环境影响较小，可以终年维持库内需要的低温，库内温度、相对湿度及空气流量都可以人为控制，以适应产品的贮藏。其缺点是投资大、贮藏成本高。

机械冷藏库根据制冷要求不同分为高温库（0℃左右）和低温库（低于−18℃）两类，前者主要用于贮藏新鲜园艺产品。机械制冷的原理是借助制冷剂在密闭系统中蒸发吸热，从而使库内温度下降。致冷剂有许多种，目前生产中常用氨和氟利昂。

（一）机械冷藏库的管理

冷藏库管理主要包括温度、湿度和气体成分的管理。温度控制应根据不同产品所忍受的低温而定，并要注意保持恒定的库温，尽量避免库温波动；对于绝大多数新鲜园艺产品来说，相对湿度应控制在80%～95%，较高的相对湿度对于控制新鲜园艺产品的水分散失十分重要。如果湿度低，可在库内喷雾或直接引入蒸汽等方法进行增湿；库内气体成分的控制主要靠冷风机引入新鲜空气，也有采用自然换气控制的。此外，产品入贮及堆放对控制库内温湿度及保持气流循环也有影响。新鲜园艺产品入库贮藏时，如已经预冷可行一次性入库后建立适宜贮藏条件贮藏；若未经预冷处理则应分次、分批进行。商品入贮时堆放的总体要求是“三离一隙”。“三离”指的是离墙、离地坪、离天花。“一隙”是指垛与垛之间及垛内要留有一定的空隙。

（二）冷藏库的现状与发展趋势

机械冷藏是现代化园艺产品贮藏的主要方式。我国贮藏新鲜园艺产品的冷藏库中，大型、大中型库比例较小，中小型和小型库较多。从冷藏库的现状与发展趋势来看，恒温气调库发展迅速，低温库比例有所增加，适合农户建造使用的微型冷库异军突起，装配式冷库及以氟利昂为制冷剂的分散式制冷系统推广力度正在加大，冷库设计更加趋于优化，自动化控制程度逐步提高。国内冷库行业正朝着采用发泡聚氨酯或聚苯乙烯板隔热材料的轻便预制装配化、低温大型化、管理及进出库货物装卸自动化、园艺产品冷库恒温气调化、冷风机代替排管和广泛使用氟利昂制冷剂、操作方便、灵活多样、高效安全、环保节能的方向发展。

四、气调贮藏

气调贮藏（controlled atmosphere storage）是指在一定的温度和湿度条件下，通过调节贮藏环境中的气体成分来达到保持园艺产品品质、延长园艺产品贮藏保鲜期的方法（通常是增加CO_2体积分数和降低O_2体积分数，以及根据需要调节其他气体成分体积分数）。这样的贮藏环境能够保持园艺产品采摘时的新鲜度，减少损失，且保鲜期长，无污染。与冷藏相比，气调贮藏保鲜技术更趋完善，已广泛应用于苹果、梨、蒜薹等园艺产品的保鲜贮藏。

（一）气调贮藏的特点

气调贮藏按照气体成分控制方法可分为自发气调贮藏（modified atmosphere storage，MA）和人工气调贮藏（controlled atmosphere storage，CA），所采用的包装方式分别称为MAP和CAP。

MA是利用新鲜园艺产品自身的呼吸作用降低贮藏环境中的氧浓度，同时提高二氧化碳浓度的一种气调贮藏方法。CA指的是根据产品的需要和人的意愿调节贮藏环境中各气体成分的浓度并保持稳定的一种气调贮藏方法。CA比MA效果好，是当前发达国家采用的主要类型，也是我国气调贮藏发展的主要目标。

CA也有许多限制因素。从生理上看，第一，气体成分的控制只能是冷藏的有利补充，而不能取代冷藏；第二，气体成分一旦控制不当，易使组织细胞受到低氧或高二氧化碳的伤害。此外，并非任何园艺产品都适于气调贮藏。例如，葡萄、马铃薯气调贮藏就无明显效果。从经济上考虑，贮藏成本高是它的致命弱点。近些年来，我国果实采后的商业贮藏率仅占总产量的10%，其中采用气调贮藏方式的甚至不足1%。大范围的推广应用还需要进一步的技术支撑，总体来看气调贮藏在中国具有广阔的应用前景。

（二）常用的气调贮藏方法

常用的气调贮藏方法有塑料薄膜帐气调、硅窗气调、催化燃烧降氧气调和充氮降氧气调4种。

1．塑料薄膜袋（或帐）气调法　利用塑料薄膜对氧气和二氧化碳有不同渗透性和对水透过率低的原理来抑制园艺产品在贮藏过程中的呼吸作用和水蒸发作用的贮藏法。塑料薄膜袋（或帐）一般选用0.075～0.200mm厚的无毒聚氯乙烯薄膜或聚乙烯塑料薄膜制作而成，它们的化学稳定性较强，容易进行热合粘接，使用比较方便，不足之处是透气性较差。采用塑料薄膜气调冷库贮藏的方法主要有小包装贮藏法和大帐子贮藏法。

小包装贮藏法是将15～20kg产品装在一定厚度的聚乙烯塑料袋中并密封，装好的袋子放在冷库的货架上，然后定期抽取袋内气体分析，根据袋内气体成分的变化情况，定期开袋通风。

大帐子贮藏法是在垛底或架底铺设塑料薄膜，再把装箱的产品堆叠起来或码在架上，再罩上塑料薄膜帐，将帐面和垛底塑料薄膜的四边折叠压紧即可。大帐子贮藏法可做CA，也可做MA。

2. 硅窗气调法 根据不同的园艺产品及贮藏的温湿条件，选择面积不同的硅橡胶织物膜热合于用聚乙烯或聚氯乙烯制成的贮藏帐上，作为气体交换的窗口，简称硅窗。硅橡胶膜对O_2和CO_2有良好的透气性和适当的透气比，可以用来调节产品贮藏环境的气体成分，以达到控制呼吸作用的目的。选用合适的硅窗面作塑料帐，其气体成分可自动恒定在O_2含量3%～5%、CO_2含量3%～5%的水平。

硅窗帐（袋）的制作，可根据不同园艺产品的呼吸强度及贮藏库的温湿度条件等因素的差异，裁剪成大小不等的硅胶膜，热合于聚乙烯或聚氯乙烯制成的贮藏帐、贮藏袋的四周，作为气体交换窗，简称为硅窗。在实际应用中，需要在特定的贮藏条件下进行不同面积的筛选试验，找出最适宜的硅窗面积。

3. 充氮降氧气调法 从气调库内用真空泵抽除富氧的空气，然后充入氮气。抽气、充气过程交替进行，以使库内氧气含量降到要求值。所用氮气的来源一般有两种：一种用液氮钢瓶充氮；另一种用碳分子筛制氮机充氮。其中第二种方法一般用于大型的气调库。

4. 催化燃烧降氧气调法 利用催化燃烧降氧机，将库内抽出的高氧气体与汽油等燃料混合进行催化燃烧反应，生成CO_2和H_2O，产生的水蒸气在冷却塔中被冷凝成水后随下水道排出，反应后无氧气体再返回气调库内，如此循环，直到把库内气体含氧量降到要求值。这种燃烧方法及产品的呼吸作用会使库内CO_2浓度升高，这时可以配合采用CO_2脱除机降低CO_2浓度。

上述气调方法应用时应根据具体使用要求和不同贮藏方式的经济效益进行选用。例如，多品种、小批量应选择硅窗薄膜袋或硅窗薄膜大帐进行气调贮藏；大批量、整进整出、单一品种的园艺产品气调则宜用整库快速降氧气调库贮藏。

五、减压贮藏

减压贮藏（hypobaric storage）又称真空贮藏、低压贮藏或负气压贮藏，是在普通冷藏和气调贮藏技术的基础上进一步发展起来的，以降低贮藏环境压力，并维持一定低温及相对湿度的一种特殊的气调贮藏方法。此方法实际上是在冷藏的基础上降低氧气的含量，并不断地把乙烯等催熟气体从库内抽出，同时及时地补充高湿低压的新鲜空气的过程。

真空贮藏具有“快速降压、快速降氧、快速降温”的特点。与气调贮藏相比，其最显著的特点是只改变贮藏环境中空气的总含量和密度，不改变空气成分和比例，能从根本上消除高二氧化碳引起的生理病害，减少微生物的危害。

目前发展的减压贮藏保鲜技术，一种为低压（10～101kPa）减压保鲜技术，另一种则为超低压（<10kPa）减压保鲜技术。减压贮藏对库体设计和建筑的要求都比气调贮藏库更高更严格，目前尚未大规模商业化应用。

六、其他贮藏技术

其他贮藏技术包括辐射处理、磁场处理和微波处理等，都有一定的消毒或保鲜作用。目前生产上应用的主要是辐射处理，其他方法仅处于试验阶段。

辐射贮藏是利用辐射源^{60}Co或^{137}Cs发射的γ射线，或由能量在10MeV以下的电子加速器产生的电子流处理产品，消除园艺产品中的病原微生物及其他腐败细菌或抑制某些园艺产品中的生物活性和生理过程，从而达到园艺产品贮藏保鲜的目的。例如，大蒜、蘑菇、番茄、马铃薯、洋葱、苹果、荔枝、蜜橘等园艺产品均可采用辐照贮藏。经过辐射处理的园艺产品，既不会破坏外形，又能保持色、香、味及营养成分，可在常温下长期贮藏且节约能源，并无化学药剂的残留，而且射线穿透能力比较强，可以连带包装一并处理，减少污染概率，还能大批量的自动监控，因此备受青睐。

目前产品辐照保鲜处理以γ射线应用最多，^{60}Co作为辐射源最普遍，其原因在于^{60}Co制备相对容易，释放出的γ射线能量大，穿透力强，半衰期较适中。一般地说，辐射效应总是随辐射剂量增大而加强，但实际应用上并非剂量越大越好，如剂量过高，又会起到反作用，因此，每种产品都应有其临界剂量和有效剂量范围。不同的园艺产品一般都采用1000～3000Gy辐照。

小　结

产品标准是园艺产品生产、质量检验、选购验收、使用维护和洽谈贸易的技术依据。园艺产品采收期、采收方法和采后处理技术对产品贮藏远销有重要影响。一般来说，适于贮运及特定加工的园艺产品应在可采成熟度采摘，达到食用成熟度时不宜长途运输和长期贮藏。食用种子的园艺产品应在生理成熟度时采收，切花在保证能开花的前提下应尽早采收。产品采收方法有人工采收和机械采收，鲜销和长期贮藏的园艺产品最好人工采收。产品收获后到贮藏、运输前，要进行整理、挑选、愈伤、预冷、分级、包装等采后处理。

采后产品的呼吸作用导致细胞内贮藏物质的消耗，为各种代谢活动提供所需的能量。由蒸腾作用导致的贮藏产品水分散失，不但影响产品的表观品质，而且是造成产品贮藏失重的主要原因。产品贮藏及运输过程中常出现结露现象，造成产品腐烂损失，要尽可能避免。产品采收后的生长现象在大多数情况下是不希望出现的，而采后休眠状态非常有利于产品贮藏。

园艺产品采后损失受诸多因素的影响，但病害是最主要原因。生理性病害的病因主要有采前因素和采后因素两个方面，病理病害的发生应具备病原物、适合的环境条件和易感病产品3个基本因素。病原菌生长繁殖的快慢，主要与寄主的抗性、环境条件中的温湿度有关。

各种园艺产品的贮藏方式都是利用综合措施使产品的呼吸、后熟和衰老等过程得到延缓，同时防止病原微生物的侵染。常用的贮藏方法主要有简易贮藏法、通风贮藏法、机械冷藏法、气调贮藏法、减压贮藏和辐射贮藏等。在贮藏中，需要调节和控制的基本环境因子为温度、湿度和气体成分，其中温度控制是任何一种贮藏方式都离不开的基本手段。

思考题

1. 判断水果和蔬菜成熟度的方法有哪些？成熟度对贮藏寿命和品质有哪些影响？

2. 园艺产品的采收方法有哪些？采收时要注意哪些问题？

3. 园艺产品的采后商品化处理有哪些内容？为什么要进行商品化处理？

4. 包装有什么作用？在包装产品时要注意哪些问题？

5. 什么是预冷？常用的预冷方法有哪些？它们分别适合用于什么产品？

6. 什么是愈伤？哪些产品需要愈伤？

7. 试论述呼吸作用与园艺产品贮藏的关系。

8. 试述园艺产品采后蒸腾失水的原因及控制措施。

9. 什么是园艺产品的寄生性病害和生理性病害？请各举两例。

10. 试比较简易贮藏、通风贮藏、机械冷藏、气调贮藏、减压贮藏的异同点。

11. 请调查一座商业化运行中的园艺产品贮藏库，总结其成功的经验，分析存在的问题和不足，并提出合理化的建议。

第八章

食用园艺植物的栽培技术

果树和蔬菜是重要的食用园艺植物，其种类繁多，栽培技术各异，但按照不同的分类方法，同类的栽培技术比较相近。本章介绍主要类别代表性果树和蔬菜的栽培技术。

第一节　代表性果树的栽培技术

果树主要在露地栽培，各地气候条件不同，适宜栽培的树种不同。按照栽培学分类，果树有落叶果树和常绿果树，前者主要分布在我国北方地区，后者主要分布在我国南方地区。本节选择一些代表性种类介绍其栽培技术。

一、苹果

苹果是世界上的重要果品之一，原产于欧洲中部、东南部，中亚，西亚至我国新疆。全世界生产苹果的国家有80多个，主产国有美国、中国、波兰、伊朗、土耳其、法国、意大利等。我国苹果产区分布广，主要集中在环渤海、西北黄土高原、黄河故道和西南冷凉高地等四大产区，陕西、山东、河北、甘肃、河南、山西和辽宁是我国的七大苹果主产省。

苹果果形美观，色泽艳丽，营养丰富，除鲜食外，还可加工成果汁、果酒、果醋、果酱、果脯和果干等产品。苹果树适应性强，在平原、丘陵、山地都能生长，具有一定的经济效益和生态效益。中国的苹果总产量和栽培总面积均居世界第一，并且是世界最大的浓缩苹果汁生产国。但是中国鲜食苹果的出口率仅有3%左右，尤其与法国、智利等苹果出口率近50%的国家相比，中国的苹果出口还有较大的挖掘潜力和上升空间。

（一）种类与品种

苹果属（*Malus*）植物全世界约有35种，主要种类有苹果（*M. pumila*）、楸子（*M. prunifolia*）、西府海棠（*M. micromalus*）、花红（*M. asiatica*）、河南海棠（*M. honanensis*）、山定子（*M. baccata*）、三叶海棠（*M. sieboldii*）、湖北海棠（*M. hupehensis*）、新疆野苹果（*M. sieversii*）、丽江山定子（*M. rockii*）和海棠花（*M. spectabilis*）。

世界上的苹果品种在1万种以上，不同品种的分类方法可以归纳为以下5种：果实外形和色泽分类法、生态地理分类法、染色体倍性分类法、花期和熟期分类法、用途分类法。我国苹果栽培品种主要有‘红富士’‘嘎啦’‘元帅’‘金冠’和‘乔纳金’等。

（二）植物学特性

1. 根　根系水平分布和垂直分布依砧木种类、土壤性质、地下水位和栽培技术而有差别。一般水平根系分布的范围为冠幅的1.5～3倍，垂直根系多数分布在20～60cm的土层内。

苹果根系全年有3次高峰，一般3月上旬至4月中旬为第一次生长高峰，发根较多，但时间较短；6月上旬至7月上中旬为第二次高峰，根系生长速度快、时间长、发根数量多；9月上旬至11月下旬为第三次生长高峰，持续时间较长，但生长较缓。当土温降到零度时根系停止生长而被迫休眠，冻土层以下的根系仍能微弱吸收和转化。

2. 枝 营养枝是枝条上仅着生叶芽的枝，又称生长枝。有秋梢的营养枝，春、秋梢交界处称为盲节。结果枝是着生花芽或果实的枝条。结果母枝是着生结果枝的枝条。

不同品种成枝力差别明显，‘红富士’的成枝力较强；‘红星’‘金冠’‘金矮生’的成枝力中等；‘青香蕉’‘国光’成枝力较弱。

3. 芽 按功能不同可分为叶芽和花芽。叶芽是枝、叶生长的基础，花芽为混合芽。花芽分化整个过程分为生理分化、形态分化和性细胞成熟3个时期，多数品种花芽分化从6月上旬开始，9月下旬至10月下旬大部分花器官完成分化，性细胞形成多在次年春天完成。除顶生混合芽外，有些早、中熟品种如‘甜黄魁’‘辽伏’‘华农一号’‘金红’‘黄太平’等腋花芽也较多。

4. 花 伞房总状花序。每个花序开花5～8朵，中心花先开，边花后开，以中心花的结果质量最好，虫媒花，花粉的萌发受本身发育程度、授粉时的外界温度与湿度，以及柱头分泌物的影响。开花3d后柱头变黄枯萎，因此开花的当天和第二天是授粉的最佳时期。三倍体品种如‘乔纳金’‘陆奥’‘北斗’花粉败育，不能作授粉树。

5. 果实 苹果的果实是由子房和花托发育而成的假果。果实发育大致有果肉细胞分裂阶段、果肉细胞扩大阶段和果实内含物转化阶段3个阶段。果实的发育期一般早熟品种为65～87d，7月成熟；中熟品种为90～133d，8～9月成熟；晚熟品种为137～168d，10月成熟。果实增长曲线为S型。果实的品质包括感官品质、营养品种和加工品质。果形是苹果外观品质的重要标志之一，通常以果形指数（果实纵径与最大横径比L/D）来表示。

苹果从花蕾出现到果实采收，一般有4次落花落果。第一次在花后，未见子房膨大，花即脱落，所落的都是未受精的花；第二次在花后一周左右，子房开始膨大，一般是受精不良的幼果脱落；第三次出现在第二次落果后两周，北方大体在6月上、中旬，故称为“六月落果”，主要由营养不足所致；第四次在果实采收前，落下有病虫害果或接近成熟的果实，故称采前落果。

（三）对环境条件的要求

1. 温度 苹果原产于夏季空气干燥、冬季气温冷凉的地区。一般来说，在年平均温度8～14℃、生长期（4～10月）平均气温12～18℃、冬季最冷月平均气温在-10～10℃的地区适合栽培苹果，其中，北纬45°线附近地带，是苹果的集中栽培区。冬季适宜的低温是完成自然休眠的重要条件。低温时间不足，发叶、开花推迟而不整齐，有的花芽甚至不萌动，直接影响产量。根系一般可耐-12℃的低温，花期遇-1.7～-1.5℃低温，即有不同程度的伤害，幼果期经较长0～1℃低温，萼周就会出现霜环。

2. 光照 苹果是喜光树种，要求年日照时数在1500h 以上，生产优质苹果一般要求年日照时数为2200～2800h，特别是8～9月不能少于300h。光照不足时，加长生长增强，甚至出现“徒长”现象，花芽分化不良，果实品质差。海拔每升高100m，光强会增加4%～5%，紫外线增加3%～4%，对促进成花结果、增进品质都有利。

3. 水分 较为抗旱，一般生长季降水量达540mm 并且分布均匀即可满足苹果生长与结果的需要。我国北方苹果产区的年降雨量多在500～800mm，但是5～6月正值春旱，7～8月雨水较集中，因此建园时必须设置排灌系统。

4. 土壤 喜微酸性至中性土壤，以pH 5.5～6.7为宜，有效活土层厚度在60～70cm或以上，地下水位保持在1.0～1.5m或以下。土壤中空气含氧量在10%以上、有机质含量在

1%以上的砂壤土最好。耐盐力不强，氯化盐在0.13%以下、总盐在0.3%以下时能正常生长。

（四）栽培管理技术

1. 苗木繁育 主要采用嫁接法繁殖苗木，根据长势可选用乔化砧和矮化砧。乔化砧主要有‘山定子’‘海棠果’‘西府海棠’‘湖北海棠’‘河南海棠’‘新疆野苹果’等；矮化砧主要有从英国引入的M系和MM系的M_{26}、M_7、MM_{106}、M_4和M_9。优质苗木要求品种纯正，砧木正确；地上部枝条健壮、充实，芽体饱满；根系发达；无严重的病虫害和机械损伤；嫁接苗的接合部愈合良好；不携带全国性植物检疫对象的苹果病虫害（苹果棉蚜、苹果蠹蛾、苹果小吉丁虫、苹果黑星病、苹果锈病）；苗木质量要符合苹果苗木国家标准。

2. 建园 园地应选择无污染和生态条件良好的地区。大气、水质、土壤均符合无公害食品产地生态环境质量标准。气温、光照、水分条件、土壤肥力等适合所选品种对环境条件的要求，坡度小于25°。苹果自花结实率很低，建园时必须配置授粉树。

3. 土肥水管理 一般每年应深翻1～2次，可以改善土壤深层的理化性状，增加土壤可给态养分的含量，深翻可结合秋施基肥进行。果园生草可以提高果园土壤有机质含量和改善果园小气候。

基肥春施可在萌芽后开花前进行，秋施可在果实采收前后至落叶前后施用。一般每年追肥2～4次，萌芽或花前追肥，以氮肥为主；花后追施氮肥、磷肥或复合化肥，促进新梢生长和幼果膨大；生理落果后追肥，氮、磷钾肥配合施用；果实膨大期追肥，以磷肥、钾肥为主，控制氮肥，以防秋梢旺长。

苹果需水的主要时期有：萌芽至开花前后的萌芽水；盛花后幼果膨大时期的花后水，此期对水分需求最敏感；新梢停长时，花芽开始形态分化时的花芽分化水；果实采收后至土壤结冻前灌封冻水，提高果树越冬能力。土壤含水量在低于田间持水量的60%时需要灌溉，果实膨大后期至采收前，一般不宜过多灌水，否则会影响其品质。

4. 整形修剪 生产中常用的树形有小冠疏层形、自由纺锤形、主干疏层形、细长纺锤形、圆柱形等，矮化栽培已成为苹果栽培的主要趋势。

苹果树的整形修剪，按年龄时期，可分为幼年期、初果期、盛果期和衰老期4个阶段。幼年期一般有2～5年，这一时期整形修剪的特点是促进营养生长，尽早形成丰产所需的枝量和树体结构。初果期的苹果树，多数骨干枝已经形成，修剪以轻截缓放为主，控制徒长直立枝，防止外围枝叶过多，影响中内膛光照，要注意培养枝组，使其尽快进入结果盛期。盛果期的苹果树，修剪的任务是平衡树势，及时更新枝组，保持枝组生长势，保持中内膛和下部光照充足，防止结果部位外移。苹果树进入衰老期，要及早更新复壮，可采用“去弱留强，去斜留直，去老留新”的办法，集中养分供应，培养新的枝组，恢复结果能力。

5. 花果管理

（1）人工授粉或放蜂。苹果是异花授粉才能结实的果树，生产上需配置一定比例的授粉树。人工授粉或花期放蜂能明显提高苹果的坐果率。人工授粉需要在开花前采集未开放的“铃铛花”，取花药备用，开花期点授到中心花。人工放蜂可每公顷果园放2箱蜜蜂，或放1200～1500头壁蜂。

（2）疏花疏果。疏花应从花序分离后7d开始，疏果于开花后10d开始，1个月内完成。

以花定果，每20～25cm留一个壮花序，每个花序留中心花和一朵边花；每20～25cm留一个果，留果时应选留中长果枝上果形端正、果梗向下的果，疏除小果、偏形果、背上果、病虫果和梢头果。

（3）果实套袋。套袋可提高果实品质和商品价值，减少尘土污染和农药的残留，预防病虫鸟害，避免枝叶擦伤，防止日灼，促进着色，增强外观品质，提高商品价值。一般选用优质双层纸袋，套袋在生理落果之后进行，套袋应先上后下，现内后外，逐枝逐果整株成片进行。一般采前30d可摘袋。摘袋时应先摘外袋，再摘内袋。最好在阴天摘除外袋，5～7个晴天后开始摘除内袋。

（4）摘叶、转果和铺反光膜。摘叶可以消除果面绿色斑块，摘袋前摘除贴果叶和果实周围长枝上遮光叶片；采前转果促进果实阴面的着色；摘叶后，树下投影范围内铺反光膜，达到树冠内膛果及果实萼凹处全部着色，增强外观品质，提高商品价值。

二、桃

桃原产于我国黄河上游海拔1200～2000m的高原地带，由中国相继传到中亚、西亚、地中海沿岸、欧洲、美洲、印度和日本。桃果色泽鲜美，营养丰富，民间素有“寿桃”和“仙桃”的美称。除鲜食外，桃还可加工成桃脯、桃酱、桃汁、桃干和桃罐头。

山东的肥城、青州，河北的深县，甘肃的宁县、张掖，江苏的太仓、无锡，浙江的奉化、宁波等地是历史上著名的桃产区，北京的平谷、河北的乐亭和临漳为桃的新兴产区。我国桃种质资源丰富，全国建立了郑州、北京和南京3 个国家种质资源圃，共保存资源1200余份。

（一）种类与品种

桃属（*Amygdlus* L.）在我国野生和栽培的有普通桃（*A. persica*）、山桃（*A. daviana*）、甘肃桃（*A. kansuensis*）、陕甘山桃（*A. potaninii*）、光核桃（*A. mira*）和新疆桃（*A. ferganensis*）6个种，其中普通桃有蟠桃（var. *compressa* Bean.）、油桃（var. *nectarina* Ait.）和寿星桃（var. *densa* Maxim.）3个变种。

桃品种按果核性状分为离核、黏核和半黏核品种，黏核比离核进化；根据果肉肉质分为溶质、不溶质和硬肉桃。根据果肉颜色分为白肉、黄肉和红肉品种。

（二）植物学特性

1. 根　浅根性，水平分布直径与树冠相近，垂直根可深达60～80cm，吸收根多集中在25～45cm的土层中。一年中有2个生长高峰，第1次在7月底以前，是根的最旺盛生长季节，土温到达26℃停止生长；第2次生长高峰在9～10月，但生长期较短，生长势较弱。土温下降到11℃时停止生长，进入冬季休眠。

2. 枝　按照功能分为生长枝和结果枝。生长枝根据长势又分为发育枝、徒长枝和叶丛枝。当年生枝长到25cm时可以抽生二次枝，秋季还可抽生三次枝。发育枝生长较旺盛，主要功能是形成树冠的骨架。生长过旺而不充实的为徒长枝，通过夏季修剪可形成健壮枝组。叶丛枝长度只有1cm左右，只有1个顶生叶芽，萌发时只能形成叶丛，不能结果。结果枝按其长度可分为徒长性结果枝（60cm以上）、长果枝（30～60cm）、中果枝（15～30cm）、短果枝（5～15cm）、花束状果枝（5cm以下）。一般情况下，长果枝、中果枝的中上部和短果枝的上部花芽饱满，结果能力强。

3. 芽 有叶芽和花芽两种：花芽是纯花芽。叶芽具有早熟性，萌芽力和成枝力都很强。根据芽在枝条上的着生状况可分为单芽和复芽。单芽可能是花芽，也可能是叶芽。复芽常2～3个着生在一起，2个芽着生在一起的，一个是花芽，另一个是叶芽；3个芽着生在一起的，中间为叶芽，两侧常是花芽。

4. 花 花芽分化从新梢缓慢生长期开始，翌年春天完成。开放时，每个芽大都只有一朵花，开花期一般在春季日平均气温达到10℃以上，适宜温度为12～14℃。同一果枝上，顶部的花先开，坐果率高，果枝基部的花坐果率低。桃大部分为完全花，能自花坐果，有闭花受精现象，异花授粉可提高产量。

5. 果实 果实生长曲线为双S型，即2个迅速生长期，中间有1个缓慢生长期。自落花至核开始硬化，果实体积和重量迅速增加；自核层开始硬化至完全硬化，这一时期胚进一步发育，而果实发育缓慢；从核层硬化后至果实成熟前，一般在采前10～20d果实体积和重量增长都很快。油桃的果实发育过程一直处于不断生长状态，没有明显的缓慢生长期和迅速生长期。

（三）对环境条件的要求

1. 温度 桃对气候条件要求不太严格，但以冷凉温和的气候条件下生长表现比较好，经济栽培在北纬25°～45°最好。一般北方品种群适宜栽植的地区年平均气温为 8～14℃，南方品种群适宜栽植的地区年平均气温为12～17℃。桃在冬季需要一定量的低温才能完成休眠过程，通常以7.2℃以下小时数计算，大部分品种需冷量为700～900h。

2. 光照 喜光，一般年日照时数在1200～1800h才能满足生长发育的需要，栽培管理上要注意培养开张型树冠，以利通风透光和正常生长发育，增进果实品质，设施栽培针对弱光管理是关键。

3. 水分 抗旱不耐涝，在排水不良或地下水位高的果园会引起根系早衰、叶薄、落叶、落果、流胶以至植株死亡。在土壤水分为田间含水量的60%～80%时根系最适宜，土壤水分降到田间含水量的12%时，叶片凋萎7%。但在春季生长期中，特别是在硬核初期及新梢迅速生长期遇干旱缺水，则会影响枝梢与果实的生长发育。

4. 土壤 对土壤的要求不严，但以排水良好、通透性强的砂质壤土最适宜。适宜的pH是5.2～6.8，pH在 8.2 以上时，常因缺铁而发生黄叶病，在有机肥少、排水不良的情况下更为严重。对土壤的透气性很敏感，土壤中空气含氧量低于2%时，须根就会逐渐死亡，土壤中空气含氧量保持在15%左右时，根生长发育最好。

（四）栽培管理技术

1. 苗木繁育 嫁接繁殖北方用山桃作砧木，可提高抗寒能力；南方用毛桃作砧木，可提高耐涝耐温能力。毛樱桃、寿星桃、欧李可作桃的矮化砧木，以毛樱桃效果比较好。选择高80cm以上，嫁接口粗度0.8～1.0cm，苗木充实，芽体饱满，根系完整，粗0.3cm、长15cm的侧根5～6条，无病虫害和明显机械损伤的苗木。

2. 建园 园地应选择无污染和生态条件良好的地区。桃适于土壤疏松、排水良好的砂质土壤，建园应选择阳光充足的地段，避免易发生大风、雹灾的地区。桃重茬易造成发育不良甚至死亡，不能与核果类果树连作。建园时根据栽培目的和当地气候条件选择品种，特别注意早、中、晚熟品种搭配。桃园的栽植密度，应根据生产者的投资能力和技术水平来确定。

3. 土肥水管理　桃园秋季应进行深耕。由于根系较浅，耕作深度为20～25cm，可以与秋季施肥结合进行，靠近树干周围宜浅，约为15cm。早春萌芽前进行浅耕，以疏松地表板结层，减少土壤水分蒸发，提高地温。果园生草可以提高果园土壤有机质含量和改善果园小气候。

桃树对肥力条件要求比其他果树高，是不耐瘠薄的树种，一般秋季结合深耕施入基肥。追肥主要根据物候期的进程和生长结实的需要进行营养补充。可在萌芽前、开花后、硬核期、采收前与采收后分别进行追肥，其中硬核期追肥最关键，即在盛花期后一个月左右时施用。如果营养不足，核与胚发育不好，则以后果实就长不大。因此，一般在硬核期前后即6月前后将全年追肥用量的20%～40% 施入，并以氮肥为主，配合磷肥、钾肥。

灌水时期是萌芽前、新梢生长期、硬核始期、果实膨大期和土壤封冻前5个时期。在各个需水时期，根据降雨情况和土壤保水情况，确定具体的灌水次数和灌水量。在地势低洼、黏土地等有积水的桃园，必须注意排水工作。

4. 整形修剪　桃树干性弱，又喜光，原则上宜采用小树冠、开心形。桃树的树形主要有双主枝形、自然开心形和纺锤形。修剪时期一般分为冬季修剪和夏季修剪。

夏季修剪的抹芽于萌芽期进行，新梢长15～30cm时摘心，新梢长20cm时进行拉枝，新梢生长期疏除直立旺长新梢，对空间较大缺少侧枝的部位，也可将背上直立新梢拉向一侧，改造为结果枝组。生长期疏除过密和直立旺长的副梢。冬季修剪结合不同树龄进行，在幼年树和盛果初期应以轻剪长放为首要原则，并充分利用二次枝或三次枝来扩大树冠。盛果期修剪应注意枝组的培养与更新，以及保持树体良好的通风透光条件。回缩交叉的旺长枝，疏除直立旺枝，下垂枝，密生、生长势过弱的果枝，留平生、斜生和中庸果枝。15～40cm的中长果枝留4～8节花芽短截，果枝分布均匀，相邻果枝剪口距离为20cm。

5. 花果管理

（1）人工授粉和花期放蜂。主要针对主栽品种无花粉（如‘仓方早生’‘国光蜜’等），授粉树配置不当的果园或花期气温较低，应进行人工授粉提高坐果率。也可在桃园每公顷释放1200个壁蜂即可自动完成授粉。

（2）疏花疏果。疏除花果宜早不宜迟，从花蕾露红开始，到盛花期（或末花期）为止，疏掉小蕾、小花，留大花、大蕾，疏掉后开的花，留先开的花，疏掉丛蕾、丛花，留双蕾、双花和单花。疏果在幼果硬核初期即幼果直径1cm左右时进行，疏掉3果、双果，留单果，疏掉小果，留大果，摘除尖瘦果、歪尖果、病虫果、密集果，尽量留下垂果，果间距25cm，也可以按 25∶1 的叶果比留果。

（3）果实套袋。主要对中晚熟品种，特别是晚熟品种果实套袋，一般极早熟品种和早熟品种不套袋。选优质双层纸袋于定果后套袋，套袋时间结合疏果，随定果随套袋，选择果形端正、果头向下或侧向无损伤的大果进行套袋，有桃蛀螟的果园应该在桃蛀螟产卵盛期前结束。采前10～15d 摘袋，为防日灼，应分两次除袋，先撕裂袋身，2～3d 后全部摘除。罐藏桃采前不用撕袋。

三、葡萄

葡萄（*Vitis vinifera* Linn.）在世界果品生产中占极其重要的地位，世界上的主要葡萄生产国有西班牙、法国、意大利、土耳其、中国、美国、伊朗、罗马尼亚、葡萄牙和阿根廷。我国葡萄栽培遍及全国，但主要分布在新疆、河北、山东、辽宁、河南、山西、四川、浙江、陕西、江苏、安徽、湖北、天津、吉林等省份。历史上著名的产地有新疆的吐鲁番、和田，河北的宣化、昌黎凤凰山，山西的清徐，山东的平度大泽山等。

葡萄风味良好，葡萄果实可以鲜食，还可以加工制酒、制汁、制干、制罐，尤其葡萄酒是世界上重要的饮料酒。有研究表明，葡萄中含有的白黎芦醇，对心血管病有一定的预防作用。

（一）种类与品种

葡萄属葡萄科（Vitaceae）、葡萄属（*Vitis*），该属约有70个种，分布在我国的约有35个种。葡萄属按照地理分布和生态特点划分为三大种群：欧亚种群、北美种群和东亚种群。另外，还有一个杂交种群。

葡萄品种按有效积温和生长日数分为极早熟品种（110d以下）、早熟品种（110～125d）、中熟品种（125～145d）、晚熟品种（145～160d）和极晚熟品种（160d以上）。按用途分为鲜食品种（‘红花地球’‘巨峰’‘无核紫’‘弗雷无核’等）、酿酒品种（‘赤霞珠’‘品丽珠’‘蛇龙珠’‘雷司令’‘霞多丽’等）、制汁品种（‘康可’‘玫瑰露’‘黑后’等）和制干品种（‘无核白’等）。

（二）植物学特性

1. 根 深根性，根系发达。繁殖方法不同，根系的发育特性各异。葡萄根系缺乏发生不定芽的能力，故没有根蘖的生长特性。吸收根多分布于地表以下15～40cm内，在一般情况下，每年有2～3次生长高峰（5～6月和9～11月），其生长最适低温为 21～24℃，春季气温上升，当土温在8～10℃时开始活动。春季萌芽期根压大，加上葡萄根和茎组织中导管大，故地上部新剪口容易出现大量伤流。

2. 茎 茎蔓生，主要有主干、主蔓、侧蔓、结果母枝、新梢和副梢。能抽生结果枝的一年生蔓称为结果母蔓（或结果母枝），有花序的新梢称为结果枝，无花序的新梢称为发育枝。新梢上的夏芽当年萌发后称为夏芽副梢。茎由节和节间组成，茎的节间有横隔膜。在节位上还着生叶片和卷须，卷须是花序的一种变态器官。卷须在节上着生的规律依种类不同而不同，美洲种自第3节起连续着生，欧洲种则为断续着生。

3. 芽 为混合芽，分为冬芽、夏芽和潜伏芽。冬芽是由一个中心主芽和3～8个副芽组成的复合体，外被鳞片，具有晚熟性，经过越冬后，次年春萌发生长。在一般情况下，只有主芽萌发，当主芽受伤或者在修剪的刺激下，副芽也能萌发抽梢。夏芽是无鳞片保护的“裸芽”，具早熟性，不需休眠，在当年夏季自然萌发成副梢。潜伏芽一般不萌发。花芽属于混合芽，当年分化，翌年开花。一般主梢枝条基部1～2节的芽质量差，中、上部芽的质量好。副梢枝上的冬芽以基部第一个花芽质量最好。

4. 叶 栽培葡萄叶为单叶、互生，由叶柄、叶片和托叶组成，形如掌状，通常3～5个裂片，裂片之间的缺口称为裂刻。同一新梢上不同节位的叶片，由于发生的时期不同，其大小和形状也不完全一致，因此在描述和区别品种时，以选取自基部向上第7～9节位的叶片为宜。叶片有两个生长高峰，第1个生长高峰在展叶后4～6d，第2个生长高峰在展叶后10～12d。秋天温度降到10℃时，叶柄产生离层，叶片开始脱落。

5. 花　有两性花（完全花）、雌花和雄花3种类型。完全花由花梗、花托、花萼、蜜腺、雄蕊、雌蕊等组成。花序为复总状花序，由花序梗、花序轴、花梗和花蕾组成。花序中部的花成熟早，基部次之，穗尖的花成熟最晚。一般一个花序有200～1500朵花。

6. 果实　果粒由果梗（果柄）、果蒂、外果皮、果肉、果心、种子和果刷组成。果梗的长短与鲜果贮运过程中落粒程度有一定的关系，果梗长的一般落粒轻。果皮厚韧的品种耐贮运，果皮薄的品种成熟前久旱遇雨，易引起裂果。葡萄浆果的品质主要取决于果粒的大小、颜色、光泽、穗形、含糖量、含酸量、糖酸比、芳香物质的多少，以及果肉质地和种子的有无。美洲种葡萄具有强烈的狐香味；欧美杂种也具有这一特性，欧洲葡萄具有令人喜爱的玫瑰香味。果实大发育一般有快速生长初期、生长缓慢期和第二次生长高峰期3个阶段。整个果实生长发育为双“S”曲线型。

7. 种子　种子呈梨形，由坚硬的种皮、胚乳及胚组成，约占果实重量的10%。大部分品种经受精发育而成，果实是有籽的；有些品种不经受精而单性结实，有的无核品种虽能受精，但由于种子败育，成为无籽葡萄。

（三）对环境条件的要求

1. 温度　葡萄原产于暖温带及亚热带地区，性喜温暖干燥的气候。栽培上常采用有效积温来衡量不同品种在一年中对热量的要求。葡萄在不同物候期要求的温度不同。芽眼萌发适宜的温度为10～12℃；新梢生长最迅速的温度为28～30℃；开花期温度不低于15℃，开花期遇到14℃以下温度则影响授粉受精，35℃以上的持续高温会产生日烧；浆果生长期不低于20℃。

2. 光照　葡萄喜光，对光照非常敏感。光照充足时，植株健壮，花芽分化良好，产量高，品质好，同时树体的营养积累增多；光照不足时，新梢生长细弱，叶片变黄，产量低，品质变劣，冬芽分化不良。

3. 水分　葡萄较耐旱，一些欧美杂种葡萄也较耐湿，一般年降水量600～800mm即能满足葡萄生长发育的需要。生长初期，枝叶及花序生长需水较多（以土壤田间持水量的60%～80%为宜）；花期低温多雨则影响授粉受精，过于干燥会引起落花落果；浆果生长期要求较多的水分，浆果成熟期如雨水过多会降低果实品质，并影响花芽分化和新梢成熟。

4. 土壤　葡萄对土壤的适应性较强，在排水良好的沙质壤土生长最好，黏重土不利于根系的呼吸并影响生长。对土壤的酸碱度适应范围较大（pH 5.0～8.0），含盐量不超过0.2%生长正常，欧亚种耐盐碱力强，欧美杂交种喜中性或微酸性土壤，在碱性高的土壤上容易失绿。

（四）栽培管理技术

1. 苗木繁育　有扦插繁殖、压条繁殖、嫁接繁殖、组织培养等无性繁殖法。扦插繁殖在生产上应用比较普遍。我国葡萄栽培应用嫁接繁殖的历史较短。在寒冷地区由于存在根系冻害问题，使用山葡萄和贝达作抗寒砧木。为了避免给葡萄生产带来灾难性损失，推广使用具有良好抗性和适应性的砧木具有重要的意义。

2. 建园 园地应选择无污染和生态条件良好的地区。葡萄适于有机质丰富、排水良好的砂壤土，要求园地有良好的光照、通风条件，昼夜温差大，降水量不能过大。葡萄架式有柱式架、篱架和棚架等，防护林距离葡萄行10～15m。

3. 土肥水管理 早春结合清理地面进行一次深翻，也可以结合秋施有机肥深翻。每年进行中耕，深度10cm左右，果园生草可以提高果园土壤有机质的含量和改善果园小气候。冬季比较寒冷的地区，需要埋土防寒，土壤结冻前进行。葡萄树液流动至萌芽前出土上架，出土时注意保护枝蔓，避免碰伤。葡萄出土后及时上架，上架后将枝蔓均匀摆布于架面上，然后及时绑蔓加以固定。

基肥在秋季施，追肥分别在花前、花后、幼果发育和花芽分化、生长后期施。一般来说，无论对当年定植的小苗还是结果园，生长前期要以氮为主，中期要氮、磷、钾都施，后期以磷、钾为主。偏施氮肥会造成新梢成熟不良，容易遭受冻害。

灌水时期主要是发芽前后的萌芽水、开花前灌水、新梢生长和浆果膨大期灌水、采收后灌水及埋土防寒前灌水。开花期和浆果着色期要注意控水。

4. 整形修剪 树体形状主要有头状、扇形及龙干形。葡萄的架式、整形和修剪三者之间必须相互协调才能取得良好的效果。修剪时期主要有冬季修剪和夏季修剪。夏季修剪主要有抹芽、新梢摘心和副梢处理。春季芽眼萌发后抹去多余无用的芽，当新梢长至7～8叶时摘心，留用的副梢，留5～6片叶摘心，副梢上发生的副梢，留3～5片叶反复摘心。冬季防寒地区一般结合下架进行冬季修剪，不防寒地区可在落叶后2～3周后进行。结果母枝依据品种特性，枝条长势强弱，空间大小不同，进行长、中、短梢混合修剪，传统的独龙干形整枝方式多采用短梢修剪。

5. 花果管理

（1）疏花疏果。疏花序可以结合抹芽除梢进行，在花前至花期疏除，从节约养分的角度来说，宜尽早进行，对于玫瑰香、巨峰等鲜食品种，可以采用“壮2中1弱不留”的原则，作为疏花序时的参考。即强壮的结果枝可保留2穗，中庸结果枝留1穗，弱结果枝尽量不留。疏花一般是在花前一周内进行为宜。掐穗尖一般掐去花序长度的1/5～1/4。掐穗尖后，结合掐副穗，不仅达到了疏除部分花朵的目的，也可以使果穗形状比较美观。

疏果一般在果实绿豆大小时即进行第一次疏果，坐住果（果粒达黄豆粒大小时）后，再进行第二次疏果（定果）。

（2）果实套袋。果实套袋可减少果实生长期病虫危害，减轻农药和灰尘的污染，提高果面光洁度；使果实着色均匀，色彩鲜艳，果皮细腻；减少日灼的发生和鸟类的危害，提高果实品质。套袋一般在开花后2周左右进行，套袋前，全园喷布一遍高效、低毒杀菌剂和杀虫剂，重点喷果穗。正确的套袋方法是用右手撑开袋口，用左手托住袋的底部，使袋底部两侧的通气排水口张开，袋体膨起，将袋从下向上拉起，果柄放在袋上方的切口处，使果穗位于袋子的中央。然后将袋口绑紧，避免水分流入。套袋后遇到高温天气（气温高于38℃），应打开袋的底口通风。去袋一般在果实成熟前一周进行，选择晴天10～16时或在连续两个以上的阴天进行。成熟期雨水多的地区，可适当早去袋，以保证果实的色泽。

四、猕猴桃

猕猴桃（*Actinidia chinensis* Planch）果实营养丰富，风味独特，适于鲜食与加工，并具有防癌及治疗高血压、冠心病的功效。每百克鲜果肉中含维生素C 90～420mg，远高于柑橘、苹果和梨，还含有钾、钙、磷、铁、碘及14种氨基酸。

（一）种类与品种

1. 美味猕猴桃　为原中华猕猴桃硬毛变种，是猕猴桃属中最主要的经济栽培种，有‘秦美’‘海沃德’（Hayward）及其配套雄性品种或优株‘帮增1号’‘马吐阿’（Matua）、‘唐木里’（Tomuri）等。

2. 中华猕猴桃　为原中华猕猴桃软毛变种，经济价值较高，我国已从该种中选育出许多栽培品种，有‘红阳’‘金桃’‘Hort16A’［又名‘早金’（early gold）］及其配套雄株‘磨山4号’‘郑雄1号’‘F.K.78-20-1’等。

3. 毛花猕猴桃　该种枝条灰色，幼时密被白色软毛，叶片纸质，叶背密被白色星状茸毛；花瓣呈粉红色，果面密被不脱落的乳白色茸毛，宿存萼片反折；果实可鲜食和加工；品种有‘沙农18号’‘安章毛花2号’等。

4. 软枣猕猴桃　该种枝条无毛或幼时被毛、灰褐色，花瓣呈白色或黄绿色；果实圆球形至柱状长圆形，果皮光滑无毛，不具宿存萼片，可鲜食和加工；品种有‘魁绿’‘丰绿’等。

（二）植物学特性

1. 根系　浅根性植物，根系分布浅而广，水平分布强于垂直分布。成年树根系的水平分布范围为冠径的3～4倍，垂直分布以30～70cm的土层内最多。根系无休眠期，年周期中有两个生长高峰，第一个高峰出现在枝蔓迅速生长后的6月；第二个高峰出现在果实发育后期的9月。高温干旱的夏季和寒冷的冬季，根系生长缓慢或停止。

2. 芽　腋生（腋芽），着生于叶腋间的海绵状芽座上，外面由数片黄褐色茸毛状鳞片包被；复芽，叶腋间通常有1～3个芽，中间较大的为主芽，两侧较小的为副芽；主芽萌发成新梢，副芽不易萌发而成潜伏芽；当主芽受伤或枝条重截后，副芽便能萌发。有时主芽和副芽同时萌发，可在同一节上萌发2～3个新梢。潜伏芽的寿命较长，有的可达数十年之久。

3. 枝蔓　属落叶藤本植物，蔓性生长类型，蔓可长达10m左右。枝条没有卷须，短枝无攀缘能力，只有长枝的先端能缠绕其他物体而有攀缘能力，因此称为“枝蔓”或“枝条”。枝蔓的木质部组织疏松，中央有很大的髓部。

4. 叶片　单叶，互生，叶片大而薄，纸质、半革质或革质。叶形变化较大，有圆形、近圆形、扁圆形、椭圆形、矩圆形、卵圆形、倒卵圆形等。叶缘锯齿状，叶的两面是否被毛，毛的硬、软及形状等为区别品种的特征之一。

5. 花芽分化　花芽较易形成。其花芽的生理分化一般在6～7月，冬季休眠之前只完成了生理分化；其花芽的形态分化则是在春季（一般在2～3月），与萌芽、新梢开始生长同时进行。其形态分化的时期短而集中，速度快，从芽萌动开始到展叶前结束，历时仅约20d。

花芽在结果母枝上一般从基部第2～3节开始着生，直至第20节左右，通常以母枝中部的花芽抽生的结果枝结果最好。二三次枝上也能形成花芽。雄株花芽在母枝上一般从基枝基部第1～2节开始着生，一直到第30～40节。

6. 开花坐果　猕猴桃是结果期早和丰产性强的果树。其实生苗3～4年开始开花结果，6～7年后进入盛果期；嫁接苗第二年就可以开花结果，4～5年后便可进入盛果期。花从形态学上看是两性花（完全花），但却是生理上的单性花，雌花雄蕊退化，雄花雌蕊退化，为雌雄异株的果树。

花着生在结果枝的叶腋处。雌花多靠近基部2～7节着生；一个结果枝通常能结果2～5个，因品种不同而有差异。雄花在第1～9节着生，但以基部第1～5节的叶腋间居多。果实为真果，子房上位，是由多心皮发育而成的浆果，由外果皮（心皮外壁）、中果皮（果肉）、内果皮（心皮内壁）、种子和中轴胎座组成。可食部分为中果皮和胎座，果实由34～35个心皮组成，呈放射状排列，每心皮内有11～45个胚珠，胚珠着生在中胎座上，一般形成两排。每果种子数一般为200～1200粒。

（三）对环境条件的要求

1. 温度 大多数种类要求无霜期160～290d、温暖湿润的气候。其分布区的年平均气温为11～20℃，极端最高气温为42.6℃，极端最低气温为-20℃，≥10℃有效积温为4500～5300℃。

不同种类和发育阶段对气温的要求不同。中华猕猴桃正常生长发育要求14～20℃年均气温，而美味猕猴桃在13～18℃即可；美味猕猴桃的芽萌动要求10℃左右，开花15℃以上，坐果则要20℃以上；当秋季气温下降到12℃左右时，即进行落叶休眠。

2. 光照 猕猴桃属中等喜光果树。幼苗期喜阴凉，忌阳光直射；成年树需要较多的阳光。喜漫射光，以自然光强的40%～45%为宜；自然分布区的年日照时数大多在1300～2600h。

3. 水分 生理耐旱性弱，对土壤水分和空气湿度要求较为严格，一般要求年降雨量为1000mm左右，空气相对湿度在75%以上。在干旱、缺水和高温情况下，叶小、黄花，新梢生长缓慢或停长，叶片凋萎或叶缘焦枯，大量落叶、落果，严重时引起全株枯死。

不耐涝。如土壤积水，其肉质根的根皮易变黑褐色而腐烂，影响养分的吸收，最终导致全树死亡。

4. 土壤 对土壤适应性较强，几乎各种土壤上都能栽种。但在土层深厚、疏松肥沃、排水良好、腐殖质含量高的砂质土壤上生长良好。适宜的土壤pH为5.5～6.5。

（四）栽培技术要点

1. 苗木繁育 目前生产中主要采取嫁接繁殖，中华猕猴桃和美味猕猴桃均采用本种实生苗作砧木；嫁接时期有春季嫁接和秋季嫁接，春季嫁接大多采用单芽枝切接，一般在2～3月，伤流期之前进行；秋季嫁接多采用单芽腹接，时间一般在9～10月。

2. 建园 以交通方便、靠近水源（如水库、河流、渠道等）和便于灌溉的园地为好。猕猴桃自然分布的海拔为80～2300m，但以700m以下的平地和丘陵地区更有利于其经济栽培。山地以25°以下的缓坡地为好，利于水土保持，减少建园工程和栽培管理支出，坡向以东南坡向阳背风地段为好。

规模化商品生产基地应选择1～2 个主栽品种，并按中心式配置6∶1～8∶1的雌雄株。定植前深翻、改土和施肥，从秋季落叶前后到春季萌芽前均可栽植。秋栽（10月下旬至12月上旬）苗木伤口愈合早，利于根系恢复，栽植成活率高，缓苗期短，生长旺盛；春栽以早春雨水节前后，伤流期前完成为宜，但效果不如秋栽。

猕猴桃为藤本蔓性，须设立支架。常用的架式主要有单壁篱架、T形小棚架和水平大棚架。单壁篱架支柱高2.6m，埋入土中0.6m，地上部分高2.0m。顺植株的行向，每隔4～6m立1支柱，支柱上拉3道铁丝，间距0.6m。T形小棚架支柱高2.8m，埋入土中0.8m，地上部分2.0m，篱架顶部的横梁长1.5～2.0m，横梁上拉3～5道铁丝，间距0.4～0.7m。水平大棚架支柱高2.8m，埋入土中0.8m，地上部分2.0m，支柱间距5m×5m，支柱间每隔0.6m拉1道铁丝。

定植密度和品种、架式和园地条件等与管理水平有关。品种长势弱，树体矮小，土壤较瘠薄的，栽植的密度可大一些；品种长势强旺，土壤肥沃的，栽植的密度应小一些；山地猕猴桃园光照和通风条件较好，密度可适当大一些；管理水平高，密度可大些。一般单壁篱架株行距（3～4）m×（2.5～3）m，每公顷栽840～1335株。T形小棚架株行距（3～4）m×（3～4）m，每公顷栽630～1080株。水平大棚架株行距5m×5m，每公顷栽405株。栽植时，以根颈部与地面相平为宜，嫁接口不要埋入土中；根系应舒展，使根系与土壤结合紧密，及时浇足定根水。栽后注意用竹竿或木棍将苗木绑缚扶正，并及时选留3～5个饱满芽定干。

3．土肥水管理 猕猴桃喜湿润或半湿润环境，和土层深厚、疏松、富含有机质的土壤。

（1）土壤管理。可通过种植绿肥，深翻扩穴，增施有机肥等措施熟化土壤。幼龄园，树盘注意覆盖保墒，行间合理间种花生、大豆、绿肥、草莓等。成龄猕猴桃园应加强树盘管理（中耕、除草、培土），促进根系生长。

（2）施肥。基肥要求在采果后立即施入，一般在9～10月，以农家肥等有机肥为主，适当加入一定量速效氮肥。有利于恢复树势，提高树体贮藏营养水平，促进花芽分化的顺利进行。施用量占全年施肥量的60%左右，通常结合深翻采用环状沟施或条沟施肥的方法。追肥主要根据猕猴桃的物候期和根系生长特点及时施用，以速效肥为主。幼龄树以速效氮肥为主，勤施薄施，"少吃多餐"，有利于枝叶的迅速生长，加快树体成形。成年树一般一年追施2～3次，以速效无机肥为主。其中，萌芽肥（2～3月）以速效性氮为主，配合施用磷、钾肥，有利于促进腋芽萌发和枝叶生长，提高坐果率；壮果肥（5～6月）以磷、钾为主，配合施用氮肥，有利于促进果实的迅速膨大和花芽分化；采果肥（9～10月）以速效性氮为主，有利于恢复树势，促进花芽分化，提高树体贮藏营养水平。追肥可采用土壤施肥或叶面施肥法加以补充。叶面施肥可结合喷药、喷灌进行。猕猴桃叶面施肥常用的肥料种类和浓度为：尿素0.3%～0.5%，磷酸二氢钾0.2%～0.5%，硫酸亚铁0.3%～0.5%，硼酸或硼砂0.1%～0.2%，硫酸钾0.5%～1.0%，硫酸锌0.2%～0.3%，草木灰1%～5%。

（3）灌水与排水。猕猴桃根系浅，叶片蒸腾旺盛，在夏季高温干旱季节，易发生水分亏缺而引起叶片干枯、脱落和落果现象，甚至全株死亡，故应及时灌水。灌水量一般以浸湿根系集中分布层的土壤为准，通常以灌透40cm土壤为宜。在多雨的地区或时期应建造渠沟，及时排除地面积水，降低地下水位，保证园地无涝害现象。

4．花果管理

（1）保花保果。猕猴桃雌雄异株，叶片大而多，花多遮盖于叶片之下，仅靠风力授粉困难，必须以昆虫作为授粉媒介。花期可放养蜜蜂。如果花期遇到低温阴雨天气，致使授粉昆虫的活动受到限制，或是雌雄株花期不遇时，或雌雄株比例相差过大，应进行人工辅助授粉，以保证正常结果。人工授粉通常以上午8～10时进行为好。

（2）疏花疏果。正常授粉受精后果实一般没有生理落果现象。如不进行疏花疏果，进入结果期后植株容易出现大小年结果现象，果实大小不一、品质差、商品价值低，树势易早衰。要丰产、稳产、优质，延长结果年限，必须进行疏花疏果。

疏花通常在现蕾期进行，主要是疏除侧花蕾、抹除纤细果枝和花序，以减少养分损耗，促进枝梢生长。疏果应在谢花后即开始，越早越好，一般在20d内完成。主要是疏除畸形果、伤果、病虫害果、侧花果、果枝基部果。原则上短果枝留1个果，中果枝留2～3个果，长果枝留4～5个果。也可根据叶果比确定留果量。例如，新西兰、日本等国按照叶果比4：1～6：1进行疏花疏果。

（3）果实套袋。果实套袋可隔绝病虫，防止农药污染，防止果实的意外伤害，是商品化生产中提高猕猴桃果实质量的一项重要措施。

（4）果实采收。采收期直接影响着猕猴桃果实品质的优劣和其贮藏性能。目前多以果实可溶性固形物含量作为采收指标。在新西兰，要求海沃德果实的可溶性固形物含量达到6.2%时开始分期采收；美国加利福尼亚州的采收标准规定为7.0%～7.5%；日本规定为6.5%～7.0%。在我国，中华猕猴桃可溶性固形物含量要求在6.5%以上，美味猕猴桃在7.0%以上开始采收。此外，也可根据果实的硬度和果实的发育时期来确定采收期。

采果时间应尽量在晴天、晨露已散的上午或傍晚进行。采摘时应轻拿轻放，小心装运，避免造成果面的任何伤害，而影响贮藏寿命和货架期。

5. 整形与修剪

（1）整形。猕猴桃枝条生长迅速，应及时整形，使枝蔓不致相互缠绕。篱架整形目前多采用单干双臂双层或3层水平形，也可采用多主蔓扇形。篱架整形的总原则是，要做到主蔓和侧蔓主次分明、配置均匀，相互间保持一定空间，创造足够的通风透光环境。南方湿热地区多采用平顶大棚架整形。

（2）修剪。根据时期不同，猕猴桃的修剪分为冬季修剪和夏季修剪。

冬季修剪主要在冬季落叶以后至伤流期之前进行（一般在12月中下旬至次年2月上中旬），主要考虑树体的合理留芽量，枝条剪留长度，结果母蔓的更新，防止结果部位外移，平衡营养生长与生殖生长。采用短截与疏剪相结合，长、中、短枝修剪相结合的方法。对徒长性结果枝，可在已结果部位以上留6～8芽短截，长果枝留4～6芽短截，中果枝留2～4芽短截，短果枝及短缩果枝不短截。对于当年生的普通营养枝，一般留4～10芽短截，使其翌年成为优良结果母枝。若营养枝数量较多，可将其一部分留2～4芽短截作为预备枝。疏除其他密生枝、交叉枝、重叠枝、衰弱枝、位置不当枝、枯枝、根蘖枝及病虫枝。对于结果多年已衰弱的结果母枝应及时回缩更新。

夏季修剪在萌芽后至落叶之间进行，主要是调整树体结构，减少无效消耗，改善通风透光条件，避免枝条郁闭，减少病虫危害，均衡生长与结果。夏季修剪主要有抹芽、摘心、疏枝剪枝等。抹芽即抹去过密的、位置不当的及基部抽生的萌蘖芽，主干、主蔓上萌动的无用潜伏芽。抹芽越早，养分消耗越少。健壮结果母枝一般留4～6个结果枝，其余适当抹去。摘心在营养枝长至0.8m左右时进行，促进枝条健壮、充实，转化成优良结果母枝。花前对结果枝进行摘心，可暂缓生长，有利于积累养分，提高坐果率和促进果实肥大；一般在结果部位以上留7～8片叶摘心；一次副梢和二次副梢分别留3～4片及2～3片叶摘心。在抹芽和摘心未能及时全面进行时，可在夏季进行疏枝和剪枝。在新梢长至20cm左右、可以辨认花序时进行，一般是疏除重叠枝、交叉缠绕枝、密生枝、背上过旺枝、过弱枝、枯枝、病虫枝等。根据树势、枝条粗度、架面大小及管理水平等来确定疏枝数量。一般结果母枝上每隔10～15cm留一新梢，以每平方米架面上留10～15个新梢为宜。

此外，还应做好绑缚，使枝蔓在架面上均匀分布，避免下垂地面，以保持良好的树形，促进生长与结果。

五、柿

柿（*Diospyros kaki* Thunb.）为柿科落叶乔木，主要产地有河北、北京、河南、山东、山西等省份，如北京盘柿、山东牛心柿、江苏方柿。鲜柿100g可食部分中，含胡萝卜素0.16mg，硫胺素0.01～0.07mg，核黄素0.02mg，烟酸0.02mg，维生素C 16mg，蛋白质0.07g，脂肪0.1mg，糖11g，热量48kcal，粗纤维3.1g，无机酸2.9g，钙10mg，磷19mg，铁0.2mg。柿饼营养更浓厚，含糖可达65.2%，蛋白质1.5%，脂肪0.1%。且肉柔如枣，味甘似饴，除作糖果供食外，也可作粮食或糖的代用品，更可作医疗用，对治胃病、解酒毒、降血压等有一定效果，柿霜可治喉痛或口疮。

（一）种类与品种

1. 涩柿类　果实成熟时在树上不脱涩，需要采后人工脱涩方可食用。品种有‘磨盘柿’（又名‘盖柿’‘箍箍柿’‘腰带柿’‘重台柿’）、‘水柿’（又名‘月柿’‘饼柿’）、‘安溪油柿’‘江山无核蜜柿’‘兰溪大红柿’‘千岛无核柿’‘无核长方柿’等。

2. 甜柿（甘柿）类　果实成熟时在树上可以自然脱涩，可直接食用。品种有‘伊豆’‘松本早生’‘次郎’‘前川次郎’‘富有’‘新秋’等。

（二）植物学特性

柿树生长旺盛，有中心干，树高大。嫁接苗栽植后经3～4年开始结果，7～8年后渐入盛果期。树高多在5～7m。一般涩柿生长势强，易成大树，甜柿生长势较弱，树冠开张，较矮小。幼年生长旺盛，约在树龄15年后，生长显著减弱，20年后大枝有更新现象，由于隐芽极易萌发，更新易而次数多，故寿命长，至老年仍能维持相当的产量。

柿树雌花生于当年生新梢的叶腋。结果母枝长7～30cm，大多数为上年生充实的春梢，其顶部的芽1个或几个分化而成混合芽，越冬至春，这些混合芽萌发抽枝，通常在其第3叶腋起开始生雌花，每一结果枝雌花少则仅1个，多则有连续着生约12个者，但以生1～3个者为最多。结果枝常于生最后一个雌花后，其上再伸展生4～5叶，其先端即自枯，停止生长。结果母枝长而强者较短弱者混合芽发育良好，其所生结果枝生花多，而在同一结果母枝有几个混合芽的，一般顶端的最充实，其下依次较弱，故母枝顶端所生结果枝花数常最多，自此渐下则花数渐少。但也有因混合芽在母枝上的方位不同，下部芽所生结果枝上花数反较上部芽所生结果枝上多的现象。凡结果枝上生花之节无腋芽的，该节不能抽生枝梢，更新枝须自基部和先端无花的节抽生。

（三）对环境条件的要求

1. 温度　宜温暖气候，但在休眠期耐寒力很强，冬季最低温度降至-14℃，无任何冻害，且能忍耐短期-20～-18℃的低温，因此在华北和西北各地都可栽培。但温度长期在-20～-15℃或以下时，枝梢会受冻害。甜柿耐寒力较涩柿弱，生长期（4～11月）平均温度须在17℃以上，故宜于暖地。如果在北方较冷的地区，因温度低，果实自然脱涩缓慢，往往在树上不脱涩而成涩柿，且着色也较劣。甜柿的成熟期（8～11月）平均温度在18～19℃时果实品质较高；但温度高达20℃以上时，果皮粗糙，果肉褐斑较多，品质降低。故甜柿在我国最宜于长江流域和云贵一带。柿开花期迟，花与果一般不会受晚霜为害，但幼叶有时有受害的。秋季早冷地区对果实发育不利，而尤以甜柿脱涩困难，品质劣。

2. 雨量 柿原产于多雨的南方，但经长期在华北栽培驯化，也能适应干旱气候，在我国形成了南方和北方两个品种群。南方品种群耐湿，北方品种群耐干抗寒。不论南方还是北方品种，在果实成熟期均喜干燥和阳光充足，而有适当温度。我国北方秋季温度并不很低，而雨少，日照多，故柿的品质反胜于南方。

生长期雨量过多，常引起枝梢徒长，妨碍花芽形成。开花期多雨阻碍授粉受精，易引起落花落果。幼果发育期多雨，日照不足，则会阻碍同化作用，易引起生理落果。多雨而日照少，对柿栽培不利；夏秋在果实生长期久旱，又不能灌溉，则土壤太干，果实发育受阻碍，甚至引起落果。因此，在南方多雨期应注意排水，而在夏秋干旱期或北方干旱地区须及时灌溉。

3. 土壤 对土壤要求不严格，宜缓坡地，以土层较深、石砾较多的黏质或沙质壤土为好，在含腐殖质适度的土壤上生长良好，丰产，果实品质优良。

（四）栽培技术特点

1. 苗木繁育 一般采用嫁接繁殖，北方常用君迁子作砧木，而南方则主要采用实生柿或油柿作砧木。嫁接的方式分为枝接和芽接两种，枝接一般在春季砧木已萌发而接穗尚未萌芽时进行，芽接主要在新梢成熟后的6～9月。柿因含有较多的单宁，易氧化形成隔离层，所以，无论是枝接还是芽接，动作都要迅速，且削面要平滑。

2. 建园 在暖地秋植或春植均可；寒地秋植须培土包草防寒，以春植为宜。秋植或春植的具体时期依地方而异。暖地落叶迟，秋植宜11～12月，寒地一般在冻结前10月底即须定植。春植在暖地宜2月间。寒地则宜3月中旬至4月上旬栽植完毕，尽可能以早栽植为宜。栽植距离依品种、砧木、栽培管理等不同而不同，大体上，在坡瘠薄平地的距离，涩柿（5～6）m×6m，甜柿4m×5m；在肥沃平地或缓倾斜地的距离，涩柿（6～7）m×7m，甜柿（5～6）m×6m。混植授粉树的数量以10%左右为宜。

3. 土肥水管理

（1）施肥。施肥量依土质、气候、树的生长及结果状态等大有不同。以每公顷生产果实22.5t为标准，约需氮187.5kg，磷56.25kg，钾150kg。施肥时期分为休眠期的基肥（12月至次年2月）与生育期第一次追肥（7～8月）和第二次追肥（9～10月的补肥）。基肥占全年总施肥量的60%～80%，其余作追肥用。冬期以堆、厩肥等有机迟效肥料为主，早春根据发芽状况可以酌用少量速效氮肥作为催芽肥，但用量不可过多，以免枝梢生长徒长。

（2）土壤管理。柿耐湿性强，而耐旱力弱，土壤过干，生长结果不良。一般土壤含水30%～40%时枝梢生长最好，但最忌有停滞水。应深耕，多施有机肥，并行覆草、生草、灌溉等。

4. 整形修剪 依品种或环境条件不同，柿的生长有强弱之别。一般涩柿生长强，树姿直立，宜用主干疏层形；甜柿生长较弱而开张，宜用自然开心形。

（1）生长期修剪。包括除萌、扭梢、摘心、剪梢。

柿强健的结果母枝常自1枝上部发生结果枝数个，自其基部发生生长枝，有时不免过于密生。此时先端的结果枝往往生长过强，生产优良果者少，下部生长弱的结果枝，伸长缓慢，开花迟，而受精不良，落果率高，故自1个结果母枝发生多数结果枝时，宜留中部所生结果枝约2个，其他宜早行除萌，以期风光通透，节省养分。此外，柿多隐芽，易因修剪刺激而萌发，宜于发生之初4～5月将无用的全部除去，仅留少数应留的萌枝。

在适当位置须留存的徒长枝，宜于4月下旬至5月中旬在长30cm的基部还未硬化时，将其基部扭曲以抑制生长，使在扭曲部以上集积同化物质，并对这些枝梢于5月下旬至6月中旬摘心，促其生二次枝，则至初秋其二次枝能成为优良结果母枝。如果摘心后不生二次枝，则在已摘心的枝梢先端的芽可直接变为混合芽。

如果生长过强，尚有夏秋梢发生，宜于7月中旬至9月中旬随时检查，将树冠内无用或密生的新梢除去。

（2）休眠期修剪。柿的树形完成后，为维持树形，并使其年年充分结果，除肥培管理外，冬期修剪也不可忽视。冬剪任务是调整大骨干枝，清理内部枝及弱小枝、枯枝，处理结果母枝，更新主枝或副主枝。

大骨干枝的调整：成年柿树修剪前宜先观察树势、树冠形态及与邻树的关系，如其主枝、副主枝过多，树冠内通风透光不良，宜先疏剪直径3cm以上的大枝。疏去后伤口宜削平，并以石蜡或接蜡涂抹。

内部枝、弱小枝、枯枝的清理：这些枝无力结果，可从早清理或剪去，但着生雄花的授粉品种因弱小枝多为雄花枝的母枝，除过密者外，宜保留使其多开雄花，以供授粉。

结果母枝的处理：按目标产量和树势强弱分别定每树的生产指标，按照指标保留树上一定数量结果母枝。但考虑到生理落果或其他灾害损失，结果母枝宜较预计数增加20%，待结果确实后再疏果。结果母枝一般以长20～45cm最为理想，可将不良或密生的结果母枝疏去，而将一部分留数芽短截，作为更新母枝，使其再生翌年所要的结果母枝。

凡留存的结果母枝宜选粗细长短比较一致，且均匀分布于树冠各部分者，则将来抽枝后所产果实大小品质比较一致。结果枝自结果母枝先端2～3芽抽生者为最多，所以保留的结果母枝以不剪为原则。

主枝或副主枝的更新：柿入盛果期后，主枝、副主枝也因果重而渐开张，进一步先端下垂，使全树趋于衰弱，但其时常下垂弯曲部的上面发生直立枝代替更新。其后树龄更高，树势更弱，主枝或副主枝的基部侧枝群枯死，致使结果部位上升时，应保留适当长度剪去主枝或副主枝先端，促其基部隐芽发生强大徒长枝，而行全树冠更新。

六、板栗

板栗（*Castanea mollissima* Blurne）是我国重要的坚果，其栗仁肉质细腻，清香甜糯，美味可口；栗仁营养丰富，含淀粉40%以上，蛋白质7%左右，脂肪2.0%～7.4%，以及多种维生素（A，B_1，B_2，C）和矿物质（Ca，P，K）等。板栗是我国一项大宗出口的商品，因为品质优于日本板栗和欧洲板栗，种皮易剥离，在国际市场上享有很高的声誉。板栗树木质坚硬，耐湿抗腐；树皮和总苞含4.0%～13.5%的单宁，可提炼烤胶。

（一）种类与品种

栗为壳斗科栗属植物，本属约有10个种，多为落叶乔木，少数为灌木，果实可食用；原产在我国的有板栗、锥栗和茅栗3个种。我国有板栗品种300多个，根据主要园艺性状和地域分布可分为华北、东北、西北、长江流域、西南和东南六大品种群。在实生板栗产区，仍有许多自然变异类型。

主要栽培品种有江苏的‘九家种’‘焦刺’‘青毛软刺’‘处暑红’，浙江的‘魁板栗’‘毛板红’，湖南的‘它栗’，湖北的‘浅刺大板板栗’，云南的‘云腰’‘云旱’，陕西的‘镇安大板栗’，河北的‘明板栗’（‘红明板栗’‘红油皮板栗’）、‘燕山短枝’‘遵化短刺’‘东陵明珠’，北京的‘燕山红栗’，山东的‘大油板栗’‘沂蒙短枝’‘莱西大板栗’‘蒙山魁栗’，河南的‘豫板栗2号’等。

（二）植物学特性

1. 根系 深根性，根系入土深，分布广。水平分布较冠幅大1～2倍，85%以上的根系集中于距树干50～250cm内。在土层深厚的地方，12年生实生板栗树根深可达150cm，而根系的绝大部分都在40cm以下的土层中。但在土质瘠薄的石砾山地，根系分布就很浅，表土下15cm处即见大根，并随树龄的增长，根系逐渐暴露于地面，容易受风害而倒伏。

2. 芽 花芽（混合芽）芽体最大，钝圆形，着生于结果母枝的顶端和中上部，雌花芽（又名完全混合芽）萌发后可抽生带雌花的结果枝，雄花芽（又名不完全混合芽）萌发后可抽生带雄花序的雄花枝。雌花芽与雄花芽在外形上不易区别，仅在发育的程度上有所不同，一般位于结果母枝顶端及以下的2～3芽为雌花芽，再以下的则为雄花芽。

叶芽芽体稍小，近圆锥形，着生于生长枝的叶腋间或结果母枝的中下部，萌发后抽生生长枝。

休眠芽着生在枝梢基部，芽体最小，一般不萌发呈休眠状态。休眠芽的寿命很长，经过多年，一遇刺激又能抽生新梢。利用休眠芽的这一特性，对老树或弱树行重回缩，可以刺激休眠芽抽生徒长枝，更新树冠。

3. 枝梢 分为生长枝、结果母枝、结果枝和雄花枝等4种。

（1）普通生长枝。生长充实强健，芽的发育比较饱满，年生长量10～30cm，幼树和树势强健的成年树所生普通生长枝较长，而衰老树上则较短。一般着生于一年生枝的中上部。

（2）纤弱枝。大多从一年生枝的中下部萌发而成，生长细弱，长度在10cm以下，容易枯死。当树势极度衰弱时，一年生枝的先端几个芽也只能抽生为纤弱枝。纤弱枝一般都不能形成结果母枝，又徒耗养分，应疏除或短截促使抽生强枝以更新复壮。

（3）徒长枝。多由休眠芽受刺激后萌发而成，生长旺盛，节间长，组织不充实，芽小，长度可达100cm以上。在衰老树上，徒长枝是更新树冠的主要枝条。若发生在成年树而位置适当时，可培养成为结果枝组，如过密则应及早疏除，以免徒耗养分、扰乱树形。

（4）结果母枝。凡枝上着生雌花芽能抽生结果枝的，称为结果母枝。通常由去年的结果枝或健壮的生长枝转化而成。有时，雄花枝或落花落果枝在营养条件良好的情况下，也能转化为结果母枝。强壮的结果母枝长度为20～40cm，直径为0.6～1.0cm，着生3～5个雌花芽，可同时抽生为结果枝，下一年的连续结果能力也强。弱的结果母枝长度一般在20cm以下，枝上仅有一个雌花芽，只能抽生一个结果枝，连续结果能力差。

（5）结果枝。春季结果母枝先端的花芽萌发抽生为结果枝，枝上着生有雌花簇与雄花序构成的混合花序。全枝可分成4段，基部数节仅着生叶片，落叶后在叶腋间留下腋芽，其上有10节左右着生雄花序，这些节上无芽，雄花序脱落后就成为空节，再上1～3节着生混合花序，开花结果后节上仅留下果柄的痕迹，没有芽，最前端一段为尾枝，尾枝上各节叶腋间都有芽，其中有可能在结果的同时又形成新的花芽。

4．开花结果习性　雌雄异花同株。结果枝的中上部往往连续于每节叶腋都着生雄花序，并在最上部的1～4条雄花序基部着生1～2个雌花序。雄花序为葇荑花序，一个枝上可着生10个左右的雄花序，在花序上每3～5朵雄花组成一簇，数十簇螺旋排列于花轴上组成一个花序，共有小花100朵左右。雌花序球状，每一雌花序有2～5朵雌花，以3朵居多，生于有刺总苞内。

板栗为异花授粉风媒花植物，花粉量多，花粉粒小而轻，单粒花粉在强风时可飞至300m远的地方。但花粉常聚成团，一般散布不超过50m，故授粉树的配置距离不宜太远。同株花粉授粉的结实率很低，故单株栽植的板栗树空苞现象较多，栽植时须配置适宜的授粉品种。

（三）对环境条件的要求

1．气象因子　板栗为喜光树种，开花期光照充足，空气适度干爽，则开花坐果良好，故以栽在向阳面为宜。为了改善树冠内的光照条件，枝条过密时应适当稀疏，利于内膛结果。

依品种群不同对温度要求有差异，华北板栗适于我国北部栽培，要求年均温为8～12℃，生长期均温为18～20℃；华中板栗要求年均温为15～17℃，生长期均温为21～24℃。板栗在不同物候期对温度要求也不同，开花期需17℃以上的温度。

板栗对湿度有较强的适应性。欧洲板栗最喜干旱，故分布于夏干地区；华北板栗也较喜干燥，一般多分布于年雨量400～800mm地区，故河北、山东、陕西等有许多著名的板栗产区；华中、华南板栗较能耐湿，其分布区雨量多在1000mm以上；日本板栗耐湿性也强，日本板栗主产地多在年降水量为1300～1800mm的地区。

2．土壤　对土壤种类的要求不严，但以土层深厚、富于有机质、排水良好的砂质或黏质壤土为宜，在土质黏重、排水不良的低洼地，生长不佳。能适应pH4.6～7.5的土壤，以pH 5.5～6.5最适宜。

（四）栽培技术

1．苗木繁育　常采取嫁接繁殖，嫁接苗栽植3～4年即可投产，7～8年后进入盛产期。砧木通常采用本砧，砧木地径以0.6cm以上为宜。嫁接时期可在春秋两季，但以春季成活率高，一般采用劈接和切接法，时间掌握在砧木芽开始萌动时为佳。

2．建园　在平地或缓坡地、土质肥沃深厚的板栗园，每公顷以300～600株为宜；坡度15°以上而土质瘠薄时，以600～800株为宜。密植园必须采取相应的整形修剪措施，防止树冠交叉和密闭。板栗自花授粉结实率低，如青毛软刺为15.2%，红板栗为7.7%～9.1%，一般为3.6%～36.0%。异花授粉结实率也因不同品种组合而有很大差异，高的达100%，低的仅20%左右。因此应选择适宜的授粉品种作为授粉树。授粉品种的果实大小、风味、色泽、口味等应与主栽品种接近或优于主栽品种，授粉树株间距离不宜大于20m。授粉树的配置一般有两种方式：一是确定一个主栽品种，配置1～2个授粉品种，主栽品种与授粉品种树的比例为8：1～10：1；二是2～3个品种隔行或隔双行等量栽植，互为授粉树。授粉品种的花期应与主栽品种花期相一致。

板栗树根系的恢复力弱，不耐移植。移栽前先灌水，移栽时多带原土，少伤根系，可以提高移栽成活率。

3. 板栗园管理

（1）刨树盘。坡度较陡的山地板栗园，不便于土壤耕作和施肥，刨树盘可以疏松土壤，有利于根系生长；减少土壤水分蒸发。刨树盘的时间可根据当地雨水分布和杂草生长状况，每年进行2～3次，经常保持树下土松草净。刨土深度，在早春和晚秋为15～20cm；夏季稍浅，为10～15cm。靠近树干的大根分布较浅，宜浅刨。

（2）施肥。每年至少施肥3次，即秋施基肥、花期追肥及果实肥大期追肥。秋施基肥是在采果后，成年树每株施腐熟有机肥100～150kg，为氮、磷、钾完全肥料。花期追肥在开花前3～4月，以速效性氮肥为主，每株施尿素、硝铵或硫铵0.5～1.0kg或粪肥60～100kg。在7～8月，当果实迅速肥大前第二次追肥，施速效性的完全肥料，每株施氮素化肥0.5～1.0kg、过磷酸钙1.5～2.5kg，钾肥0.5～1.0kg。

4. 整形修剪 板栗是极性较强的喜光树种，任其自然生长，容易出现结果部位外移、外围枝过多过密、内膛光照不良、下部小枝枯死、大枝光秃、产量不高的现象，应进行合理的整形修剪。

（1）整形。较适宜的树形有自然开心形和主干疏层形两种。自然开心形的特点是树冠无中心干，只有3～4个主枝自主干顶端向外斜生，树冠稍矮而开张，内膛通风透光良好，适于密植，是目前最好的一种树形。主干疏层形树形特点是有中心干，主枝5～7个，分成2～3层，其树形比较高大，主枝较多，能够丰产，但内膛通风透光条件不如自然开心形。

（2）结果树的修剪。修剪结果树的主要目的是促使树冠的内外、上下各部分都能抽生强健结果母枝，充分利用空间，尽量增加结果部位。

结果母枝的培养和修剪：树冠外围生长健壮的一年生枝，大多为优良结果母枝，应保留；如过密，则疏剪其中较弱的枝。生长过旺的结果母枝应在其下方另选留1～2枝，培养成结果母枝，既可增加产量，又可分散养分缓和生长势。若母枝因连年结果而趋于衰弱时，应予回缩修剪，并在下部培养新的结果母枝代替。

枝组的修剪：枝组经过多年结果后，生长趋于衰弱，结果能力显著下降，应当回缩使其更新复壮。若枝组基部有徒长枝，可留徒长枝而回缩枝组，同时短截徒长枝，促使分枝培养成为新枝组。若枝组基部无徒长枝，则留3～7cm长的短桩回缩枝组，促使基部隐芽萌发为新梢，再培养成新枝组。枝组过密时，应去弱留强，改善通风透光条件。

骨干枝的回缩更新：为防止衰老，延长结果年限，大量结果以后，应注意骨干枝的更新。当骨干枝的枝头只能抽生细弱新梢时，应及时更新。为了避免由回缩骨干枝而引起产量的显著下降，可提前在骨干枝下部培养更新枝，当更新枝已有良好的结果母枝并开始大量结果时，再回缩原枝头。

七、柑橘

柑橘（*Citrus reticulata* Blanco）是我国南方重要的果树，亚热带各国均有栽培，柑橘果实色香味兼优，果汁丰富，营养价值高。柑橘又是医药及食品工业的重要原料，果肉可制罐头、果酱、果汁（为世界三大饮料之一）、果酒等。果皮和橘络均可入药。

（一）种类与品种

柑橘类属芸香科（Rutaceae）柑橘亚科柑橘族柑橘亚族植物。栽培上最重要的是柑橘属，其次为金柑属和枳属。主要有甜橙类、宽皮柑橘类、柚类、柠檬、金柑及近年引进的杂交柑橘类等，其中以甜橙、宽皮柑橘类为主。主要栽培品种有‘蓬安100号锦橙’‘纽荷尔脐橙’‘奈维林娜脐橙’‘塔罗科血橙新系’‘新生系3号椪柑’‘太田椪柑’‘不知火’‘天草’‘津之香’‘春见’‘诺娃橘柚’等。

（二）植物学特性

1. 生长习性　从种子萌发或嫁接苗接穗发芽到植株生长、开花结果、衰老死亡一生中要经历营养生长期、生长结果期、盛果期、衰老更新期4个生物学年龄时期。

营养生长期又称幼树期，是指从种子萌发或嫁接苗接穗发芽到树冠形成、初次开花结果这段时期。这段时期树冠生长旺盛，枝梢先行直立生长，分枝后形成树冠骨架，一年抽生3～4次新梢生长；前期主根垂直生长快，后期水平侧根迅速生长。柑橘幼树开花结果年限的长短与品种、繁殖方法、砧木种类和栽培管理水平有关。

开始结果后，营养生长开始减弱，果实产量逐年增加，称生长结果期。这段时期树冠和地下根系继续迅速扩大，新梢生长仍很旺盛，花量较少。随着主、侧枝增加，枝条开张角度增大，树冠横向生长加快，侧根特别是水平侧根和须根迅速增加。树冠内外部均开始坐果，产量逐渐增加，果实品质不断提高并渐趋稳定，营养生长与生殖生长趋于平衡。

盛果期树冠和根系的离心生长缓慢，树冠扩大到较大限度，大量枝组不断抽生、衰老与更新，树体营养生长与开花结果平衡，产量稳定。

嫁接树一般40年以后进入衰老更新期。此期，树势衰退，新梢短而弱，大枝先端枝组开始干枯，经过几次更新后陆续死亡，内膛逐渐空秃，并发生少量徒长枝，根系逐渐老化死亡。树冠和根系均向心生长，结果少，果实小。

2. 结果习性

（1）花芽分化。幼树随其树冠和根系的增长，营养生长逐渐缓和，植株光合产物有一定的积累转化，植物激素参与生理调节，使幼树进入结果期。

花芽可分为生理分化期和形态分化期。生理分化期在形态分化期前约20d进行，在外界条件（日照、温度等）和内部因素（激素平衡）调节影响下，物质从量变到质变，营养芽转变为花芽，进入花芽形态分化期。一般来说，低温、干旱是诱导柑橘开花的主要条件，秋季气温高，冬季有一定的低温，则花量增多。

通常9月下旬至10月上旬是春梢花芽分化临界期。12月上旬半数处于分化期。2月中旬半数以上处于萼片期，并部分出现小花蕾。3月上旬已基本分化完毕，全部显蕾。3月下旬至4月上旬为蕾期。4月中旬至5月初为盛花期。秋梢约晚40d开始分化，但分化速度快，2月上旬便超过了春梢。一般萌芽早的品种，花芽分化也早，橘类和柑类较甜橙萌芽晚，其花芽分化也晚20～30d。

（2）结果枝和结果母枝。开花结果的当年生枝称为结果枝，孕育和分化花芽抽生结果枝的枝梢称为结果母枝。春梢、秋梢通常是优良结果母枝。抽生较晚的秋梢和冬梢，养分不足，也不易分化花芽。

（3）果实发育和成熟。谢花后幼果开始发育，最初增长较慢，6月初以后果实迅速膨大，出现体积增长的第一次高峰。果实第二次增长高峰在8月下旬至9月上旬。9月中旬至10月中旬是第三次增长高峰。10月初果皮类胡萝卜素渐渐显现，果皮开始着色。10月下旬后，果实缓慢增大，果皮颜色进一步转化，果胶、淀粉及其他多糖类物质水解，果肉逐渐软化，果汁增多，糖分积累，酸量相对减少，维生素C增加，芳香物质积聚在果皮、果肉、精油中，转入果实成熟期。果实达完全成熟时，风味品质和果色达到该品种的固有特性。

（三）对环境条件的要求

树体生长最适温度为23～29℃，生理活动的有效温度为12.8～37.0℃，低于12.8℃或高于37.0℃都会使生理活动处于抑制状态而停止生长。根系生长要求的土温和地上部相似，但其生理活动的最适土温为17～26℃。

柑橘属于耐阴性较强的植物，喜散射光，一般要求的年日照时数在1200h以上，以1400～1800h生长表现和果实品质尤佳。不同种类品种对光的需求有差异，橘类要求生长在光照比较充足的地区，其次为甜橙类，柚类则相对较耐阴。

要求年降雨量为1000～1500mm，根系活动期适宜的田间持水量为60%～80%。生长期要求雨水均衡供应，花期和花芽分化期适当控水有利于开花结果，果实膨大期则需要充足的水分促进果实发育和增大。

喜微酸性至中性的壤土，以pH 5.5～6.5为宜。过酸或过碱的土壤不利于柑橘树生长发育，尤其碱性土易导致植株缺铁黄化、生长弱、结果差。根系大多分布在10～60cm土层，要求土壤有机质含量为1.5%～2.0%或以上，含氮0.1%～0.2%，全磷（P_2O_5）0.15%～0.20%，全钾（K_2O）2%以上。

（四）栽培技术要点

1. 苗木繁育 育苗砧木通常以枳、红橘、香橙及酸柚的种子播种繁殖，待地径长到0.5cm以上时即可嫁接。嫁接方法以接穗取芽大小不同分为芽接和枝接法，以嫁接位置不同分为切接和腹接法。嫁接时间主要集中在春季萌芽前。

2. 建园 甜橙适宜栽培区要求年均温17.0℃以上，1月平均温度5～7℃或以上，极端低温-5℃以上；宽皮柑橘适宜栽培区要求年均温16.5～22.0℃，1月平均温度4～5℃或以上，极端低温-7℃以上。≥10℃的年积温5000℃以上，年日照1000h以上，降雨量≥800mm。

土壤微酸性或中性，pH 5.5～7.5，沙壤土或壤土，质地良好，土层深厚，疏松肥沃，有机质含量≥1.5%，地下水位1m以下。

因地制宜、综合治理、科学规划园区。划分小区，规划修筑必要的道路、排灌和蓄水、附属建筑等设施。防治水土流失，提高土地利用率。如需要建防护林，应选择速生树种，并与柑橘没有共生性病虫害。

3. 土肥水管理

（1）土壤管理。对于土层浅、土质差、肥力低、并采用定植穴或定植沟新建果园3～4年后和土壤肥力衰退、根系衰老的成年果园需要深翻扩穴改土，同时结合施用有机肥，压埋各种有机质，促进根系生长。

（2）施肥。以有机肥施用为主，合理施用无机肥，有针对性补充中、微量元素肥料，充分满足柑橘植株对各种营养元素的需求。

土壤施肥采用环状沟施、条沟施、放射状沟施、穴施和土面撒施等方法。在树冠滴水线外侧挖沟（穴），深度20～40cm。东西、南北对称轮换位置施肥。化肥溶于粪水一起施用。土面撒施肥料的选用应以造粒复混肥或缓释肥为主。速溶化肥应浅沟（穴）施，有微喷和滴灌设施的锦橙园，可进行液体施肥。

叶面追肥选用适宜的大量元素肥料或微量元素进行叶面喷施，在新梢老熟前各喷2～3次，成年结果树主要在春、秋梢生长期酌情进行叶面追肥。叶面追肥可结合病虫害防治进行。

幼树施肥应勤施、薄施，以氮肥为主，配合施用磷、钾肥。1～3年生幼树单株年施纯氮100～300g，氮、磷、钾（以N、P_2O_5、K_2O计，下同）比例为1：（0.3～0.5）：0.5。定植后1年生幼树3～9月每月施肥1～2次，每次株施20%浓度的腐熟人畜粪肥5～10kg（在春、夏、秋梢抽生盛期各添加一次0.5%尿素）。2～4年生树年施肥次数减至4～5次，在2月、5月、7月、9月、11月施用，腐熟人畜粪肥浓度增加为50%～70%。随树龄增大，施肥量逐渐增加。投产前一年，控施氮肥，增施磷、钾肥。结合防治病虫害，在各次梢顶芽自剪至新梢老熟前增施根外追肥1～2次。

成年结果树施肥，一般中等肥力柑橘园，以产果100kg计，施纯氮0.8～1.0kg。全年氮、磷、钾比例为1：（0.6～0.8）：（0.8～0.9）。有针对性地补充微量元素肥料。年施肥3～4次。2月下旬至3月上旬萌芽（花前）肥，以氮、磷为主，氮施用量占全年的20%，磷施用量占全年的40%～45%，钾施用量占全年的20%；7月中下旬稳（壮）果肥，以氮、钾为主，配合施用磷肥，氮施用量占全年的40%～60%，磷施用量占全年的35%，钾施用量占全年的50%；10～11月上旬采果肥（基肥），重施有机肥，氮施用量占全年的20%～40%，磷施用量占全年的20%～25%，钾施用量占全年的30%。弱树可于5～6月再增施一次稳果肥。春、秋梢生长期酌情进行叶面追肥。

（3）水分管理。春梢萌动及开花期（3～5月）和果实膨大期（7～10月）对水分敏感，根据植株对水分的需求和土壤水分状况适时适量灌溉，保持土壤湿度为田间最大持水量的60%～80%。花期缺水，影响花的质量，导致开花不整齐、花期延长和大量落花落果。但花期和幼果前期干旱时灌水，会引起更剧烈的落果。因此，应提早在冬季或早春萌芽前灌水，同时可促进春梢抽发整齐健壮，提高花质花量，减少落花落果。花期缺水也可结合根外追肥适时喷灌，或在清晨夜间少量灌水。

灌溉方式可采取滴灌、树盘灌溉、沟灌、喷灌等。干旱地区及丘陵区可采用穴贮肥水灌溉。

设置排水系统并及时清淤，多雨季节或果园积水时通过沟渠及时排水。

果实成熟期黑色地膜覆盖（水分胁迫）防雨控水，保持土壤干燥，促进单糖和双糖的合成，提高果实糖度效果明显。还有助于促进花芽分化。

4．花果管理

（1）保花保果。初花期喷施0.3%的尿素+0.2%～0.3%的磷酸二氢钾+0.1%～0.3%的硼砂，或幼果期喷施0.3%尿素+0.2%～0.3%磷酸二氢钾，间隔7d一次，连续2～3次，以提高坐果率。及时控制和抹除过多过旺夏梢，以及适当疏除过多过密春梢，也是重要的保果措施。

（2）控花疏果。11～12月或冬季根据树势情况，疏剪、短截、回缩修剪疏除部分结果母枝，控制花量；春季花前复剪，强枝适当多留花，弱枝少留或不留花，减少无效花量；疏除畸形花、病虫花等。人工疏果分两次进行。在第二次生理落果后进行第一次疏果，疏除病虫果、畸形果、密弱果；15～25d后根据适宜的叶果比进行第二次疏果。适宜的叶果比为脐橙50：1～60：1，普通甜橙40：1～50：1，早熟温州蜜柑30：1～35：1，中晚熟温州蜜柑20：1～25：1，小叶宽皮柑橘50：1～60：1，弱树叶果比适度加大。

5. 整形修剪 目标是培育良好的树形树冠，增强通风透光，促进生长发育，提高品质和产量，延长果树的寿命。

（1）整形。主要树形为自然圆头形和开心形，通过整形培养树体的主干和骨架主枝。自然圆头形，主干高度为25～35cm，3～5个主枝，每个主枝配备2～3个副主枝，主枝、副主枝均匀分布。自然开心形，主干高度为25～35cm，配置3个主枝后，剪去第3主枝上部的中心主枝，每个主枝均匀配备2～3个副主枝。

（2）修剪。幼树期以轻剪为主，避免过多的疏剪和重短截。疏剪无用枝梢，剪去病虫枝和无用的徒长枝，适当疏删密弱枝。夏季抹芽放梢1～2次。夏、秋梢在幼嫩时即留8～10片叶摘心，7月下旬将老熟长夏梢短截1/3～1/2，促进分枝。2～3年生壮树在7～9月进行撑、拉、吊枝，扩大枝条角度，促进早结果。

初结果期以冬季轻剪为主，辅以夏季摘心和短剪。继续选择和短截处理各级骨干枝、延长枝，培育延长枝，同时继续配备侧枝和枝组。7～9月进行撑、拉、吊枝和扭枝等处理，促进开花结果。采用短强、留中、疏弱的方法，短截1/3的强夏、秋梢，保留春段或基部2～3芽，使抽生营养枝；保留约1/3的生长势中等的夏、秋梢，供开花结果；疏删1/3左右较弱的夏、秋梢，以减少母枝数量和花量，节省树体养分。对树势强旺、适龄不开花结果树，进行大枝或侧枝环割，或进行断根控水处理，促进花芽分化。

盛果期应疏除交叉重叠枝、密弱枝、病虫枝、枯枝、徒长枝。回缩结果枝组。短剪强枝和结果后下垂衰弱枝，短剪或疏除落花落果枝组和衰退枝组。对抽生较长的春、秋梢营养枝，保留8～10片叶摘心。适当疏除抽生过多、过旺的春梢。对顶部过多的直立大枝，按强树疏强枝、中庸树疏直立枝的原则处理。对较拥挤的骨干枝适当疏剪开出“天窗”，改善树冠内膛的光照条件。

衰老更新期应减少花量，回缩衰弱枝组，疏删密弱枝群，短截夏、秋梢营养枝，促发春、夏、秋梢，并实施短截强枝、保留中庸枝和疏去弱枝，以恢复树势。

八、香蕉

香蕉（*Masa nana* Lour.）是热带、亚热带地区的重要水果，其果实质地柔软清甜而芳香，营养价值高。每百克果肉中含碳水化合物20g，蛋白质1.2g，脂肪0.6g，粗纤维0.4g，磷28mg，铁0.5mg，维生素C 24mg，维生素B_1 0.08mg等。还可制香蕉酱、香蕉粉和酿酒。此外，香蕉的新鲜假茎、叶和花蕾可作猪饲料，茎叶富含纤维，可造纸、制绳或作麻织代用品，假茎烧灰提取一种碱液（俗称庚油），可作为食物的防腐剂和染料的固定剂。茎叶含钾量很高，粉碎后可以回田。

目前香蕉栽培在南北纬30°以内的地区，尤以热带和亚热带为主要的经济栽培区域。我国主产区为广东、广西、福建、台湾、云南、四川等地区。

（一）种类与品种

香蕉属芭蕉科（Musaceae）芭蕉属（*Musa*）植物。食用蕉包括鲜食蕉和煮食蕉两个类型，按照香蕉植株形态上的特征，鲜食蕉可分为香牙蕉（香蕉）、大蕉、粉蕉和龙牙蕉4个类型。因香蕉类型栽培广泛，经济效益好，故常以香蕉作为食用蕉的总称。

栽培品种有‘大种高把’（又称‘身高把’‘高把香牙蕉’）、‘大种矮把’‘油蕉’‘矮脚顿地雷’‘矮香蕉’‘那龙香蕉’‘天宝蕉’（又称‘矮脚蕉’‘本地蕉’‘度蕉’）、‘云南高茎香蕉’等。

（二）植物学特性

香蕉为多年生常绿性大型草本植物，其高度因品种及栽培环境条件而异，有1.5～6.0m。具有多年生的地下茎，无主根。地下茎为粗大的球茎，其上着生一层层紧裹着的叶而形成地下部的假茎。假茎上部着生叶片，新叶由假茎中心抽出后在顶部展开。在植株生长后期才形成真茎，即当花芽分化形成花序时，由地下茎的顶生分生组织向上伸长形成真茎，在真茎顶端则为顶生花序。在结果一次后地下部便枯萎，由地下茎抽生吸芽来延续后代。

1. 根和球茎 根系为由地下球茎所抽生的细长肉质不定根，常2～4条一组并生。在球茎上部长出的根多，在近地面10～30cm的土层中，水平根伸展宽度可达1～3m，常常超过地上部叶展的宽度。从球茎底部抽出的根不多，垂直向下深可超过1.0～1.5m，新根白色，老根淡黄色，质脆易折，表皮是薄膜细胞组织，缺少形成层组织。幼根上长有根毛。

地下茎是着生芽眼及吸芽的地方，又是整个植株的养料存储中心。在组织上有几种维管束都密集在球茎内（在中心柱与皮层相接的地方较多），是整个植株中最重要的器官。地下部叶片开始抽大叶时，地下茎也加速生长。地下部生长的旺盛期，也是地下部生长最快的时期。

芽眼以着生于球茎中部或上中部为多，其抽生次序一般是下部的先抽生，越后抽生的越接近地面。芽眼生长发育成为吸芽。吸芽的早期生长依靠母株球茎的营养，但不久便形成自己的球茎及根系。

2. 假茎、茎及叶 假茎由层层紧压着的覆瓦状叶重叠形成，起支持和运输作用。地下茎的顶生分生组织的生长点，在植株转化花芽形成阶段时，迅速向上生长，在假茎中心伸出，其上着生叶片及顶生花序。地上茎的组织和球茎一样，都是以白色的薄壁细胞为基础，也分为中心柱和皮层两部分，但皮层厚度大为减小，且只有叶迹维管束与根、叶、果的疏导系统联系着。

叶的排列为螺旋式互生，叶鞘接近叶片的部分逐渐收缩为叶柄，假茎的横断面叶片的中脉是浅槽形，可使雨水下渗来润滑上升中的新叶和花序。叶片长而宽，刚抽生时左右半片互相卷着成圆筒形，筒顶闭合。当整张叶片都抽生后，叶身开始自上而下张开。

3. 花芽分化 香蕉周年开花，其花芽分化似不受日照时数或温度的影响。植株出生叶快，叶面积增大快，全株达到最大面积早则花芽分化早，反之则迟。在一定叶数范围内，叶面积已达最大时，花芽便能分化。例如，广东珠江三角洲的‘高把香蕉’抽出20～24（多数为21～22）片大叶时花芽分化，抽生28～36片大叶时即可开花。气温高、水肥充足，则叶生长快，花芽分化可提早。吸芽生出28～30片正常大叶即可抽蕾。

4. 果实 花序从假茎抽出后，因重量关系即转向下垂生长，而在苞片开展后，花被及柱头脱落时，子房开始逐渐转向，变为背地性生长。这种指向天空的背地性越强，果实帖伏于果轴上就越紧，在运输时，果实就越不易受损。果实为浆果。果肉未熟时富含淀粉，催熟后，转化为糖。果皮与果肉未熟前含有单宁，熟后转化。香蕉的栽培种是单性结实，果实没有种子。野生蕉经授粉则有种子，广东海南岛和云南的野生蕉，小果肉有很多硬质的黑色种子，外有一层薄薄的果肉。栽培的大蕉和牛奶蕉，偶然也有种子。

（三）对环境条件的要求

1. 温度 香蕉适于热带和亚热带气候条件，它是热带果树中较能经受较低温度的一种。由于香蕉是常绿性的多年生大型草本植物，整个生长发育期都要求高温多湿。生长温度为15.5～35.0℃，最适宜温度为24～32℃。10～12℃低温，对植株生长即有不良的影响，果实生长缓慢，果瘦小，品质差。

2. 水分 香蕉的叶片宽大，生长速度快且生长量大，故要求大量的水分。但其需水量也因生长期而异，以生长旺盛期需水较多。又因其浅根，不耐旱，土壤中要经常有水分供应。每月平均最低限度要有100mm的雨量，比较理想的是每月200mm的雨量。反之，如水分过多，则根系呼吸困难，吸收养分少，甚至根系窒息至死，雨水过多的季节要注意排水。

3. 土壤 香蕉对土壤的选择不很严格，土壤pH 4.5～7.5都适宜，以pH 6.0为最适。不论山地还是平原，各种不同的土壤，都能生长。但所获得的产量，则有明显的不同。蕉类中以大蕉、粉蕉、牛奶蕉等的根群粗壮，虽土质稍差，也能生长，但切忌积水。如根群较细嫩，对土壤的选择比较严，黏重土及砂质土皆不适宜，以选物理性状良好、有团粒结构、富含有机质，肥沃、疏松、土层深厚，水分充足而排灌良好和地下水位比较低的黏壤土、沙壤土，尤以冲积壤土或腐殖质壤土为最适宜。

（四）栽培技术

1. 苗木繁育 主要有吸芽苗繁殖、块茎苗繁殖和组织培养苗繁殖3种。吸芽苗应选择球茎粗大充实、幼叶展幅狭小的剑芽，或由剑芽长成的高1.2～1.5m、根多、幼叶尚未展开的健壮吸芽苗；块茎苗应选株龄6个月以内，距地15cm处，茎粗15cm以上的吸芽作种苗，取苗时将假茎留10～15cm高切断，挖起块茎即可；组织培养苗是从香蕉的顶端分生组织诱导不定芽，经多次继代培养而成。

2. 建园 较理想的园地是霜冻不严重、空气流通、地势开阔的小气候环境，避免低洼地。在沿海地区还要选择台风危害不严重，或有天气屏障的地势。选择土层深厚、疏松，有灌溉水源，地势较高而无积水的地块。

优良种苗的特征是地下球茎大，形似竹笋，生长粗壮，伤口小，无病虫害等。蕉苗组织松软易伤，搬运时要轻放，防止压伤种苗而降低成活率。定植时间视地区气候条件而不同。在广东，全年大部分时间均可进行，广东和广西以春植为主，即3～4月，在春暖将发新根或炎夏来临之前皆可进行；其次是秋植，在秋分前后根快要停止生长时进行。四川由于冬季霜雪，早春常呈旱象，以春末夏初雨水多时栽植较好。

可采用正方形、长方形及三角形等方式定植。定植密度因种类、品种、土壤肥力、单造或多造蕉、果园机械化程度、地势等而定。一般矮生种，土壤瘦瘠的或单造蕉，可种密些，平地比山地要宽。自然状态下香蕉是众生的，适合密植，栽植方式可采用双株众植，或种单株适当留双芽。广东、福建等主产区，香蕉行株距以单株计，为2.5m×2.3m、2.7m×2.3m、2.7m×2.7m，每公顷栽1410～1710株。如适当丛株或留部分双芽，则行株距应较宽，使行间仍保持一定的距离及光照空间。

3. 土肥水管理

（1）土壤耕作。一般在冬季寒冷过后早春回暖、新根发生前，进行一次深耕，增进土壤的透性，为地下部分创造良好的生活条件。深耕过早易遭冻害，过迟影响根群生长。平原区耕深可达15cm左右，山地蕉园根系较深，可耕深20m以上。离植株50cm以内可浅，以防伤根。深耕的同时要挖除隔年的旧球茎，以免妨碍根群和地下茎生长；但当年的要保留，使其养分供新株生长。每年可中耕、除草5～6次，春季在雨后结合杂草，进行浅耕；夏季高温多湿，根系密布于表土，耕作要浅些；秋后，一般雨水渐少，杂草不易发生，可根据具体情况进行中耕。

（2）施肥。新蕉园除在定植前施基肥外，在抽出两片新叶时结合灌水施薄肥，一般每公顷施腐熟粪肥2250～3600kg，或用硫酸铵45～60kg配成1%～2%液肥施用。随后逐渐加浓，量也渐增，上半年约施水肥4次。在抽出比较壮旺的大叶后，施重肥，每株粪肥25kg，在广州可促进在10月前抽蕾。但如12月至次年2月抽蕾有霜冻为害的地区，则在7～9月应少施或不施，以抑制其生长，免遭霜冻的损失。矮脚香蕉要求在冬季生长停止前，植株高度1m以上，才能保证在次年夏季开花结果。

老蕉园施肥主要供给花芽分化前和开花结果后发育。花芽分化前肥足，多分化雌花。果实发育期及时供应肥料，果实成长迅速，产量提高，同时下一代芽苗也较强壮，为来年丰收打下基础。

施肥应根据各产地的土壤肥力情况而定，山坡地一般较瘦瘠，除前期的施肥外，在开花、结果期，更要及时补充肥料，使小果有足够的养分迅速成长。

（3）灌溉和排水。香蕉叶大，根浅生，要求土壤有适当水分以满足生长，尤其是旺盛生长期，需水分较多，当水分不足，易引起叶片早衰，减产；但又忌积水及地下水位过高。积水地香蕉生长不良，叶色较浅。

4. 树体管理

（1）校蕾、断蕾。香蕉在抽出花蕾时受叶柄托着，不能下垂，可用手将花蕾移侧，使能下垂生长，称校蕾。另外，当花蕾开至中性花或雄花后，可用利刀将它除去，称断蕾，以减少养分消耗。如要提早收获也可在最后一二果梳时切断花蕾。断蕾要在晴天、午后进行，不宜在雨天或早雾大时进行。

（2）防风、防晒。应在台风来临前（广东在5月）立支柱（杉或竹）防风，尤其是要在抽蕾后需立支柱固缚果轴及把头，承受植株和果穗的重量，增强抗风力。在多风地区，可栽矮生品种，同时营造防风林带。

（3）清理枯叶、旧蕉头和旧茎干。每年冷后回暖要清园，刈除枯叶及腐烂叶鞘，杀灭其中潜伏的象鼻虫。切除时要用利刀，切口要斜向外，免积水腐烂，逐层向内割，直至把虫消灭为止。在年中如枯叶妨碍生长，也可随时割除。

地下茎贮存养分，当年已采果的假茎中下部及蕉头可保留，以助吸芽生长。但该假茎要放些石灰并及时处理以防治象鼻虫。时间较长或隔年的旧地下茎可挖出砍碎作肥料，其上撒施些石灰以防虫和加速其腐烂，如能经过堆沤施用更好。

第二节 代表性蔬菜的栽培技术

蔬菜以露地栽培为主，但我国南北方都有不同形式的设施栽培，尤其是北方的保温设施栽培比例很大，因而各地蔬菜栽培种类差异相对较小。按照栽培学分类，蔬菜主要有茄果类、瓜类、豆类、结球芸薹类、肉质直根类、葱蒜类、薯芋类、绿叶嫩茎类、多年生类等，本节选择一些代表性种类介绍其栽培技术。

一、番茄

番茄（*Lycopersicon esculentum* Mill）又称西红柿、洋柿子，原产于南美洲安第斯山地带，是目前世界上栽培最普遍和最重要的蔬菜之一，引入中国仅一百多年。番茄营养丰富，每100g鲜果中含维生素C 20～40mg，生熟食俱佳，也可作为观赏植物。番茄产量高，效益好，因而在露地和设施广泛栽培，四季生产，周年供应。

（一）生物学特性

1. 植物学特征 多年生草本作一年生栽培。根系分布深广，盛果期主根可深入土壤1.5m以上，根系横幅可达2.5m左右。主根受伤后恢复能力强，侧根发生多，耐移植，育苗移栽后根群主要在30～50cm土层分布。主根上易生侧根，根颈和茎上也易发不定根，且生长很快。

茎半蔓性或半直立，生产中常设支架栽培。顶芽分化花芽，合轴分枝，构成主茎，分有限生长型和无限生长型。茎的分枝能力极强，每节都能抽生侧枝，侧枝生长旺盛，也能再生侧枝。为了促进正常生长和坐果，必须进行整枝、打杈。

单叶，羽状深裂、浅裂或全缘，有普通、皱叶、薯叶3种叶型。叶片的颜色、形状、裂刻大小及分布的疏密程度因品种而异，是区别品种的依据之一。

完全花，总状花序或复总状花序，黄色。每个花序花数，大型番茄5～8朵，樱桃番茄30～50朵。正常花为短花柱，花药自裂，自花授粉，一般不易自然杂交。子房上位，中轴胎座。浆果，皮薄，色艳，汁多，味鲜。果实大小、形状、色泽因品种而异，果色有红、粉、黄、绿、白、橙、紫等；果型有大、中、小型和圆、扁圆、桃形、卵形之分。果肉由中果皮和胎座组织构成，优良品种的果肉厚，种子腔小。种子扁平短卵型，直径1～2mm，表面被银灰色绒毛，比果实成熟早，一般在授粉后40～50d就具备正常的发芽能力；千粒重3.0g左右，常温储藏下寿命为4年，使用年限2～3年。

2. 对环境条件的要求 具有喜光、喜温、怕霜、怕热、耐肥、半耐寒等特性。在气候温暖、光照充足、阴雨天较少的条件下，生长健壮，产量高，品质好。

（1）温度。生长适宜温度为20～25℃，15℃以下生长缓慢，10℃以下生长停止，长时间5℃以下的低温能引起冷害，致死低温为-2～-1℃。气温15℃以下或35℃以上授粉受精不良，易导致落花落果。在适宜温度范围内，昼夜温差以8～10℃为宜。夜温低于8℃或高于20℃，容易造成落花或形成畸形果。根系生长最适宜地温为20～22℃，最低地温为8～10℃，最高地温为30℃。

（2）光照。维持正常生长发育需要30 000～50 000lx甚至以上的光照强度，8000lx以下难以开花坐果，光补偿点为2000lx，光饱和点为70 000lx。对光周期要求不严，多数品种属日中性植物。

（3）水分。番茄枝叶繁茂，蒸腾系数为800左右，消耗水分多，特别在结果期，水分不足会导致产量明显下降。但根系发达，吸水能力较强，属于半耐旱性蔬菜，以土壤湿度60%～80%，空气相对湿度45%～55%为宜。空气湿度过高易诱发叶部真菌性病害。

（4）土壤及营养。对土壤条件的要求不太严格，但喜肥耐肥，以土层深厚、排水良好、pH 6～7的肥沃壤土栽培为好。

（二）类型和品种

目前栽培的番茄都属于普通番茄种（*Lycopersicon esculentum* Mill），包括7个变种。

1. 普通番茄变种　普通番茄变种（var. *commune* Bailey）植株茁壮，分枝多，茎带蔓性，叶多果大，果形扁圆，栽培普遍。

2. 大叶番茄变种　大叶番茄变种（var. *grandifolium* Bailey）又称薯叶番茄，叶大，有浅裂或无缺刻，叶形似马铃薯叶，蔓中等，果实与普通番茄相同。

3. 樱桃番茄变种　樱桃番茄变种（var. *cerasiforme* Alef.）植株高大，茎细长，叶小，叶色淡。果实小，呈圆球形、卵形，形如樱桃，果径2cm左右，2心室。

4. 直立番茄变种　直立番茄变种（var. *validum* Bailey）茎矮壮，节间短，植株直立，栽培中不需支架。叶片小，叶色浓绿，叶面多卷皱。果实与普通番茄相似，果柄短，产量较低，很少栽培。

5. 梨形番茄变种　梨形番茄变种（var. *pyriforme* Alef.）生长健壮，叶较小，浓绿色。果小，形如洋梨，2心室。

6. 长圆番茄变种　长圆番茄变种（var. *elongatum* Alef.）植株生长中强，茎直立或蔓生，高70cm，被茸毛；叶中大到大，裂片卵形、全缘；单总状花序，偶有复总状花序；单花序花数通常7朵，花被5枚，少有6枚者，萼片短于或长于花瓣，花柱等于或长于雄蕊；果实重30～50g，有火红、粉红及深黄等颜色，干物质含量高。对土壤要求不高，适应性较强，栽培较广，也是培育加工品种的良好原始材料。

7. 李形番茄变种　李形番茄变种（var. *pruniforme* Alef.）植株生长中强，茎高130～150cm，叶中等大小，裂片缺刻深。单总状花序，较短，长8～10cm；单花序花少，7朵左右，花中等大小，有5～6个花瓣，直径2cm，花柱长短与雄蕊相等。果实小形（长2.5～3.0cm，宽1.5～2.0cm），果形指数1.5～2.0，2心室；果重15～20g，果色有红、黄、粉红色等，种子少。

目前主栽品种有：‘合作903’‘吉田秀美’‘浙杂203’‘中杂8号’‘中杂9号’‘中蔬6号’‘中研958’‘红宝石’‘冀番3号’‘渝抗四号’‘华番1号’‘川科2号’‘川科3号’‘京丹绿宝石’‘西农207号’‘农大131’‘农大506’‘农大508’‘航杂3号’‘苏粉12号’‘苏抗9号’‘苏抗11号’‘宇航5号’‘渝红六号’等大番茄品种，‘圣女’‘珍珠’‘朱运’‘金珠’‘樱桃红’‘美味樱桃番茄’‘红太阳’‘丘比特’‘维纳斯’‘北极星’‘新星’‘红洋梨’‘黄洋梨’‘黑珍珠’‘金笸’‘红樱桃’‘夏欣’等樱桃番茄品种。

（三）栽培季节和茬次

栽培一茬番茄至少需要2700～3200℃积温。番茄不耐霜冻和高温，避开霜期和高温，满足积温要求均可露地栽培，因而中国南方露地栽培茬次多；在北方，露地栽培一般分为春、秋两茬，结合温室和大棚等保护地栽培，也可周年生产，全年栽培茬次中以春露地和冬季日光温室栽培较为典型，且面积大。

番茄忌重茬，应实行轮作，一般需与非茄科蔬菜实行3～5年轮作。

（四）露地栽培技术

1. 品种选择 主要根据栽培季节、栽培目的和消费习惯等选择品种。春季早熟栽培一般应选耐低温、抗病的早中熟品种；夏秋栽培前期高温多雨，病害严重，后期受霜冻威胁，生长季节短，须选用抗病（尤其是黄化曲叶病毒病（TY）等）、耐热、不易裂果的中熟品种。

2. 播种育苗 春季栽培的一般采用设施育苗，夏秋栽培的一般采用露地育苗。可采用营养土育苗，但穴盘基质商品苗应用已越来越普遍。营养土育苗壮苗的标准是：茎秆粗壮，节间短，苗高25cm左右，具有6～7片展开真叶，叶深绿色，第一花序现蕾，根系发育好，抗逆性强，无病虫害。穴盘基质苗壮苗通常为5～6片真叶，苗高15cm左右。

（1）育苗期的确定。育苗期的长短主要取决于育苗温度条件，长成带大蕾的健壮秧苗需要1000～1200℃的有效积温。按适宜日均温20℃计算，苗期需50～60d，考虑到分苗和定植前锻炼，春季育苗一般需60～70d，夏秋季育苗一般约需40d。

（2）育苗设施和程序。北方地区春番茄采用温床或温室育苗，期间分苗一次；夏秋番茄采用露地或遮阴防雨棚育苗，一次成苗。育苗营养土用充分腐熟的有机肥和洁净的园土配制，播种床培养土肥多于土，分苗床土多于肥。穴盘育苗可选用商品育苗基质。

（3）种子处理和播种。一般都进行浸种催芽，以温汤浸种效果好，催芽至“露白”为宜。撒播，播后覆土1cm左右。穴盘基质育苗的可用播种机干籽直播。

（4）苗床管理。苗床管理的主要任务是按照番茄幼苗的需求调节好温度、光照和湿度，主要措施是揭床和盖床、通风、补温、补水等。

3. 整地做畦 前茬收获后，深耕25cm以上，结合耕地每公顷施入有机肥60～90t、过磷酸钙1500kg或磷酸二氨1725～2250kg。依当地气候条件等可选择平畦、高畦或高垄栽培。畦宽1.2～1.6m，长8～10m。

4. 定植 注意时期、方法和密度。春番茄露地定植应在晚霜过后，日平均气温达15℃以上，地温稳定在10℃以上时进行，选晴天、冷尾暖头开始定植，定植前1d苗床应浇足水，避免取苗伤根，带土定植，定植后浇足定根水。定植时尽量少伤根。秋番茄选阴天或傍晚定植，定植后至早霜来临前至少应有45～60d的生长期。

栽植密度取决于品种、整枝方式、生长期长短等多方面因素。株行距早熟种比晚熟种密，秋番茄比春番茄密，单干整枝比双干整枝密。一般早熟品种行株距约为55cm×32cm，每公顷栽52 500～60 000株；中晚熟品种行株距约为65cm×42cm，每公顷栽39 000～45 000株。

5. 田间管理

（1）追肥、灌水。定植后一周内，施“催苗肥”，用腐熟的人畜粪肥加尿素75kg/hm^2

混匀后追施，肥水浓度为1∶6；到第一穗果实开始膨大时，进行第二次施肥，肥水浓度为1∶3，加尿素112.5kg/hm^2追施；第一穗果即将成熟，第二穗果仍在膨大，进行第三次追肥，肥料的种类和数量同第二次。前两穗果采收后，第三、四穗果实正在迅速膨大，应进行第四次和第五次追肥。用粪肥作追肥时前期稀薄，后期稍浓稠。番茄叶片吸收营养元素能力较强。在结果期可叶面喷施0.3%过磷酸钙、0.3%磷酸二氢钾或0.5%尿素液。

灌溉可结合施肥进行。初春较干燥，定植后可灌溉1～2次，进入雨季，做好排水工作。灌水原则是：早晨土温较低，以中午进行为好。温度较高时，灌水宜在清晨，切忌在傍晚进行。有青枯病的地块，严禁沟灌，以免病害蔓延。注意掌握“小水勤浇”的原则，避免大水漫灌。

（2）中耕、除草和培土。结合肥水管理，应及时中耕、除草和培土。在雨后或灌水后，土壤易板结，杂草萌生，应进行中耕、除草，并结合施肥理沟培土。浅中耕，忌伤根，有利于根系发育，扩大吸收肥水的能力。

（3）整枝。无限生长型多采用单干或双干式整枝。单干式整枝只留主茎，所有侧枝完全除去。双干式整枝，除主枝外，再留第一花序至下叶腋所生的一条侧枝，其他侧枝全部除去。双干式整枝株行距大于单干式。整枝选晴天进行，雨天或露水未干整枝，易传播病害。

（4）支架。当植株长到30cm时，开始支架。架形有人字架、圆锥架、篱笆架等，风大的地区要考虑支架的抗风强度。

（5）摘叶、摘心。通常在第一穗果接近成熟时，摘除基部衰老的叶片和带病斑的叶片。未展开的幼芽和幼叶，消耗养分最多，摘心通常在采收最后一穗果实30～40d前进行。

（6）保花保果。落花落果的主要原因是低温和高温影响授粉、受精；光照不足，种植密度过大；肥水施用不当，氮肥用量过多，以及水分过多或过少；种植老化僵苗。若是土壤营养、水分或光照不足引起，应加强田间栽培管理，保证植株对养分的需求，氮磷钾配合使用，避免过高温度和过低温度的影响。也可用生长素处理促进坐果。

（7）采收。番茄从开花到果实成熟，早熟品种需40～50d，中、晚熟品种需50～60d。温度较高时，天数缩短。果实的成熟过程一般分为白熟期、转色期、成熟期和完熟期4个时期，鲜食、短距离运输就近销售的，一般在成熟期采收。远距离运输的，在转色期采收，果实坚硬，耐压耐贮运。加工类番茄，在完熟期采收，风味浓，有利于提高加工品质。采收后的番茄要进行分级包装。

（五）设施栽培技术

1. 品种选择　春季塑料大棚早熟栽培需选择耐低温、耐弱光、抗病性强的早熟高产品种。秋季塑料大棚延后栽培应选择抗寒、抗病（尤其是TY等病毒病）、早熟、丰产、耐贮藏的优良品种。日光温室栽培秋冬茬番茄应选择抗病毒、大果型、丰产、果皮较厚、耐贮藏的优良品种。

2. 育苗　不同季节设施栽培的番茄，育苗期和管理重点不同。冬季日光温室栽培一般在8～9月播种，露地或防雨棚育苗，营养土育苗苗龄50～60d，可分苗或不分苗，管理上注重防病、防徒长。早春塑料拱棚栽培一般在1月上旬前后播种，采用温室或温床营养土育苗，苗龄70d左右，分苗1次，苗期管理注重保温防寒；塑料拱棚覆盖秋季延后栽培一般6～7月播种，露地或遮阴防雨棚土壤育苗，不分苗，苗龄40d左右，苗期注重防病和防徒长。穴盘基质育苗的，用商品基质，苗龄较土壤育苗缩短。

3. 定植 春季塑料大棚早熟栽培一般在大棚内夜间最低气温稳定在4℃以上、土温稳定在10℃左右即可移栽。种植密度，早熟品种75 000株/hm^2，中熟品种60 000株/hm^2，晚熟品种45 000株/hm^2。秋季塑料大棚延后栽培采用畦栽或垄栽，定植密度一般比春季适当增加，单株留果3～5穗，每公顷栽60 000株左右；移栽最好选阴天或傍晚，并及时浇水，以利缓苗。

4. 定植后管理 以春季塑料大棚早熟栽培为例，移栽初期以防寒保温为主。如遇寒潮，要采用扣小拱棚或拉天幕等多层覆盖，大棚四周围草帘子防寒。缓苗后白天大棚内气温保持在25～28℃，最高不超过30℃，夜间保持在13℃以上。随着外温升高，加大放风量，延长放风时间，早放风，晚闭风。进入5月中旬以后就要开始放风，尽量控制白天不超过26℃，夜间不超过17℃。移栽初期必须控制浇水，防止番茄茎叶徒长，促进根系发育。第一花序坐果后，每公顷追施复合肥450kg，灌1次水。当表土稍干后松土培垄。第二、三花序坐果后再各浇1次水。灌水要在晴天上午进行，灌水后要加强放风，降低棚内空气湿度。棚内湿度过大易发生各种病害。

大棚春番茄一般采用单干式整枝，也可采用改良式单干整枝，无限生长类型品种可留4层或5层果摘心，及时打杈。结合整枝绑蔓摘除下部老叶和病叶，并进行疏花疏果。设施栽培一般采用塑料绳吊蔓或用细竹竿插架支撑，缠蔓或用夹子固定植株。

二、辣椒

辣椒（*Capsicum annuum* L.）为茄科辣椒属。在中国种植历史悠久，分布广泛。辣椒富含维生素，并含有辣椒素，深受人们喜爱。

（一）生物学特性

1. 植物学特征 一年或多年生草本，生产上均作一年生栽培。根系不如番茄和茄发达，根量少，入土浅，一般深30cm，主要根群分布在10～15cm的表土层；根系弱，再生能力较差。株高30～150cm，茎直立，易木质化，枝条脆，易折断，茎为连续二杈或三杈分枝，有无限分枝和有限分枝两种类型，早期分枝规律很强。叶片卵圆形，互生，深绿，全缘，叶面光滑，嫩叶可以食用。顶芽分化花芽，花着生在植株分杈处，有单生和簇生两种，完全花，花白色或紫色，以自花授粉为主。果实为浆果，果肉有较大的空腔；果形有圆形、羊角形、细条形等；按辣味的浓淡可分为甜椒、辣椒、微辣椒等。种子黄色，扁圆形，千粒重4.5～6.0g，寿命4年，使用年限2～3年。

2. 对环境条件的要求 具有喜温、怕涝、喜光而又较耐阴、不耐干旱的特点。对温度的要求介于番茄和茄之间，较接近于茄。种子发芽适宜的温度为25～32℃，低于15℃不易发芽。生长适宜温度为20～30℃，成株可耐8～10℃的低温或35℃左右的高温，长期低于5℃植株死亡。开花授粉适宜的温度白天为20～25℃，夜间为16～20℃。盛果期适温为25～28℃，35℃以上的高温和15℃以下的低温均不利于果实发育。

要求中等强度的光照，对日照长短不敏感。适宜的光照强度为25 000lx，光饱和点为30 000lx，光补偿点为1500lx，比番茄和茄耐阴性强。

辣椒既不耐旱，也不耐涝，以土壤湿度55%为宜，土壤水分过低过高均生长不良。长期干旱或土壤积水，根系呼吸受阻，植株萎蔫，严重时死亡。空气相对湿度以60%～80%为宜，过高过低都易造成落花落果。适宜中性或微酸性（pH 5.6～6.8）土壤，对肥力要求较高。以土层深厚、排水良好、肥沃疏松的砂壤土为好。

（二）类型和品种

栽培的辣椒绝大多数为一年生辣椒种（*Capsicum annuum*），Bailey将其分为灯笼椒（var. *grossum*）、长辣椒（var. *longum*）、簇生椒（var. *fasciculatum*）、圆锥椒（var. *conoides*）、樱桃椒（var. *cerasiforme*）等5个变种，以灯笼椒和长辣椒栽培最普遍。

灯笼椒果形较大，近圆形，植株粗壮高大，果味甜或不辣。代表品种有‘世界冠军’‘茄门甜椒’‘京博4号’‘卓越二号’‘吉林三道筋’‘济南甜椒’‘北京大柿子椒’‘兰州大圆椒’‘早丰1号’等品种。

长辣椒植株中等稍开张，果多下垂，果长羊角形，先端尖，常弯曲，辣味强，多为中早熟种。按果实形状可分为短羊角、长羊角和线辣椒，代表品种如‘干椒5号’‘川优16号’‘川辣超冠’‘二金条’‘湘椒31号’‘陕椒2006’‘洛淑七号’‘湘研1号’‘湘研2号’‘湘研3号’‘湘研166’‘优胜108’‘优胜椒星’‘康大601’等。

朝天椒是果实朝上或斜朝上生长的一类辣椒的统称，包含簇生椒、圆锥椒（小果型）、长辣椒（短指形）、樱桃椒4个变种。其特点是椒果小、辣度高、易干制，主要作为干制椒栽培，代表品种如‘贵州小辣椒（小米辣）’‘博辣天星’‘美红朝天椒F1’‘长红朝天椒F1’‘日本三樱椒’（簇生椒）、‘散生子弹头’（长辣椒）、‘豫选三樱椒’‘大角三樱椒’‘新一代三樱椒’‘七星椒’（四川省自贡市地方品种）、‘邵阳朝天椒’（湖南省邵阳市地方品种），韩国引进的‘天宇三号’和‘天宇五号’，从美国引进的‘绿宝天仙’‘天霸’和‘圣尼斯朝天椒’‘柘椒一号’（散生子弹头）、‘邱北冲天辣’等。

（三）栽培季节及茬次

辣椒喜温怕寒，但较番茄耐热性好，在无霜期内均可栽培。中国南方露地栽培可以排开播期，多茬次栽培；北方露地1年栽培1茬，冬春季节育苗，晚霜过后定植，晚夏或霜冻来临时拉秧。设施栽培则主要有春早熟和秋冬茬栽培。

（四）青椒露地栽培技术

1. 育苗　一般在冬春季节育苗，温床或温室土壤育苗苗龄为70～75d，穴盘育苗苗龄缩短。25～30℃催芽，出苗期间保持土温24～25℃，不低于17～18℃。分苗时依品种特性可每穴单苗或双苗。

2. 整地施基肥　生长期长，根系较弱，应选择能灌能排、疏松肥沃的壤土或砂壤土，行3～5年轮作。结合深翻每公顷施优质厩肥75～112.5t，过磷酸钙225～300kg。根据栽培季节和地点雨量多少进行高垄或平畦栽培。

3. 定植及密度　定植时期比番茄晚，与茄大致相同。定植密度因品种和生长期长短而异，一般行距50～60cm，株距25～33cm，每穴单苗或双苗。

4. 田间管理　定植后促进早缓苗、早发棵。进入旺盛生长期（出现4～5次分枝后），注意适当通风、降温、降湿，防止徒长，避免落花落果。定植至采收前注意促根促秧，开始采收至盛果期促秧攻果，进入高温季节着重保根保秧，防死秧。及时打掉“门椒”以下的所有侧枝，避免让它们形成徒长枝，确保各层主枝的结果优势。待“门椒”以下的所有侧枝都已长出，长达2～5cm时，一次性去除基部侧枝。如出现植株矮小，形成了部分僵果或畸形果的，要及时疏除不正常的果实，并加强肥水管理，促进发棵；植株上层开始坐果后，及时控制植株旺长。

5．采收 一般在果实充分肥大，皮色转浓，果皮坚硬而有光泽时采收，产量及品质较好。

（五）设施青椒栽培要点

保温加温型设施青椒栽培的关键是温度、湿度、水分、肥料等的综合管理。

1．温度管理 定植前提早扣棚升温，当设施内10cm表土层地温稳定达到10～12℃、气温稳定在5～7℃或以上方可定植。白天棚室内温度达到25℃时及时通风降温，保持棚温在25～30℃；下午棚内温度降至18℃时覆盖保温，延长光合时间，夜温以18℃左右为宜。

2．水肥管理 第一、二层花开花坐果后，既要保持土壤湿润，又要防止积水。设施内保湿性好，浇水次数较少，结合浇水追施复合肥或尿素。中、小棚覆盖栽培在雨涝地区和季节注意做好排水工作。

3．采收 青椒落花落蕾严重，应及时采收，减轻植株负担，促进上部坐果和果实发育，采果宜在下午进行，上午植株脆嫩，操作不慎容易折断枝条。

三、黄瓜

黄瓜（*Cucumis sativas* L.）古称胡瓜，原产于印度西北部喜马拉雅山地区，汉武帝时代，张骞出使西域，途经八波斯的巴庠托利亚时，将其带回中国北方。黄瓜以嫩果供食，营养丰富，中国南北各地普遍栽培，栽培面积大，产量高，在蔬菜供应中占有重要地位。

（一）生物学特性

1．植物学特性 一年生攀缘性草本植物。根系入土浅，主要吸收根群分布在约25cm耕层内，横向分布范围有30～50cm；根系易木栓化，再生能力差。茎蔓生，一般长2.0～2.5m，最长可达7～8m或以上，茎粗约1cm，中空，抗风力差；茎上有卷须，可缠绕，栽培中一般需支架，并及时绑蔓固定；茎的分枝能力因品种而异，多数品种分枝能力弱，一些晚熟品种侧枝较多，需进行植株调整。叶掌状，单叶面积较大，叶片表皮生有刺毛，蒸腾作用强。花生于叶腋间，多数为雌雄异花同株，也有部分雌雄异株类型，偶尔出现两性完全花。瓠果，长棒形，果面平滑或有棱、瘤、刺，刺有黑白之分；幼果多为绿色，少数品种为黄色、白色或有网纹；具有单性结实习性，但品种间差异较大。种子寿命为5年，使用年限为2～3年。

2．生长发育周期 分为发芽期、幼苗期、甩条发棵期和结果期4个时期。露地春黄瓜生育期为90～120d，日光温室越冬茬黄瓜可达240d以上。

（1）发芽期。从种子萌动至第一片真叶显露（破心），在25～30℃条件下5～6d。

（2）幼苗期。从第一片真叶出现至第四片真叶展平，在适宜条件下约30d。此期生长缓慢，但新叶和花芽分化较多，幼苗质量直接关系到产量的高低。

（3）甩条发棵期。又称初花期，从第四片真叶展平至第一朵雌花坐瓜为止，约15d。该期生长加速，节间伸长较快，植株由直立状态转变为蔓生状态，花芽继续形成，生产上应促进根系生长，保障第一朵雌花坐果，防止“跑秧”现象的发生。

（4）结果期。由第一朵雌花坐瓜到拉秧结束，历时30～60d或更长。此期茎叶生长和果实发育同时旺盛进行，管理上应以平衡秧果关系为中心。

3. 对环境条件的要求

（1）温度。喜温暖，不耐寒冷。整个生长发育期生长适温为15～32℃，其中白天20～32℃，夜间15～18℃。种子发芽适温为25～30℃，低于20℃发芽缓慢，低于12～13℃种子不萌发；高于35℃，发芽率降低。幼苗期适宜温度白天为22～25℃，夜间为15～18℃；开花结果期白天为25～30℃，夜间为18～22℃。黄瓜对地温要求严格，根系生长适宜地温为25℃，8℃以下根系不能伸长，12℃以下根系生理活动受阻，下部叶片变黄，12～14℃甚至以上根毛才能发生。地温38℃以上时，根系停止生长，并引起腐烂或枯死。

黄瓜可忍耐35～40℃的高温，但35℃左右呼吸消耗增大，植株生长发育不良；40℃以上光合作用急剧衰退，生长停止，持续时间过久，植株就会枯死。在高湿条件下，黄瓜植株可忍耐短期45～50℃的高温，生产中利用这一特点进行高温闷棚防病（主要是霜霉病）。黄瓜耐低温能力弱，在10～12℃低温下，生长缓慢或停止；5℃时有受冷害危险，但低温锻炼的幼苗遇5℃低温不会发生冷害，甚至可以忍耐短时间2～3℃的低温。

（2）湿度。具有喜湿、怕涝、不耐旱的特点，要求较高的土壤湿度和空气湿度。最适土壤湿度为80%～90%，尤其在开花结果期，必须经常保持土壤湿润；空气湿度以70%～90%为宜。根系需氧量较高，若土壤湿度过大、温度又低时，容易发生沤根和猝倒病。

（3）光照。喜光，但对弱光也有一定的适应性，是瓜类蔬菜中较耐弱光的类型，光补偿点为2000lx，光饱和点为55 000～60 000lx，最适光强度为40 000～60 000lx。

（4）土壤和营养。要求富含有机质、通气良好、肥沃的轻质壤土。土壤pH以5.5～7.2为宜。每生产1t黄瓜，吸收N 2.8～3.2kg、P_2O_5 0.8～1.3kg、K_2O 3.6～4.4kg、CaO 1.34～2.0kg、MgO 0.26～0.6kg。需肥量大，而根系吸肥能力弱，耐肥性差，施肥应遵循少量多次的原则。

4. 花芽和性型分化 黄瓜花芽分化早，第四片真叶展开时，前17节的花芽已分化，且前10节花芽的性型已经确定。花芽分化初期表现为两性，以后受植株内部或外部条件的影响，才有雌雄性别的分化。若条件有利于雌蕊发育，则雄蕊退化而形成雌花；反之，则形成雄花。影响花芽性型分化的外部因素主要有环境条件和植物生长调节物质及温度，低夜温有利于黄瓜雌花的形成。一般15℃以下的低夜温可以降低第一雌花节位，增加雌花数；短日照有利于雌花形成，长日照则促进雄花形成，8h短日照可增加雌花数，雌雄比率增高，12h以上的日照则雄花显著增多，雌花减少。幼苗期喷施100～150mg/L的乙烯利，可以有效促进雌花形成。但乙烯利对幼苗营养生长有明显的抑制，使用时需严格掌握喷施时期和浓度等。幼苗期喷施50mg/L GA促进雄花的形成。

（二）品种类型和栽培季节

1. 类型和品种 根据品种的分布区域及其生态学性状，黄瓜有以下几种类型。

（1）南亚型黄瓜。分布于南亚各地。茎叶粗大，易分枝，果实大，单果重1～5kg，果短圆筒或长圆筒形，皮色浅，瘤稀，刺黑或白色。皮厚，味淡。喜湿热，严格要求短日照。地方品种群很多，如‘锡金黄瓜’‘中国版纳黄瓜’及‘昭通大黄瓜’等。

（2）华南型黄瓜。分布在中国长江以南及日本各地。茎叶较繁茂，耐湿热，为短日性植物，果实较小，瘤稀，多黑刺。嫩果绿、绿白或黄白色，味淡；老熟果黄褐色，有网纹。代表品种有‘昆明早黄瓜’‘广州二青’‘上海杨行’‘武汉青鱼胆’‘重庆大白’等。

（3）华北型黄瓜。分布于中国黄河流域以北及朝鲜、日本等地。植株生长势均中等，喜土壤湿润、天气晴朗的自然条件，对日照长短的反应不敏感。嫩果棍棒状，绿色，瘤密，多白刺。老熟果黄白色，无网纹。代表品种有‘山东新泰密刺’‘北京大刺瓜’‘唐山秋瓜’‘北京丝瓜青’，以及杂交种‘中农1101’‘津研1～7号’‘津杂1号’‘津杂2号’‘鲁春32’‘农城新玉1号’等。

（4）欧美型露地黄瓜。分布于欧洲及北美洲各地。茎叶繁茂，果实圆筒形，中等大小，瘤稀，白刺，味清淡，熟果浅黄或黄褐色，有东欧、北欧、北美等品种群。

（5）北欧型温室黄瓜。分布于英国、荷兰。茎叶繁茂，耐低温弱光，果面光滑，浅绿色，果长达50cm以上。有英国温室黄瓜、荷兰温室黄瓜等。

（6）小型黄瓜。分布于亚洲及欧美各地。有的植株较矮小，分枝性强，多花多果，代表品种如‘扬州长乳黄瓜’；有的植株高大，雌性株，节节有瓜，果实短小，无刺瘤，如‘戴多星’‘京研1号’‘农城迷你1号’；还有我国新育成的新型水果黄瓜，如密刺型的‘农城新绿1号’，果实稍长而果皮油亮无刺瘤的‘农城新油1号’。

2. 栽培季节和茬次 黄瓜喜温怕寒不耐热，露地栽培必须在无霜期内进行，南方一般种植春、夏、秋3茬；华南等热带地区也可在冬季栽培；北方地区多行春、秋两茬栽培；东北和西北高寒地区只进行春夏茬栽培；夏秋黄瓜生长期正值高温多雨季节，病害严重，产量低，栽培难度较大，应选用耐热、抗病、高产的品种。露地秋茬黄瓜多直播栽培。

黄瓜是设施栽培面积最大的蔬菜之一。北方地区早春和秋延后多用于大棚栽培，冬季用日光温室栽培。设施越冬茬栽培多采用嫁接育苗。

（三）春茬露地栽培技术

1. 品种选择 宜选用较耐低温、较早熟、丰产性好、抗病性较强的品种，如‘津优13号’‘津优35号’‘津优315’‘津优601’‘博新5号’‘津研4号’‘津春4号’‘津春5号’‘农城4号’‘中农28号’‘中农116号’‘中农8号’等。

2. 育苗 一般于当地断霜前35～40d播种，设施营养土育苗，定植时适宜幼苗为4叶1心，采用穴盘育苗的适当缩短苗龄。播前温汤浸种，27～30℃催芽，24h后将温度降低到22～26℃，约2d芽出齐。种衣剂包衣的种子最好直播。苗期管理的关键是温度管理，既要保温防寒，也要防高温为害。播种至出土，白天30℃左右，夜间20℃以上。出土至破心，白天20～22℃，夜间12～15℃。破心以后，白天22～25℃，夜间13～18℃。定植前5～7d进行低温炼苗，白天15～20℃，夜间12～13℃，并逐渐降低到10℃左右。

3. 整地施肥 选2～3年未种过瓜类作物的地块，冬前深翻地25～30cm，结合深翻施有机肥75～105t/hm^2。春季土壤解冻后，浅耕细耙，整平地面做畦。南方宜高畦，北方多用平畦或垄，畦宽1.2～1.5m，长10m左右；垄距60cm，高20cm。结合做畦每公顷施过磷酸钙375～450kg，或磷酸二铵225～375kg。

4. 定植 在晚霜期过后，10cm地温稳定在12℃以上时定植。定植过早易受冷害，不发新根，严重时会死苗；定植过晚影响早熟。定植早时采用暗水定植，定植晚时可明水小水定植。春黄瓜宜浅栽，有利于缓苗和发棵，定植深度以营养土块表面与地面齐平为宜。

一般行距60cm，株距25～30cm。

5. 田间管理 定植5d后，秧苗长出新根，生长点有嫩叶发生，表示已经缓苗。此时应浇1次缓苗水，但浇水量不要太大。若土壤很湿则不浇缓苗水或缓浇。地表稍干后及时中耕，提高地温。从定植到根瓜坐住前，栽培管理上以控为主，要多中耕松土、少浇水，改善根部环境，促进根系发育。根瓜坐住、瓜条明显见长时，应及时浇水、结束蹲苗。进入结果期，栽培管理以促为主。在根瓜生育期，因植株不大且坐瓜尚少，外界气温不高，浇水量不宜过大，保持地面见湿见干；腰瓜生育期气温升高、光照充足，植株坐瓜多、茎叶生长旺盛，营养生长和生殖生长均达到鼎盛阶段，对水、肥需求量大，应勤浇水施肥，浇水间隔逐渐缩短至每隔1～2d浇1次水，少量勤浇、忌大水漫灌。

追肥主要在结果期进行，根瓜采收前后，进行第一次追肥，以后原则上每隔1次水追1次肥。前期温度较低时，可追施粪肥等有机肥，以后以速效氮肥为主，并适当配合磷、钾肥。施肥一般结合灌水进行，黄瓜喜肥又不耐肥，因此每次施肥量不宜过大，以防烧根。如施用尿素，每次每公顷施120kg左右。

春季栽培应尽早搭架。搭架一般用长2.0～2.5m的细竹竿，每株1根竿，插在苗的外侧、距苗约8cm。一般用花格人字形架，在行头行尾用6根竹竿扎1束，中间4根扎1束。在株高23～27cm时开始绑蔓，以后每隔3～4片叶绑蔓1次，一般绑在瓜下面的节上。绑蔓时摘掉卷须。

黄瓜以主蔓结瓜为主，但有些品种的侧蔓结瓜也很重要。黄瓜主蔓快到架顶时，一般在20～25节摘心。根瓜下的侧蔓应尽早除去，防止养分分散；根瓜上面的侧蔓可采取见瓜后留2片叶摘心。

6. 采收 黄瓜以嫩瓜供食，应适时采收。根瓜发育慢，宜适当早采收。如果采收晚，一是影响上层果实的发育，降低产量；二是因种胚发育而降低果实品质。适当早采收有利于提高产量。腰瓜和回头瓜生长快，一般在开花后8～12d采收。

（四）日光温室越冬茬栽培要点

这茬黄瓜目标是元旦开始上市，春节达到盛瓜期，是经济效益最好的茬口，栽培管理要求也最严格。

1. 品种选择 应选择早熟、耐低温、耐弱光、根瓜节位低、瓜码密、单性结实率高、抗病性强的品种，如‘长春密刺’‘津春3号’‘津优3号’‘中农5号’‘中农13号’‘中农26号’‘中农31号’‘博新6号’‘蔬研白绿’‘海诺2号’‘碧绿节成’‘农城新玉1号’等优良品种。

2. 适期播种，嫁接育苗 嫁接育苗是冬季温室黄瓜生产必不可少的技术，一般选用南瓜作砧木，适宜播种期为10月上中旬，常用的嫁接方法是靠接法和插接法。嫁接后缓苗阶段注意保持较高的温度和高湿度条件，以利于愈伤缓苗。嫁接后至缓苗，白天保持在28～30℃，夜间16～18℃；缓苗后至炼苗前，白天保持在25～28℃，夜间14～16℃，最低时可达13℃；定植前逐渐降低温度，定植前5～7d，白天保持在20～23℃，夜间10～12℃。阴雨天白天保持在15～25℃，夜间不低于5℃。嫁接后前3d，苗床内的湿度应保持在90%～95%，以后逐渐降低湿度。嫁接后前7～10d要适当遮光，嫁接成活后应尽量增加光照强度。一般苗龄35d左右，定植后约35d开始收获。

3. 深翻土地，重施基肥 定植前30d左右深翻地，重施基肥，一般每公顷施优质腐熟有机肥150～300t，最好施用鸡粪75t，并配合施过磷酸钙375kg、尿素300kg、硫酸钾750kg，施肥后与土壤充分混匀。在定植前封闭温室，利用高温或药剂消毒。

4. 适期定植，加盖地膜 一般于11月中旬定植。按小行距40～50cm、大行距70～80cm开沟，暗水定植，结合覆土形成半高垄，并在小行垄沟上加盖地膜。日光温室栽培不宜栽植过密，一般以每公顷定植52 500株为宜。切忌定植过深，嫁接接口处一定要露在地面上，并与地面保持3cm以上的距离。

5. 加强定植后的管理 包括温、湿、光、气等环境的管理和肥、水、植株等栽培管理两部分。

定植后数日内要紧闭门窗，不放风，使白天温度在28～32℃，夜间温度在20℃以上。缓苗后（定植后4～6d）温度应适当降低，实行变温管理。结瓜前期白天上午23～26℃、不宜超过28℃，午后20～22℃，前半夜16～18℃、不超过20℃，清晨揭草帘或保温被时10～12℃。冬季保温的主要措施有白天适当减少通风，夜间及时加盖保温覆盖物；同时要保持塑料薄膜的清洁，提高透光率。春季随着温度的升高，通风量逐渐加大，保温覆盖物早揭晚盖。结瓜盛期常温管理为白天25～28℃、不超过32℃，夜间16～18℃；与适宜品种和水肥管理等栽培措施相结合，也可采用高温管理，即白天上午30～35℃保持1h后再放风，午后降至25～28℃时关掉放风口，待到降至20℃时开始盖保温覆盖物。

冬季至早春的灌水量和灌水次数要严格掌握。为解决需水与空气湿度大，以及排湿与保温的矛盾，宜采用滴灌或在膜下沟灌。春季温度渐高，生长量也大，灌水次数和灌水量应逐渐增加。追肥主要在结果期进行，在根瓜采收前后随第一次灌水追1次肥，以后原则上每隔1次水追1次肥，前期为防止发生氨害，氮肥宜用硝酸铵，每次每公顷追施225kg，以后可用尿素，每次150kg，并适当配合硫酸钾、磷酸二铵等化肥。叶面施肥可用硫酸锌20g和磷酸二氢钾50g加15kg水喷雾（先将肥用开水化开）。利用温室密闭的特点，人工增施CO_2可有效促进黄瓜生长发育，增强抗病性，提高产量，改善品质。

日光温室黄瓜生长期长，多用吊绳吊蔓。20片叶后，可逐渐打去下部老黄病叶，以延长生长和结果期，提高产量。生长过程中一般需要进行两次落蔓。

四、西瓜

西瓜（*Citrullus lanatus*）为一年生蔓生草本植物，是夏季主要的果菜。原产于非洲南部的卡拉哈里沙漠，西汉时经西域引入中原，故名西瓜。

（一）生物学特性

1. 植物学特征 根系强大，吸肥、吸水能力强，具有较强的耐旱能力。但根系易木栓化，受伤后不易发生新根，且不耐涝，宜直播，育苗移栽时需采取护根措施。茎蔓生，分枝能力强，茎叶繁茂。茎上有分枝的卷须，节上可以生不定根。生产中需进行整枝和压蔓。单叶互生，叶色深，具茸毛和白色蜡质，是耐旱生态型。花黄色、单生，雌雄异花同株。早熟品种主蔓第6～7节发生第一雌花，以后每隔3～5节再生雌花；晚熟品种第10～13节发生第一雌花，以后每隔7～9节再发生雌花。果实一般为椭圆或圆形。果皮颜色有深绿、浅绿、黑、白、黄等，很多品种的果皮具有深绿色纹理。食用部分为胎座，成熟后有红、粉红、黄、白等色。种子寿命为5年，使用年限为2～3年。

2. 生长发育周期 分为发芽期、幼苗期、伸蔓期、结果期4个时期。前3个时期与黄瓜相似，从结果部位雌花开花至果实成熟为结果期，在适宜条件下需28～45d，一般早熟品种30d左右，中熟品种35d左右，晚熟品种40d以上。结果期又可分为坐果期、膨果期和成熟期。由雌花开放至果实褪毛为坐果期，需4～6d，茎叶生长占优势。从果实褪毛开始到果实大小基本确定（定个）为膨果期，在适温条件下需18～26d，此期以果实生长为中心，是决定产量高低的关键时期。从果实定个至果实成熟为成熟期，需5～10d，此期果实膨大已趋平缓，以果实内物质转化和种子发育为主，是决定西瓜品质的关键时期。

3. 对环境条件的要求　西瓜喜温耐热，生长发育适温为25～35℃，生育温度为10～40℃。在昼夜温差大的情况下，有利于果实的膨大和果实内糖分的积累。发芽期、幼苗期、伸蔓期、结果期的适宜温度分别为28～30℃、22～25℃、25～28℃、30～35℃。西瓜不耐寒，种子发芽下限为16～17℃，根毛发生的温度为10～38℃，低于18℃果实发育不良，成熟期推迟，品质下降。果实发育需要活动积温800～1000℃。

西瓜喜强光，需要充足的光照，光补偿点为4000lx，光饱和点为80 000lx。在10～12h或以上的长日照条件下生长发育良好，产量高。西瓜耐旱、喜湿、不耐涝，适宜的空气湿度为50%～60%，土壤湿度为60%～80%。结果期以前需水较少，若水分多，易使蔓叶徒长，影响开花坐果。膨果期是需水的重要时期，如果水分不足，则果实膨大缓慢，果个小，产量明显降低。进入果实成熟阶段，则需降低土壤水分，否则会降低含糖量，影响品质，而且会引起果实开裂。对土壤适应性较广，在沙土、壤土和黏土上都能种植，但以土层深厚、通透性良好的砂质壤土栽培最好。土壤酸碱度以中性为宜，但在pH 5～8生长发育正常。西瓜耐盐性较强，土壤含盐量低于0.2%时，均可基本正常生长。

（二）品种类型和栽培季节

1. 品种类型　依用途分为果用和籽用两大类。籽用西瓜也称打瓜，与果用西瓜相似，唯蔓叶较小、分枝多，每株留瓜2、3个，以采收瓜籽为主。单瓜有籽400余粒，种子千粒重100g左右。

果用西瓜蔓长、叶大，瓜瓤发达，汁多味甜，栽培极为普遍。根据细胞染色体的多少又可分为二倍体普通西瓜、三倍体无籽西瓜和四倍体少籽西瓜。其中二倍体普通西瓜栽培普遍，按其熟性又分为早熟、中熟和晚熟3个类型。早熟品种从开花到果实成熟约30d，单果重较小，生长发育期短，易坐果。代表品种如‘美秀’‘农科大5号’‘农科大10号’‘西农15号’‘郑杂5号’‘京欣1号’‘郑杂7号’‘郑杂9号’‘苏密1号’‘春蕾’‘黑美人’‘金美人’等。中熟品种从开花到果实成熟约需35d，果实中等大小，生长势较强，如‘农科大5号’‘农科大6号’‘西农10号’‘金钟冠龙’‘西农8号’‘红冠龙’‘新红宝’等。晚熟品种从开花到果实成熟需40d以上，果大，茎叶生长旺盛，坐果晚，生长发育期长，产量高，如‘特小凤’‘早春红玉’‘红优2号’‘小子马兰’等。

2. 栽培季节　西瓜喜温耐热，无霜期内均可栽培。一般以露地栽培为主，春播，夏秋季收获。近年来，地膜覆盖和拱棚早熟栽培发展很快，也可利用日光温室栽培。采用不同栽培方式，并选用熟性不同的品种，合理搭配，排开生产，延长供应期。

露地和地膜覆盖栽培时，应把果实发育成熟期安排在当地的高温季节，一般地温稳定在15℃以上时才能直播或定植。

（三）栽培技术

1. 育苗　可用阳畦、温床或温室育苗，育苗技术基本同黄瓜，但浸种时间较长，温汤浸种后，一般浸种12～24h。苗床温度较高，一般白天保持在30℃左右，夜间不低于17～18℃；苗床内湿度要小。日历苗龄为30～35d，具有3、4片真叶时即可定植。大棚和温室栽培时，常采用嫁接育苗防治枯萎病，克服连作障碍。嫁接砧木主要有南瓜、笋瓜和瓠瓜等，多用靠接或插接法嫁接。

2. 整地做畦施基肥 应选择有排灌条件的砂壤土或沙土。露地栽培，与大田作物或花生、甘薯、白菜、萝卜等实行3～5年轮作，在幼年果树和茶树行间也可套种西瓜。种植西瓜的地块需秋耕，早春定植前施肥后再耕翻1次，将地平整好做畦。北方多用平畦栽培，做成大小畦，小畦也称老畦或老沟，畦宽约50cm，用来播种或定植瓜苗。紧邻小畦做80～120cm宽的大畦（也叫加畦），供瓜爬蔓用。南方一般采用深沟高畦，以便排水。基肥以土杂肥等有机肥为主，冬前耕翻时，可施用未腐熟的厩肥和塘泥，定植肥每公顷施充分腐熟的有机肥22.5～37.5t，加过磷酸钙600～750kg和硫酸钾300kg，也可施用草木灰600～750kg。

3. 定植或直播 在无霜期结束后，地温稳定在15℃以上时定植，定植技术参照黄瓜。应根据品种、整枝方式、叶片开展度大小、肥水管理水平及结果期长短等确定行株距。一般早熟品种双蔓整枝每公顷定植12 000～15 000株，中晚熟品种双蔓整枝9000～10 500株。

直播的可干籽或浸种催芽后播种。春季一般于当地断霜后，地温稳定在15℃以上时播种。播种方法按预定的行株距，开深3～4cm、长约13cm的播种沟，在沟内灌水，每沟按等距平放4粒种子，播后覆土。出苗后，间苗3次，3～4片真叶时定苗。

4. 田间管理

（1）中耕、除草。西瓜直播定苗或育苗定植后，地面覆盖率低，易生杂草，应勤中耕、除草，以利保墒和提高地温。中耕主要是在植株周围进行，逐渐扩大范围。

（2）水肥管理。直播的西瓜定苗以前灌水要少，采用开沟暗灌的方法，选上午灌。定苗或定植以后，灌水结合施肥进行。坐瓜节位的雌花开花期不灌水，以防落花和化瓜。坐瓜后，由以营养生长为主转入以生殖生长为主，开始浇大水，但在果实迅速膨大前，只浇瓜畦，保持土壤见湿见干，不浇加畦。膨果期对水分要求最高，应保证水分充足均衡供应，一般3～5d灌1次水，瓜畦和加畦一齐浇，水量也要加大。收获前5～8d停止灌水，促进果实内含物转化，提高品质。

在基肥的基础上，北方地区一般每公顷追施饼肥750～1050kg，尿素150～225kg，硫酸钾150～225kg，或追施复合肥150～600kg。追肥多于团棵（5～6叶）期和果实褪毛后进行。团棵期追肥多以有机肥和复合肥为主，配合速效性氮肥，促进茎叶生长。结果期追肥以速效氮肥和钾肥为主，促进果实膨大。在生长发育后期，可叶面喷施微肥，增进品质。

（3）整枝、打杈。西瓜分枝性强，易生侧枝，应进行整枝，并及时打杈。目前，主要采用单蔓、双蔓或三蔓整枝。单蔓整枝只留主蔓，摘除所有侧枝，简单易行，适于早熟品种密植栽培，单位面积结瓜多，但果实不大。如果除保留主蔓外，还在主蔓下部3～5个叶腋内，选留1～2条健壮侧蔓作为副蔓，与主蔓共同生长，其他侧蔓全部摘除，则为双蔓整枝或三蔓整枝。双蔓整枝适于中熟和早熟品种，应用最多。三蔓整枝适于大型晚熟品种，同化面积大，可结大瓜，但单位面积结瓜数少。

（4）倒秧压蔓。倒秧也称板根，即当蔓长30～50cm时，将仍处于半直立生长状态的瓜秧按预定方向放倒成匍匐生长的过程。随着蔓的伸长，还需压蔓，即用泥土将秧蔓压住或固定，使茎叶合理分布，可防风害，增加不定根和调节瓜秧长势。一般共压3次，每隔

30～40cm压1次，在结果处前后两个叶间不压，以免影响瓜的发育。侧蔓不留瓜时也参照主蔓节数进行压蔓。压蔓有明压和暗压及轻压和重压之分，应根据瓜秧长势灵活运用。温室和大棚栽培的小型西瓜，常不压蔓，但采用牵引吊蔓调节茎蔓分布。中小拱棚栽培时，还常采用带杈树枝固定瓜蔓。

（5）留瓜定瓜。中晚熟西瓜一般1株只留1个瓜，少数早熟品种可留2～3个。留瓜节位直接影响西瓜的上市期、产量和品质。植株上第一朵雌花形成的瓜长不大，虽早熟也不宜选留，第四个瓜又过晚，所以一般从主蔓第二或三个瓜中选留1个，同时在侧蔓上选留第一、二个雌花备用。当幼瓜长到鸡蛋大小、开始褪毛时进行定瓜，即在主、侧蔓上预留的幼瓜中，选留1个生长势强的幼瓜，摘除其余幼瓜。

（6）垫瓜翻瓜。垫瓜可防止烂瓜，减少虫害。当果实长到拳头大小时，把果实下面的土垫高拍成斜坡，并把果实顺直摆放在斜坡上；也有用草圈垫瓜的。翻瓜，就是在果实定个以后，每隔3～4d将果实按同一方向翻动1次，每次翻动角度不大，经2～4次翻动，使果实原着地面翻到上面，能使果实各部位着色均匀。

（7）晒瓜盖瓜。西瓜果实发育初期应晒瓜，利用果实光合作用促进果实发育。果实即将成熟时，不再晒瓜，而用杂草或叶片盖瓜，以防日灼。

（8）人工授粉。在设施内栽培要人工辅助授粉，以促进坐瓜。授粉宜在上午7～9时进行。

5. 收获　西瓜食用成熟果，从播种到收获需80～120d，从开花到成熟需30～40d。果实达到商品成熟时，果面光滑，纹理清晰，有光泽，果粉退去，果实附近几个节的卷须枯萎。过熟的瓜果肉松软、瓦解，甚至不能食用。

五、菜豆

菜豆（*Phaseolus vulgaris* L.）也叫芸豆、梅豆、四季豆等，原产于墨西哥和中南美洲，16世纪传入中国，各地均有栽培，菜豆以嫩豆荚食用，营养丰富，含蛋白质6%，糖1%～3%，维生素C 23～28mg/100g。除鲜食外，还可脱水、速冻、冷藏、制罐等。

（一）生物学特性

1. 植物学特征　根系发达，分布深而广，主根可深达90cm以上，侧根横展半径60～80cm，吸收能力强，对土壤要求不严格。茎有缠绕性，故不需绑蔓；矮生类茎高40cm左右，节间短，为5～7节，易生侧枝，直立；蔓生类茎长2～3m，较细弱，为50～60节，侧枝发生少，需要支架。子叶肥厚，出土后不久即脱落；基生叶为单叶，心脏形；以后的真叶是由3片小叶组成的复叶，叶柄长10～25cm，其基部茎节处左右两边有2片舌状小托叶。花序发生于叶腋间或茎的顶端，其上着生2～8朵花；蝶形花，多自花授粉。果实为荚果，多数成对着生在果序上；荚果呈圆棍形或扁圆形；外皮有绿色、黄色、红色、紫色或略带紫花纹。种子较大，呈肾形，种皮有白色、黑色、黄色、紫红色及棕色带状花纹等，千粒重300～600g。种子发芽年限为2～3年。

2. 对环境条件的要求　喜温不耐霜冻，矮生种耐低温能力比蔓生种强。种子发芽适温为20～25℃，幼苗发育适温为18～20℃，花芽分化适温为20～25℃，开花结荚期适温为18～25℃。菜豆对日照反应不如其他豆类敏感，对日照长短要求不严格，属中光性，因此南北各地春、夏、秋三季均能相互引种栽培。菜豆有较强的抗旱能力，但过干、过涝都不利于根系生长。生长期适宜的土壤湿度为田间最大持水量的60%～70%，开花结荚期适宜的空气相对湿度为80%～90%。菜豆适宜于富含腐殖质、土层深厚、排水良好的中性壤土栽培，以pH 6.2～6.8为最宜。菜豆植株随着结荚对氮、磷、钾的吸收显著地增加。花芽分化后，氮素促进植株生长，增加花数和结荚数，但如果氮素过多，反而造成落花。

（二）类型和品种

菜豆按豆荚的性质可分为软荚种（菜用菜豆）和硬荚种（粮用菜豆）两大类。依豆荚颜色可分为绿色种、黄色种、红色种和紫色种。按种子的颜色可分为黑色种、白色种、红色种、黄褐色种及花斑纹种。生产上按其生长习性又分为矮生种（地豆）和蔓生种（架豆），少数中间类型称半蔓生种。

目前栽培的优良品种很多。例如，在南北方普遍栽培的有：'长丰''无筋白龙''红珍珠''白荚王''意选1号''架豆王''芸豆王''双丰2号''双丰3号''双丰12号''初绿2号''台湾2号''无筋2号''新引2号''卡罗持''卡朋''优胜者'（77-10）、'芸丰'（623）、'浙江矮早18''农友早生''抗寒2号''青刀豆27号''长青2号''超级绿龙'等。

（三）栽培季节

菜豆栽培最适宜季节的月平均气温为10～25℃，以20℃左右最适。中国南北各地春、秋二季均可进行露地栽培，并以春播为主。北方单作主作区，露地栽培矮生菜豆，可分为春、秋2茬；蔓生菜豆则多春夏播种，生长收获一直延续到秋季下霜前。高寒地区，一般为夏播秋收露地栽培；华北等地露地栽培可春、秋2茬；南方无霜期长，可2茬或3茬栽培。北方地区利用改良地膜覆盖、小拱棚、大中拱棚等设施，可进行春提前和秋延后栽培，但主要用于矮生菜豆栽培。

菜豆忌重茬，宜实行2～3年轮作。适宜前茬为大白菜、甘蓝、花椰菜、黄瓜、西葫芦、马铃薯等。矮生菜豆可与玉米、棉花及多种蔬菜等间作。

（四）栽培技术要点

1．整地做畦　春茬菜豆于冬前秋耕晒垡，春季耙细整地做畦，结合整地施入基肥，每公顷施腐熟农家肥15.0～22.5t、复合肥450～600kg、石灰300～450kg。北方地区多用平畦栽培。矮生种畦宽1.0～1.2m，每畦播种3行，行距33～40cm，穴距25～30cm。蔓生种畦宽1.3～1.6m，行距65～80cm，每畦播种2行，穴距20～25cm。一般每穴播种2～3粒。东北地区垄作较多；南方多作深沟高畦，蔓生种一般畦面宽1m或2m，沟宽约40cm，沟深16cm以上，每畦2行或4行，矮生种可增加种植行数。

2．直播或育苗移栽　春季播种北方在晚霜断霜前数天，10cm地温稳定上升到10℃以上时直播，终霜出苗；南方可适当提前。矮生菜豆比蔓生菜豆提早3～5d。秋季栽培一般都用直播，蔓生菜豆在早霜前100d左右播种，矮生菜豆在早霜前80～90d播种。

春季育苗移栽，播种期可比露地直播提前15～20d，提早上市10d左右，苗龄一般为20～25d，定植期比当地露地直播播种期晚10d左右，定植密度与直播栽培相同，定植后浇小水以利缓苗。

3．田间管理　直播的出苗后及时查苗补苗，并中耕松土，以提高地温和土壤透性，促进根生长和根瘤菌发育。蔓生种开始抽蔓时及时插架，一般设人字架或人字花架，并人工引蔓上架，使植株均匀分布在架杆上。追肥、浇水遵循“前轻后重”“干花湿荚”的原则，苗期轻追氮肥，促进发秧和及早开花结荚。开花初期适当控水；坐荚后开始追肥浇水，保持畦面湿润，结合浇水追施1次复合肥，150kg/hm^{2}左右。夏季热雨之后要浇清水，俗称“涝浇园”，降低地温和补充土壤氧气。

4. 采收 矮生种播种后50～60d开始采收，收获期30d左右。蔓生种播种后60～80d采收，采收期60～70d。一般开花后10～15d可采收嫩荚。采收过晚则纤维增多，品质下降。供速冻保鲜或罐藏加工的，在开花后5～6d就采收嫩荚。以种子供食用的，则在开花后20～30d，种子完全成熟时才采收。

六、豌豆

豌豆（*Pisum sativum* L.）起源于亚洲西部、地中海地区和埃塞俄比亚、小亚细亚西部，适应性很强，在全世界的地理分布很广，在我国已有2000多年的栽培历史，各地均有栽培，主产区有四川、河南、湖北、江苏、青海等。

（一）生物学特性

1. 植物学特性 主根比较发达且发育较早，但侧根稀疏。根瘤发达，通常数个聚在一起，固氮作用明显。茎中空，无茸毛，披蜡质，按其习性有矮生、半蔓生和蔓生之分；矮生种茎高66cm左右，为早熟的小荚种；半蔓生的蔓长66～110cm；蔓生种蔓长110～220cm或更长，分枝和结荚多，荚和豆粒均大，多为食荚晚熟种。豌豆出苗时，子叶不露出土面。主茎基部1～3节着生的真叶为单生叶，4节以上为羽状复叶，由1～3对小叶组成。小叶数随植株生长由下而上逐渐增多，顶端小叶变成卷须，有攀缘性。复叶叶柄与茎相连处有一对大的耳状托叶包围茎部。叶腋间抽生总状花序，蝶形花。自花授粉，开花前一天就已完成受精过程。荚果，扁平或近圆筒形，表面光滑，少数荚面皱缩，凸凹不平；一般长6～15cm，宽1.2～4.0cm。大粒种和大荚种一般每个花序结1个荚，小粒种或营养良好的植株能结双荚。种子球形、圆形稍有棱角或桶形，表皮光滑或皱缩。有白色、黄色、绿色、青灰色、粉红色、褐色、深褐色或有斑纹。种子平均寿命为3～4年。

2. 对环境条件的要求 半耐寒性蔬菜，喜温暖和湿润的气候，不耐炎热干燥。多数品种为长日照作物，在初夏日照渐长时开花结荚良好。一般长日照和高温会促进主茎伸长，但不利于下部节位侧枝的发生；短日照和低温则不利于主茎伸长，而有利于低节位侧枝的发生。喜湿，抗旱性不如菜豆、豇豆等其他豆类蔬菜。对土壤适应性较广，以保水力强、通气状况良好、富含有机质的砂壤土和壤土最适宜。

（二）品种类型和栽培季节

1. 品种类型 按用途和荚的软硬，可分为粮用豌豆、菜用豌豆和软荚豌豆3个变种。依种子的形状可分为光粒种和皱粒种，依植株的高矮可分为蔓生种、半蔓生种和矮生种。目前作为菜用的品种有硬荚种和软荚种。硬荚种的内果皮成一层似羊皮纸状的透明革质膜，必须撕除后才可食用，故食青豆粒或制罐。软荚种内果皮无革质膜，柔嫩可食。矮生食嫩荚品种有‘大荚豌豆’（‘大荚荷兰豆’）软荚种、‘食荚大菜豌1号’‘内软1号’‘甜脆’等；蔓生食嫩荚品种有‘晋软1号’‘中山青’‘法国大荚’‘白花小蔓’；半蔓生食嫩荚品种有

‘草原21号’‘延引软荚’；食嫩籽品种有‘小青荚’‘上海白花豆’‘甜丰’‘中豌2号’‘中豌5号’‘中豌6号’‘晋硬1号’；食嫩梢品种有‘豌豆苗’‘无须豆尖1号’‘灰豌豆’；芽菜品种有‘青豌豆’‘麻豌豆’‘中豌4号’‘小豌豆’‘白玉豌豆’。

2. 栽培季节 豌豆较耐寒而不耐干旱和高温，各地都可栽培，以南方栽培较多。江南地区一般秋播春收，一年栽培一季；长江下游10月中旬至11月上旬露地播种过冬，翌年5月上中旬采嫩荚或鲜豆粒供食；西南地区于8月上旬（立秋后）播种，10月下旬至1月收嫩豆粒；华南从9月中旬至11月底均可播种，收获期11月至翌年3月。华北地区多采用设施栽培。

（三）栽培技术要点

1. 选地与整地 选择有浇水条件的田地，冬前耕翻，土壤封冻前浇足封冻水，早春土壤解冻后整地起垄，施足底肥。

2. 播种方式 播期进行撒播或穴播，每隔3m留60cm人行道，便于放水与喷药。播深2～3cm，播后适当压实。

3. 田间管理 苗出齐后浅松土1次，以利提高地温，促进发根。开花期、结荚期视土壤墒情浇水2～3次。生长中期根据苗情随浇水适当追施氮素化肥。

4. 采收 豌豆采收期因食用部分而异，食用嫩梢者于具有8～10片叶（16～20cm）时开始分次采收。采收嫩荚者，于花谢后8～10d时采收，采收鲜豆粒作菜用或加工制罐者，花谢后15～20d就可采收。

七、大白菜

大白菜［*Brassica compestris* L. sub. *pekinensis*（Lour）Olsson］又称结球白菜，原产于中国，主要在亚洲栽培。我国华北、西北和东北都普遍大量种植，山东、河北、河南是全国三大主产区。大白菜以叶球食用，主要熟食，也可生食或腌制。

（一）生物学特性

1. 植物学特征 主侧根均较发达，但主要根系多分布在30cm的土层内。在营养生长期茎为变态短缩茎，呈球形或短圆锥形。进入生殖生长期，自短缩茎顶端发生花茎，花茎上节和节间明显、着生茎生叶。按发生先后顺序排列，有子叶、基生叶（又叫初生叶）、中生叶（又叫莲座叶）、顶生叶（又叫球叶或心叶）和茎生叶（也叫花茎叶）5种类型。子叶和基生叶各有两枚，有叶柄。中生叶的第一叶环为幼苗叶，第二、三叶环为莲座叶。莲座叶阔倒卵形，无叶柄有叶翅。顶生叶构成叶球，贮藏养分，供食用。叶球抱合方式有褶抱、叠抱、合抱、拧抱4种。总状花序，长角果；种子近圆球形，黄褐色或棕色，千粒重2～4g，寿命4～5年，使用年限1～2年。

2. 生长发育周期 营养生长阶段形成产品器官叶球，先后经历发芽期、幼苗期、莲座期、结球期和休眠期。当2片基生叶生长到与子叶大小相同并与子叶构成十字形时为“拉十字期”；当第一叶环叶片全部长出后俯视植株呈圆盘状，称为“开小盘”或“团棵”。从子叶展平至团棵为幼苗期；从团棵至开始卷心为莲座期；从卷心至叶球形成为结球期。结球期又分为前、中、后3个分期。在结球前期，叶球外层的叶片迅速生长而构成叶球的轮廓，称为“抽筒”或“长框”；在结球中期，叶球内层的叶片迅速生长而充实叶球的内部，称为“灌心”；在结球后期，叶球体积不再增大，只是继续充实叶球内部。在生殖生长阶段抽薹开花形成种子。

3. 对环境条件的要求　半耐寒性，喜温和凉爽的气候，不耐高温，也不耐严寒。生长的适宜日均温为12～22℃，在10℃以下生长缓慢，5℃以下停止生长，能耐轻霜而不耐严霜，在-5～-2℃或以下受冻害。发芽期适温20～25℃，8～10℃可缓慢发芽，26～30℃发芽快但幼苗弱。幼苗期适温为22～25℃，虽能适应26～30℃的高温，但幼苗生长不良，易感病毒病。莲座期适温17～22℃，过高时易徒长和诱发病害；过低则生长缓慢，延迟结球。结球期在12～22℃包心良好。休眠期以0～2℃最适宜，过低易遭受冻害，过高则不耐贮藏，易腐烂。种子春化型，在15℃以下可顺利完成春化作用，萌动的种子在3℃经15～20d就可以通过春化阶段。抽薹期适温为12～16℃，开花期和结荚期适宜月均温为17～20℃。

生长期的长短与积温密切相关，从播种到叶球形成，5～25℃日均温时早熟品种一般需要积温1200～1400℃，中晚熟品种1300～1700℃，晚熟品种1800～2000℃。

要求中等强度光照。种子在黑暗和光照条件下都可以发芽，并能正常出苗。在营养生长期内，平均每天日照时数不少于8h，生长良好。一般早熟品种全生长期需500～600h，中熟品种需650～700h，晚熟品种需在800h以上的日照。尤其在莲座期需要较长的光照时间，若光照不足8h会影响莲座叶的健壮发育。长日照植物，在较长日照条件下通过光照阶段，进而抽薹开花。

蒸腾量大，对土壤湿度要求较高。莲座期要求土壤相对含水量为80%，结球期以60%～80%为宜。适于土层深厚、肥沃、疏松、保水保肥、排水通气的砂壤、壤土及轻黏壤土，以中性或微碱性土壤（pH 6.5～7.0）为宜。

（二）品种类型和栽培季节

1. 品种类型　大白菜为芸薹属芸薹种的大白菜亚种，有散叶变种、半结球变种、花心变种和结球变种，以结球变种栽培普遍。

（1）散叶变种。顶芽不发达，以中生叶为产品，耐寒和耐热性强，适于春夏作为绿叶菜栽培，如‘莱芜劈白菜’‘武威大根白菜’等品种。

（2）半结球变种。顶芽较发达，顶生叶抱合成叶球，但包心不实。耐寒性强，适于在东北、冀北、晋北及西北高寒地区栽培，如‘兴城大锉菜’‘山西大毛边’‘黑叶东川白’等。

（3）花心变种。顶芽发达，顶生叶褶抱成球，但其先端向外翻卷，色白、淡黄或黄，呈花心状。较耐热，多用于早秋或春季栽培，如‘北京翻心黄’‘济南小白心’‘许昌菊花心’等品种。

（4）结球变种。顶芽发达，顶生叶全部抱合形成坚实叶球，其顶端半闭合或完全闭合。生长期较长，适合秋季栽培。根据适应气候的不同，又分为卵圆型、平头型和直筒型3个生态型。

卵圆型为海洋气候生态型，叶球呈卵圆形，球形指数（纵径/横径）约为1.5，顶部尖或钝圆，近于闭合，叶球以褶抱为主。晚熟品种生长期90～110d，早熟品种70～80d。要求雨水均匀、空气湿润、昼夜温差不大、温和而变化不剧烈的气候。品种如‘青杂中丰’‘鲁白1号’‘鲁白3号’等。

平头型为大陆气候生态型。叶球呈倒圆锥形，球形指数接近1，顶部平，完全闭合，叶球以叠抱为主。生长期多为90～120d，早熟品种70～80d。能适应气温变化剧烈、昼夜温差较大和空气干燥的环境。品种有‘洛阳包头’‘太原包头白’‘秦白2号’‘山东7号’等。

直筒型为交叉气候生态型。叶球细长圆筒形，球形指数大于3，顶部尖，近于闭合，中生叶第一、二叶环叶片半直立，从第三叶环开始拧抱成叶球，生长期有60～90d，对气候适应性强，在海洋性及大陆性气候下均能生长良好。抗寒性强，极耐贮藏，抗霜霉病和软腐病。品种如‘津绿75’‘秦自3号’‘三园长绿’等。

不同生态型间互相杂交，可育成平头直筒型、平头卵圆型、圆筒型、花心直筒型及花心卵圆型等次级类型的品种。

2. 栽培季节 以露地秋季栽培为主，一般在入秋后气候开始转凉时播种，严寒来临前收获，将结球期安排在深秋季节，冬春贮藏供应。

春季栽培一般采用设施育苗，苗龄30d，4～5片叶定植，结球期安排在露地气候温和的季节。应选择生长期短、耐抽薹的中早熟专用品种，如‘春冠’‘鲁春白一号’‘京春王’‘京春早’‘津白56’，日本的‘健春’‘庆良’‘高冷地’，韩国的‘春大将’‘春夏王’等。叶球形成后应及时收获上市，不宜储藏。

夏秋早熟栽培播种期要求不严，华北地区在7月上中旬之前播种均可，9～10月上旬上市供应。须选择抗病、耐热、早熟的优良品种，如‘北京小杂56’‘山东2号’‘鲁白2号’‘津白56’等。

（三）秋播栽培技术

1. 品种选择 不同地区的气候条件和消费习惯差异很大，各有其适宜的栽培品种，鲁、冀、豫、京、津、陕等地培育出了大量大白菜优良品种。秋季栽培应选择生长发育期长短不同的品种搭配，以中晚熟品种为主。

2. 整地施基肥 冬前深耕，最好翻耕30cm以上。前茬收获后，清除杂草，并喷药灭蚜，翻耕20～25cm。结合翻耕施入基肥，每公顷施用腐熟厩肥60～70t、过磷酸钙或复合肥375～450kg。厩肥可在翻耕前先撒施60%，剩余的40%于耙地前施入。采用垄作或平畦栽培，盐碱地和砂质土壤宜平畦栽培。

3. 直播或育苗移栽 大白菜对播种期要求十分严格。播种过早，前期高温病虫害严重；播种过晚，生长期短，叶球小而松散，产量低。不同地区和不同品种的适宜播种期不同。一般早熟品种适宜播种期范围较宽，晚熟品种对播种期要求最严格，适宜播种期只有3～5d。

秋季栽培多采用直播，可条播或穴播。高垄条播时，如墒情不足，可在垄顶开4～5cm的浅沟，顺沟浇足水，随即条播并覆土，每公顷播种量为2.25～3.00kg，36h后用钉耙除去浮土，保持盖土1.5cm左右，播后隔沟灌水，降低地温。穴播时顺行按株距开浅穴浇足水，水渗后点籽，播种量比条播减半。土壤墒情足时，在垄顶或平畦按行距划浅沟，沟深0.6～1.0cm，将种子均匀地播在沟内，然后用细土盖平浅沟并镇压。

育苗移栽的，每公顷大田需苗床450～525m^2，种子用量1.5～1.8kg。每12m^{2}苗床撒施腐熟有机肥50kg，硫酸铵250g，过磷酸钙750g。播种前浇透水，出苗期一般不浇水。育苗的播种期比直播提前3～5d，遮阴育苗，苗龄15～20d。定植最好在阴天，或晴天的下午进行。栽后2～3d内注意灌水保苗。

4. 田间管理

（1）间苗、定苗和补苗。直播栽培一般于拉十字、3～4叶时分别进行间苗，团棵时定苗。高温干旱年份延迟间苗和定苗。出现缺苗断垄的情况时要及早补播或补栽。生长期60～70d的早熟品种，每公顷保留45 000～60 000株；生长期100d左右的晚熟品种，每公顷保留22 500～30 000株，行距50～80cm，株距40～70cm。

（2）中耕、除草。在封行以前中耕2～3次，结合中耕进行除草。一般在第二次间苗后第一次中耕，以划破土面、松细土表和锄去杂草为度；定苗后第二次中耕，深6cm；莲座叶覆满地面前第三次中耕，浅锄杂草。封垄后停止中耕，若有杂草，可随时拔除。

（3）追肥。一般分别于幼苗期、莲座期、结球期共追肥3～4次，依次称为提苗肥、发棵肥、结球肥和灌心肥，其中发棵肥和结球肥最关键，应重施。追肥应氮、磷、钾肥结合。

幼苗长出2～3片真叶时施提苗肥，以速效性氮肥为主，如每公顷施硫酸铵105～120kg。将肥料施于幼苗两侧，距苗10～12cm处，随即进行浅中耕，将肥与土掺匀。发棵肥于莲座初期施用，距根部18～20cm处开深8～10cm的沟，肥入沟埋施，每公顷施粪肥7.5～15.0t，或硫酸铵或复合化肥150～225kg，施肥后及时浇大水。结球期是大白菜经济产量的形成期，生长量很大，是需水肥最多的时期，于包心前施，每公顷施粪肥15.0～22.5t（或硫酸铵225～375kg），磷、钾肥各150～225kg。晚熟品种可于抽筒后施灌心肥，每公顷施速效化肥硫酸铵150～225kg。在莲座期和结球期还可用磷酸二氢钾和硫酸钾叶面施肥，并可喷0.7%氯化钙4～5次防止干烧心。

（4）灌水。秋季栽培发芽期要保持土壤湿润，以利出苗。一般在播种前浇足水，发芽期和幼苗期土壤水分蒸发量大，干旱时要小水勤浇，早晨或傍晚浇。莲座期外界气温渐低，植株需水还不太多，田间灌水以见湿见干为原则，使土壤适度湿润并通气，以利于根系生长、叶片增厚和营养积累。中晚熟品种在莲座期末可适度蹲苗，即在包心前10d左右灌1次大水，经深中耕后停止灌水，直至叶色深绿、厚而发皱、中午微（萎）蔫、下午复原、植株心叶也呈绿色时结束蹲苗。在土壤保水性差、天气干旱、选用卵圆型品种、播期偏晚、苗期病弱等情况下，则不宜蹲苗。结球期是叶球增重和需水量最多的时期，要保证水分的充分供应。一般于蹲苗结束后灌1次小水，不待地面发干，紧接着再灌1次水。以后要求保持地面经常湿润，在无雨的情况下，每隔6～7d灌1次水，直至收获前10d左右停止浇水。春茬大白菜管理以促为主，不蹲苗。

5. 收获　秋茬大白菜，早熟品种在结球紧实后及时收获上市；中晚熟品种以冬贮供应为主，宜于叶球充分成熟、严霜来临前收获。若在严霜来临时叶球尚不紧实，可束叶适当延长田间生长期，待叶球紧实后再收。若尚未收获时遇到轻度冻害，可待天气转暖，叶片恢复原状时再收获。

八、萝卜

萝卜（*Raphanus sativus* Bailey）原产于中国，远在周朝时就盛行种植，迄今南北各地栽培面积很大。其产品含有淀粉酶和芥子油，有助消化、增食欲的功效。

（一）生物学特性

1. 植物学特征　直根系，主根能深入土层1m左右，但主要根系分布在20～40cm的耕作层内。由主根形成的肉质根是主要食用器官，肉质根在形、色和单重上的变化很大，外形有圆柱、圆锥、圆球、扁球等；外皮有白、绿、红、紫、黑等；肉色多呈白、淡绿、红或带有不同程度的红、紫辐射条纹；单根重小的只有几克，大的可达10kg以上。茎在营养生长期呈短缩状，其上着生叶片，有花叶（大头羽状全裂叶）和板叶（枇杷形）之分；到生殖生长期抽生花茎，形成总状花序，花色有白、淡红、淡紫，全株花期30～35d。长角果，每荚种子3～8粒。种子扁球形，赤褐色，表面无光泽，千粒重8～13g，寿命5年，使用年限1～2年。

2. 生长发育周期 营养生长期包括发芽期、幼苗期、莲座期、肉质根生长盛期，生殖生长期包括花芽分化、抽薹开花和种子形成。

（1）发芽期。从播种至第一片真叶展开，有5～7d。

（2）幼苗期。从第一片真叶展开至“破肚”，有15～20d。幼苗期因肉质根加粗，向外增加压力，而肉质根外部的初生皮层不能相应地生长和膨大，造成初生皮层破裂，这种现象称为破肚，标志着肉质根膨大的开始，此时幼苗有4～6片真叶。

（3）莲座期。从破肚至定橛，有15～20d，又称为叶片生长盛期，小型萝卜有5～10d。当肉质根的根头部膨大变宽，形如人肩露出地面时，称为露肩。到莲座期末，地上部与地下部鲜重比接近1：1，这时植株比较稳定，不易动摇或拔出，故称为定橛，标志着莲座期的结束和肉质根将进入迅速膨大期。

（4）肉质根生长盛期。从定橛至收获，有40～60d，小型萝卜有10～15d。此期叶片生长缓慢，肉质根迅速膨大。

（5）生殖生长期。萝卜为种子春化型，在低温下通过春化后，长日照下抽薹开花，为一二年生蔬菜。从现蕾至开花为20～30d，花期为30～60d，从开花到种子成熟为30d左右。

3. 对环境条件的要求

（1）温度。种子在2～3℃开始发芽，发芽适温为20～25℃。幼苗期可耐25℃左右的较高温度和短时间-3～-2℃的低温。叶片生长的温度为5～25℃，适温为15～20℃。肉质根生长的温度为6～20℃，适温为13～18℃。高于25℃，植株长势弱，产品质量差。所以萝卜生长适宜温度应是前期高、后期低。当温度低于-1℃时，肉质根易遭冻害。

（2）光照。在光照充足的环境中，植株生长健壮，产品质量好。光照不足则生长衰弱，叶片薄而色淡，肉质根小，品质劣。短日照有利于营养生长，而长日照促进抽薹开花。

（3）水分。适宜土壤相对含水量为65%～80%、空气相对湿度为80%～90%的条件。如水分不足，不但产量降低，而且肉质根易糠心，口味苦辣，品质粗糙；水分过多，土壤透气性差，影响肉质根膨大，并易烂根；水分供应不均，又常导致根部开裂。

（4）土壤和营养。适于在土层深厚、富含有机质、保水和排水良好、疏松肥沃的砂壤土上种植，以pH 6～7为佳。土层过浅，心土紧实，易引起直根分歧；土壤过于黏重或排水不良，都会影响品质。萝卜吸肥力较强，施肥应以迟效性有机肥为主，并注意氮、磷、钾的配合。特别在肉质根生长盛期，增施钾肥能显著提高品质。

（二）类型和品种

按地理和气象条件的不同，中国萝卜品种可分为华南、华中、北方和西部高原4种生态型。

1. 华南生态型 分布在南方亚热带和热带地区，肉质根细长，皮、肉均白色，产品含水较多，有少数品种根头微带绿色。该地区萝卜可在较高温度下通过春化。代表品种有广东的‘耙齿’‘梅花春’‘冬瓜白’等。

2. 华中生态型 分布在长江流域，形态特性与华南型相似。肉质根的皮、肉多为白色，也有红皮白肉、红皮红肉的品种，可在温、湿度较高的条件下生长，只是通过春化阶段的温度较低。白色品种有‘象牙白’‘上海白’等；红皮品种有‘一点红’‘五月红’等。

3. 北方生态型 分布在黄淮流域以北的华北、西北和东北。大多为短粗青皮萝卜，也有红皮、白皮和紫皮的。耐寒、耐旱性较强，耐热性稍差，通过春化的温度要求比华中生态型低。一般肉质根个体大，含水较少，而淀粉、糖分较多。代表品种如生食的‘北京心里美’和‘济南青圆脆’，熟食和加工的‘露头青’‘大青皮’‘大红袍’‘透顶白’等。此外，还有适于春播的‘水红萝卜’等。

4. 西部高原生态型 分布在青海、西藏和甘肃、内蒙古部分高原地区。耐寒、耐旱，抽薹迟，肉质根甚大。代表品种有‘西藏大萝卜’‘日喀则紫皮’和‘青皮’‘甘肃武威冬萝卜’等。

按适应的栽培季节又可将萝卜分为秋萝卜、夏萝卜、春萝卜和四季萝卜等类型。

（三）栽培季节

萝卜为半耐寒性蔬菜，栽培季节因地区和品种类型而差异很大，长江流域以南几乎四季都可生产，北方大部分地区可春、夏、秋三季种植，多以秋萝卜为主要茬次，栽培面积大，产品供应期长。萝卜春季播种过早易发生未熟抽薹现象；秋夏季播种过早，遇高温干旱等逆境条件，肉质根易产生苦味和辣味。

（四）栽培技术

1. 整地、施基肥 前茬以施肥多、非同科的作物为好，腾茬后，经深耕晒垡或冻垡，施入基肥。一般每公顷用腐熟有机肥45～75t，加过磷酸钙150～225kg、草木灰750kg。中小型品种用平畦，大型品种用高垄。南方多雨地区多用窄高畦种植。

2. 播种 均为直播。每公顷用种量，大型品种穴播每穴点播6～7粒，需种子4.5～7.5kg；中型品种条播的需9～18kg；小型品种撒播的需用27～30kg。一般大型品种行距50～60cm，株距25～40cm；中型品种行距40～50cm，株距15～25cm；小型品种行株距均为10～15cm。

3. 田间管理

（1）及时间苗、定苗。幼苗出土后生长迅速，要及时间苗，一般间苗2～3次，第一次在子叶充分展开时，第二次在3～4片真叶时，破肚时定苗。

（2）合理灌水。播种时浇透水，秋旱地区常采取三水齐苗的措施。幼苗期以控水促根为主，干旱时可适当灌水。叶片生长盛期需水较多，但为了预防徒长，灌水以地面见湿见干为原则。到定橛期以后，需充分均匀供水，以满足增产优质的需要。在多雨季节，应注意排水。收获前如果土壤干旱应灌一次水，以防糠心。

（3）分期追肥。对生长期短的萝卜，若基肥量足，可少追肥。大型品种生长期长，需分期追肥，分别于定苗后、莲座期、肉质根生长盛期各追肥1次，每次每公顷追施硫酸铵150～225kg。

（4）中耕、除草和培土。大中型萝卜从幼苗期到封垄前，一般可中耕2～3次，结合中耕进行除草，后期可向根际培土。小型萝卜一般不中耕培土，主要是及时清除杂草。

4. 收获 肉质根充分膨大，叶色转淡渐变黄绿时，为收获适期。春播和夏播的都要适时收获，以防抽薹、糠心和老化。秋播的多为中、晚熟品种，需要贮藏或延期供应，可稍迟收获，但需防糠心和受冻，一定要在霜冻前收完。收获后，冬贮萝卜应将根头切去，以免在贮藏过程中发芽。

九、韭菜

韭菜（*Allium tuberosum* Rottl. ex Spr.）为多年生宿根草本植物，原产于中国，在中国普遍栽培，主要食用叶，有青韭和韭黄，还可食用韭薹、韭花等。韭菜营养丰富，富含碳水化合物、蛋白质、维生素，并有特殊香辛味，能够增进食欲。

（一）生物学特性

1. 植物学特征 弦状须根，深约50cm，水平分布约30cm，主要根群集中分布在24～30cm的耕层内。根的平均生理寿命约1.5年，在生长期间不断进行新老根系的更替，而且新生根总是位于老根的上位，故有根系逐年向地表移动的习性，称为跳根。

一年生营养茎短缩呈盘状，茎盘上着生叶鞘和芽。从第二年开始茎盘基部不断向上增生，逐渐形成根状茎，又称根茎。随着新根茎的不断增生，2～3年后老根茎逐渐腐朽；通过阶段发育后，茎盘上的顶芽分化成花芽，然后抽生花茎，称作韭薹。

叶簇生，由叶片和叶鞘组成，其颜色和宽窄因品种而异。叶鞘闭合形成筒状假茎。有分蘖特性，随着植株年龄的增长，体内营养物质不断积累，在靠近生长点的上位叶腋中形成蘖芽。初期蘖芽和原生长点被包裹在同一叶鞘中，以后由于蘖芽的加粗生长，便胀破叶鞘而发育成一株新的分蘖。

伞形花序，每个花序花期约20d，幼嫩韭薹和韭花均可作菜用。种子盾形，黑色，千粒重4～6g，种子寿命短，一般为1～2年，故播种时宜选用当年新籽。

2. 生长发育周期 多年生。第一年一般只进行营养生长，第二年以后营养生长和生殖生长交替重叠进行。发芽期从种子播种到第一片真叶展开，有10～15d。幼苗期从第一片真叶展开到定植，有150～200d。营养生长盛期从定植到第二年花芽分化前。一般春季播种，秋季定植，当年不割韭菜，主要是为了养根。当年已能形成分蘖，入冬以后，当外界温度下降到-7～-6℃或以下时，地上部枯萎，营养物质回流贮藏于小鳞茎和根部，这个过程称为回根，植株被迫进入休眠期。

从花芽分化到种子发育成熟，为生殖生长期。韭菜属于绿体春化型，当植株营养体达一定大小时，在0.5℃条件下，30d左右就可通过春化阶段，在长日照下通过光照阶段而抽薹开花。

3. 对环境条件的要求

（1）温度。属耐寒而适应性广的蔬菜，地上部可耐-5～-4℃低温，当遇-7℃低温时叶部枯萎，进入休眠，地下根茎在-40℃严寒条件下不会受冻害。不耐高温，气温超过26℃植株生长缓慢；高温、强光、干旱条件下叶片纤维增多，不宜食用。生长适宜温度为12～24℃，发芽最低温度为3～4℃，发芽适温为15～18℃，幼苗生长适温在12℃以上，抽薹开花适温为25～30℃。

（2）光照。要求中等强度光照，光补偿点为1200lx，光饱和点为40 000lx。光照过强，纤维增多，品质下降；光照过弱，光合作用弱，叶色黄，叶片细弱，分蘖少，产量低。长日照促进抽薹开花。

（3）水分。根系吸收水分能力弱，喜湿不耐旱，适宜土壤湿度80%。叶面积小，角质层较厚，气孔下陷，水分蒸腾量小，具耐旱特点，适于较低的空气湿度，一般空气相对湿度以60%～70%为宜。

（4）土壤与营养。对土壤适应性强，适宜pH为5.5～6.5，但以土层深厚、耕层肥沃的土壤为佳。耐盐性较强，在0.2%的含盐量条件下可以生长发育。耐肥力强，需要氮肥多，适量配合磷、钾肥。

（二）类型和品种

按食用器官，韭菜可分为根韭、叶韭、花韭和叶花兼用韭4个类型。目前栽培最普遍的是叶花兼用类型，按其叶片宽窄又分为宽叶韭和窄叶韭。

1. 宽叶韭　叶片宽厚，色浅绿，品质柔嫩，香味稍淡。产量高，易倒伏，适于露地和软化栽培。品种如‘汉中冬韭’‘天津大黄苗’‘寿光独根红’等。

2. 窄叶韭　叶片窄长，叶色深绿，纤维较多，香味较浓，叶鞘细长，直立性强，不易倒伏，耐寒性强，适于露地和囤韭栽培。品种如‘天津大青苗’‘银川紫根韭’‘绍兴雪韭’‘日照线韭’等。

（三）栽培季节和栽培技术

1. 栽培季节　韭菜耐寒性强，适应性广。一般春播者早春土壤解冻、地温10℃左右即可播种，华北二季作地区多在3～4月播种，一季作地区多在4～5月播种。秋播以气温下降到30℃以下，地温在15～18℃时播种。

2. 繁殖方法　有种子繁殖和分株繁殖。种子繁殖植株繁茂，分蘖力强，生长旺盛，寿命长，产量高；分株繁殖是将4～5年生的老韭菜，于初春或秋末将韭根全部挖出，掰开分蘖，除去腐老根茎，剪去过长须根，保留幼嫩根茎，重新移栽。分株繁殖方法简便，成本低，进入收割期快，但繁殖系数较低，生活力弱，分蘖少，寿命短，产量低。生产中一般两种繁殖方法配合使用，用种子繁殖更新复壮，分株繁殖扩大群体。

3. 直播或育苗移栽　韭菜种子小，出苗慢，必须精细整地。一般深耕33cm，精细耕耙，施足有机肥，做成平畦。直播者按20～25cm行距条播，播幅以5cm为宜，播种量为30～45kg/hm^2。

育苗移栽者多在春季播种，可条播或撒播，秋季移栽。韭菜宜用落水播种，播后覆盖粪土1.5cm以防板结，播种量以60kg/hm^{2}左右为宜。幼苗出土后，要适时灌水、追肥，并除草、间苗。前期应轻浇勤浇，保持土壤湿润；结合灌水进行追肥，一般在3～4叶期追1次提苗肥，每公顷追施尿素120kg左右，5～6叶时再追1次肥。当幼苗具有6～7片叶、苗高18～20cm时即可定植。

定植前深翻土地，重施基肥75.0～112.5t/hm^2，精细整地。畦宽1.3m，平畦栽培。一般多采用穴栽，行距30～40cm，穴距15～20cm，每穴20～30株。小穴定植的，行距18～20cm，穴距10～15cm，每穴6～8株。

4. 田间管理

（1）定植当年的管理。定植当年着重养根壮秧，培养健壮的根株，一般只管理，不收割。定植后及时灌水，促进缓苗。新叶长出后浇缓苗水，促其发根长叶，然后中耕保墒，保持土壤见干见湿。进入高温雨季注意排水防涝，清除田间杂草。结合肥水管理，应及时中耕、除草，中耕深度为2～4cm，雨季连续中耕2～3次。入秋后，当最高气温降到30℃以下，最低气温15℃左右时，是最适宜的生长季节，也是肥水管理的关键时期。一般每7～10 d灌1次水，结合灌水施速效氮肥2～4次，每次施肥量尿素为150～225kg/hm^2。天气渐冷后减少灌水，以防植株贪青，影响养分回流积累。立冬后根系活动基本停止，应于越冬前灌1次封冻水，等日消夜冻时盖厚3～4cm的土粪保护越冬。

（2）第二年及其以后的管理。从定植后第二年即进入收割期，每年管理上均应处理好收割与养根、本茬与后茬、当年与来年的关系。

越冬后，当平均温度达0℃时，土壤逐渐消冻，植株即将返青，应及时清除地面上的枯叶杂草，搂平畦面，整理畦埂，以提高地温。当气温达5～10℃时，韭菜开始返青生长，应及时浇返青水，结合灌水追施尿素225～300kg/hm^2。气温达15℃左右时生长迅速，应注意中耕保墒促进生长。株高15cm左右时再灌1次水，然后深锄保墒。株高20cm左右即可收割。每次收获后，都应结合灌水施肥1次，以补充养分，为下茬生长奠定基础。一般追施腐熟粪肥15t/hm^{2}或尿素225kg/hm^2。每次灌水和追肥应在收割后3～4d，待伤口愈合后进行。

进入夏季高温季节，长势减弱，品质下降，应停止收割，以养苗为主，并注意追肥和除草。7～9月是抽薹开花期，自第二年开始，年年抽薹开花。抽薹显蕾期一般不灌水追肥，促进多抽薹，提高韭薹产量。

进入秋凉季节，开始旺盛生长，要加强肥水管理和防治韭蛆为害，尤其要处理好收割与养分回流养根的关系。

韭菜每年越冬期都应做好养根和防寒保温工作。入冬前停止收割，应让最后一茬长出的叶生长一段时间，制造积累营养，并在入冬后将这些营养自然回流到根部，而自身自然干枯。冬寒地区，越冬期可盖粪防寒，保护根茎。

5. 收割 应掌握好时期、次数、留茬高度等。一般分别于春、秋两个旺盛生长期收割青韭，春季收割2～3次，秋季收割2～3次。但在当地韭菜凋萎前50～60d应停止收割，使叶部营养转入根茎中，为翌年生长奠定物质基础。每次收割留茬高度以割茬呈黄色为宜，以后每次割茬应比前茬略高，正如农谚所说："扬刀一寸，强如上茬粪"。定植后前1～2年产量较低，3～6年为生长盛期，产量最高，10年后进入衰老阶段，应及时分株移栽。

夏季韭菜品质差，一般不收割，但可以分次采收嫩韭薹上市。韭薹采收要及时，总苞开裂前采收，产量高，品质好。

十、大蒜

大蒜（*Allium sativum* L.）原产于亚洲西部高原地区，汉代张骞出使西域引入中原，现南北各地均有分布。大蒜的食用部分除鳞茎（蒜头）外，还有蒜苗和蒜薹。产品风味鲜美，营养丰富，并具有很强的辛辣味。

（一）生物学特性

1. 植物学特征 弦状须根，入土深约25cm，横向分布30cm，喜湿耐肥。营养生长期茎短缩呈盘状，上面着生叶鞘和鳞芽。通过阶段发育后，从茎盘顶端抽生花茎，又称蒜薹。

叶互生，对称排列；叶的下部为叶鞘，叶鞘抱合成假茎，假茎粗细因品种而异。假茎基部叶腋间着生鳞芽，鳞芽逐渐膨大形成鳞茎，即蒜头。花茎（蒜薹）顶端着生总苞，苞内生发育不完全的紫色小花和气生鳞茎。气生鳞茎数目有几个至数十个，也叫蒜珠或天蒜，其构造与蒜瓣相似，也可作为播种材料。

2. 生长发育周期　大蒜以膨大的鳞芽（蒜瓣）进行无性繁殖。春播大蒜生长发育周期为90～100d，在播种当年完成；秋播大蒜生长发育周期为220～270d，跨年度完成。整个生长发育期可分为萌芽期、幼苗期、花芽和鳞芽分化期、蒜薹伸长期、鳞茎膨大期和休眠期。

萌芽期从播种到初生叶伸出地面，需10～15d。幼苗期从初生叶展开到花芽和鳞芽开始分化，春播蒜约需25d，秋播蒜长达150～180d。花芽和鳞芽分化期为10～15d，植株顶芽形成花芽后叶芽分化终止，叶面积扩大，新根增多。蒜薹伸长期从花芽分化结束到蒜薹采收，春播蒜约30d，秋播蒜32～35d。花芽分化后，在长日照和较高的温度条件下抽生蒜薹；蒜薹伸长过程先后经过甩缨、露苞、打钩，直到白苞；一般应在白苞前采收蒜薹。蒜薹伸长期是植株旺盛生长时期，也是水肥管理的重要时期。鳞茎膨大期从鳞芽分化结束到鳞茎采收，春播蒜约55d，秋播蒜有55～60d。采薹前，鳞芽膨大缓慢；采薹后，进入鳞芽膨大盛期，叶片不再增大，但叶片同化作用制造和积累的营养物质不断向鳞芽中转移，地上部逐渐枯黄变软。从采收蒜头到蒜瓣萌芽，为大蒜鳞茎生理休眠期，有20～75d。

3. 对环境条件的要求　喜凉爽温和的气候，耐寒力较强，耐热力差。蒜瓣发芽最低温度为3～5℃，最适温度为12～20℃；幼苗生长适宜温度为12～16℃，蒜薹生长适温为15～20℃；鳞茎膨大适宜温度为15～25℃；26℃以上进入休眠。一般从蒜瓣萌动到幼苗期，经历0～5℃低温30～40d就可通过春化阶段，在长日照和15～20℃温度条件下可迅速抽薹。大蒜幼苗可忍耐短期-10℃的低温。

作为典型的长日照植物，大蒜抽薹和鳞茎的形成都要求长日照，但品种间有很大差异。大蒜具有耐旱的叶型，要求较低的空气湿度。根系入土浅，根毛极少，吸水能力差，喜湿润土壤。萌芽期要求湿度较高，幼苗前期土壤湿度不宜过大，“退母期”要增大土壤湿度，抽薹期及蒜头膨大期都需要充足的水分，鳞茎采收前又要降低土壤湿度，以防引起散瓣。适宜土质为疏松的砂壤土，土壤以中性和微碱性为好，以pH 5.5～6.0为宜。

（二）品种类型和栽培季节

1. 品种类型　按蒜瓣外皮颜色可分为紫皮蒜和白皮蒜，按蒜瓣大小可分为大瓣蒜和小瓣蒜。

（1）大瓣蒜。蒜瓣数较少，每头有4～8瓣，蒜瓣大小均匀，瓣体肥大，外皮易脱落，味香辛辣，产量较高，适于露地栽培，以生产蒜头和蒜薹为主。代表品种如‘苍山大蒜’‘蔡家坡红皮蒜’‘阿城大蒜’‘开原大蒜’等。

（2）小瓣蒜。又称狗牙蒜，每头有10～20瓣，蒜瓣大小不均匀，蒜瓣狭长，瓣数较多，蒜皮薄，辣味较淡，产量偏低，适于蒜黄和青蒜栽培。代表品种如‘白皮马牙蒜’‘永年狗牙蒜’‘拉萨白皮蒜’。

由于大蒜适应性强，生产地域广，各地品种也不尽相同，经过多年种植，形成了许多驰名中外的名优蒜种，常见的出口品种有‘苍山大蒜’‘山东金乡白蒜’‘新疆白皮蒜’‘民乐大蒜’等。各地的优良品种有四川的‘金堂早蒜’‘软叶蒜’‘二水早’‘彭县蒜’，广东的‘金山火蒜’‘新会火蒜’‘普宁大蒜’‘忠信大蒜’，广西的‘紫皮蒜’，云南的‘陆良蒜’，贵州的‘毕节蒜’‘桐梓红蒜’，西藏的‘江孜红皮蒜’‘拉萨紫皮蒜’‘拉萨白皮蒜’，上海的‘嘉定蒜’，江苏的‘太仓白蒜’，安徽的‘来安大蒜’‘徐州白蒜’‘舒城大蒜’，山东的‘嘉祥大蒜’‘早薹蒜二号’，江西的‘上高大蒜’，湖南的‘四月蒜’‘茶陵蒜’，浙江的‘余姚白蒜’，陕西的‘蔡家坡红皮蒜’‘兴平白皮’‘普陀大蒜’‘耀县红皮’，天津的‘六瓣红’，新疆的‘吉木萨尔白皮’‘昭苏六瓣蒜’，青海的‘格尔木红皮’，甘肃的‘民乐大蒜’‘临洮白蒜’‘临洮红蒜’，内蒙古的‘土城大蒜’，黑龙江的‘阿城紫皮蒜’，吉林的‘白皮狗牙蒜’，辽宁的‘开原大蒜’‘海城大蒜’等。

2. 栽培季节 大蒜播种时期以北纬35° ～38°为春播与秋播的分界线。北纬35°以南地区冬季较暖，多行秋播；北纬38°以北地区冬季严寒，宜在早春播种；北纬35°～38°地区可秋播或春播。秋播一般在日平均温度20～22℃时进行，春播以土壤化冻为标志，顶凌播种。

大蒜二次生长是指大蒜初级植株内层或外层叶腋中分化的鳞芽，或气生鳞芽，因延迟进入休眠而继续分化和生长叶片，形成次级植株，甚至产生次级蒜薹和次级鳞茎的现象。二次生长有外层型、内层型和气生鳞茎型，对大蒜商品性的影响尤以外层型最大，主要使蒜头瓣数增多，大小不一，排列错乱，大大降低商品品质。据程智慧等于1987～1994年研究，大蒜二次生长的发生主要与品种、种瓣大小、播种前蒜种低温处理、播种期、种植密度、水肥管理等有关。

（三）栽培技术

大蒜以露地栽培为主，也适于地膜覆盖栽培。各地大蒜生产每年1茬，分春播和秋播两个播种季节。春播者当年夏秋季节收获，秋播者第二年夏季收获。

1. 整地施肥 冬前或伏天深翻土地30cm，重施有机肥75t/hm^2。精细整地做畦，畦宽1.3～2.0m，畦长7～10m。一般要实行3年以上的轮作。

2. 播种 蒜种大小与大蒜产量十分密切，一般宜选较大蒜瓣播种。大蒜植株直立，适于密植，一般行距20cm，株距7～10cm，以每公顷栽植45万～60万株为宜，用种量1.5～3.0t。一般多采用合墒播种，按行距开沟，沟深3cm，沟内按株距摆蒜瓣，播后覆土盖蒜种。

3. 田间管理

（1）萌芽期。播种后若温度适合，土壤湿度恰当，10d左右即可出苗。如果土壤干旱，可轻灌1～2次。春播大蒜，若土壤湿润，最好不灌水，以免灌水降低地温，影响出苗。苗出齐后，及时中耕，进行蹲苗，促进根系生长。

（2）幼苗期。秋播大蒜出苗到越冬前，以中耕保墒为主，底肥不足还可结合灌水追施粪肥或氮素化肥。越冬前需灌1次封冻水，灌水之后立即覆盖粪土保墒，保护幼苗安全过冬。惊蛰之后，气温回升，蒜苗开始返青，如果干旱则需适当灌水并及时中耕，促进幼苗生长。清明前后土壤湿度不宜过大，以防烂母。春播大蒜苗期少灌水，以中耕保墒、提高地温为主，于退母前开始灌水。

（3）蒜薹伸长期。应保持地面湿润，于露苞时结合灌水追肥1次，每公顷施尿素225kg，硫酸钾375kg。采薹前3～4d停止灌水，以免脆嫩断薹。

（4）鳞茎膨大期。在抽薹以后，植株的营养迅速向鳞芽中运输，不断促进鳞芽膨大，应保持土壤湿润，以减小蒜头膨大阻力。追肥应尽早进行，一般于采薹前施尿素150～225kg/hm^2。收获前5～7d停止灌水，以防散瓣。

4. **收获** 大蒜可以兼收蒜薹和蒜头，当蒜薹总苞变白、顶部开始打弯时应及时采收蒜薹。采薹时间应在晴天午后进行，下午气温高，植株有一定柔性，采薹不易断，且对植株和叶片的损伤小。早熟品种在抽薹后20d左右，晚熟品种30d左右，叶片由绿变黄，假茎松软，蒜头成熟，为蒜头采收适期。收获过早，产量低；收获过晚，蒜头外皮易变黑，蒜头开裂或散瓣。

十一、芹菜

芹菜（*Apium graveolens* L.）别名芹、旱芹、药芹菜等，为二年生草本植物。其原产于地中海沿岸及瑞典、埃及和西亚的高加索等地的沼泽地区，在中国栽培历史悠久，适应性强，分布广，露地结合设施栽培，一年四季均可生产，周年供应。芹菜富含维生素等营养，还含有挥发性芳香油，具有特殊的风味，其性甘、凉、无毒，具有辛凉清胃、散热、祛风、利咽、止咳、利尿、明目的作用。芹菜可炒食、凉拌、腌渍等，其加工简单、易操作、风味佳。

（一）生物学特性

1. **植物学特征** 根系分布浅，范围较小，主要分布在15～25cm的土层内，侧根较发达，主根切断后可发生多条侧根，但吸收面积小，表现既不耐旱，也不耐涝。生产上既可直播，也适宜育苗移栽。营养生长阶段的茎为短缩茎。叶片簇生于短缩茎上，二回羽状奇数复叶，小叶3裂，有2～3对，叶柄长而粗，为主要食用器官。叶片也可食用，且含有较高的维生素E。叶柄基部具有分生组织，在遮光条件下，仍能分裂、伸长，因此生产上常进行软化栽培。花小，白色，复伞形花序，虫媒花。双悬果，成熟时沿中缝裂开两半，各含1粒种子；果实暗褐色，椭圆形，表面有纵沟，含有挥发油，外皮革质，透水性差，发芽慢。以果实为播种材料，千粒重0.4～0.5g，寿命为6年，使用年限为2～3年。

2. **生长发育周期** 营养生长阶段包括发芽期、幼苗期、外叶生长期和心叶肥大期，生殖生长阶段包括花芽分化期、抽薹开花期和种子形成期。

（1）发芽期。从播种到出现第一片真叶为发芽期。在15～20℃条件下，需10～15d。

（2）幼苗期。从第一片真叶显露到长出4～5片真叶为幼苗期。在20℃的条件下，需45～60d。幼苗生长缓慢，弱小，根系浅，同化能力弱。

（3）外叶生长期。从4～5片真叶至8～9片真叶，有20～40d，此期植株大量分化新叶和发生新根，短缩茎增粗，叶色加深。

（4）心叶肥大期。从8～9片真叶至11～12片真叶，为形成产品的叶大部展开到产品叶充分长大的时期。在生长盛期，叶柄迅速增长肥大，生长量占植株总生产量的70%～80%，是产量形成的主要时期。在12～22℃的条件下，需30～60d。

（5）生殖生长期。绿体春化型，当苗龄达30d以上、苗粗0.5cm以上即可感应低温而春化。花芽分化期约60d。随后，在长日照下抽薹开花，从开始抽薹至全株开花结束约60d；从开始开花至全株种子成熟约60d。

3. **对环境条件的要求**

（1）温度。为半耐寒性蔬菜，种子在4℃开始发芽，发芽适宜温度为15～20℃，25℃以上发芽力迅速降低，30℃以上几乎不发芽。幼苗可耐-5℃低温，成株可耐-10～-7℃低温。在幼苗期，3～4片真叶，10℃以下低温，经10～15d可通过春化阶段。生长适宜温度为15～20℃，若日平均温度21℃以上，则植株叶片小、叶柄短细、纤维多。

（2）光照。属长日照作物，光对促进其发育有明显作用。在营养生长期需要中等强度的光照，光饱和点为45 000lx，光补偿点为2000lx，以10 000～40 000lx为最适宜。耐弱光而不耐强光。

（3）水分。因根系浅，吸水能力弱，加上单位面积栽培密度大，总蒸腾面积也大，所以要求湿润的土壤和较高的空气相对湿度。土壤湿度以65%～85%为宜，空气相对湿度以70%～80%为宜。

（4）土壤及营养。因吸收能力弱，适宜富含有机质、保水、保肥力强的壤土或黏壤土。每生产1t芹菜，需速效氮0.4kg，磷0.14kg，钾0.6kg。生长期需硼较多，缺硼时叶柄易脆裂。生产上要注意有机肥和氮、磷、钾的配合施用。要求土壤pH为6.0～7.6，微酸或微碱性土壤均宜。

（二）类型和品种

1．本芹 又叫中国芹菜。叶柄细长，叶片发达，一般长50～100cm，颜色有绿、白、黄之分，绿色种叶片较大，叶柄稍粗，植株高大，生长健壮，但不易软化；白色和黄色种叶片较小，叶柄较细，植株较矮，易软化，品质好。按照叶柄的充实度可分为空心芹和实心芹。空心芹叶柄髓腔较大，耐热性好，适合夏季栽培，但春播过早易通过春化出现未熟抽薹；实心芹叶柄髓腔小，腹沟窄且深，耐抽薹。

中国芹菜在中国栽培历史悠久，主要栽培品种有‘实秆绿芹’‘实秆白芹’‘津南实芹1号’‘黄苗芹菜’‘白庙芹菜’‘春丰芹菜’等，还有各地的一些优良品种，如北京的‘大糙皮芹菜’‘春丰芹菜’‘细皮白’（‘磁儿白’），南京、上海、杭州的‘早黄心’‘黄慢心’，广州的‘大叶芹菜’‘白梗芹菜’‘青梗芹’，天津的‘白芹’‘黄苗’，河北、北京、山西的‘铁秆芹’，开封的‘玻璃脆芹’，山东烟台的‘菊花大叶芹’，四川的‘青芹菜’‘草白芹’，浙江的‘早青芹’‘晚青芹’，湖北的‘天门芹菜’等。

2．西芹 又叫洋芹。原产于欧洲，在中国栽培时间短。西芹叶柄宽而短，宽达3～5cm，长30～80cm，光滑，纤维少，肉质脆，品质佳，多为实心，单株产量高，一般单株重0.8kg，高的可达1.2kg。依叶柄色泽可分为绿色、黄色、白色和杂型4个品种群。主要栽培品种有‘加州王’‘日本西芹’‘金羽’‘佛罗里达黄’‘白羽’‘白珍’‘意大利冬芹’‘美国白芹’‘文图拉’‘高优他52-70’‘佛罗里达683’‘康奈尔619’等。

（三）栽培季节与茬口安排

芹菜在中国南方地区露地可四季生产，周年供应。在北方地区，露地栽培主要有春芹菜、早秋芹菜、秋芹菜和越冬芹菜。春芹菜一般是2月下旬至4月中旬播种育苗，5月下旬至7月下旬收获；早秋芹菜是4月下旬至5月上旬直播或育苗，8～9月收获；秋芹菜是5月上旬至7月下旬播种育苗，10月下旬至11月收获；越冬芹菜是7月中旬至8月中旬播种育苗，翌年4月上旬至5月上旬收获。此外，还可利用塑料大棚等设施进行冬季栽培，翌年1～4月上市。因秋季气候最适宜芹菜生长，所以秋芹菜栽培面积最大，产量高，效益好。

（四）秋芹菜栽培技术要点

1．品种选择 应选择抗寒、抗病、品质佳、丰产的实心类型品种，如‘实秆绿芹’‘实秆白芹’‘春丰芹菜’等。

2. 播种育苗　选择疏松肥沃的地块作育苗床，施入充分腐熟的优质有机肥，深翻耙细做成1.2～1.5m宽的育苗畦。播前凉水浸种4h，将种子用纱布包好，放在15～20℃冷凉条件下催芽，每天用清水淘洗种子1次，一般6～8d可全部出芽。一般采用湿播法，先浇底水，再将种子掺细沙土后撒播，适宜播种量为12～18kg/hm^2。为防止土壤板结和暴雨强光，床面应遮阴防雨。

出苗前保持床土湿润，当幼芽顶土时轻灌1次水，1～2d后即可齐苗，小苗出齐后仍要保持土壤湿润。苗期间苗1～2次，最后苗距以3cm见方为宜。3～4片真叶时顺水追施1次速效氮肥，用量为尿素150kg/hm^2。芹菜幼苗时间长，杂草多，可采用化学除草。

秋芹菜一般苗龄为40～50d，苗高15～20cm，4～5片真叶时定植。

3. 整地施基肥　以保水保肥能力强的壤土或黏壤土为宜。在前茬作物收获后及时清园，施入优质腐熟的有机肥75t/hm^2，草木灰4500kg/hm^2，深翻整地做畦，一般南方地区做宽1.2～1.5m的高畦，北方地区做1.2m的平畦。

4. 适时定植　定植前4～5d，苗床浇好水，以利起苗。应选择阴天定植，以利缓苗。起苗时注意带好根系，尽量不伤幼苗的叶和根，并带些土，随起随栽，尽量选健壮、大小一致的幼苗。定植密度为穴距13～15cm，每穴2～3株；或穴距10cm，单株栽植。

5. 水肥管理　定植到缓苗15～20d，需经常小水轻灌，保持土壤湿润。缓苗后适当蹲苗，减少灌水，及时中耕，促进发根，当心叶大量生长时，即可结束蹲苗。日温20℃左右是芹菜迅速生长期，此时要保持地面湿润，并结合浇水施尿素150～225kg/hm^2，或腐熟粪肥、沼液15t/hm^2。

6. 采收　当株高达60～100cm时即可陆续采收，采后修去根部泥土和外部黄叶，扎捆上市。

十二、芦笋

芦笋（*Asparagus officinalis* L.）别名石刁柏、龙须菜等，原产于地中海东岸及小亚细亚地区，世界各国都有种植。芦笋以嫩茎供食用，既可鲜食，也可制罐头。味芳香鲜美，柔软可口，能增进食欲，帮助消化，并富含多种维生素和氨基酸，还有大量天冬酰胺和天冬氨酸等。

（一）生物学特性

1. 植物学特征　须根系，有种子根、贮藏根和吸收根3种。种子根是种子发芽时萌发的根，长13～15cm，寿命较短；贮藏根是由鳞茎盘下方发生的根，长1.2～1.3m，分布在30cm土层内，起贮藏养分和吸收肥水的作用，寿命可达6年；吸收根由贮藏根的表皮长出，白色纤细，寿命为1年。地下茎短缩，节间极短，茎节上着生瓦状的鳞片，叶腋中的芽被鳞片包被，称鳞芽。鳞芽向上发育成地上茎，向下产生贮藏根。刚刚出土的肉质嫩茎顶端由鳞片包裹，为食用产品，在土层下嫩茎白嫩，称白芦笋；伸出地面变成绿色，称绿芦笋。叶分为真叶和拟叶两种，真叶退化成鳞片状三角形角膜，着生在茎节上，淡绿色，多自然脱落；拟叶为叶腋间簇生的针状叶，是枝条的变态，又称叶状茎，绿色，是光合器官。雌雄异株，偶有两性花，花小，钟形。雌花谢后结成圆球形浆果，幼果绿色，成熟后红色。

种子黑色坚硬，千粒重约20g，有休眠期，种子寿命为4～5年，生产上宜用1～2年的新种子。

2. 生长发育周期 生命周期经历幼苗期、壮年期、成年期和衰老期4个阶段，年周期经历生长和休眠两个阶段。

从种子发芽到定植为幼苗期；从定植开始到采收嫩茎为壮年期，植株不断扩展，根深叶茂，肉质根已达到应有的粗度和长度，地下茎不断发生分枝，形成一定大小的鳞芽群。成年期植株继续扩展，地下茎处于重叠状态，形成强大的鳞芽群，并大量萌发抽生嫩茎，嫩茎肥大，粗细均匀，品质好，产量高。衰老期植株扩展速度减慢，出现大量细弱茎，生长势明显下降，嫩茎数量减少，细弱、弯曲，畸形笋增多，产量、品质下降，需及时复壮或更新。

每年土温回升到10℃以上时，芦笋的鳞芽萌发长成嫩茎，进而长成植株。秋季来临，养分转入肉质根贮藏。当年养分积累多少决定翌年产量高低。至秋末冬初，地温下降到5℃左右时，地上部逐渐干枯死亡，地下部进入休眠。

3. 对环境条件的要求 芦笋既耐热又耐寒，从亚热带到亚寒带都适宜栽培，但最适宜四季分明的温带栽培。种子萌发适温为25～30℃，高于35℃或低于5℃发芽率明显下降。最适生长温度为20～30℃，15℃以下生长缓慢，嫩茎发生少，低于5～6℃生长停止；17～25℃抽生的嫩茎数多且品质好，超过30℃，嫩茎基部极易纤维化，笋尖鳞片散开，品质低劣；35～37℃或以上嫩茎停止生长，15℃以下空心笋率高。根系耐寒性极强，在气温-33℃、冻土层厚1m的严寒地区可安全越冬。

喜光，光照充足，嫩茎产量高，品质好。耐旱不耐涝，但在嫩茎采收期间，若水分供应不足，嫩茎变细，不易抽发，并且空心、畸形笋增多，散头率高，易老化，降低产量和质量。较喜土层深厚、有机质含量高、质地松软的腐殖壤土及砂质壤土。土质黏重，嫩茎生长不良，畸形笋多。适宜的土壤pH为6.5～7.0。耐盐能力较强，土壤含盐量不超过0.2%，能正常生长。忌酸性和碱性土壤。要求氮肥较多，磷、钾肥次之。

（二）品种类型和栽培季节

1. 品种类型 根据色泽不同分为白芦笋、绿芦笋、紫芦笋3类。依嫩茎抽生早晚分为早熟、中熟、晚熟3类。早熟类型茎多而细，晚熟类型茎少而粗。我国栽培的芦笋品种多从欧美国家引进，近年也有自育品种。优良栽培品种，早熟的有美国的‘玛丽华盛顿’‘格劳利亚’‘泽西骑士’，中国的‘早熟金岭85’‘台南选3号’，法国的‘安德拉斯’；中熟品种有美国的‘吉利来’‘泽西豪华’‘泽西将军’，中国的‘鲁芦笋1号’‘台南选1号’‘台南选2号’，加拿大的‘维肯ZK’‘维肯ZG’，法国的‘全雄一代’；晚熟品种有美国的‘加州66’，德国的‘西德全雄’等。

2. 栽培季节 春播、秋播均可，多年生栽培。长江流域多春播育苗移栽，约4月上中旬播种，夏秋季定植于大田；若地膜覆盖、大棚育苗可提早到3月上旬播种，5月底～6月初定植，第二年可获高产。华北地区一般谷雨至立夏播种，阳畦育苗则提前到2月中下旬播种。东北较寒冷地区，通常将播种期安排在上一年的夏季，7月下旬播种，11月下旬定植。

（三）栽培技术

1. 育苗 用育苗钵育苗。育苗钵口径为10～12cm，高10cm。营养土配方为：园土6份，经堆制充分腐熟过筛的有机肥4份，再加入0.1%专用育苗肥和适量杀虫、杀菌剂，混合拌匀后装钵育苗。将育苗钵排放在苗床上，扫平钵土，每钵播1粒种子，覆土1cm，然后覆盖遮阴网（夏季）或塑料薄膜（春季）。20%～30%出土后，揭去覆盖物。苗高10cm左右，每隔10d施1次腐熟稀薄粪肥，并拔除杂草。苗龄70～80d。

2. 整地、施肥与做畦 深翻30～40cm，耕后耙平耙碎表土，清除杂草和异物。全面施肥，施腐熟有机肥37 500kg/hm^2、过磷酸钙900kg/hm^2，撒施均匀后再深翻，做畦后耙平。按1.6～2.0m行距开种植沟，沟深40cm、宽50cm，沟底施一层腐熟厩肥，施肥量为33 000kg/hm^2，与土拌和踏实。酸性土施石灰中和。然后覆土施过磷酸钙300kg/hm^2、尿素225kg/hm^2，并与土混匀。施肥后定植沟深约15cm。

3. 定植 当年生苗高20cm，贮藏根长15cm，有3条地上茎；二年生苗高40cm，地下贮藏根15～20条，有地上茎8～10个就可定植。白芦笋行距1.5～1.8m，株距30～40cm；绿芦笋行距1.0～1.5m，株距20～30cm。

定植时，使贮藏根均匀向种植沟两侧伸展，方向与沟向垂直；地下茎上着生的鳞芽群一端与种植沟的方向平行，以使抽生嫩茎的位置能集中在沟中央成一直线，方便培土、田间管理和采收。苗放好后，先用少量土压实，使根与土壤密接，然后覆细土，春植覆土3～4cm，夏植覆土5～6cm，秋植覆土4～5cm。覆土后轻轻踏实，立即浇定根水或稀薄粪肥，待水渗入后，再覆一层细土，以防土壤板结、裂缝。成活后再分次填平定植沟。定植深度一般离地表10～15cm，砂壤土15cm，黏性强的土壤12cm左右。

4. 田间管理

（1）定植当年的管理。缓苗期勤浇水，保持地面湿润直至幼苗成活。然后保持地面见干见湿，并结合中耕多次培土，每次培土2～3cm。定植后3～5周，追施三元复合肥225kg/hm^2。第二次抽发嫩茎时，施尿素或复合肥75kg/hm^2，以后每隔1个月左右抽发一次嫩茎，相应追肥1次，每次施肥量比前一次增加尿素或复合肥15kg/hm^2。白露至秋分期间，重施1次秋发肥。距离植株15～20cm，顺垄开深10cm的沟施肥。冬前浇越冬水后，畦面撒施粪肥防寒，来年早春结合培土培入植株旁。

（2）第二年以后的管理。采收前结合冬季清园、培土，施腐熟有机肥15～30t/hm^2，并加入适量复合肥。采收期，每10～15d追肥1次，每次施尿素、过磷酸钙、氯化钾各75kg/hm^2。采收中后期，茎叶开始变黄时，用0.2%硼砂、0.05%硒土或0.2%磷酸二氢钾水溶液每10d喷1次，每次轮换其中一种水溶液均匀喷洒茎叶，避免早衰。立秋前后追施1～3次肥，施有机肥15～30t/hm^2、复合肥150～300kg/hm^2。

春笋采收前10～15d时开始培土，共2～3次，每次培土厚5～6cm。培土前选晴天将行间土壤耕耙1次，深5～6cm。培土成梯形，底宽比根冠直径大20～30cm，顶宽略大于根冠直径，表面拍光拍实。采收结束后，撤土降低垄的高度，并将已出土的嫩茎全部割除，以免倒伏。撤土前沟施肥，上盖撤下来的覆土。撤土后留高5cm的低垄，使鳞芽盘上有15cm厚覆土。

采笋前期一般不浇水，中后期隔7d浇1次水。采收后，结合施肥进行浇水。

一般当植株长到150cm以上高时，摘去母茎生长点，矮化植株。株高1.5～2.5m时，应立支柱，拉线固定母茎与株丛，防止倒伏。对过于密集处，应适时疏枝，母株上结的果也应及早摘掉。

5. 收获 定植后，南方第二年、北方第三年开始采笋。采笋时要求茎秆粗度达到0.8～1.0cm，若达不到此粗度，则第二年让其继续生长。

白芦笋采收要在早晨和傍晚进行，以免见光变色。看到垄面有裂缝时，在裂缝处用手扒开表土，露出笋尖，在嫩茎一侧垂直挖深达6～8cm的小洞，左手抓住嫩茎上部，右手握刀，从顶向下在16～18cm处割取，嫩茎放入筐中，盖潮湿黑布。绿芦笋嫩茎长20～25cm、粗1.3～1.5cm，色泽淡绿色，有光泽时采收。白芦笋每天早晚各收1次，绿芦笋2～3d采1次。

十三、马铃薯

马铃薯（*Solanum tuberosum* L.）俗称洋芋、土豆，原产于南美的秘鲁和玻利维亚的安第斯山区，17世纪传入中国，各地普遍栽培。马铃薯块茎含淀粉、糖、粗蛋白，以及多种维生素和矿质元素，是粮菜兼用作物。

（一）生物学特性

1. 植物学特征 用块茎繁殖的无主根，根群分布浅而广。吸收根系主要着生在种薯与茎的交接处，称为初生根。初生根先水平伸长约30cm，然后垂直向下，深度达60～70cm，构成马铃薯的主要吸收根系。随着块茎上萌芽的伸长，在芽的叶节上发生匍匐茎的同时，发生3～5条匍匐根。

茎有主茎、匍匐茎和块茎。由块茎芽眼中抽生的枝条称为主茎，分为地上茎和地下茎两部分。地上主茎三棱形或四棱形，高40～100cm，直立或半直立，顶端形成花芽后，叶腋可抽生4～8个分枝。主茎基部埋入土中的部分为地下茎，其腋芽萌发后水平伸展，称为匍匐茎，匍匐茎向外生长，入土不深，有6～8个节，先端膨大而成为块茎。主茎地下部分每节都能发生匍匐茎，一般栽培条件下，只是最下3～4层能形成茎块。初生叶为单叶，全缘，颜色较浓，随着植株的生长，逐渐形成奇数羽状复叶，叶互生，叶面被有茸毛和腺毛，有减少水分蒸发和吸收水分的作用。

2. 生长发育周期 生长过程顺序而有规律地经过5个时期3个阶段的变化。

（1）发芽期。从芽眼开始萌动至幼苗出土，约30d。主要长成主茎地下部分6～8节，即第一段茎轴，同时在基部节位上发生主要吸收根系。

（2）幼苗期。从出苗至团棵，有15～20d。幼苗期根系继续扩展，匍匐茎先端开始膨大。第三段茎轴和叶继续分化生长，顶端第一花序开始孕育花蕾，花序下发生侧枝。完成一个叶序环（6片或8片叶）的生长，为团棵，是幼苗期结束的标志。

（3）发棵期。从团棵至早熟品种第一花序开花、晚熟品种第二花序开花，约30d，后期将完成生长中心由茎叶为主向结薯为主的转变。

（4）结薯期。从第一、二花序开花至块茎成熟收获，有30～50d，是产品器官形成的关键时期。

（5）休眠期。块茎成熟收获后即进入休眠期。休眠期的长短因品种和环境温度而异，短则30～60d，长的可达150d以上。

3. 对环境条件的要求

（1）温度。喜凉爽气候，通过休眠的块茎在4℃以上就能萌动，芽条生长适温为13～18℃，27℃发芽最快，但芽条细弱，发根少，超过36℃则幼芽不萌发，常造成大量烂种。茎叶生长要求较高的温度，以18～21℃为适宜，高于30℃或低于7℃，茎叶停止生长，遇霜冻枯萎。块茎膨大要求较低温度，适宜温度为15～18℃，超过21℃块茎生长缓慢，

29℃以上块茎停止发育。块茎膨大适宜的土温为16～18℃。

（2）光照。喜光，光补偿点为37.2 μmol/（m^2·s），光饱和点为1143.0 μmol/（m^2·s）。短日照有利于块茎形成，长日照可促进茎叶生长和现蕾开花。一般日照时数在11～13h时，茎叶发达，块茎产量高。

（3）水分。适宜的土壤湿度，发芽期和发棵期为70%～80%，结薯前缓慢降至60%，结薯期为80%～85%，并均匀供水，接近收获时降至50%～60%。

（4）土壤营养。在土层深厚、结构疏松、排水透气良好、富含有机质、pH 5.5～6.0的土壤中生长良好。

（二）品种类型和栽培季节

1．品种类型　依生长发育期的长短可分为早熟品种、中熟品种、晚熟品种；按皮色和肉色分有白色、黄色、红色、紫色、黑色等。优良品种很多，一般优良的食用品种除具有丰产、抗病、适应性强等栽培性状外，还要求薯块整齐，薯皮薄而光滑，芽眼小而浅，食味佳美。

一般中原二季作区、南方冬作区、西南单双季混作区的低海拔地区及北方一季作区的早熟栽培应选早熟矮秧品种，主要有‘鲁马铃薯1号’～‘鲁马铃薯3号’‘费乌瑞它’‘克新4号’‘中暑2号’～‘中暑4号’‘东农303’‘丰收白’‘郑薯4号’‘高原7号’‘泰山1号’等；华南冬作区和西南山区生长季节较长的地区栽培中熟品种，主要有‘克新1号’～‘克新3号’及‘克新13号’‘晋薯2号’‘坝薯9号’等；晚熟品种主要在东北一季作区种植，主要有‘坝薯10号’‘宁薯4号’‘阿克瑞亚’‘甘农薯2号’‘晋薯13号’‘晋薯14号’等。

2．栽培季节　确定栽培季节的总原则，是把结薯期安排在土温16～18℃，气温白天24～28℃、夜间16～18℃的季节。东北、西北及华北的大多数地区为一季作地区，无霜期较长的地区可分春、秋两季栽培。春季终霜前播种，至终霜期正好出苗，夏季高温前收获；秋季于高温过后播种，初霜后收获。

（三）栽培技术

1．整地施基肥　应与非茄科作物轮作，选择适生土壤，深耕并重施基肥。基肥宜占总施肥量的3/4，每公顷可用腐熟厩肥30t，拌和过磷酸钙375kg、草木灰3000～3750kg，一部分结合耕地翻入耕作层，另一部分在开播种沟时集中沟施。

2．种薯处理和播种　晚霜前20～25d，气温稳定在5～7℃，10cm地温达到7～8℃时为适宜播种期。二季作地区应适时早播，一季作地区可适当晚播。秋薯播种期宜适当延后，这样既有利于保苗，又可使结薯期避开高温季节，但最迟应安排在初霜前60d左右出苗。

播种前15～20d进行催芽。催芽温度为15～18℃，空气相对湿度为60%～70%，在暗室中持续7～10d后可萌芽。休眠的种薯块可用1～2mg/L赤霉素溶液浸种5～10min，整薯可用5～10mg/L浸种1～2h。芽萌发后，维持温度12～15℃和70%～80%的相对湿度，同时给予充足光照，经8～10d后，形成长0.5～1.5cm的绿色壮芽。

种薯切块最好在播种前1～2d进行，这样可使伤口充分愈合。切块时，把种薯沿顶向下纵切成数块，并带有1～2个芽眼，切后用凉水冲洗后晾4～8h。薯块不宜过小，一般为20～25g。切块时遇到病薯要将切刀用3%石炭酸水浸泡5～10min消毒。

南方一般采用高畦双行栽培，北方多用垄栽。栽植密度为60 000～90 000窝/hm^2，播种量为1500～2250kg/hm^2。利用地膜覆盖，可使春马铃薯提早10～15d出苗。

3. 田间管理 春马铃薯播种后经30d左右出苗，从出苗到收获前的生长期仅60d左右。发芽期应保持土层疏松并及时除草。幼苗期以保根、促匍匐茎为主。出苗后到7～8片真叶前，生长慢，温度低，需水量少，应多中耕，少灌水或不灌水。幼苗后期匍匐茎开始形成后，地上部生长加速，为了促进茎叶生长，形成较大的叶面积，应适当灌水，并依据幼苗生长情况追施速效氮肥或加施磷、钾肥，并继续进行中耕。发棵期灌水和中耕相结合，少灌水，结合中耕逐步浅培土，即将封垄时开始大培土。结薯期花蕾显现时应摘除花蕾并灌一次大水，以后保持土壤湿润，增施磷、钾肥，配合氮肥，充分满足块茎膨大对肥水的大量需要。结薯后期要注意排涝和防止叶片早衰。对于秋季播种的，由于秋季的短日照、冷凉气候适合薯块生长，植株结薯早，不易徒长，管理上应提前供应肥水，促进植株尽快生长，争取及早进入结薯期。一般用速效肥作底肥和追肥，雨季注意排涝，以防烂种。

4. 收获 当地上枝叶渐次枯黄，匍匐茎干缩，块茎表皮木栓化时，表明马铃薯已成熟，即可收获。收获时要尽量减少损伤，避免日光暴晒。秋薯在不受冻害的情况下，尽量晚收。茎叶枯死后，收后在田间适当晾晒，即可运入室内摊晾数天，准备贮藏。

小　结

食用园艺植物包括果树和蔬菜。本章从类型与品种、植物学特性、对环境条件的要求及栽培管理技术等方面系统介绍了苹果、桃、葡萄、猕猴桃、柿、板栗、柑橘、香蕉等代表性果树的栽培技术，从生物学特性、类型和品种、栽培季节及茬口安排、典型季节或栽培方式等方面系统介绍了番茄、辣椒、黄瓜、西瓜、菜豆、豌豆、大白菜、萝卜、韭菜、大蒜、芹菜、芦笋、马铃薯等代表性蔬菜的栽培技术。

思考题

1. 苹果栽培中花果应如何管理?
2. 桃树栽培中土、肥、水应如何管理?
3. 葡萄栽培中如何进行整形与修剪?
4. 栽培种的香蕉果实中有种子吗?
5. 柑橘的生长结果有何特性?对环境条件有何要求?
6. 猕猴桃栽培的架式有哪几种?各有何优缺点?
7. 柿的主要栽培品种有哪几类? 它们各有何特点?
8. 板栗树枝梢分为哪几种? 各有何特点?
9. 番茄和辣椒品种有哪些类型?请比较总结番茄和辣椒栽培技术的异同点。
10. 菜豆和豌豆品种有哪些类型?请比较总结菜豆和豌豆栽培技术的异同点。

思考题

11. 黄瓜花的性型有哪些类型？花芽分化有何特点？如何促进黄瓜雌花早分化和多分化？

12. 西瓜的整枝方式有哪些?简述露地西瓜栽培技术要点。

13. 请比较总结黄瓜和西瓜栽培技术的异同点。

14. 试述大白菜的秋季露地栽培技术要点。春季栽培如何防止未熟抽薹?

15. 萝卜肉质根的结构有哪几部分?分别是怎样形成的?

16. 请比较总结萝卜和大白菜栽培技术的异同点。

17. 多年生韭菜为什么有“跳根”的习性？为了保证连年高产、稳产，韭菜应如何收割?

18. 简述秋芹菜的栽培技术要点。

19. 芦笋采收应注意哪些问题?

20. 简述马铃薯的生长发育特性与栽培技术的关系。

第九章

观赏园艺植物的栽培与应用

随着社会经济的发展，观赏园艺越来越多地进入人们的生活，观赏植物不断拓展，观赏植物栽培和造型造景的技能和艺术不断发展，观赏植物的栽培与应用不断普及。

第一节　一二年生花卉

一二年生花卉通常是指一年生花卉（annual plant）、二年生花卉（biennial plant）和多年生但作一二年生栽培的花卉。一年生花卉是指生命周期从营养生长至开花结实最终死亡在一个生长季节内完成的花卉，一般春季播种，夏秋开花结实，入冬前死亡。典型的一年生花卉如鸡冠花、百日草、半支莲、翠菊、牵牛花等；二年生花卉是指生命周期经两个年度或两个生长季节才能完成的花卉，即播种后第一年仅形成营养器官，次年开花结实而后死亡，如风铃草、毛蕊花、毛地黄、美国石竹、紫罗兰、桂竹香、绿绒蒿等；多年生作一二年生栽培的花卉如一串红、矮牵牛、石竹、金鱼草等花卉，在其原产地为多年生，但引种到北方后由于栽培习性的改变，大多作为一二年生栽培观赏。

一二年生花卉因其具有种类繁多、品种丰富、花期集中、花色丰富艳丽、繁殖简单、生长发育周期短等特点，故可作为花坛用花的主要材料，或在花境中依不同花色成群种植，也可植于窗台花池、门廊栽培箱、吊篮、旱墙、铺装岩石间及岩石园。并且，矮生类适于盆栽，高生类还可用作生产切花。另外值得注意，近些年来，随着生态旅游的发展，把草花大片的栽种，以各种色块形式构成的花海景观营造，也是草花栽培应用的重要形式。

一年生花卉喜温暖，不耐冬季严寒，大多不能忍耐0℃以下的低温。二年生花卉喜欢冷凉，耐寒性强，可耐0℃以下的低温，大多数喜欢阳光充足，仅少数喜欢半阴环境，如夏堇、醉碟花、三色堇等。一二年生花卉对土壤要求不严，除了过于黏重和过度疏松的土壤，都可以生长。不耐干旱，根系浅，易受表土影响，要求土壤湿润。

一二年生花卉皆采用播种繁殖方式。一年生花卉春季播种，北方为4月上中旬，南方为2月下旬至3月上旬。二年生花卉秋季播种，南方较迟，9月下旬至10月上旬；北方较早，9月上旬至9月中旬。在冬季特别寒冷地区，皆春播，如青海。

携种方式主要有苗床播种和直播。在传统苗床播种方式中，北方寒冷地区为了提早开花，一般在3月中下旬冷床播种；现代苗床播种中，大都采用温室或大棚基质育苗，成苗率高，幼苗生长健壮，生长时期易于控制。

直播的常撒播，覆土厚度以不见种子为度。也可沟播，深约1.5cm。幼苗出土后，逐渐去掉覆盖物并及时间苗。

苗床育苗的，一年生花卉在幼苗出土后去掉覆盖物，待幼苗长到3～4片真叶时进行第一次裸根移植，经1～2次移植后进入开花期，即可定植到花坛中；二年生花卉8～9月播种，10月底～11月初移入阳畦越冬，3月上旬出阳畦并经摘心，初花期定植于花坛中或上盆。

一、一串红

学名*Salvia splendens*，别名墙下红、草象牙红、爆竹红、西洋红、洋赪桐、撒尔维亚，属于唇形科鼠尾草属，原产于南美巴西，现世界各地广为栽培。19世纪初引入欧洲，约100年前育出了早花矮性品种，首先在法国、意大利、德国等国家栽培，1900年左右培育成30～50cm高的‘火球’（‘Fireball’）和‘妙火’（‘Bonfire’），至今仍为盆栽和切花生产的优良品种。

（一）形态特征

多年生亚灌木作一年生栽培。茎直立，基部多木质化，光滑有四棱，高50～90cm，茎节常紫红色。叶对生，卵形至心脏形，叶柄长6～12cm，顶端尖，边缘具牙齿状锯齿。顶生总状花序，被红色柔毛，有时分枝达5～8cm长；花2～6朵轮生；苞片红色，卵形萼钟状，当花瓣衰落后其花萼宿存，鲜红色；花冠唇形筒状伸出萼外，长达5cm；花冠及花萼色彩艳丽，有鲜红、粉、红、紫、淡紫、白等色及矮性变种。花期7～10月，果熟期8～10月。种子生于萼筒基部，成熟种子为卵形，浅褐色。种子千粒重2.8g。

（二）类型和品种

1．品种 依高矮分为矮性、中性和高性3类。矮性类型株高25～30cm，如花鲜红色的‘火球’‘罗德士’（‘Rodes’）、‘埃及艳后’系列（‘Cleopatra’）、‘卡宾枪手’（‘Carabinere’）系列。其中‘Carabinere Orange’花橙红色，‘Carabinere Red’花火红色，‘Carabinere Blue’花蓝紫色，‘Carabinere White’花白色。中性类型株高35～40cm，如‘红柱’（‘Red-Pillar’）花火红色，花序形态优美，叶色浓绿；‘红庞贝’（‘Red-Pompei’）花红色。高性类型株高65～75cm，如‘妙火’花鲜红色，整齐，生长均衡；‘高光辉’（‘Splendens Tall’）花红色，花期晚。

2．同属其他栽培种

（1）红花鼠尾草（*S. coccinea* L.）。又名朱唇，一年生或多年生亚灌木。株高60cm左右，全身被毛。叶卵形或三角形，长3～5cm。顶生总状花序；花萼筒状钟形，绿色或微晕紫红色；花冠浓鲜红色，长2.0～2.5cm，下唇长为上唇的两倍。花期为夏秋的7～8月。易于自播繁殖，适应性强，栽培容易。原产于美洲南部的热带地区。

（2）粉萼鼠尾草（*S. farinacea* L.）。又名一串蓝，多年生作一年生栽培。株高60～90cm，多分枝。叶似簇生，基部叶卵形，上部披针形。花多密集，花冠紫蓝或灰白色，长1.2～2.0cm。花期7～10月。原产于北美南部。

（3）一串紫（*S. horminum* L.）。为直立一年生草本，全株具长软毛，株高30～50cm。具长穗状花序，花小，长约1.2cm，有紫、堇、雪青等色。变种较多，花色美丽。原产于南欧。

（三）生态习性和栽培管理

1．生态习性 不耐寒，多作一年生栽培。最适生长温度为20～25℃，当温度低于14℃时会降低茎的伸长生长，并会使叶片变黄至脱落；30℃以上则花叶变小，温室培养一般保持在20℃左右。喜阳光充足，但也能耐半荫，原为短日照植物，经人工培育选出中日照和长日照品种。喜疏松肥沃、排水良好的土壤。盆土用沙土、腐叶土等混合配制，土肥比例以7∶3为宜。生长期间施用稀释1500倍的硫酸铵，可以改变叶色，效果良好。

2. 繁殖技术 一般以播种繁殖为主，可于晚霜后播于苗床，或提早播于温室中，如春（2月下旬至3月上旬或晚霜后）秋（8月中下旬，温室内越冬）播种。温度20～22℃时播种，经10～14d发芽，低于10℃不发芽。幼苗长出3～4对叶时摘心、移植。如果国庆节用花，则于早春2月下旬或3月上旬在温室或阳畦播种，“五一”用花则头一年8月中下旬播种，保护地越冬，第二年经过摘心即可观赏。扦插在春秋两季均可进行，时间不限（15℃以上均可进行）。如入冬前将老植株移入温室越冬，次年剪取新枝扦插。扦插的生根温度要>15℃，10～20d可以生根，30d后即可移栽。

3. 栽培管理 春播9～10月盛花，温室越冬的老株在5～6月也可见花，但不繁多。一串红盛夏虽枝叶生长旺盛，但花朵稀少。如为采收种子，应于3月初播种于温室或温床，提早开花，利于种子饱满。

幼苗长出真叶后进行第一次分苗。苗期易得猝倒病，应注意防治。3～4片真叶时应摘心，促生4～6个侧枝。当幼苗长到5～6片叶时，进行第二次分苗，也可直接上营养小钵。在植株至少有4个侧枝，并于枝端初显花色时移栽至花坛。如在花前追施磷肥可提高开花品质。一串红花萼日久褪色而不落，在观赏栽培时应及时清除残花，可以保持花色鲜艳而开花不绝。

在温室中进行管理，也可以在4月下旬移入温床或大棚中管理。如需要盆栽的，可在5月上旬将大苗移植到17～20cm花盆中。北方一般在5月下旬，一串红可以定植到露地。一串红从播种到开花大约150d，为了使植株丛生状，可对其进行摘心处理，但摘心将推迟花期，所以摘心时应注意园林应用时期。在一串红的生长季节，可在花前花后追施磷肥，使花大色艳。一串红花期较长，开花后，从夏天一直开到第一次下霜，每月追施一次全营养肥。南方可在花后距地面10～20cm处剪除花枝，加强肥水管理还可再度开花。

一串红种子易散落，在早霜前应及时采收，在花序中部小花花萼失色时，剪取整个花序晾干脱粒。一串红种子在北方不易成熟，如果进行良种繁育，可提前播种。

4. 应用 一串红花色艳丽，花朵繁密，是花坛的主要材料，也可作花带、花台等应用。矮性品种还可以上盆作为盆花摆放。

二、矮牵牛

学名*Petunia hybrida*，别名草牡丹、碧冬茄、灵芝牡丹，属于茄科碧冬茄属，原产于南美，现各地广为栽培。

（一）形态特征

一年生或多年生草本，北方多作一年生栽培。株高10～40cm，全株被腺毛，茎稍直立或倾卧。叶片卵形、全缘，几无柄，下部多互生，上部嫩叶略对生。花单生于叶腋或顶生，花萼5裂，裂片披针形，花冠漏斗状，先端具波状浅裂，花瓣变化多，有单瓣、重瓣、半重瓣、瓣边有波皱等种类；花径5～8cm；花色丰富，有白、红、粉、紫及中间各种花色，还有许多镶边品种等。花期6～10月。蒴果，尖卵形，二瓣裂，种子细小，千粒重0.16g。

（二）类型和品种

1. 品种 栽培品种依花朵重瓣性分为单瓣和重瓣两类。

（1）单瓣品种。又分为大花、中花和多花3个品种型。大花单瓣系列品种的花径8～12cm，如‘彩云’系列（‘Cloud’）株高30～35cm，花期早，大花，花色鲜艳、丰富；‘冰花’系列（‘Frost’）品种花瓣都带有白色花边，花期长，花色鲜艳；‘梦幻’系列（‘Dreams’）是美国泛美公司培育的F_1代杂种系列，包括了矮牵牛的所有基本花色，花期一致，株型紧凑，极耐灰霉病，盆栽和花坛栽培均很受欢迎。

中花型品种的花径4～7cm。如‘佳期’（‘Prime Time’），植株整齐，花径5～8cm，花期长，抗逆性强，花色丰富，除纯色外，还有带条纹品种。

多花型品种，如‘幻想’系列（‘Fantasy’），矮生，花径4 cm，花期特早，株型整齐，园林应用效果好，花色丰富。

（2）重瓣品种。多为美国泛美公司培育的F_1代杂种系列，如‘双瀑布’系列（‘Double Cascade’），以其开花早、分枝性好、综合性状优良而受消费者喜爱；‘二重奏’系列（‘Duet’），花色由两色组成，鲜艳美丽。

根据株型，除直立的外，矮牵牛品种还有垂吊型，如‘波浪’系列（‘Wave’），其植株向外匍匐生长，可作花篱，也是垂直绿化的良好材料。

2. 同属其他栽培种

（1）撞羽矮牵牛（*P. violacea* Lindl.）。为一年生草本，株高15～25cm，全株密生腺毛。叶片卵圆形，具短柄。花顶生或腋生，紫堇色。原产于南美的阿根廷，我国华北地区广见栽培。

（2）腋花矮牵牛（*P. axillaria* Brillon）。为一年生草本，株高30～60cm。叶片长椭圆形，植株下部叶片具柄，上部叶片无柄。单花腋生，纯白色，夜间开放，具香气。

（三）生态习性和栽培管理

1. 生态习性 矮牵牛原产于南美洲，喜温暖，不耐寒，干热季节开花繁茂。喜阳光充足、排水良好的微酸性疏松砂质壤土，忌积水。要求光照充足，如遇阴凉天则花少而叶茂。种子细小，发芽率一般在60%以上。

2. 繁殖技术 主要采用播种繁殖，但一些重瓣品种和特别优异的品种需进行无性繁殖，如扦插和组织培养。

种子细小，幼苗生长缓慢，所以应在12月至翌年3月播种。播种时，苗床湿地播种，覆土不宜过厚，待幼苗长出真叶后可行分苗，一般分苗两次，然后移植到温床中或营养钵中。移栽后还苗较慢，宜于苗小时带土尽早定植。待晚霜过后，便可移植于露地花坛中；或上17～20cm花盆，用作盆花布置。因盆栽有倒伏现象，可在生长期进行修剪整枝，促使开花并控制高度。矮牵牛忌高温、高湿，夏季栽培过程中应注意防雨。施肥不宜过多。当蒴果尖端发黄时及时采收种子，防止脱落。连续种植退化现象严重，应注意选种。现在生产多用杂种一代种子。

3. 栽培管理 在早春和夏季需充分灌水，但又忌高温、高湿。土壤肥力应适当，土壤过肥，导致过旺生长或徒长倒伏。

4. 应用 矮牵牛是花坛及露地园林绿化的重要材料，也可盆栽作室内观赏，在温室中栽培可四季开花。

第二节　宿根花卉

宿根花卉（perennial flower）是指个体寿命超过2年，能多次开花结实，且地下部分形态正常、不发生变态的多年生草本花卉。其寿命可以延续多年，每年地上部分枯萎，地下部分仍然保持生命，第2年可以再萌芽生长、开花。在观赏用途上，宿根花卉常用来布置庭园、花坛，也可盆栽或作切花材料，在插花作品中，宿根花卉是花材的主要来源，如菊花、康乃馨、花烛、满天星、非洲菊、天堂鸟等宿根花卉均是常见的重要花材。

宿根花卉根据其生活型可分为两类，一类是落叶宿根花卉，即秋季地上部分枯萎，以其宿存的地面芽、地下芽及根系越冬，翌年春季再度萌发、生长和开花结实，该类花卉耐寒性强，如芍药、菊花、玉簪、萱草、鸢尾等。另一类是常绿宿根花卉，即地上部分一年四季常绿，无明显落叶期，该类花卉一般不耐寒，在南方温暖地区可露地越冬，在寒地需温室栽培，如香石竹、君子兰、非洲菊、竹芋等。

大多数宿根花卉都具有较强的抗性，如耐旱、耐寒、耐水湿、耐瘠薄、耐盐碱和石灰质土壤等。例如，鸢尾属植物马蔺抗性就特别强，它耐干旱瘠薄、耐盐碱，且病虫害较少，养护简单，管理粗放。大多宿根花卉在繁殖技术上没有特别要求，一般采用常规的播种、扦插、分株等方法即可，只要在适宜的繁殖季节采用科学管理方法，都能获得较高的繁殖系数。宿根花卉在栽培技术上也相对容易，可粗放管理；而且种植后可连续生长多年，并多次开花，无需年年更换，因而大大降低了种植成本，非常适合城市园林绿化。

一、鸢尾

学名*Iris tectorum*，别名紫蝴蝶、蓝蝴蝶、扁竹花，属于鸢尾科，原产于中国中部，各地有栽培。缅甸及日本也有分布。

（一）形态特征

多年生宿根性直立草本，高30～50cm。根状茎匍匐多节，粗而节间短，浅黄色。叶渐尖状剑形，宽2～4cm，长30～45cm，质薄，淡绿色，呈2纵列交互排列，基部互相包叠。春至初夏开花，总状花序1～2枝，每枝有花2～3朵；花蝶形，花冠蓝紫色或紫白色，径约10cm，外3枚较大，圆形下垂；内3枚较小，倒圆形；外列花被有深紫斑点，中央面有1行鸡冠状白色带紫纹突起，花期4～6月，果期6～8月；雄蕊3枚，与外轮花被对生；花柱3歧，扁平如花瓣状，覆盖着雄蕊。花高出叶丛，有蓝、紫、黄、白、淡红等色，花型大而美丽。蒴果长椭圆形。鸢尾花因花瓣形如鸢鸟尾巴而得此名。

（二）类型和品种

花色有白、黄、蓝、紫等色。白花鸢尾（var. *alba*）为鸢尾的变种，花白色，外花被片基部有浅黄色斑纹，产于浙江。

全世界有鸢尾属植物200多种，同属其他主要栽培种有以下几种。

1．德国鸢尾 德国鸢尾（*I. germanica*）为多年生宿根草本，为世界著名花卉。叶剑形，长20～50cm，宽2～4cm，无明显的中脉。花朵硕大而鲜艳，直径可达12cm。园艺品种繁多，花色有淡紫色、蓝紫色、深紫色、白色、姜黄色、桃红色等，有香味，花期5～6月，果期7～8月。德国鸢尾原产于欧洲中部和南部，我国广泛栽培。耐寒性强，长江中下游地区露地栽培过冬时，地上茎叶不完全枯萎。常用于花坛、花境布置，也是重要的切花材料。

2．蝴蝶花 蝴蝶花（*I. japonica*）又称日本鸢尾。多年生草本。叶剑形，长25～60cm，宽1.5～3.0cm，无明显的中脉。花多数，较小，直径4.5～5.5cm，淡蓝紫色，排列成稀疏的总状花序；外花被裂片中脉上有隆起的黄色鸡冠状附属物；花期4～5月。原产于我国长江流域，全国各地有栽培，日本也有分布，散生于林下、溪旁阴湿处，耐阴，耐寒。园林中常栽在花坛或林下作地被植物。

3．黄菖蒲 黄菖蒲（*I. pseudacorus*）为多年生草本，湿生或挺水植物。基生叶灰绿色，宽剑形，长40～60cm，宽1.5～3.0cm，中脉较明显。花茎粗壮，高60～70cm，花黄色，直径10～11cm。花期5月，果期6～8月。原产于欧洲，我国各地引种栽培，喜生于河湖沿岸的湿地或沼泽地上。黄菖蒲是水生花卉中的骄子，花色黄艳，花姿秀美，如金蝶飞舞于花丛中，观赏价值极高。适应范围广泛，可在水池边露地栽培，也可在水中挺水栽培，效果甚佳。

4．花菖蒲 花菖蒲（*I. ensata* var. *hortensis*）又名玉蝉花，本变种有500多个品种。多年生草本。叶条形，长50～80cm，宽1.0～1.8cm，中脉明显而突出。花茎圆柱形，高1m左右。花型及颜色因品种而异，花色有白色、浅蓝色、蓝紫色、紫色至紫红色，斑点及花纹、单瓣至重瓣变化甚大，花多，直径可达15cm以上。花期6～7月，果期8～9月。原产于中国东北、日本和朝鲜半岛，为著名的观赏花卉，性喜潮湿，多栽于河、湖、池塘边，也可盆栽。

（三）生态习性和栽培管理

1．生态习性 自然生长于向阳坡地、林缘及水边湿地。性强健，耐寒力强，喜排水良好、适度湿润的壤土，也能在砂质土、黏土上生长，较耐干燥。喜阳光充足，也耐半阴环境。

2．繁殖技术 多采用分株或播种法繁殖。分株可在春季花后或秋季进行，一般种植2～4年后分栽1次。分割根茎时，注意每块应至少具有1芽，最好有芽2～3个，种后浇透水。采用播种的方法繁殖时，种子成熟后应立即播种，播前浸水24h，再冷藏10d，播于冷床中，保湿，10月间即可发芽，待长出3～4片真叶时即可定植。播种后2～3年可开花。

3．栽培管理 在种植前，土壤中应施入腐熟的堆肥作为基肥。植株栽植的深度，应视土壤情况而异，土壤为排水良好的疏松的壤土或砂质土，根茎顶部要低于地面约5cm，若土壤为黏土，根茎顶部要稍高于地面。生长期，注意浇水以保持土壤湿润，同时追施2～3次液肥；雨季要及时排水，忌过湿或积水，冬季休眠期土壤可偏干些。早春，施1次腐熟的堆肥及骨粉，使枝叶生长茂盛，花朵鲜艳。

主要病害有锈病、软腐病、花腐病、白绢病等；主要虫害有环斑蚀夜蛾等，要及时防治。

4．应用 鸢尾叶片碧绿青翠，似剑若带；花形大而奇特，宛若翩翩彩蝶，具有极高的观赏价值，是园林绿化的重要花卉之一，可用于花坛、地被，或栽植于水边、路旁，也是优美的盆花及切花材料。若与其他种类的鸢尾搭配，可建成鸢尾类专类花园。

鸢尾花的花语为：优美、爱的使者，在我国常用以象征爱情和友谊；在法国，鸢尾是光明和自由的象征，被视为国花；在古代埃及，鸢尾花是力量与雄辩的象征。

二、香石竹

学名*Dianthus caryophyllus*，别名康乃馨、麝香石竹、荷兰瞿麦、荷兰石竹，属于石竹科石竹属。原产于欧洲南部、地中海沿岸至印度地区，现在世界各地广泛栽培，主要产区有哥伦比亚、意大利、西班牙、日本、肯尼亚、荷兰、美国、以色列等。我国的香石竹大规模生产是从20世纪80年代中期以后开始的，发展迅速，主要产区有云南、上海、广州等地。

（一）形态特征

多年生常绿宿根草本。株高30～100cm，茎直立、簇生、光滑，微具白粉，茎基部半木质化，茎上有膨大的节，茎秆硬而脆。因茎秆挺拔直立犹如翠竹而得此名。叶交互对生，线状披针形，全缘，基部抱茎，表面具白粉而呈灰绿色，有较明显的叶脉3～5条。花单生茎顶，或2～3朵簇生；花色丰富，有白、粉、红、紫、黄及杂色等，具香味；花瓣单瓣或重瓣，花瓣倒阔卵形，边缘不整齐或呈波状；花朵直径5～10cm。蒴果，种子黑色。香石竹的正常花期是5～10月，如采用温室或大棚生产，可周年开花。

（二）类型和品种

香石竹栽培品种众多，按栽培方式可分为露地型和温室型两大类。露地栽培类型耐寒力强，可陆地越冬，常作二年生栽培。主要用于花坛和盆花；温室栽培类型不大耐寒，适合温室栽培，呈亚灌木状，四季开花，主要用于切花生产。

根据花朵数目和大小又可分为大花型和散枝型两型。大花香石竹（standard）又称独头品种，一茎一花，花朵较大，是现代香石竹切花栽培的主要类型。散枝香石竹（spray）又称多头品种，一茎多花，花朵较小，近年来日趋流行。

（三）生态习性和栽培管理

1．生态习性 不耐寒或半耐寒，喜凉爽而不耐炎热，生长适温白天20℃左右，夜间10～15℃。不同品种对温度的要求有一些差异；能耐一定低温；喜排水良好、腐殖质丰富、保肥性能良好的黏质土壤；喜温暖、干燥、空气流通及阳光充足的环境；忌连作及水涝。

2．繁殖技术 播种、扦插、组织培养均可，但在切花生产中，主要以扦插为主。为了获得无病毒苗，也常用组培法。

（1）扦插繁殖。扦插时间除炎热夏季外均可进行，10月至翌年5月为扦插适宜时期，此期间的气温和插床温度容易控制，炎热的夏季不容易控制温度，因此不宜扦插。扦插时要严格挑选无病害的植株作母株。插穗以植株中部生长健壮的侧芽为好（即第3～4个侧芽）。采芽时要用手掰下芽条。插穗长12～14cm，具有健全的茎尖。保留插穗顶端叶片4～5片，其余全部摘除。将整理好的插穗浸入清水中30min，使插穗吸足水分后扦插。扦插基质可用沙、蛭石、砻糠灰、珍珠岩、泥炭等，扦插间距1.5～2.0cm，扦插深度3cm，插后立即喷水，并覆盖庇荫。插后保持大棚温度15～20℃，并保持基质湿润，约20d便可生根，当根长至1cm左右即可移栽。

（2）组培繁殖。香石竹的组织培养技术已经很成熟，主要用于优良母本的扩繁和生产脱病毒苗。

3. 栽培管理 为了生产高品质切花，我国的香石竹切花生产多数利用塑料大棚或连栋玻璃温室进行生产。香石竹栽培要求肥沃、透水、保湿、通气的土壤。一般需要在原有土壤中掺入大量的粗纤维有机质，以增加土壤孔隙度，保持土质疏松与良好的保水透气性能，促进香石竹植株的生长发育。通常用的改良基质有稻谷壳、大豆荚、花生壳、锯木屑、草炭、腐叶土等。一般有机物的掺入量为土壤容积的20%～30%，耕作层的深度要求达到40cm以上。改良时要注意土壤酸碱度的调节。香石竹土壤最适pH为6.0～6.5，栽培中允许pH为4.5～7.0。为增加土壤肥力，每个标准棚施充分腐熟猪粪或牛粪6000～8000kg，翻入离畦面表土10cm以下，畦面施60～80kg复合肥。香石竹种植地一般做成高畦，畦高15～20cm，畦宽0.8～1.0m。畦边用水泥板或砖砌20cm高度的边框，床底铺设排水管或用碎石、煤渣等排水层，以便于土壤管理。整平畦面后对土壤进行消毒，可用土壤消毒剂或高温蒸汽消毒。

定植时间主要取决于鲜花上市时间。例如，9～10月定植，采花时间为4～5月，5～6月定植，采花时间为冬季及春节。定植前土壤要湿润。因香石竹是浅根性花卉，栽植时切忌栽植过深，只要盖住根系不倒即可。栽后要浇透定根水，应尽量避免从茎叶上淋水或从根蔸浇水，以减少茎腐病的发生。移栽尽量选择阴天或傍晚定植。栽培密度视栽培条件和品种而异，通常为35～50株/m^2，分枝能力弱、种植时间较迟的密度可高一些，反之可以低一些。

植株长高后，要及时架设网格固定，使茎秆直立生长。一般用尼龙网固定，网格大小与栽培苗的株行距相等，使每株都进入网格内。第一层网格离地10～15cm，以后随着植株长高而增加2～3层网格，层间距离20～25cm。

合理摘心是香石竹栽培的重要技术环节，通过摘心可以决定开花枝数和调节花期。香石竹定植后2～4周，当小苗长至15～20cm时即要开始摘心，从苗基部向上留5～6节摘心。以后陆续进行，利用它来控制花期，例如，要使12月至翌年1月开花，可在7月底停止摘心。摘心尽可能在晴天进行，摘心后要及时喷药防病。小苗摘心后每隔10d施1次稀释液肥，以刺激新芽萌发，肥的浓度不可太高，以防引起肥害。摘心后发生较多的侧芽并长成侧枝，为控制花枝数量，每株留4～5个侧芽培养开花枝，其余侧芽打掉。在生长过程中，开花枝条上再发生的侧芽要及早去除，质量好的可作扦插用。单花型品种，待茎端长出几个花蕾时，留中间一个大的花蕾，其余的应及早摘除，使养分集中于中间的1个花蕾，提高开花质量。多花型品种需要除去中心花蕾，使侧枝均衡发育。疏芽一般3～5d进行1次。

在温度管理上，春秋季温度适宜于香石竹的生长发育，除覆盖棚顶薄膜防雨以外，围膜和前后门可以卸掉，让其在自然温度环境中生长；夏季7～9月温室或大棚内温度过高，要注意通风降温，晴天中午盖遮阴网遮阴降温。10月中旬以后，随着气温的逐渐下降应做好防冻保暖工作，当夜温在10C以下，要注意保温；11月上旬起，夜间密闭，白天仅在中午通风换气，有条件的可开始加温，使夜温保持在13～15℃，这样可使第1次盛花在12月中下旬至翌年1月上旬，第2次盛花期在3月中旬至4月上旬，此时正是切花淡季，效益最好。

香石竹常会出现裂萼现象，这与品种的遗传性及温差变化有关。昼夜温差超过 10℃，或室内温度忽高忽低，变化太大，都会引起裂萼。防止裂萼首先要选择不裂萼的品种，其次控制昼夜温差不宜过大。

香石竹生育期较长，生长量大，在施足基肥的基础上，还要施足够的追肥。在不同生育期，要根据生长量调整施肥次数和施肥量。4～6月中旬，香石竹生长量约占全年生长量的25%；6～9月高温期，生长缓慢甚至停止生长，其生长量仅为全年生长量的10%～15%；9月下旬至12月上旬，气温适宜香石竹的生长，其生长量占全年总生长量的比例高达50%～60%，其余15%～20%是在12月至翌年2月。根据上述生长规律追肥，第1阶段每隔2～3周1次，第2阶段3～4周1次，第3阶段2周1次，开花期少施氮肥，以磷、钾肥为主。铵态氮不利于香石竹生长，尽可能使用硝态氮。有条件的地方可用滴管施肥，所用肥料应采用易溶于水的盐类。如发现土壤表面板结，可结合施肥浅锄，促进根系生长。

香石竹缓苗期保持土壤湿润，缓苗后要适度“蹲苗”，使根向下扎，形成强壮的根系。夏季的土壤水分含量不宜过高，浇水应做到清晨浇水，傍晚落干。9月中旬开始，增加浇水次数。香石竹不能垂直叶面浇水，否则很容易引起茎叶病害。只能采用横向对根部浇水。滴管浇水，能做到表土湿度较低，中层土壤较湿润，这样既保证了香石竹生育所需水分，又有利于降低土壤和空气湿度，抑制病害发生蔓延。

香石竹花枝采切后容易开花，一般在蕾期或半开放时切取。大花石竹当花瓣从花萼处长出3cm时采切，夏季略提前；小花石竹待主花序绽开，两个侧花序上的花蕾各有色泽鲜艳的花瓣显露时即可采切。第1次采切时，为确保以后陆续开花，要在稍高的位置下剪，以促发侧枝。采收后整理，剔除不合格的，将好的分级，将花扎成20枝1束，包装上市。暂不出售的，先让其吸足水，然后可放在冷库中贮藏，贮存时间不得超过4周。香石竹切花对乙烯敏感度较高，贮藏期间不能和蔬菜、水果、月季、郁金香、紫罗兰放在一起。

4．**用途**　香石竹花枝长，花朵色彩艳丽而丰富，有香味，瓶插寿命长，主要用于切花，可制作花篮、花束或用于艺术插花，在世界各国均广为栽培，是国际市场上的重要切花种类，为世界著名的四大切花之一。人们一直视香石竹为慈母之爱的象征，很多人在母亲节这天会向母亲献上1束香石竹以示对母爱的回报及崇敬。矮型香石竹也可用于盆栽及园林绿化。

第三节　球根花卉

球根花卉（bulb flower）是地下部的茎或根变态膨大形成球状或块状的多年生花卉，这个变态的地下根或茎称为球根或球茎，是一种营养贮藏器官。球根花卉在外界条件不适宜生长的时期以球根或球茎的形式渡过休眠期，环境适宜时再度生长并开花。球根花卉种类多，品种丰富，适应性强，栽培容易，可多年生长开花观赏，花色鲜艳；种球便于运输和贮藏，广泛应用于花坛、花境、花带、岩石园或作地被、基础栽植等园林布置，也适宜作盆栽或水养观赏，更是重要的切花材料，如唐菖蒲、郁金香、百合、马蹄莲等。许多球根花卉具有香味，如晚香玉、铃兰等，可作香料植物栽培。

根据球根的形态和变态部位，球根花卉可分为鳞茎（bulb）、球茎（corm）、块茎（tuber）、根茎（rhizome）、块根（tuberous root）五大类。

（1）鳞茎类。鳞茎是变态的枝叶，其地下茎短缩，呈圆盘状的鳞茎盘（bulbous plate），其上着生多数肉质膨大的变态叶——鳞片（scale），整体呈球形。鳞茎盘的顶端为生长点（顶芽），鳞片多由叶基或叶鞘基肥大而成。

（2）球茎类。地下茎短缩膨大呈实心球状或扁球形，其上着生环状的节，节上着生叶鞘和叶的变态体，呈膜质包被于球体上。顶端有顶芽，节上有侧芽，顶芽和侧芽萌发生长形成新的花茎和叶，茎基则膨大形成下一代新球。

（3）块茎类。地下茎变态膨大呈不规则的块状或球状，但块茎外无皮膜包被，如花叶芋、仙客来等花卉。

（4）根茎类。地下茎呈根状肥大，具明显的节与节间，节上有芽并能发生不定根，根茎往往水平横向生长，地下分布较浅，又称为根状茎。其顶芽能发育形成花芽开花，而侧芽形成分枝，如美人蕉、姜花、红花酢浆草、铃兰、六出花等。

（5）块根类。块根为根的变态，由侧根或不定根膨大而成，其功能是贮藏养分和水分。块根无节、无芽眼，只有须根。发芽点只存在于根颈部的节上，如大丽花、花毛茛等。

球根花卉的繁殖和栽培技术具有以下共性。

（1）繁殖技术。有分球繁殖法、鳞片扦插繁殖法和组织培养繁殖法。分球繁殖是利用球根花卉的地下膨大部分也就是用球根进行分栽，通常可在秋、春两季进行，球根花卉的地下部分每年在母球基部或周边产生若干个小子球，小子球就相当于无性系种子，可在秋季或春季挖出子球重新栽植即可。分球繁殖法是球根花卉生产中的主要繁殖方式。鳞片扦插繁殖是将球根切成块或者段进行扦插繁殖，对于百合和朱顶红也可将球根鳞茎上的鳞片掰下来进行扦插繁殖。组织培养繁殖是在无菌条件下，将离体的植物组织（统称外植体）接种到培养基上，在人为控制的条件下进行离体培养，使其产生完整的植株。

（2）栽植技术。种植前先施入基肥，然后翻耕30cm左右，整地做畦。畦宽1.2m左右，为了增加基质的透气性，球根花卉多采用垄栽，垄高20～30cm，每垄两行。栽植深度大多种类为球高的3倍左右，少数种类栽植较浅，有的种球需要露出地面，如朱顶红。栽培时间取决于用花时间，用花时间减去生长期就是种植时间。

（3）花期调控。球根花卉的花芽分化大部分为夏秋分化类型。花芽分化的适温为15～18℃，分化完成后在适宜温度下储存，根据市场对花卉的时间要求，根据生长期长短分期栽植，控制生长温度，秋冬季节光照不足时适当补光，这样基本上可做到常年开花。所以球根花卉的花期调控主要是通过调控植物的开始生长期及栽植期实现的。

（4）种球采收及贮藏。在植株停止生长，1/3～1/2叶黄时为种球采收适期。采收后消毒、分级，可干藏或湿藏。适于干藏的有郁金香、唐菖蒲、朱顶红等有皮鳞茎。干藏时，在消毒、分级后将种球晾干，然后装框冷藏，贮藏温度为2～8℃，湿度为70%。适于湿藏的有百合、美人蕉等无皮鳞茎和块根类。湿藏时，用消过毒的新鲜潮湿锯末或泥炭作填充基质，包装时，先在筐底铺一层14～18个孔/m^2的塑料薄膜，再铺一层约3cm的填充基质，每放一层种球撒一层填充基质，如此放满筐后用塑料薄膜封严，用板条盖上筐顶，贴上标签。

一、郁金香

学名*Tulipa gesneriana*，别名草麝香、洋荷花，属于百合科郁金香属，原产于地中海沿岸、中亚细亚、土耳其等地，中亚为分布中心。重要原种包括考夫曼郁金香（*T. kaufmaniana*）、克氏郁金香（*T. clusiana*）、福斯特郁金香（*T. fosteriana*）、郁金香（*T. gesneriana*）、芬芳郁金香（*T. suaveolens*）、格里克郁金香（*T. greigii*）等，叶片上多有花斑或条纹。我国约产14种，主要分布在新疆地区，如伊犁郁金香（*T. iliensis*）、准噶尔郁金香（*T. buhseana*）等。

（一）形态特征

多年生草本球根花卉，鳞茎呈扁圆锥形，表面有一层淡黄或棕褐色干燥膜质假鳞片。茎直立、光滑，具白粉。叶通常为2～4枚，叶片着生于茎的中下部，基部为广阔卵形，上部长而渐尖，整体呈阔披针形或卵状披针形，叶片肥厚多汁，表面有浅蓝灰色蜡质层。花单生于茎顶，花冠直立杯状或碗形等其他形状，花被片6枚，花被内侧基部常有黑紫或黄色色斑，花色多样，有白、粉红、鲜红、大红、紫红、淡黄、橙黄、淡紫、深紫、深棕、黑色等。雄蕊通常6枚，3枚为一轮，花药基部着生，紫色、黑色或黄色。雌蕊柱头3裂，子房上位，3室。蒴果，室背开裂，种子扁平近三角形。

（二）类型和品种

郁金香的园艺栽培品种多达8000余个，由栽培变种、种间杂种及芽变选育而来，亲缘关系极为复杂，主要集中在花期、花型、花色上的不同，通常按花期可分为早、中、晚型；按花型分有杯型（cup-shaped）、碗型（bowl-shaped）、百合花型或高脚杯型（goblet-shaped）、流苏花型（fringed）、鹦鹉花型（parrot）及星型（star-shaped）等；花色则有白、粉、红、紫、褐、黄、橙、黑、绿斑和复色等，花色极丰富，只缺蓝色。1981年，在荷兰举行的世界品种登录大会修订的郁金香国际分类鉴定名录中，根据花期、花形、花色等性状，将郁金香品种分为4类15群。

1. 早花类　包括单瓣早花群和重瓣早花群。单瓣早花群（single early group）花单瓣，杯状或高脚杯状，花期早，花色丰富，株高20～25cm。重瓣早花群（double early group）花重瓣，大多来源于共同亲本，色彩较和谐，高度相近，花期比单瓣种稍早。

2. 中花类　包括凯旋群和达尔文杂种群。凯旋群（triumph group）或称胜利系，花大，单瓣，花瓣平滑有光泽。花期介于重瓣早花与达尔文杂种之间，株高45～55cm，粗壮，花色丰富。达尔文杂种群（Darwin hybrids group）由晚花达尔文郁金香与极早花的佛氏郁金香及其他种杂交而成。植株健壮，株高50～70cm，花大，杯状，花色鲜明。

3. 晚花类　包括单瓣晚花群（single late group）、百合花型群（lily-flowered group）、流苏花群（fringed group）、绿斑群（viridiflora group）、伦布朗群（Rembrandt group）、鹦鹉群（parrot group）和重瓣晚花群（double late group）。单瓣晚花群包括原分类中的达尔文系（Darwin）和考特吉系（Cottege），株高65～80cm，茎粗壮，花杯状，花色多样，品种极多；百合花型群的花瓣先端尖，平展开放，形似百合花，植株健壮，高约60cm，花期长，花色多种；流苏花群花瓣边缘有晶状流苏；绿斑群花被的一部分呈绿色条斑；伦布朗群有异色条斑的芽变种，如在红、白、黄等色的花冠上有棕色、黑色、红色、粉色或紫色条斑；鹦鹉群花瓣扭曲，具锯齿状花边，花大；重瓣晚花群也称牡丹花型群（peony flowered group），花大，花梗粗壮，花色多种。

4．变种及杂种 包括考夫曼群（Koufmaniana group）、佛氏群（Forsteriana group）、格里氏群（Greigii group）和其他混杂群（Miscellaneous group）。考夫曼群原种为考夫曼郁金香，花冠钟状，野生种金黄色，外侧有红色条纹，栽培变种有多种花色，花期早；叶宽，常有条纹；植株矮，通常10～20cm；易结实，播种易发生芽变。佛氏群有高型（25～30cm）和矮型（15～18cm）两种，叶宽，绿色，有明显紫红色条纹；花被片长，花冠杯状，花绯红色，变种与杂种有多种花色，花期有早晚。格里氏群原种株高20～40cm，叶有紫褐色条纹；花冠钟状，洋红色，与达尔文郁金香的杂交种花朵极大，花茎粗壮，花期长，被广泛应用。其他混杂群包括不在上述各群中的种及杂种。

常见的商品切花及盆栽品种（包括促成栽培品种）主要属于中花类的凯旋系、达尔文杂种系和晚花类的单瓣种等。

（三）生态习性和栽培管理

1．生态习性 郁金香适宜富含腐殖质、排水良好的沙土或砂质壤土，最忌黏重、低湿的冲积土。耐寒性强，地下部球根可耐-35℃的低温，但生根需在5～14℃，尤其在9～10℃最为适合，生长期适温为5～20℃，最适温度为15～18℃。花芽分化在鳞茎贮藏期内完成，适温为17～23℃。花期在3～5月，花白天开放，傍晚或阴雨天闭合。

球根贮藏期间6～7月的温度条件对花芽分化至关重要。若6月处于较高温（20～25℃），而7月处于较低温（20℃以下），则花芽分化顺利完成；如果温度超过35℃，则花芽分化受到抑制，易出现花芽畸形或花被片部分叶化。

郁金香的根系属肉质根，再生能力较弱，折断后难以继续生长，很少移栽。

2．繁殖技术 郁金香常用分球繁殖和播种繁殖。

（1）分球繁殖。以自然分球繁殖为主，在9～10月栽子鳞茎，大者一年、小者2～3年可培育成开花球。荷兰利用其气候优势，尤其在邻近海边的埃克霍森一带大量进行种球生产，通常采用分级繁育法，即用周径为8～9cm、10～11cm的栽植种球经一年分别培育成周径为11～12cm、12cm以上的商品球（开花种球）。

我国引种郁金香后，更新球极易发生退化现象，表现为鳞茎变小、开花率降低、花色浅、花小等。为有效地保存良种，可选择气候冷凉地或海拔800～1000m的山地进行种球的复壮栽培，采用冷凉地区越夏贮藏、掌握种植适期及合理定植的密度和深度、施用合理的配方基肥、加强苗期管理并及时摘花、后期进行遮阴、适时收球等措施，可取得良好的复壮效果。

（2）播种繁殖。郁金香种子发芽需要湿润与低温（0～10℃）条件，超过10℃发芽迟缓，25℃以上则不能发芽。一般露地秋播，经冬季低温后萌发，当年只形成一片真叶，地下部为圆形小鳞茎，一般需经3～5年生长才能发育成开花球。

3．栽培管理 有露地栽培和设施促成栽培两种方式，其管理技术不同。

（1）露地栽培。应做好选种整地、定植、田间管理及鳞茎收获与贮藏等工作。

选种整地：定植前准备种球，剔除病虫害严重的种球并销毁，对种球进行消毒，可用百菌清600倍液浸泡20～30min。选择富含腐殖质、排水良好的沙质壤土，做20cm以上的高畦，进行土壤消毒。栽培床施足基肥，充分灌水，定植前2～3d耕耙，确保土质疏松。

定植：9月下旬至11月下旬均可定植，定植深度一般为种球高度的两倍左右，株距10～15cm，行距15～25cm，视种球大小而定，切花栽培可采用浅植的栽培方式。

田间管理：发根后进入自然低温阶段，注意保持土壤湿润，也要防止土壤积水。2月初开始发叶后，进行田间除草，并及时检查病株，拔出销毁。当植株发生两片叶后，追施1～2次稀薄液肥或复合肥，因郁金香对钾、钙较为敏感，适当施用磷酸二氢钾、硝酸钙等无机肥，可提高花茎的硬度。5月初开花结束后，追施1～2次磷酸二氢钾或复合肥，有利于地下更新鳞茎的膨大发育。一般在3月下旬至4月中旬进入盛花期，花期间应控制肥水，并通过遮阴、遮雨等措施延长花期，同时避免阳光直晒。

鳞茎收获与贮藏：叶片基本枯黄后，选择晴天采收鳞茎。挖掘时勿伤鳞茎表皮，否则伤口极易染病腐烂。挖出的新鳞茎先放在通风处2～3d晾干，再除去土壤和残根，根据大小分级，准备消毒，然后在通风良好、没有阳光直射的仓库内贮藏，开始3～4周内温度保持在22℃左右，进入8月温度要降至20℃，贮藏期间注意定期检查，随时剔除感染病害、发霉腐烂的鳞茎。

（2）设施促成栽培。将鳞茎贮藏于5℃或9℃低温一定时间后，转入温室催花。在设施栽培的轮作制中，种植一季为50d左右，从10月中旬到3月底均可种植，产花期则从11月下旬到5月底。

切花采收应在花苞充分显色但花朵还未开口展放时进行。整株收获后切除鳞茎部分，并将切花浸入10g/L硝酸钙保鲜液中保持30～60min。处理后，尽快将切花放置到2～5℃的冷库中，相对湿度不低于90%。

（3）病虫害防治。郁金香的主要病害有郁金香基腐病（病原为*Fusarium oxysorum*）、郁金香青霉病（病原为*Penicillium* spp.）、郁金香疫病（病原为*Botrylis tulipae*）等，主要虫害有蛴螬、蚜虫、锈螨等。病毒病易造成种球退化、花瓣碎裂、叶片花斑，应尽可能选用脱毒种球栽培。此外，郁金香还易发生缺钙、缺硼的生理性病害，生产中应注意防治。

4．应用　郁金香是重要的春季球根花卉，以其独特的姿态和艳丽的色彩赢得各国人民的喜爱，成为胜利、凯旋的象征。郁金香花期早、花色多，可作切花、盆花，在园林中最宜作春季花境、花坛布置或草坪边缘呈自然带状栽植。

二、百合

学名*Lilium* spp.，别名强瞿、强仇、百合蒜，属于百合科百合属，主要分布于北半球的温带和寒温带地区，热带高海拔山区也少有分布，而南半球几乎没有野生种。我国是世界百合属植物的主要产地之一，也是世界百合的起源中心。百合在我国27个省（自治区）都有分布，其中以四川西部、云南西北部和西藏东南部分布种类最多。

（一）形态特征

多年生草本，地下具鳞茎，呈阔卵状球形或扁球形，由多数肥厚肉质的鳞片抱合而成，外无皮膜，大小因种而异。地上茎直立，高50～100cm。叶多互生或轮生，线形、披针形、卵形或心形，具平行脉，叶有柄或无柄。花单生、簇生或成总状花序。花大，有漏斗形、喇叭形、杯形和球形等。花被片6枚，内、外两轮离生，由3个花萼片和3个花瓣组成，萼片比花瓣稍窄，重瓣花有瓣6～10枚。花色丰富，花瓣基部具蜜腺，常具芳香。雄蕊6枚，花药丁字形着生。柱头3裂，子房上位，蒴果3室，种子扁平，可保持发芽力2～3年。花期为初夏至初秋。

（二）类型和品种

百合属约有110个原生种，我国有47个种，18个变种，占世界百合种类总数的1/2以上，其中36个种、15个变种为我国特有种。目前栽培的商品品种是由多个种反复杂交选育出来的。

依据亲本产地、亲缘关系、花色和花姿等特征，将百合园艺品种划分为9个种系，即亚洲百合杂种系（Asiatic hybrids）、星叶百合杂种系（martagon hybrids）、白花百合杂种系（candidum hybrids）、美洲百合杂种系（American hybrids）、麝香百合杂种系（longiflorum hybrids）、喇叭型百合杂种系（trumpet lilies）、东方百合杂种系（oriental hybrids）、其他类型（other hybrids）和包括所有种类、变种及变型的原种（species）。常见栽培的主要有以下3个种系。

（1）亚洲百合杂种系。亲本包括卷丹、川百合、山丹、毛百合等，花直立向上，瓣缘光滑，花瓣不反卷。

（2）麝香百合杂种系。又称铁炮百合、复活节百合，花色洁白，花横生，花被筒长，呈喇叭状。主要是麝香百合与台湾百合衍生的杂种或杂交品种，也包括这两个种的种间杂交种——新铁炮百合，花直立向上，可播种繁殖。目前应用最多的品种是日本培育的‘雷山’系列。

（3）东方百合杂种系。包括鹿子百合、天香百合、日本百合、红花百合及其与湖北百合的杂种，花斜上或横生，花瓣反卷或瓣缘呈波浪状，花被片上往往有彩色斑点。

（三）生态习性和栽培管理

1．生态习性 大多数种类品种性喜冷凉、湿润气候，耐寒，喜半阴的环境。要求腐殖质丰富、多孔隙疏松、排水良好的壤土，多数喜微酸性土壤，有些种和杂种能耐受适度的碱性土壤，适宜pH为5.5～7.5，忌土壤高盐分。生育和开花的适温为15～20℃，5℃以下或30℃以上生育近乎停止。

地下部包含鳞茎盘和鳞片，其顶端分生组织发育为地上茎和叶。当地上茎达到一定长度时顶端分化花芽，花茎上着生茎生叶。地表以下的茎节上可形成茎生小鳞茎，有时在鳞茎盘及匍匐茎的节上也能着生小鳞茎，又称为“木子”，地上茎节上着生的小鳞茎特称“珠芽”，木子和珠芽都是无性繁殖器官。

开花后鳞茎进入休眠期，经过夏季一段时期的高温即可打破休眠，再经低温春化诱导，于适宜温度下形成花芽。打破休眠及低温春化的温度、时间因品种而异，打破休眠一般需20～30℃温度3～4周。5～10℃条件下60d左右通过春化作用。亚洲百合杂种系需在-2℃条件下冷藏，而东方百合杂种系和麝香百合杂种系通常需在-1.5～-1℃条件下冷藏，并在茎叶长到8～10cm时即开始形成花芽。

2．繁殖技术 繁殖方法较多，如分球繁殖、珠芽繁殖、鳞片扦插繁殖、播种繁殖等，以分球繁殖最为常用。

（1）分球繁殖。从母株上分取子鳞茎播种繁殖。分球率低的如麝香百合，子球大，播种后可较早达到开花龄。分球力强的如卷丹，子球较小，播种后需2年以上方能开花。

（2）珠芽繁殖。卷丹、鳞茎百合（*L. bulbiferum*）、硫花百合（*L. sulphurenum*）等可发

生大量珠芽，商用百合的少数品种也有珠芽发生。用珠芽播种，一般经2～3年才能形成商品种球，但通过珠芽繁殖可促使百合复壮。

（3）鳞片扦插繁殖。对不易形成小鳞茎和珠芽的种类，常用鳞片扦插法来扩大繁殖量。取成熟大鳞茎，剥下健壮鳞片，稍晾干后，斜插于沙土或蛭石等疏松介质中。保持温度20℃左右，自鳞片基部伤口处可发生小鳞茎并生根，一般经3年培育可成开花球。每个鳞片通常可发生2～5个不定芽，形成小鳞茎需10～30d。

（4）种子繁殖。多数种的自花结实率高。早花种授粉后约60d种子成熟，中花种80～90d，晚花种则需150d。春、秋均可播种，种子发芽适温为15～25℃。麝香百合、王百合、台湾百合、川百合等子叶出土者多行秋播，播后两周发芽，翌年可开花。毛百合、青岛百合、鹿子百合等子叶不出土者播种后发芽迟缓，常用春播，播后2～3年开花。

3. 栽培管理　百合对土壤盐分很敏感，最忌连作，故以新选地并富含腐殖质、土层深厚疏松且排水良好者为宜。

（1）露地栽培。9～10月定植，翌年4月下旬至6月中下旬开花。早春2～3月也可定植，但最忌在春末移栽，易导致成活率下降、开花受损。种前需施入充分腐熟的基肥，所需氮、磷、钾比例为1∶2∶2。

百合属浅根性，但种植宜稍深，一般种球顶端到土面距离为8～10cm，约为鳞茎直径的2倍。种植密度随种系和栽培品种、种球大小等的不同而异。在种植后3周施氮肥，以1kg/m^{2}硝酸钙的标准施入。种植时土壤应疏松、稍湿润，当百合地上茎开始出土时，茎生根迅速生长并为植株提供大量水分和养分。在春暖时分抽薹并开始花芽分化，追施2～3次稀薄液肥使之生长旺盛；4月下旬进入花期，增施1～2次过磷酸钙、草木灰等磷、钾肥，施肥应离茎基稍远；孕蕾时土壤应适当湿润，花后水分减少。及时中耕、除草。对于切花生产应设立支撑网，以防花枝折断。生长过程中注意防止光照过强，可采用遮阴设备。

（2）促成栽培。欲使百合在10月至翌年4月开花，可采用促成栽培技术。促成栽培需在定植前进行充分的种球冷处理。一般取打破休眠的大鳞茎，在13～15℃条件下预处理4～6周，待百合种球已充分发根，并发现新芽长5～6cm时，应尽快下种在温室。

促成栽培需长时间冷藏种球，先以1℃预冷6～8周提高其渗透压，亚洲百合杂种系在-2℃、东方百合杂种系和麝香百合杂种系在-1.5℃条件下可贮藏1年。

（3）主要病虫害。病害主要有真菌类病和病毒病，多在高温多湿的环境下发生。在种植前应检查鳞茎的茎盘部分是否已被真菌侵染，必要时进行种球消毒；避免连作，进行土壤消毒，避免土壤及空气过湿；发现病株及时拔除，及时喷施百菌清、代森锰锌等杀菌剂防治。

易出现生理性叶烧病，多是根系生长不良或土壤盐分过高、空气过于干燥或气温变化过大、光照过强使叶面蒸腾过大等原因所致。应注意适当深植、淋洗土壤盐分，光照过强时采取遮阴、喷水、通风等管理措施。

（4）采收与包装。亚洲百合杂种系第一朵花着色后即可剪花，东方百合杂种系则至少有3个花蕾开始着色后才能采收。采收后分级，可用带孔的瓦楞纸盒或包装纸包装，在运输过程中保持1～5℃的温度。

4. 应用　百合有“百事合意，百年好合”之意，尤其白百合代表少女的纯洁，在欧洲被视为圣母玛利亚的象征，深受世界各国人民的喜爱。百合花期长、花姿独特、花色艳丽，在园林中宜片植于疏林、草地，或布置花境。商业栽培常作鲜切花，也是盆栽佳品。

第四节　室内观叶植物

室内观叶植物是指用于室内装饰与造景，以叶片为主要观赏部位，并在室内条件下能长时间或较长时间正常生长发育的植物。室内观叶植物除纯粹的观叶植物外，也包括部分既观叶，又观花、观果或观茎的植物，这是一类相对耐阴的植物。

室内观叶植物绝大多数为终年常绿多年生草本或亚灌木植物，可供周年观赏，并能够制造绿意盎然的自然风格空间，所以向来是花市上的畅销商品，成为室内空间绿意布置的主流。观叶植物对室内环境有很强的适应性，比起其他花卉，管理更简便，是打造室内绿意的必备植物。室内观叶植物除具有美化家居的观赏功能之外，还可以吸收二氧化碳、二氧化硫、甲醛等室内有害气体，起到净化室内空气的作用，能营造一个良好的生活环境。由于上述原因，室内观叶植物一直以来深受人们的喜爱，在家庭、宾馆、大厦、办公室和餐厅等公共场所，都能见到它们的身影。室内观叶植物大多原生于高温多湿的热带雨林中，需光量较少，因而能适应室内弱光条件，但大多不耐寒。

室内观叶植物种类繁多，按生物学特性可分为草本植物和木本植物两大类，草本观叶植物多属多年生常绿宿根花卉如天南星科、蕨类植物、竹芋科、秋海棠科、凤梨科等。木本植物如棕榈科、五加科、龙舌兰科、非洲茉莉、橡皮树等。

室内观叶植物体量、形态差异很大，同时室内不同位置的生长环境也存在很大差异。所以摆放室内植物，必须根据具体位置、具体条件选择适合的种类，满足该植物的生态要求，并与周围环境协调，达到最佳观赏效果。

一、天南星科植物

天南星科（Araceae）植物广布于全世界热带亚热带地区，92%以上的种类原产于热带。我国南北各地均有分布。

（一）形态特征

草本植物，富含苦味水分或乳汁，具块茎或伸长的根茎；稀或乔木或攀缘植物。叶单1或少数，有时花后出现，通常基生，如为茎生，则互生成2列，或螺旋状排列；叶片通常各式分裂，箭形或戟形，叶柄基部具膜质叶鞘。本科植物最特殊之处在于其“佛焰花序”：具有1肉质、粗直的总花序轴，通常呈直立状，其上密生两性或单性小花，称为肉穗花序。肉穗花序的基部有1片似叶状的苞片，称为佛焰苞，有不少种类的佛焰苞十分美丽，是著名花卉。花后结肉质浆果。天南星科植物根部组织可发育为气生根、附生根及地生根等3种不同形态，以适应不同的生长环境。其中有不少是蔓性植物，除了一般正常地下根系外，地上部茎节处极易发生气生根，用以攀附于物体上，又可用来吸收空气中的水分。

该类植物具有独特的叶形、叶色和花序，多数具有良好的观赏性，是优良的室内观赏植物，在阴生观赏植物中占有重要地位。天南星科观叶植物可分为两大类：一类是常绿的（多数），如花烛、龟背竹、花叶万年青、春芋等；另一类是在条件不适宜时会出现休眠期，叶子枯萎，如花叶芋、马蹄莲等。

（二）种类

天南星科植物有115属2000多种；我国有35属206种，其中5属18种是引种栽培。天南星科植物是观叶花卉中最大的家族之一，在全世界已广泛栽培，其中常见栽培的有20多属，最有代表性的主要有五大类。

1. **白鹤芋类**　具有大型白色的佛焰花苞，主要栽培种有‘绿巨人’‘白掌’。

2. **黛粉叶类**　原产于热带美洲，株高30～90cm，花直立，节间短，叶长椭圆形，略波状缘，叶面泛布各种乳白色或乳黄色斑纹或斑点，性耐阴，叶色绿。主要栽培种有‘金色太阳’‘白玉’‘多仔斑马’‘黄金宝玉’‘天堂万年青’等。

3. **粗肋草类**　原产于热带亚洲，株高30～50cm，耐阴性最强，叶形变化多，主要栽培种有‘银皇后’‘黑美人’‘银河’‘银皇帝’等。

4. **蔓绿绒类**　原产于热带美洲，大多数呈现蔓性或半蔓性，茎能生长气根攀附他物生长，叶形按品种而别，有圆心形、长心形、卵三角形、羽状裂叶、掌状裂叶等变化，叶色有绿、褐、红、金黄等色，四季葱葱，绿意盎然，耐阴性强，是高级室内盆栽植物，茎枝插水也能发根，主要栽培种有‘绿帝王’‘绿萝’‘杏叶藤’‘阳光蔓绿绒’‘黄金葛’等。

5. **合果芋类**　原产于中南美洲，叶形多为箭形，茎蔓性可攀附他物生长，常培植成爬柱型盆栽植物。

除了以上几类外，天南星科观叶植物常见的栽培种还有‘观音莲’‘海芋’‘龟背竹’等。

（三）生态习性和栽培管理

1. **生态习性**　天南星科植物多数原产于热带雨林地区，生长期间一般都须遮阴，不宜阳光直晒，对光强的需求依植物生长阶段及其他环境因子变化而异，小苗或扦插时对环境忍受性较差，光强应较低，随着小苗的成长而逐渐将光强调至适当的范围。较喜好高温，适宜生长的温度为，白天为35℃以下，最适28～32℃；夜晚18℃以上，最适22～25℃。具体所需温度因种类不同而异。栽培土壤以较疏松肥沃、透水保水、透气性好、富有机质、微酸性（pH 5.5～7.0）的壤土为宜。

喜湿润，生长期间要求充足的水分，但忌怕积水；空气相对湿度以70%～90%较好。

2. **繁殖技术**　繁殖方法有分株、扦插和播种。

（1）播种繁殖。种子经1年后才能成熟，种子成熟后应立即播种，播种时将种子清洗干净，播在浅盆中，土壤用疏松、透气的砂质腐叶土，但须经过消毒，播后稍加覆盖保持湿润，温度保持在24～29℃，经过1～2周种子即可发芽。幼苗生长至能用手移植时即可移植，分栽于小盆内。移植后需要保持高湿度，待生新根后逐渐通风。

（2）分株繁殖。一般在1～2月进行。分株时小心将植株从盆中取出，除去根系周围泥土，不要损伤根系，根据植株的生长情况进行分割、上盆，置于荫蔽、高湿之处，待其生根长叶后，上盆栽培。花叶芋等有休眠期的植物，需在生长期即将开始时进行分株。

（3）扦插繁殖。可将茎切成数段，每段8～12cm，每段需有1～2个节，节上有芽眼，待切口黏液晾干后插在砂床中。温度保持在30℃，经1～2周即可生根。有些种有气生根的，如‘龟背竹’‘蔓绿绒’等，在切成数段之后即可上盆栽植，不需在砂床发根。

3. 栽培管理 栽培用土一般为腐叶土和泥炭土按1：1混合，再加适量沙和干燥禽畜类干粪合成。追肥用豆饼水、复合肥等，要求氮、磷、钾完全，但氮、钾肥突出，建议N-P-K比率为3：1：2。观赏斑叶的植物如花叶万年青等则要少施氮肥，用淡（0.1%）化肥。液体肥料配制通常以硝酸钙、硝酸钾、磷酸二氢钾、硝酸铵、尿素等为材料。施肥时间及用量以介质或植株分析结果为依据，在气温较高时的养分需求量较大，灌水次数多时须随时补充。生长期间要求充分浇水，保持土壤湿润，但不能积水，以免烂根。休眠的种类在休眠期应逐渐减少水分，促使进入休眠。冬季不休眠的种类，在低温期间也要减少浇水。除浇水外，喷水对天南星科植物是很重要的，可以增加蒸发面积，增加空气湿度，也可以使叶面清洁，一般在生长期每天喷水2～3次。常绿的盆栽植株，一般经2～3年换盆1次，时间在春夏间进行。换盆后应放在通风之处，遮阴，经常喷水，保持土壤湿润，直至生根展叶之后作一般栽培。休眠的种类，应在地下茎刚开始萌动时进行换盆及分株。

4. 应用 天南星科植物耐阴性较强，叶色美丽，可盆栽作为室内观叶花卉，装饰点缀宾馆、医院、会议厅等公众场所，也可于家庭阳台、居室、厅堂等处摆设。花叶芋、海芋、合果芋等种类可用于热带亚热带地区的道路、公园、庭园的绿化。有的种类佛焰花序特别醒目，如花烛、红掌、马蹄莲等，可作为切花观赏。有的叶形极为奇特，如观音莲、龟背竹等，可用于切叶。

二、凤梨科植物

观赏凤梨别名菠萝花，是指凤梨科（Bromeliaceae）植物中有观赏价值的种类，是当今最流行的室内观叶植物类群之一，它们以奇特的株型、漂亮的花朵、多彩的叶片，备受人们的青睐。凤梨科植物原产于美洲热带雨林区至多岩礁的海岸林带。世界各地有栽培。

（一）形态特征

多年生草本植物。短茎，多为附生，也有的为陆生耐旱（如菠萝）。叶坚韧，边缘常具刺，互生，通常在短茎上形成叶丛，或有时散生于稍长茎上，狭而具平行脉。叶片颜色丰富多彩，有红、黄、绿、粉红、褐、紫等色，不少种类具有色彩相间的纵向或横向条纹；有的叶面被银灰色斑粉或绒毛。叶子的形状大小不一，但多呈长带状，革质，向上成凹槽；大多数室内栽培的凤梨都没有茎，叶子带状弯垂，排列成莲座丛，花茎一般颇长，从中央抽出，茎顶是1枝穗状花序。有些莲座叶大致排列成圆形；另一些莲座叶丛排列呈管状。大多数的种类叶片的基部相互紧叠，形成一个不透水的组织，承担着贮水防旱和吸收养分的作用。根系不发达，主要起固定作用。花两性或有时单性，形成简单或复合的穗状，总状或头状花序，通常具艳丽的苞片，或稀为单花，花朵（序）一般都很鲜艳。开花期依种类的不同而异。开过花的植株不再开花，花谢后就会逐渐枯萎。但到开花期前后，植株基部的叶间会发出子株2～3株，这些子株在开花期可以正常开花，开过花的子株又从基部的叶间发出子株。果为浆果、蒴果，稀为肉质聚花果（凤梨），种子有时具翅或羽状冠毛。

（二）种类

凤梨科植物是非常庞大的一群，约有58属，2700个原生种。按其生活习性可分为附生凤梨和非附生凤梨两大类。附生凤梨幼株逐渐生长时，纤细坚韧的根附在树皮之上，沿着树干的表面伸展，栽培的凤梨科植物大多数是这一类；非附生凤梨也叫地生凤梨，一般都生于开阔、温暖和阳光充足的地方，全无荫蔽，叶缘往往长着尖刺和有钩的锯齿。目前常见栽培的观赏凤梨按植物学分类大多分布在光萼荷属（*Aechmea*）、莺歌属（*Vriesea*）、果子蔓属（*Guzmania*）、铁兰属（*Tillandsia*）、水塔花属（*Billbergia*）和彩叶凤梨属（*Neoregelia*）等6个属中。

1. 光萼荷属　又称尖萼凤梨属、珊瑚凤梨属、蜻蜓凤梨属，是栽培种中的大型种，株高30～40cm。莲座状叶革质而柔软，边缘有细刺，花序直立或分支，一些品种具簇生花冠。多数属于夏季开花。代表种有美叶光萼荷（*A. fasciata*），又名粉菠萝、蜻蜓凤梨；光萼荷（*A. chantinii*），又名斑马凤梨；珊瑚凤梨（*A. fulgens*），又名亮叶光萼荷。

2. 水塔花属　又称红枣凤梨属、筒状凤梨属，有60多个种，耀眼的下垂花序是其最主要的特点，花朵多呈管形，花瓣向外弯曲，花期不定；叶刚硬剑形，通常有5～8（10）片，基部抱合成筒状。代表种有垂花水塔花（*B. nutans*），又名垂花凤梨、狭叶水塔花；水塔花（*B. pyramidalis*），又称火焰凤梨、红笔凤梨；美叶水塔花（*Billbergia* × *Fantasia*）。

3. 莺歌属　又称丽穗凤梨属、剑凤梨属。叶全缘，花序呈扁穗状，美丽的花苞是其主要观赏部位，也有部分斑叶种。花期长达数月之久。代表种有虎纹凤梨（*V. splendens*），又称丽穗兰、红剑；彩苞凤梨（*V. poelmaannii*），又称大红剑。

4. 果子蔓属　又称擎天属、西洋凤梨属、彩纹凤梨属，有100余种。该属拥有凤梨中最美的花序，呈星状，通常为橘色，可保持数月。叶淡绿色、光滑、全缘，具有条纹或斑纹，呈莲座状。代表种有离花果子蔓（*G. dissitiflora*）、黄苞果子蔓（*G. musaica*）等。

5. 铁兰属　又称花凤梨属，为凤梨科中最大的属，有400多种。附生性常绿植物，无茎，呈莲座状，植株矮小。个别的种有分枝，叶片螺旋状排列在枝条上。花形、叶色变化丰富。代表种有紫花凤梨（*T. cyanea*）、淡紫花凤梨（*T. ionantha*）、银叶花凤梨（*T. argentea*）等。

6. 彩叶凤梨属　又名帧凤梨属、西洋万年青属等，多数地生。叶宽线性、簇生，叶缘有细小针刺。开花期间叶丛中央的叶片会逐渐变红，维持时间长。代表种有彩叶凤梨（*N. carolinae*）、血红凤梨（*N. cruenta*）、端红凤梨（*N. spectabilis*）等。

（三）生态习性和栽培管理

1. 生态习性　喜温暖、湿润的气候条件。生长适温为18～25℃，越冬温度一般在10℃以上，其中蜻蜓凤梨等要求在15℃以上条件下越冬。在生长期应保持较高空气湿度。喜半阴，不耐强光，生长中必须遮去过强的直射光。栽培的凤梨多为附生性植物，栽培中要求选用富含腐殖质、排水良好的酸性土壤。一般pH保持在4.0～4.5。

2. 繁殖技术　小规模生产和家庭栽培，一般采用蘖芽扦插。观赏凤梨母株开花前后基部叶腋处产生多个蘖芽，待蘖芽长到10cm左右，有3～5片叶时，用利刀在贴近母株的部位连短缩茎切下，伤口用杀菌剂消毒后稍晾干，蘸浓度300～500mg/L的NAA，扦插于蛭石、粗沙等基质中，保持基质和空气湿润，温度30℃左右，并适当遮阴，1～2个月后有新根长出时即可移栽。结实的种类也可用种子繁殖。

3. 栽培管理 栽培用土要求疏松透气，一般可用腐叶土、草炭土、园土按1∶1∶1的比例配制。上盆时土壤中可加入腐熟的厩肥、骨粉或复合肥。在生长季节要经常保持土壤湿润，也不可浇水过多，以免引起根部腐烂。浇水时还要经常往叶槽上喷洒，在生长季节叶槽中注满清水，冬季槽中少留水或不留水。生长期间，每10d左右追施肥1次，肥料为腐熟的有机肥或复合肥，冬季应停止施肥。春季以氮肥为主，孕蕾开花前可叶面喷施浓度为0.1%～0.2%的KH_2PO_4。夏季栽培适当遮阴，避免强光直射，冬季栽培可适当接受直射光。

4. 应用 观赏凤梨有着美丽的叶片、艳丽多姿的花苞片和独特的株型，且观赏期长达数月甚至半年之久，深受人们喜爱，通常盆栽观赏，适合于居家、会场、宾馆等场所的室内布置，是近年来热销的高档年宵花卉之一。在热带地区也可用于园林绿化，布置花坛和庭院。

第五节 木本花卉

木本花卉（woody flowering plant）是指植物体的多年生茎、枝木质化的多年生花卉。其生长年限及寿命较长，一般达到生殖年龄后，可连年开花。一般情况下人们所说的木本花卉主要指以观花为主的木本植物，如牡丹、梅花、樱花、茶花、杜鹃等；有时木本花卉泛指具有观赏价值的木本植物，包括观叶、观树形的植物，如小叶榕、龙柏、竹类、香樟、棕榈等。

木本花卉具有抗逆性强、管理粗放、养护成本低等方面的特点，是城市园林绿化和风景区绿化布置的主要材料。

木本花卉按其生长类型可分为乔木、灌木和藤本3种类型。

1. 乔木花卉 植株高大（常6m至数十米），有明显的主干。由于植株高大，主要用于园林绿化，多数不适于盆栽。但其中少数花卉如桂花、白兰、玉兰等也可作盆栽观赏。

2. 灌木花卉 树体矮小（常6m以下），主干低矮或无明显主干，多数适于盆栽，如牡丹、月季、杜鹃、栀子花等。

3. 藤本花卉 干枝生长细弱，不能直立，但能缠绕或攀附它物而向上生长，如铁线莲、蔷薇、三角梅、金银花等。在栽培管理过程中，通常设置一定形式的支架，让藤条附着生长。

一、牡丹

牡丹（tree peony）学名*Paeonia* spp.，别名鹿韭、白术、木芍药、百两金、花王、洛阳花、国色天香、富贵花，属于芍药科（Paeoniaceae），科内仅有芍药属（*Paeonia*），约有33个种，隶属牡丹组、芍药组和北美芍药组3个组。芍药科植物广泛分布于旧大陆（欧亚大陆和非洲西北部）温带地区，个别种延伸至寒温带，在旧大陆和北美之间形成间断分布。虽然有些种在亚热带地区也有分布，但其环境是温带型的，是典型的温带属植物。中国有该属植物约17种，包括牡丹组和芍药组，主要分布在西南、西北地区，其中牡丹组植物全部原产于中国。

栽培品种分布极为广泛。露地栽培可北起黑龙江哈尔滨、尚志县，西至兰州、西宁、乌鲁木齐，南到广东等省。牡丹虽能在全国栽培，但以黄河流域、江淮流域各省市栽培为宜。当今，陕西延安、河南洛阳、山东菏泽成为我国牡丹主要的生产基地、良种繁育基地及游览观赏中心。

我国牡丹早在唐代（公元8世纪）已传入日本，明代及20世纪30年代日本又大量引种；1656年传入荷兰，1787年传入英国。1883年我国黄牡丹与紫牡丹传入法国，20世纪初又传入美国。

（一）形态特征

落叶小灌木。茎高1～2m，甚至可达3m。枝条从地面丛生而出，节部和叶痕明显。肉质直根系，无横生侧根。二回三出羽状复叶，具长柄。花单生于枝顶，大，萼片5，绿色，花瓣原本5～6枚，现栽培品种多为重瓣花，花色丰富，有黄、白、红、粉、紫、绿等色。花期4～5月。蓇葖果，种子黑色。

（二）类型和品种

1. 野生种及变种　隶属芍药属牡丹组，共1个栽培种和9个野生种，又可分为革质花盘亚组和肉质花盘亚组2个亚组。9个野生种全部原产于中国，除自身有较高的观赏价值外，还具有较高的经济价值和科研价值，从子午岭以西、秦巴山区向南，到青藏高原东部、东南部及云贵高原北部，形成一纵两横的分布带。革质花盘亚组有矮牡丹（*Paeonia jishanensis* T. Hong et W. Z. Zhao）、紫斑牡丹［*Paeonia rockii*（S. G. Haw & L. A. Lauener）T. Hong et J. J. Li ex D. Y. Hong］、卵叶牡丹（*Paeonia qiui* Y. L. Pei et D. Y. Hong）、杨山牡丹（*Paeonia ostii* T. Hong et J. X. Zhang）、四川牡丹（*Paeonia decomposita* Hand.-Mazz.）等5个野生种和1个栽培种，主要分布在子午岭地区及秦巴山区；肉质花盘亚组有紫牡丹（*Paeonia delavayi* Franch）、黄牡丹（*Paeonia lutea* Delavay ex Franch）、狭叶牡丹（*Paeonia potanini* kom.）、大花黄牡丹［*Paeonia ludlowii*（Stern & Taylor）Hong］等4个野生种，主要分布在四川西南部，云南中、西北部，西藏东南部等的青藏高原、云贵高原地区。

（1）矮牡丹（稷山牡丹）。野生种分布于山西稷山、永济，河南济源、新安，陕西延安等地，生长于海拔1100～1450m山地林中，是现今中原牡丹栽培品种的重要源种之一。落叶灌木，株丛低矮，高0.5～1.5m，干皮灰褐色，有纵纹。具地下茎，兼性营养繁殖。二回三出羽状复叶，小叶9枚，近圆形或卵圆形，1～5裂，裂片具粗齿，叶被部具柔毛，侧生小叶几乎无柄，基部簇生短毛。花单生于枝顶，白色，稀粉红色；雄蕊多数，花丝下部暗紫红色，近顶部白色；花盘与花丝同色，光滑，端齿裂；心皮5个，密生黄白色绒毛，柱头反卷，暗紫红色。幼果具白灰色毛。花期为4月下旬至5月上旬，果期为8月。天然居群中开花数目少，枝条具隔年开花的特点。

（2）紫斑牡丹。落叶灌木，成年植株高0.8～2.0m，径直立，基部具鳞片状鞘。二回至三回羽状复叶，具长柄。裂叶紫斑牡丹小叶多为15～21枚，卵状椭圆形至长圆状披针形，全缘或顶小叶偶有裂；全缘叶紫斑牡丹小叶21枚以上，披针形或窄卵形。花朵大，单生于枝顶，瓣白色，稀淡粉色、红色，花瓣基部有深紫色斑块。雄蕊多数，花丝黄白色；花盘黄白色，包被子房；心皮5个，子房密被黄色短硬毛，花柱极短，柱头扁平，黄白色。幼果密被黄色短柔毛，顶端具喙。花期为4月下旬至5月上旬，果期为8月。

（3）卵叶牡丹。野生零星分布于湖北神农架及保康地区海拔1600～2000m的山坡灌木丛中。落叶灌木，高0.6～0.8m，枝皮灰褐色，同矮牡丹一样具有地下茎，兼性营养繁殖。小叶9枚，卵形或卵圆形，叶表面绿色、紫红色，通常全缘，仅顶生小叶浅裂。花粉色或粉红色，雄蕊多数，花丝粉色或粉红色；花盘暗紫红色，包裹5心皮；花柱短，柱头扁平，紫红色。幼果具白灰色毛。花期为4月下旬或5月上旬。卵叶牡丹花期叶正表面多是紫红色，但果期又转变为绿色。

（4）杨山牡丹。主要分布于陕西境内秦岭山脉、湖北神农架、湖南西北部及安徽南部、河南嵩县的杨山、西峡及宝天堎一带等地区。植株较高大，高约1.5m，干皮灰褐色，二回羽状复叶，小叶15枚，狭卵状披针形至狭长卵形，侧小叶全缘近无柄，顶小叶偶有二或三裂。花单生于枝顶，白色，稀基部粉色或淡紫色晕，瓣端凹缺；雄蕊多数，花丝暗紫红色；花盘暗紫红色；心皮5个，具柔毛，柱头暗紫红色。幼果具褐灰色毛，有光泽。花期为4月下旬至5月上旬，果期为8月。

（5）四川牡丹。是较为特殊的野生种，分布区位于革质花盘亚组和肉质花盘亚组的过渡地段。落叶灌木，通体无毛。株高0.7～1.5m，干皮灰黑色，当年生枝紫红色，二年生以上枝条表面片状剥落，分枝圆柱形，基部具宿存鳞片。三回（稀四回）羽状复叶，小叶片较多，可达30枚以上，顶生小叶卵形或倒卵形，3裂或不裂而具粗齿。花单生于枝顶，淡紫至粉红色，花瓣顶端不规则波状或凹缺；雄蕊多数，花丝白色，花盘浅杯状，与花丝同色，包心皮1/2，心皮4～6个，光滑无毛。柱头扁，反卷。幼果绿褐色，无毛。花期为4月下旬至5月上旬，果期为8月。

（6）紫牡丹。落叶亚灌木，株丛低矮。根具地下茎，兼性营养繁殖。当年生小枝草质，暗紫红色。二回三出羽状复叶，叶片披针形至长圆状披针形，羽状分裂。叶被毛，花2～5朵，生于枝顶和叶腋。花红至紫红色，花丝深紫色，花盘肉质，包住心皮基部，心皮2～5个，光滑无毛，柱头紫红。花期为5月。

（7）黄牡丹。落叶小灌木或亚灌木，高0.5～1.5m，茎圆形，灰色，无毛。根具地下茎，兼性营养繁殖。叶为二回三出复叶，羽状分裂，裂片披针形。每枝着花2～3朵，稀单花，金黄色、黄绿色，仅基部包于肉质花盘内，有时花瓣基部有紫褐（棕褐）斑；雄蕊多数，花丝黄色；心皮3～6。花期为5月，果期为8月。

（8）狭叶牡丹。落叶亚灌木，高1.0～1.5m，茎圆，淡绿色，光滑。地下茎发达。兼性营养繁殖。二回三出羽状复叶，小叶裂片近线状披针形，叶丛秀丽。花红色至紫红色，稀白色，花朵小；雄蕊多数，花丝红色，心皮2～3，无毛；柱头细而弯曲；花盘肉质。花期为5月，果期为8月。

（9）大花黄牡丹。仅见于西藏东南部的林芝一带，生长在海拔2700～3300m的坡地。株型高大而健壮，可达2.5～3.5m。根肉质粗壮。茎皮灰褐色，片状剥落。叶片大型，二回三出羽状复叶，小叶9，裂片较宽，两面光滑无毛。每枝着花3～4朵；花大，金黄色，稀白色，超出黄牡丹一倍；雄蕊多数，花丝黄色；花盘肉质，黄色，乳突状；心皮1～2，稀3个，光滑无毛，柱头黄色。花期为5～6月下旬，果期为8月。

2. 品种类型 我国栽培牡丹的历史悠久，栽培品种繁多，目前全国牡丹园艺品种总数超过800种，一般按照花的颜色分为白、黄、粉、红、紫、绿六大色系。在名品中主要有姚黄、魏紫、墨魁、豆绿、二乔、白玉、蓝田玉、胡红、脂红、洛阳红、状元红、首案红、一品朱衣、璎珞宝珠、赵粉、露珠粉、娇容三变、酒醉杨妃、白雪塔、昆山夜光、大棕紫、葛中紫、烟笼紫、墨撒金、青龙卧墨池等。

（三）生态习性和栽培管理

1. 生态习性　具有“宜冷畏热、喜燥恶湿、栽高敞向阳而性舒”的特点。喜温凉气候，性较耐寒，不耐湿热，有较广的生态适应幅度，在全国的栽培分布跨越3个气候带。喜光，也较耐阴。如稍作遮阴（尤其在高温多湿的长江以南地区），避去太阳中午直射或西晒，对其生长开花有利，也有利于花色娇艳和延长观赏时间。夏秋雨水过多，叶片早落，易发生秋季开花现象。喜疏松肥沃、通气良好的壤土或砂壤土，忌黏重土壤或低洼积水之地。土壤从微酸性、中性到微碱性均可，但以中性土为宜。

2. 繁殖技术　可用分株、嫁接、扦插和播种等多种方法繁殖，其中最常用的是前两种方法。

（1）分株繁殖。简单易行，但繁殖率较低。通常在秋季进行，先将4～5年生的大丛牡丹整株挖出，去掉根上附土，放阴凉处晾2～3d，待根稍变软后用手掰开或用刀劈开，株丛大的每株可分4～5株，然后栽植。

（2）嫁接繁殖。多以芍药根作砧木，选用大株牡丹根际上萌发的新枝或枝干上1年生的短枝作接穗。用劈接法或嵌接法进行嫁接，嫁接于秋季进行。

（3）扦插繁殖。选择根际萌发的枝条为插穗，长15cm左右，用300mg/L IAA溶液处理后插于苗床，扦插深度为插穗的1/3～1/2，插后立即浇水，遮阴，并保持床面湿润。

（4）播种繁殖。主要用于培育新品种。种子九成熟时采收即可播种，第二年春季发芽整齐；若种子老熟或播种过晚，第二年春季多不发芽，要到第三年春季才发芽。播种苗床要高，以防积水，播后覆草保持土壤湿润。实生苗一般5～6年开花。

3. 栽培管理　可露地栽培或促成栽培。

（1）露地栽培。选择疏松、肥沃、深厚的砂质壤土，并选择地势高燥、排水良好的地方种植。宜在中秋，俗称“牡丹生日”时栽植。挖苗时注意少断细根，宜随挖随栽。如需长途运输，宜先晾根1d，再行打包装运。栽前要对根部进行适当修剪，剪去病根和折断的根，再用0.1%的硫酸铜溶液或5%的石灰水浸泡30min进行消毒，然后取出用清水冲洗后再栽，栽植深度以根茎交接处与土面齐平为好。要想使牡丹花大色艳，避免“隔年开花”的现象，每年至少需施3次肥：第1次花前肥，在2月解冻后；第2次花后肥，5月上旬；第3次入冬前。为使牡丹生长健壮，年年开花，花多色艳，还要进行整形修剪，包括定干、修枝、除芽、疏蕾等项工作。

（2）促成栽培。通过温度控制，可使牡丹提前于元旦、春节开花。其方法是将牡丹于节前35～60d上盆，搬入温室后逐步升高温度，白天20～25℃（超过25℃要开窗通风），晚上10～25℃，并增加相对湿度；每隔10d施1次稀薄肥液，也可用0.2%～0.3%的KH_2PO_4喷叶面作追肥，如花芽不萌动，可用300～500mg/L的GA_3液涂抹鳞芽，可促使萌动，这样经过40～45d，最多60d即可开花。如开花提前，可将盆花移入低温（5～15℃）室内暂时贮放。

4. 应用　牡丹为我国特产传统名花，雍容华贵，国色天香，自古尊为花中之王，有富贵花之称，作为幸福、美好、吉祥和繁荣昌盛的象征而广为栽培。在唐代就有“唯有牡丹真国色，花开时节动京城”的栽培盛况。牡丹以其万紫千红的艳丽色彩及花团锦簇的强烈装饰效果成为园林中的重要景观，可在园林中建成牡丹专类园或在林缘、草坪及山石边、墙脚作自然式丛植或群植，也可用于花坛布置。也是极好的盆栽花卉，用于室内摆设，常与玉兰花、海棠花、迎春花等摆放在一起，寓意“玉堂春富贵”。牡丹插花也深受人们喜爱，可插作中型、大型插花作品，装饰效果好，适于布置厅堂、会议室、书房、居室等处。

二、杜鹃花

学名*Rhododendron* spp.，别名山石榴、山踯躅、映山红、格桑花（藏语）、金达莱（朝鲜语），属于杜鹃花科杜鹃花属。广布于欧、亚、北美，主产于东亚和东南亚，仅1种延至热带澳大利亚。我国除新疆外南北各地均有分布，但主要集中分布在西藏东南、云南西北和四川西南部，是世界杜鹃花的分布中心。世界各地均有栽培。

（一）形态特征

灌木或乔木，有时矮小成垫状，陆生或附生；叶常绿或落叶，具叶柄，互生或数片聚生近似轮生，革质或少数落叶种类叶片纸质，全缘。花芽被多数形态大小有变异的芽鳞。花大而显著，通常排列成伞形或短总状花序，稀单花，花序通常顶生，有时腋生；花冠漏斗状、钟状、管状或高脚碟状，整齐或有时略两侧对称，通常5裂，少有6～8裂；花萼5裂，稀6～8裂，或环状不裂，宿存；雄蕊5～10，稀达25～27；子房上位；蒴果，花萼宿存，室间开裂。种子细小，极多，锯屑状，常有狭翅，有时两端有尾状附属物。

（二）类型和品种

本属约9000种，我国约530种，约占世界种数的59%。经过杂交育种，目前世界上已培育出花大、色艳、花期长的园艺品种8000个以上，我国也有200～300个品种。

1. 我国原产的重要种类

（1）云锦杜鹃（*R. fortunei*）。产于浙江、江西、安徽、湖南等中低山中，分布于贵州、四川、云南、西藏。常绿灌木或半乔木；叶长椭圆形，全缘，厚革质。花大而芳香，淡玫瑰红色；6～12朵成球形总状花序；5月开放，甚美。

（2）大白花杜鹃（*R. decorum*）。常绿灌木；叶厚革质，花冠白色，6～8裂，花序顶生，花美，又可作蔬菜食用。

（3）大树杜鹃（*R. giganteum*）。产于云南腾冲海拔2200～2800m林中。常绿大乔木，胸径最粗超过1m，树龄可达500年，被誉为“世界杜鹃之王”。叶大，花序大，每花序有鲜玫瑰紫花20～24朵。

（4）马樱花杜鹃（*R. delavayi*）。产于滇、黔、桂等省区，缅甸也有分布。常绿灌木至半乔木，树高2～15m，胸径达40cm。叶革质，长圆状披针形，背面密被灰白色至淡褐色海绵状薄绒毛。花期2～5月，顶生球形伞形花序，有花10～20朵，花冠钟形，长3.5～5.0cm，肉质，深玫瑰红色，雄蕊10枚，子房10室。10～11月果熟。

（5）泡泡叶杜鹃（*R. edgeworthii*）。产于云南西部，西藏东南部，生于海拔2400～3100m林下。常绿灌木，叶上面有明显泡状隆起，下面密生绵毛。1～3朵白色或粉红香花组成顶生花序，观赏价值高。

（6）乳黄杜鹃花（*R. lacteum*）。产于云南西部及东北部海拔3700～4000m处。常绿半乔木或大灌木，花冠乳黄，钟状，花序紧缩，花色艳丽。

（7）杜鹃花（映山红）（*R. simsii*）。产于长江流域及其以南各地山地。喜酸性土，春日红花开遍山野，鲜艳夺目。落叶或半常绿灌木，枝叶及花梗均密被黄褐色粗伏毛。花深红色，有紫斑，2～6朵簇生于枝端。

（8）羊踯躅（黄杜鹃花）（*R. molle*）。产于我国中部及东部山地。落叶灌木，叶面皱。花金黄色，雄蕊5，多朵成伞形总状花序。植株有毒。

（9）滇南杜鹃花（*R. hancockii*）。产于滇南，海拔1200～2200m的广西西部亦有之。常绿灌木，是杜鹃花中香型较好的1种，叶腋生单花，白色，上裂片带黄色。叶有光泽，花香素雅。

（10）锦绣杜鹃（*R. pulchrum*）。原产于我国，但未见野生分布。常绿灌木，花1～3朵顶生，粉红，有深紫斑点，适应性强，是长江以南地区城市绿化的骨干花木之一。

2. 品种分类　按品种来源的地区可分为东洋鹃和西洋鹃两类。东洋鹃简称东鹃，指来自日本的一部分花型较小的品种。常绿性，叶多为卵形，质薄，少毛，具有光泽的绿色。花芽中1～3朵，甚至4～5朵集生于枝顶，花冠漏斗状，花径2～4cm，长2～3cm，5裂片，喉部有斑点或色晕。花色、花型变化很多。西洋鹃简称西鹃，来自西方国家；是由我国原产的杜鹃花（*R. simsii*）、凤凰杜鹃花（*R. phoeniceum*）和日本的皋月杜鹃（*R. indicum*）等经若干代杂交而育成的杂交复合种。其株型矮壮紧凑，叶片小而光滑，花朵密集，大而艳丽，花色丰富，多为重瓣，是目前最为流行的盆栽品种群。

在我国，习惯上按花期将园艺品种分为以下几类。

（1）春鹃。指在江南地区花期比较集中在4～5月的一些园艺品种，或称早花类。大多常绿或半常绿。又分大花大叶种及小花小叶种，前者以叶形长大、叶面多毛粗糙的“毛鹃”为主，适于地栽，能耐粗放管理；后者叶形短小，平滑少毛，常绿。

（2）夏鹃。指5～6月开花的园艺品种。叶质硬、较厚、色深绿、毛疏而明显，叶脉清楚，先展叶后开花。叶形变化大，因品种而异。有的叶边、叶心有条纹或斑块，为观叶品种。夏鹃是日本、中国和西方多年育成的品种相互杂交的结果，无论花色、花型均有丰富的变化，而且时常发生芽变。

（3）春夏鹃。在春鹃与夏鹃之间开花的常称为春夏鹃或中期花类。

（4）春秋二季性杜鹃。春鹃中有一些品种，在春季开花之后，生出新枝后又孕蕾，在秋季2次开花。在温度高、湿度大的地区如台湾省即选育出不少这一类品种。

（三）生态习性和栽培管理

1. 生态习性　多数种产于高海拔地区，喜凉爽、湿润气候，忌酷热干燥。要求富含腐殖质、疏松、湿润及pH在5.5～6.5的酸性土壤。部分种及园艺品种的适应性较强，耐干旱、瘠薄，土壤pH在7～8也能生长。但在黏重或通透性差的土壤上生长不良。杜鹃花对光有一定要求，但不耐暴晒，夏秋应有乔木或荫棚遮挡烈日，并经常以水喷洒地面。杜鹃花抽梢一般在春秋2季，以春梢为主。最适宜的生长温度为15～20℃，气温超过30℃或低于5℃则生长停滞。

2. 繁殖技术　可用播种、扦插、嫁接及压条等方法繁殖。目前批量生产大都用营养繁殖法中的扦插法；嫁接主要用于制作杜鹃盆景。

（1）扦插繁殖。操作简便、容易推广，且性状稳定。在生长季节取当年生刚木质化的枝条，带踵掰下，用刀修平基部，剪去下部叶片，保留顶部3～5片叶，插条长3～5cm，保湿待插；扦插基质要求疏松、透气、保水，pH要求在4.0～4.5，可用腐殖土、蛭石、河沙、泥炭等材料作为基质。插前用150mg/L的吲哚丁酸（IBA）溶液浸泡插条18h，可提高生根率。扦插深度以穗长的1/3～1/2为宜，扦插完成后要喷透水，加盖薄膜保湿，给予适当遮阴，一个月内始终保持扦插基质湿润，插后气温保持在18～25℃，毛鹃、春鹃、夏鹃约30d即可生根，西鹃需60～70d生根。

（2）嫁接繁殖。可1砧接多穗，从而形成1株开多种颜色花朵的奇观，提高观赏性。一般于5～6月，采用嫩梢劈接或腹接法进行；选用2年生的毛鹃作为砧木，要求新梢与接穗粗细得当。在母株上，剪取3～4cm长的嫩梢，去掉下部的叶片，保留端部的3～4片小叶，基部用刀片削成楔形，削面长0.5～1.0cm，形成接穗。在毛鹃当年生新梢2～3cm处截断，摘去该部位叶片，纵切1cm，插入接穗楔形端，皮层对齐，用塑料薄膜带绑扎接合部，套正塑料袋扎口保湿；置于荫棚下，忌阳光直射和暴晒。成活后去袋，翌春再解去绑扎带。

3. 栽培管理 栽培品种中的毛鹃、东鹃、夏鹃和野生杜鹃可以盆栽，也可在半荫蔽条件下地栽，栽植地土壤要求呈酸性，且排水良好。西鹃主要盆栽，多用泥炭土、园土、腐叶土、松叶土及煤渣、锯末等配制成培养土。上盆一般在4月或11月进行。杜鹃花根系扩展缓慢，1～2年生宜用3～4号盆（口径9～12cm），3～4年生用4～5号盆（口径12～15cm），每隔3～5年换盆1次，同时修整根系。浇水要根据盆土干湿及生长发育情况而灵活掌握，水质忌碱性，用自来水时，最好在缸中存放一段时间。生长旺期，需水量大，要勤浇水；梅雨季节，要防积水。夏季炎热期间要适当遮阴。施肥要薄肥勤施，幼苗期及开花后生长发枝期以施氮肥为主；开花前增施磷、钾肥。盆栽植株当苗高15cm时，为加速植株成型，常通过摘心、摘蕾来促发新枝，植株成型后，主要是剪除病枝、弱枝及重叠紊乱的枝条，均以疏剪为主。地栽的杜鹃一般任其自然生长，只在花后进行整形，剪去徒长枝、病弱枝、畸形枝、损伤枝。

4. 应用 杜鹃花花繁叶茂，绮丽多姿，多数种类经冬不凋，四季常青，观赏价值极高，历来深受人们喜爱，是我国十大传统名花之一，也是当今世界上最著名的花卉之一，被誉为“花中西施”。杜鹃花萌发力强，耐修剪，根桩奇特，是优良的盆景材料，也是园林中不可或缺的绿化材料，宜在林缘、溪边、池畔及岩石旁成丛成片栽植，也可于疏林下片植。毛鹃等种类还可经修剪培育成各种形状，是花篱或灌木球的良好材料。建设杜鹃专类园也极具特色。

第六节 花卉应用与装饰

在园林绿地中，除了乔、灌木的栽植和建筑、道路等必需的构筑物外，其他场所如空旷地、林下、坡地、水面等，都可用多种植物覆盖起来。这些覆盖植物大部分是草本植物，可以充分显示环境保护和美化功能，创造出花团锦簇、绿草如茵、荷香拂水、空气清新的景观与意境，以最大限度地利用空间，达到人们对园林的文化娱乐、体育活动、环境保护、风景艺术等多方面的要求。因此，花卉、草坪植物及地被植物等在园林中应用极其广泛，应用形式也多种多样，概括起来主要有花坛、花境、花丛、花架等。

室内花卉也是最好的装饰材料之一，主要形式有盆花、插花和盆景。它们可以创造出优美舒适的生活、休息环境；或应用花卉专为各种集会、展览场所进行美化布置，以突出主题，烘托或调和气氛。例如，在宾馆、客厅中或舞台上布置的盆花或花篮。随着国际交往的增加，旅游事业的发展和人民生活水平的提高，花卉及花卉装饰日益成为喜庆迎送、社交活动、生活起居及工作环境的必需品和组成部分。

一、花坛

花坛（flower bed）是园林花卉植物的一种最常见的应用形式，从设计手法上看属于规则式设计，花坛是在具有几何形轮廓的植床内，种植各种不同花色的花卉，运用花卉的群体效果来体现图案纹样，或观赏盛花时绚丽景观的一种花卉应用形式。它以突出鲜艳的色彩或精美华丽的纹样来体现其装饰效果。它多设于广场和道路的中央、两侧及周围等处，主要在规则布置中应用。

（一）花坛的类型

1. **依花材分类** 有盛花花坛和模纹花坛。盛花花坛也叫花丛花坛，主要由观花草本植物组成，表现盛花时群体的色彩美或绚丽的景观。模纹花坛主要由低矮的观叶植物或花和叶兼美的植物组成，表现群体组成的精美图案或装饰纹样，包括毛毡花坛、浮雕花坛和彩结花坛等。毛毡花坛由各种观叶植物组成精美的装饰图案，植物剪成同一高度，表面平整，宛如华丽的地毯。浮雕花坛依花坛纹样变化、植物高度有所不同，部分纹样凸起或凹陷，整体上有浮雕的效果。彩结花坛纹样类似于丝带打成的彩结，纹样一般凸起。

2. **依空间位置分类** 有平面花坛、斜面花坛和立体花坛。平面花坛表面与地面平行，包括沉床花坛或稍高出地面的花坛。斜面花坛设置在斜坡或阶地上，也可以布置在建筑的台阶两旁或台阶上。立体花坛向空间伸展，具有竖向景观，以四面观为多，常包括造型花坛、标牌花坛等形式。

3. **依花坛的组合分类** 有独立花坛和花坛群。独立花坛即单体花坛，常设在广场、公园入口等较小环境中。花坛群由相同或不同形式的数个单体花坛组成，但在构图及景观上具有统一性，多设在面积较大的广场、草坪或大型的交通环岛上。花坛群中的单体花坛在设计构图中是整体的一部分，格调应一致，但可有主次之分。花坛群也可以结合喷泉和雕塑布置。花坛群中的诸因子紧密结合，形成花坛群景观。

（二）花坛的作用

1. **美化环境** 花坛多选用时令花卉，色彩绚丽，花团锦簇，具有很好的美化作用。

2. **基础性装饰** 花坛可设置在建筑墙基及喷泉、水池的边缘或四周，以及雕塑、孤赏山石、广告牌等基座周围，使主体建筑醒目突出，富有生气。

3. **组织交通** 具有分隔空间、分道行驶和组织行人路线的作用。

4. **渲染气氛** 盛花花坛五彩缤纷，烘托出节日气氛。

二、花境

花境是园林花卉植物的一种重要应用形式，从设计手法上看属于半自然设计。

（一）花境的概念与特点

花境（flower border）源于英国传统的私人别墅花园的设计思想，到19世纪后期，英国著名园艺学家Willian Robinso（1838～1935）极力倡导自然花园的观点，奠定了花境设计的地位。最初，花境是由宿根花卉栽种于各种边境（路边、花园边等）的一种自然式设计，又称为古典花境。但随着社会的发展，花境的形式和内容发生了许多变化，但其基本形式和种植方式仍被传承下来。现代花境的概念是：模拟自然界中林地边缘地带多种野生花卉交错生长的状态，运用艺术手法设计的一种花卉应用形式。

在园林中，花境既表现了植物个体的自然美，又展示了植物自然组合的群落美。它一次设计种植，可多年使用，并能做到四季有景。另外，花境不但加强自然景观，而且尚有分隔空间和组织游览路线的功能特征。

（二）花境类型

1. **依设计形式分类** 按照设计形式，花境可分为3类。

（1）单面观赏花境。为传统的应用设计形式，多临近道路设置，并常以建筑物、矮墙、树丛、绿篱等为背景，前面为低矮的边缘植物，整体上前低后高，仅供一面观赏。

（2）双面观赏花境。这种花境从垂直面方向上看没有背景，多设置在草坪上或树丛间，植物种植以中间高两侧低为原则，可供两面观赏。

（3）对应式花境。在园路的两侧、草坪中央或建筑周围设置相对应的两个花境，这两个花境呈左右二列式。在设计上统一考虑，作为一组景观，多用拟对称手法，力求富有韵律变化之美。

2. **依植物选材分类** 按照花境所用植物材料的种类，可分为3类。

（1）宿根花卉花境。花境全部由可露地过冬的宿根花卉组成。

（2）混合式花境。花境种植材料以耐寒的宿根花卉为主，配置少量的花灌木、球根花卉或一二年生花卉。这种花境季相分明，色彩丰富，应用较多。

（3）专类花卉花境。由同一属不同种类或同一种不同品种植物为主要种植材料的花境。做专类花境的花卉要求花期、株形、花色等有较丰富的变化，从而体现花境的特点，如百合类花境、鸢尾类花境、菊花花境等。

（三）花境的应用范围

花境可应用在公园、风景区、街心绿地、家庭花园及林荫路旁。它是一种带状布置方式，适合周边设置，可创造出较大的空间或充分利用园林绿地中的带状地段。由于它是一种半自然式的种植方式，因而极适合在园林中的建筑、道路、绿篱等人工构筑物与自然环境之间，起到由人工到自然的过渡作用。概括起来，花境可应用于如下场合。

1. **建筑花境** 即在建筑物墙基前设置的花境。在形体小巧、色彩明快的建筑物前，花境可起到基础种植的作用，软化建筑的硬线条，连接周围的自然风景。以1～3层的低矮建筑物前装饰效果为好。栅栏、篱笆及坡地的挡土墙前也可设置花境。

2. **道旁花境**　即在道路旁边设置的花境。园林中游步道边适合设置花境；若在道路尽头有雕塑、喷泉等园林小品，可在道路两边设置花境。在边界物前设置单面观花境，既有隔离作用，又有好的美化装饰效果。通常在花境前再设置园路或草坪，供人欣赏。

3. **绿篱花境**　即在植物篱、绿篱基部前设置的花境。绿色的背景使花境色彩充分表现，而花境又活化了单调的绿篱或绿墙。

4. **草坪花境**　即在宽阔的草坪上、树丛间可设置花境。在这种绿地空间适宜设置双面观赏的花境，可丰富景观，组织游览路线。通常在花境两侧辟出游步道，以便观赏。

5. **庭园花境**　即在家庭花园或其他场合的小花园（特别像宿根园）中设置的花境，通常在花园的周边设置花境。

三、盆花

盆花是较大场所花卉装饰的基本材料，便于布置及更换，种类及形式多样，又有持久的观赏期。盆花依高度（包括盆高）可分为特大盆花（200cm以上）、大型盆花（130～200cm）、中型盆花（50～130cm）、小型盆花（20～50cm）、特小型盆花（20cm以下）。不同大小的盆花可装饰不同的环境，一般大型和中型的盆花主要用在广场、大厅、会场等公共场所。

（一）盆花对房间装饰的原则

1. **主、配景要协调**　室内植物装饰要主次分明，主景植物在数量和大小上均要占绝对优势，选材要求姿态优美、色彩绚丽。配景植物则要与主景植物相互协调，在株形和色彩上要略亚于主景植物。

2. **布局要均衡**　室内装饰的植物重心一定要稳定，如大、中型植物适宜放置于墙角、沙发旁，中、小型植物适宜放置于窗台、几架上，小型植物适宜放置于茶几、案头等的台面上。

3. **色彩要祥和**　室内栽培植物在色彩上一定要与室内环境相互和谐，充分显示出房间的整体美。

4. **比例要协调**　室内空间的高度和大小决定着栽培植物的多少和体积的大小。

（二）不同空间适宜的盆栽植物

室内不同空间适宜放置的植物有所不同，取决于空间的大小、采光、温度和植物对环境的适应性，举例说明如下。

1. **门厅**　散射光较充足，空间宽敞的可摆放喜充足散射光的大型植物，如发财树、散尾葵等。如果空间比较狭窄，不宜摆放过多的植物。

2. **客厅**　角落处可摆放中大型较耐阴的植物，如橡皮树、龙血树（即巴西木）等。光线明亮的墙壁上可用喜光的观叶植物做成壁挂，如黄金葛、常春藤等。窗台可摆放吊兰、铁十字海棠等。客厅不宜摆放过多的植物，否则会给人以杂乱之感。

3. **餐厅**　尽量摆放耐阴的小巧的植物，如袖珍椰子、观赏凤梨、蕨类等。

4. **卧室** 台几上可摆放小型耐阴观叶植物，如蕨类、袖珍椰子等，制造安详、宁静、舒适的气氛。

5. **书房** 适宜摆放兰花、文竹等植物。

6. **办公室** 桌上可摆放小型耐阴观叶植物，主管办公室可摆放1～2盆大型喜散射光的观叶植物，如巴西木、垂榕等植物。

四、花卉的其他应用形式

（一）花丛

花丛是将自然风景中的野花散生于草坡的景观应用于园林。其常被布置于开阔草坪的周围，使林缘、树丛树群与草坪之间起联系和过渡的效果，也有的布置于自然曲线道路转折处或点缀于小型院落及铺装场地（包括小路、台阶等）之中。花丛与花群大小不拘，简繁均宜，株少为丛，丛连成群。一般丛群较小者组合种类不宜多，花卉的选择、高矮不限，但以茎干挺直、不易倒伏（或植株低矮、匍地而整齐）、植株丰满整齐、花朵繁密者为佳。如用宿根花卉，则花丛、花群持久而维护方便。

（二）花钵

花钵就是在花圃内，依设计意图把花卉栽种在预制的种植钵（种植箱）内，待开花时运送到城市广场、道路两旁和其他建筑物前进行装点，不仅施工简捷，还可迅速形成景观，符合现代城市发展需要。

钵体要求造型美观，纹饰简洁的灰、白色调为适，以突出花卉的色彩美。同时还应考虑质地轻便，易于移动，即可以单独陈放，又能拼组和搭配应用，如玻璃钢、泡沫砖和混凝土等。此外，还有的用原木格、木条做种植箱，装饰后更有自然情趣。造型可以是圆形、方形、高脚杯形，以及由数个种植钵拼组成的六角形、八角形和菱形等。

适于钵植的植物种类十分广泛，如一二年生花卉、球根和宿根花卉、矮生的蔓性和匍匐性植物及多肉植物等。选择及设计要点是：①选应时花卉。例如，春季栽植金盏菊、郁金香及水仙；夏季选用美女樱、虞美人、花菱草；秋季应用菊花、三色苋；冬春之交采用羽衣甘蓝等。②用几个单体的种植钵拼组成的活动花坛，可选用同种花卉不同色彩的园艺品种进行色块构图；或不同花卉，但在花型、株高等方面相近的花卉做色彩构图，均能收到良好效果。例如，采用三色堇的白花、黄花、紫花3个园艺品种拼组成六角形活动花坛。③花卉的形态与质态，与种植钵的造型应该协调，色彩上应该有对比。

（三）篱垣与棚架

草本蔓性花卉的生长较藤本迅速，能很快起到绿化效果，适用于篱棚、门楣、窗格、栏杆及小型棚架的掩蔽与点缀。许多草本蔓性花卉茎叶纤细，花果艳丽，装饰性较藤本强，也可将支架专门制成大型动物形象（如长颈鹿、象、鱼等）或太阳伞等，待蔓性花草布满后，细叶茸茸，繁花点点，甚为生动，更宜设置于儿童活动场所。

用于园林的蔓性花卉，一二年生的有各种牵牛及茑萝、红花菜豆、扁豆、香豌豆、风船葛、观赏瓜、锦荔子、小葫芦、月光花、靠壁蔓、山牵牛、斑叶葎草、落葵、智利垂果藤等。宿根或具块根的有忽布、宿根山黧豆、宿根天剑和栝蒌等。

小 结

本章分别介绍了一二年生草花、宿根花卉、球根花卉、室内观叶植物、木本花卉的分类、分布、习性、繁殖与栽培管理，重点介绍了一串红、矮牵牛、鸢尾、香石竹、郁金香、百合、天南星科植物、凤梨科植物、牡丹、杜鹃花等观赏植物的品种类型、生态习性、繁殖、栽培管理及应用。系统简要介绍了花坛、花镜、花丛、花钵、篱垣与棚架等的类型、设计原则和应用，以及盆花、盆景、插花等观赏植物的装饰与应用。

思考题

1. 一二年生花卉都有哪些特点？
2. 一二年生花卉的繁殖栽培要点有哪些？
3. 宿根花卉有哪些类型？
4. 宿根花卉的繁殖栽培要点有哪些？
5. 球根花卉地下部分的变态形式有哪些？各自的特点如何？
6. 球根花卉的繁殖方法都有哪些？
7. 球根花卉的种球如何采收与分级？
8. 天南星科植物、凤梨科植物各有何特点？
9. 木本花卉的栽培管理技术要点有哪些？
10. 花卉的应用形式有哪些?有何特点？
11. 花坛有哪些类型，其各自的特点是什么？
12. 花境有哪些类型和特点？

第十章

茶园艺与茶文化

茶是重要的饮品，茶的生产和饮用不但涉及茶园栽培管理、茶叶加工等技术和工艺，而且孕育着浓郁的茶园艺文化。其生物学特性是茶树栽培管理及茶叶加工与贮藏的生物学基础和技术原理，学习和了解茶的品饮和文化内涵，是弘扬茶园艺和茶文化的需要。

第一节 茶树的生物学特性

茶树原产于中国，人工栽培茶树有史稽考的已有3000多年的历史，茶已成为世界人民普遍爱好的饮料。茶树是一种多年生的叶用、木本、常绿植物。在植物分类系统中属山茶目山茶科山茶族山茶属茶种，学名*Camellia sinensis*（L.）O. Kuntze。

一、茶树的形态

茶树由根、茎、叶、花、果实和种子等器官构成。根、茎、叶是营养器官，叶和嫩梢为主要产品器官；花、果实、种子是生殖器官，种子为繁殖器官。

（一）根系

种子繁殖茶树的根系由主根、侧根、吸收根和根毛构成。无性繁殖的茶树根系由营养器官的分生组织分化而成，主根一般不明显。主根和侧根呈红棕色，寿命长，起固定、贮藏和输导作用，多数分布在60cm以内的土层里。吸收根集中分布在地表下20～30cm的土层内，主要担负吸收水分和营养的功能，也能吸收少量的CO_2，但其寿命短，不断衰亡更新，少数未死亡的吸收根可发育成侧根。根系还具有合成茶氨酸、生物碱和激素的功能。主根上的侧根是按螺旋状排列的，由于主根生长速度不均衡，以及各土层营养条件的差异，侧根发生有一定的节律，使茶树根系出现层状结构。根系在土壤中的形态和分布，因品种、树龄、繁殖方式、种植方式、种植密度、生态条件及农艺措施等而有所不同（图10-1）。根系的分布状况与生长动态是制订茶园施肥、耕作、灌溉等管理措施的主要依据。

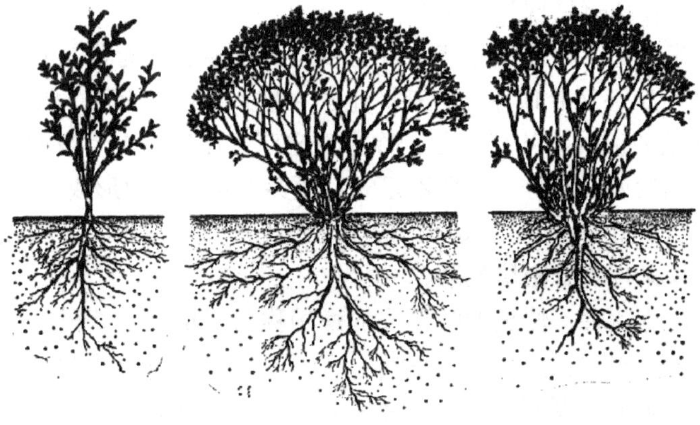

图 10-1 茶树根系的形态

（二）茎、芽和新梢

1. 茎 由主干和枝条组成，并构成树冠的骨架。主干指根颈至第一级侧枝的部位，是区分茶树类型的主要依据；侧枝是主干上分生的枝条，依分枝级数而命名，从主干上分生出的侧枝称一级侧枝，从一级侧枝上分生出的侧枝称二级侧枝，以此类推。侧枝按其粗细和作用不同，又可分为骨干枝和细枝（生产枝）。骨干枝主要由一二级侧枝组成，其粗度是影响茶树骨架健壮的重要指标之一；细枝是树冠面上生长营养芽的枝条，影响形成新梢的数量和质量。

由于分枝部位不同，茶树可分为乔木、半乔木和灌木3种类型（图10-2）。乔木型茶树，植株高大，有明显的主干；半乔木型茶树，植株较高大，基部主干明显；灌木型茶树，植株较矮小，无明显的主干。我国生产上栽培最多的是灌木型和半乔木型茶树。

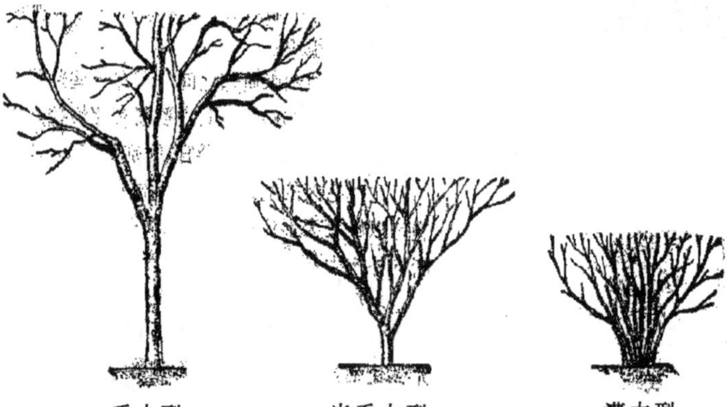

图 10-2　茶树类型

由于分枝角度不同，茶树冠分为直立状、半开展状和开展状（又称披张状）3种类型。分枝有单轴分枝与合轴分枝两种形式。自然生长的茶树，一般在2～3龄以内为单轴分枝，其特点是顶芽生长占优势，侧芽生长弱于顶芽，主干明显。一般到4龄以后转为合轴分枝，其特点是主干的顶芽生长到一定高度后停止生长或生长缓慢，侧芽得到发育生长，形成多顶状态和较多侧枝，使树冠呈现开展状态。

2. 芽 分叶芽和花芽两种，叶芽发育为枝条，花芽发育为花。叶芽依其着生部位分为定芽与不定芽，而定芽又分顶芽与腋芽。生长在枝条顶端的芽称为顶芽，生长在叶腋的芽称为腋芽。不在梢的顶端或叶腋的芽，称为不定芽。在生长季节内能连续展叶的芽称为生长芽；当新梢成熟后或因水分、养分不足时，顶芽停止生长而形成“驻芽”。驻芽和处于不活动状态的芽称为休止芽。芽的大小、形状、色泽及茸毛多少，变异较大，它与茶树品种、栽培管理、环境条件都有密切关系。

3. 新梢 芽在萌动后，伸长展叶形成的嫩梢称为新梢，是茶树收获的对象。新梢按展叶的多少分为一芽一叶梢、一芽二叶梢等。凡是新梢具有继续生长和展叶能力的都称为正常未成熟新梢；当新梢生长过程中顶芽不再展叶和生长休止时，芽成为驻芽，称为正常成熟新梢；而有些新梢萌发后只展开2～3片新叶，顶芽就呈驻芽，称为不正常的成熟新梢，其上着生的2～3片叶，节间短，似对生状态，称为对夹叶。采摘下来的新梢即制茶原料。

（三）叶

叶分鳞片、鱼叶和真叶3种类型。鳞片是新梢上最先抽出的叶片，无叶柄，质地较硬，呈黄绿或棕褐色，表面有茸毛与蜡质，随着茶芽萌展，鳞片逐渐脱落。鱼叶是发育不完全的叶片，因形似鱼鳞而得名。其色较淡，叶柄宽而扁平，叶缘一般无锯齿，或前端略有锯齿，侧脉不明显，叶形多呈倒卵形，叶尖圆钝。每轮新梢基部一般有鱼叶1片，多则2～3片，但夏秋梢无鱼叶的情况也时有发生。

真叶是发育完全的叶片。形态一般为椭圆形或长椭圆形，少数为卵形和披针形。叶片形态以叶形指数（平均叶长/叶宽）来区分。叶色有淡绿色、绿色、浓绿色、黄绿色、紫绿色，与茶类适制性有关。叶尖的形态是茶树分类的依据之一，分急尖、渐尖、钝尖、圆尖等。叶面有平滑、隆起与微隆起之分。叶缘有锯齿，呈鹰嘴状，一般16～32对。真叶主脉明显，主脉再分出细脉，连成网状，故称网状脉。侧脉伸展至叶缘2/3处，向上弯曲与上方侧脉相连。侧脉对数因品种而异，一般7～9对，多的10～15对，少的5～7对。新梢上的顶芽和嫩叶背面均着生茸毛。随叶片成熟，茸毛渐稀逐渐脱落。叶片大小以定型叶的叶面积来区分，凡叶面积＞50cm^{2}的属特大叶，28～50cm^{2}的属大叶，14～28cm^{2}的属中叶，＜14cm^{2}的为小叶。叶面积计算公式为：叶面积（cm^2）＝叶长（cm）×叶宽（cm）×0.7（系数）。

（四）花、果实与种子

1. 花　着生于叶腋间，单生或数朵簇生，花轴短而粗。茶花为两性花，由花柄、花萼、花冠、雄蕊和雌蕊5部分组成（图10-3）。花萼位于花的最外层，由5～7个萼片组成，萼片近圆形，绿色或绿褐色，茶花受精后，萼片向内闭合，保护子房直到果实成熟也不脱落。花冠由5～9片花瓣组成，多为白色，也有少数呈粉红色。雄蕊数目很多，一般每朵花有200～300枚。每个雄蕊由花丝和花药构成。花药有4个花粉囊，内含无数花粉粒。雌蕊由子房、花柱和柱头3部分组成。柱头3～5裂，柱头分裂数目和分裂深浅可作为茶树分类的依据之一。雌蕊基部膨大部分为子房，内分3～5室，每室4个胚珠，子房上多生茸毛，也有少数无毛的。子房上是否有毛也是茶树分类的重要依据之一。

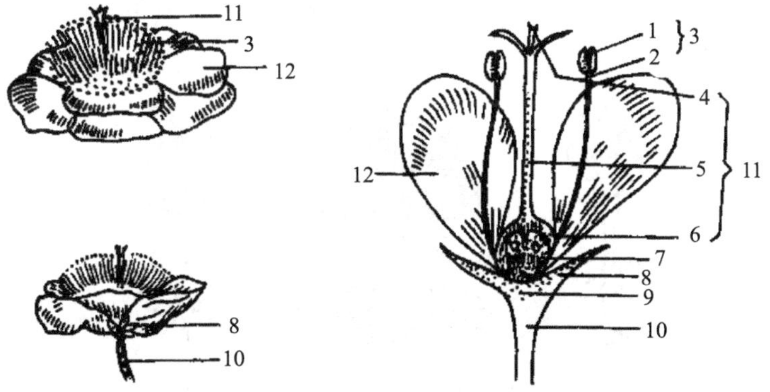

图 10-3　茶花及其纵切面

1．花药；2．花丝；3．雄蕊；4．柱头；5．花柱；6．子房；7．胚珠；8．花萼；9．花托；10．花柄；11．雌蕊；12．花瓣

2. 果实与种子 蒴果，成熟时果壳开裂，种子落地。果皮未成熟时为绿色，成熟后变为棕绿色或绿褐色。茶果形状和大小与茶果内种子粒数有关，具1粒种子的茶果为球形，2粒种子的为肾形，3粒种子的呈三角形，4粒种子的为正方形，5粒种子的似梅花形。茶籽多呈棕褐色或黑褐色，形状有近球形、半球形和肾形3种。茶籽是茶树的种子，由种皮和种胚两部分组成。种皮又分外种皮与内种皮，外种皮坚硬，由6～7层石细胞组成，内种皮与外种皮相连，为网状脉。种胚由胚根、胚茎、胚芽和子叶4部分组成。子叶部分最大，占据整个种子内腔，其余3部分夹于2片子叶基部。

二、茶树的生长发育

茶树的一生与其他作物一样，生长和发育既受本身生物学特性所支配，同时也受外界环境的影响。了解、掌握茶树生育的基本规律，认识环境对茶树生育的影响程度，对科学地制订茶园生产管理措施具重要意义。

（一）生命周期

茶树生命周期是指茶树一生的生长发育进程。茶树的生命，从受精的卵细胞（合子）开始，就成为一个独立的、有生命的有机体，经种子、幼苗、幼年、成年，逐渐趋于衰老死亡（图10-4），这一生命过程，少则几十年，多则数百年。一般有经济利用价值的种植年限为30～40年。按照茶树生育的特点和生产实际应用，茶树的一生大致可分为幼苗期、幼年期、成年期、衰老期4个生物学年龄时期。

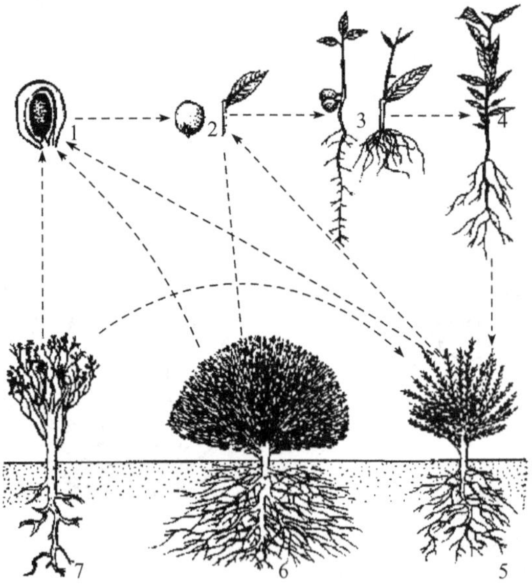

图 10-4 茶树生物年龄时期（潘根生，1995）

1. 合子；2. 茶籽及插穗；3. 幼苗期；4. 幼年期；5，6. 成年期；7. 衰老期

1. 幼苗期 是指从茶籽萌发到茶苗出土直至第1次生长休止时为止；无性繁殖的茶树是从营养体再生到形成完整独立的植株的时间，一般需4～8个月。

茶苗出土前，首先利用子叶中贮存的养分生长。待茶苗出土，绿色叶片形成后，就开始利用叶片光合作用制造的有机物质。扦插苗在生根以前主要依靠茎、叶中贮藏的营养物质供生长和发根需要。发根后可从土壤中吸收养分。这一时期，除对水分、温度和空气有一定要求外，还要求土壤有丰富的养分供根系吸收。

幼苗期茶树容易受到恶劣环境条件的影响，特别是高温和干旱，茶苗最易受害。为此，幼苗期应该保持土壤疏松、湿润，适度遮阴。同时要合理密植，铺草灌溉，抗旱保苗。

2．**幼年期** 从幼苗第一次生长休止到茶树正式投产这一时期称为幼年期，一般为3～4年。在自然生长的条件下，茶树地上部生育旺盛，表现为单轴分枝，顶芽不断地向上生长，主干明显，侧枝较少且细弱。实生苗开始阶段为直根系，主根明显，侧根发生较少。以后陆续长出较多的侧枝与侧根。一般在3年生前后，茶树开始开花结实，但数量不多，结实率也低。

幼年期茶树的可塑性大，故这一时期的管理重点，一是抓好定型修剪，以抑制主干生长，促进侧枝生长，培养粗壮骨干枝，形成浓密的分枝树型；二是加强土壤管理，要求土壤深厚、疏松，使根系分布深广；三是以养为主，采养结合，以形成理想的树冠采摘面；四是注意保护茶树。

3．**成年期** 是指茶树正式投产到第1次进行更新改造为止的时期，历时20～30年。成年期是茶树生育最旺盛的时期，茶叶产量和品质都处于高峰阶段。成年期前期，随树龄增长，树冠继续扩大，分枝增密，根系不断向纵深发展，茶叶产量与品质随着树龄的增长而逐渐提高，开花结实也逐年增加。成年期的后期，由于不断采摘和修剪，树冠上层分枝密集而细弱，有许多结节枝形成（俗称鸡爪枝），同时树冠内部的小侧枝也逐渐枯死，致使茶树下部较粗壮枝条上重新萌发出新的枝条，使侧枝更新，或从根茎部萌发出徒长枝，出现茶树的自然更新现象。此外，花果增多，营养生长逐年减弱，茶叶产量与品质也随之下降。

这一时期栽培管理的任务是要尽量延长这一时期所持续的年限，以便最大限度地获得高产、稳产、优质的茶叶。可采用轻修剪和深修剪交替进行的方法，更新树冠，整理树冠面；加强肥培管理，特别是氮素营养；合理采摘留养，促使茶树保持旺盛的树势。

4．**衰老期** 从茶树出现第一次自然更新开始到植株死亡的时期，一般可长达数十年，甚至百年以上。衰老期茶树生机衰退，骨干枝逐渐衰老或干枯，根颈部长出新枝；末梢根大量衰亡，在根颈部附近陆续形成不定根；叶张小，对夹叶多，茶叶产量品质明显下降，经济利用价值逐步丧失。

生产上往往通过重修剪和台刈措施更新复壮衰老期的茶树，同时进行土壤的深翻改造，施入有机肥，在施氮的基础上，增加磷、钾肥比例，重新培育出健壮的根系和枝干，使茶树发挥出最大的增产潜力。茶树经过更新后，重新恢复了树势，形成了新的树冠，从而得到复壮。但经过若干年采摘和修剪以后，又再度趋向衰老，必须进行第二次更新。如此往复循环，不断更新，其复壮能力愈来愈弱，每次更新的间隔期也愈来愈短，最后完全丧失更新能力而整株死亡。如经数次台刈更新后，仍无法恢复树势的，应改植换种。

（二）年生育特性

一年中，茶树根、茎、叶的生长和花果的发育表现出在不同的季节具有不同的生育特点。

图 10-5 茶树新梢萌发过程示意图

1. 枝梢的生长 茶树的枝梢是由营养芽发育伸展而成的。营养芽发育而成的枝梢，在未成熟时称为新梢，增粗成熟后称为枝条。幼嫩的新梢是茶树的收获对象，采茶就是从新梢上采下幼嫩的叶片和芽，进而加工成各种茶类。

冬季，茶树树冠上有大量的呈休眠状态的营养芽，芽的外面覆盖着鳞片越冬。第二年春季当气温上升达10℃左右时，营养芽便开始活动，此时芽的内部进行着复杂的生理生化变化，为细胞的分生和伸长创造条件。随着气温的升高，从形态上可明显见到芽的生长有以下几个过程：芽膨大➤鳞片展➤鱼叶展➤真叶展➤驻芽➤第2、3次生长（图10-5）。不同的枝梢因生长势不同，展开的真叶数不一样，一般展开2～7片真叶。叶原基分化时产生的叶原基数目决定展叶数的多少，环境条件、水分、养分状况也影响展叶数。如在气温适宜、水分和养分供应充足时，展开的叶片数多一些；反之，天气炎热、干旱或养分不足时，展开的叶片数就少一些。真叶全部展开后，顶芽生长休止，形成驻芽。驻芽休止一段时间后，又继续展叶，新一轮梢开始生长。

我国大部分茶区，自然生长茶树新梢生长和休止一般1年有3次，即越冬萌发→第1次生长→休止→第2次生长→休止→第3次生长→冬眠。第1次生长的新梢称为春梢，第2次生长的新梢称为夏梢，第3次生长的梢称为秋梢。一般地，春梢生长速度较快，生长量最大；夏、秋梢生长速度慢，生长量较小。茶芽生长、休止周期性的原因，目前还不十分清楚，主要是茶树遗传特性，是生长的节律性表现。

进行采摘的茶树，新梢生长期缩短，新梢生育表现出“轮性”的特征。越冬芽萌发生长的新梢称为头轮新梢，头轮新梢采摘后，在留下的小桩上萌发的腋芽，生长成为新的一轮新梢，称为第二轮新梢，第二轮新梢采摘后，在留下的小桩上重新生育的腋芽，形成第三轮新梢，依此类推。每一轮的芽是否生长、发育，取决于水分、温度和营养状况。如果缺肥或其他条件不适宜，新的一轮芽不能发芽生长或萌发后生长瘦弱。我国大部分茶区，全年可发生4～5轮新梢。

各轮新梢的萌发、成熟时间很不一致，因品种、营养条件以及芽在枝条上所处的部位而不同。

2. 叶片的生长 在叶片的伸展过程中，叶型的变化先是从叶表面内折至反卷，再由反卷至平展，最后定型。叶片展开至定型，约需1个月，但也因生育时期、品种、叶位和肥培条件而异。茶树为常绿植物，但叶片寿命多数只有1年左右。年生育过程中老叶逐渐脱落，新叶不断形成。叶片的寿命随品种、生长季节、管理水平而不同。例如，福鼎大白茶和政和大白茶90%以上的叶片寿命在1年以下，毛蟹品种寿命超过1年的叶片占41.3%。在年生育过程中，茶树叶片的脱落各月都有发生，但是，不同品种的相对集中落叶时期和落叶量不同。一般在3～5月落叶量较多，如福建水仙5月的落叶量（在杭州种植条件下）占全年落叶量的72.7%。

茶树上的叶片过多，形成郁闭状态时，通风透光差，不但不能有效合成有机物质，反而增加了呼吸强度，致使消耗大于积累，影响新梢的生育。一般来说，茶园叶面积指数在4以下时，光合强度随叶面积指数增加而增加；当达到一定叶量时，如叶量继续增加，则叶片之间的重叠程度也增加，有效光合作用强度下降。因此，生产茶园叶面积指数控制在3～4为好。

3. 根系的生长 在年生育周期内，茶树根系的生长与地上部的生育活动有着密切的关系，表现为与地上部分生长互相交替进行。当新梢生长缓慢时，根系生长则相对比较活跃。10月前后地上部渐趋休眠，此时为根系生育最活跃阶段。这种“根—梢”交替生长的现象，是由于根系和新梢生长对碳水化合物需求平衡造成的。各地由于气候条件和采、剪等栽培措施应用的不同，地上部新梢萌发轮次及各轮新梢生育时期不尽一致。因此，根系在年生育周期中出现的生长高峰次数，以及高峰出现的时期也各不相同。

茶树根系切断后，都有愈合和重新发根的能力。适时的深耕改土，造成一定量的老根断根，可以促使根系的再生生长。一年中，选择在根系旺盛生长之前进行耕作、施肥，对树体伤口恢复和养分吸收有较好的效果。茶树根系的生长还有向肥、趋湿的特性。如茶园施肥仅在表面撒施，则会引起茶树根系分布趋于表层；深耕改土，可使根系向深层分布，在一定深度内开沟施肥，可诱导根系集结在肥层里面。

4. 开花结实 茶树一般从第3～5年就开始开花，直到植株死亡。开花结实的习性因品种和环境条件不同而有差异。花芽分化一般从6月开始，可延续到11月。9月中下旬开始开花，10月中旬到11月中旬为盛花期，11月下旬至12月为终花期。茶树具异花授粉的特性，由于自花授粉不育，花粉有缺陷，以及外界不良环境条件的影响，茶树开花的数量虽然很多，但结实率仅2%～4%。从花芽分化到受精的茶果发育为成熟种子，约需1.5年。在茶树上，每年6～12月是当年的茶花孕蕾开花和授粉时间，也是上一年受精的茶果发育成种子并成熟的时间。两年的花果同时发育生长，这是茶树生物学特性之一，这些过程会大量消耗树体养分。为减少花果数，使养分集中于新梢生长，可采用乙烯利等进行疏花。

三、茶树的适生环境

茶树生育对外界的环境条件有一定的要求，探明环境因子间的相互关系及其对茶树生育的影响，掌握各个环境因子对茶树生育的极限和最适指标，是制订科学的茶树栽培技术措施的基础。

（一）对气象条件的要求

1. 光照 茶树喜光耐阴，忌强光直射。茶树起源于中国西南部的深山密林中，在生长的系统发育过程中，形成了适应漫射光条件的生育习性。在漫射光下生育的新梢内含物丰富，持嫩性好，品质优良。据研究（陶汉之和王新长，1989），蓝光、紫光能促进氨基酸总量、蛋白质和含氮芳香物质的形成，有利于绿茶品质；而红光促进碳代谢和碳水化合物即多酚类形成，有利于红茶品质（表10-1）。在一定海拔的山区，雨量充沛，云雾多，空气湿度大，漫射光丰富，蓝、紫光比例增加，这就是高山云雾茶氨基酸、叶绿素和含氮芳香物质多，茶多酚含量相对较低的主要原因。

表 10-1 不同光质下茶叶品质成分的变化

光质	叶绿素 /%	水浸出物 /%	茶多酚 /%	氨基酸 /%	咖啡碱 /%
黄光	0.434	41.62	23.23	40.90	4.37
红光	0.428	41.59	23.36	3.47	4.10
绿光	0.453	42.99	22.31	4.76	3.88
蓝光	0.504	43.61	21.40	4.26	4.06
紫光	0.512	43.50	18.95	4.28	3.85
白光	0.414	40.35	23.06	3.56	3.68

资料来源：陶汉之和王新长，1989

茶树光合作用强弱在很大程度上取决于光照强度。据日本原田重雄研究，茶树的光饱和点与茶树年龄有关，幼年茶树的光饱和点大致为2.1J/(cm^2·min)，成年茶树达2.9～3.0J/(cm^2·min)，当光强度超过3.7J/(cm^2·min)时，光合速率有轻微下降。茶树的光补偿点较低，仅为全光量的1%左右，为0.12～0.13J/(cm^2·min)，说明茶树具耐阴特性。光照强度不但与茶叶产量有关，而且对茶叶品质形成有重要影响。据研究（潘根生，1995），不论春茶还是秋茶，在一定的遮阴条件下，均表现出氨基酸含量增加，茶多酚含量减少，对绿茶品质有利。

在生产实践中，在光照较强的茶区，可在茶园内外适当种上防护林、行道树、遮阴树，或间作些经济林树种，使单一的茶园平面生产模式成为立体种植模式，可提高光能利用率，增加单位面积收益，还可调节光照强度和光质，有利于提高茶叶品质。

茶树属短日照植物，日照时数较短的季节或地区，利于生殖生长，同时使新梢生长迟缓，提早休眠。相反，日照时数较长的季节或地区，树体营养生长加强，开花推迟，花数减少，新梢生长加快，推迟新梢休眠。

2．温度 温度影响茶树的地理分布，制约茶树生育速度。茶树具有喜温怕寒的特性，与其他植物一样，有其生育的最适温度、最高温度和最低温度范围。不同品种和不同年龄时期的茶树耐低温的能力，一般灌木型中、小叶种耐低温的能力强于乔木型大叶种，成年期耐低温的能力强于幼苗期、幼年期和衰老期。根据不同地区、不同类型茶树品种耐低温的表现，一般地把中小叶种茶树经济生长的最低温度界限定为-10～-8℃，大叶种定为-3～-2℃。生存最低界限温度会更低。茶树短期能忍耐的最高温度是35～40℃，生存临界温度是45℃。在自然条件下，日平均气温高于30℃，新梢生长就会缓慢或停止，如气温持续几天超过35℃时，新梢就会枯萎、落叶。茶树的最适温度是指茶树生育最旺盛、最活跃时的温度，多数茶树品种为25℃左右。地温与茶树生育的关系也十分密切。据对杭州地区观察，当地温为8～10℃，根系生长开始加强，25℃左右生长最适宜，达35℃以上时，根系生长停止。

春季茶芽开始萌发的温度称为茶树的生物学零度。一般认为，茶树的生物学零度是日平均气温稳定在10℃左右。但因地区、品种和年份不同有差异。茶树年生育过程中，全年至少需要≥10℃的活动积温3000℃。活动积温是指茶树在整个年生长期中高于生物学零度的温度总和。全年活动积温的多少，与全年茶叶的采摘次数和产量有密切关系。我国多数茶区的活动积温在4000℃以上，对于活动积温低于3000℃的茶区，应当注意冬季防冻。

3. 水分　水分既是茶树的重要组成部分，也是茶树生育过程不可缺少的生态因子。茶树具有喜湿怕涝的特性，适宜栽培茶树的地区，年降水量必须在1000mm以上。茶树生长期间的月降雨量要求大于100mm，如连续几个月降雨量低于50mm，而且又未采取人工降雨措施，茶叶产量和品质都会受到影响。一般认为，茶树栽培适宜的年降雨量为1500mm左右。我国大部分茶区的年降雨量在1200～1800mm，但由于分布不匀，常出现“秋旱”“伏旱”等季节性干旱，严重影响茶叶产量。茶树生育适宜的空气相对湿度为80%～90%，若小于50%，新梢生长受抑制。空气中相对湿度大，茶叶的产量和品质都较好，如西湖龙井、黄山毛峰、庐山云雾、江苏碧螺春等名优茶产区，除了其他方面条件优越外，多由于山高终年云雾缭绕，空气湿度大，或近江河湖泽、水汽交融，茶叶品质极佳。

茶树在土壤相对含水量为70%～90%时各项生理生化指标均较高，这一土壤相对含水量适宜茶树生长。但低于45%会致旱害，超过田间持水量上限会致湿害，茶树根系则不能正常生长。

（二）土壤

茶树具有喜酸嫌钙的特性，种植茶树的土壤要求有一定的酸碱度范围，适宜植茶的土壤pH大致在4.0～5.5。茶树在中性、碱性或石灰性土壤中不能生长或生长不良，当土壤中的含钙量超过0.05%时，对茶叶品质有不良影响，超过0.2%时，便有害于茶树生长。茶树根系发达，要求土层深厚，有效土层应达1m以上，熟化层和半熟化层应有50cm左右。茶树生长对土壤质地的适应范围较广，从壤土类的砂质壤土到黏土类的壤质黏土中都能种茶，但以壤土最为理想。若种在砂土和黏土上，通气性差，茶树生长比较差。各地高产茶园的调查表明，表土层中的固相：气相：液相以50：20：30为宜，而心土层则以55：30：15左右为合适。适宜茶园的土壤，其松紧度要求表土层10～15cm处容重为1.0～1.3g/cm^2，孔隙度为50%～60%；心土层35～40cm处容重为1.3～1.5g/cm^2，孔隙度为45%～50%。

茶树要求较高的土壤养分，高产、优质茶园的有机质含量要求达到2%以上。韩文炎等（2002）总结提出的优质、高产茶园土壤养分诊断指标见表10-2。

表10-2　优质、高产（2250kg/hm^{2}以上）茶园的土壤养分诊断指标

项目	指标	项目	指标
有机质 /（g/kg）	>20	有效镁 /（mg/kg）	>50
pH（H_2O）	4.5～5.5	交换性钙 / 镁比	5～12
全氮 /（g/kg）	>1.0	有效硫 /（mg/kg）	>50
速效氮 /（mg/kg）	>100	有效锌 /（mg/kg）	>2.0
有效磷 /（mg/kg）	>20	有效铜 /（mg/kg）	>1.0
有效钾 /（mg/kg）	>100	活性铝 /［cmol（1/3Al^{3+}）/kg］	3.0～5.0

资料来源：韩文炎等，2002

第二节　茶树的栽培管理

茶树的栽培管理包括品种选择与繁殖、茶园土壤管理、茶树修剪与采摘、茶树病虫草害防治。

一、茶树良种与繁殖

茶树品种是茶叶生产中最基本的生产资料，也是茶叶可持续发展和茶叶产业化的基础。栽培品种选择正确与否，与茶叶产量、品质、劳动生产率和经济效益密切相关。掌握好各项繁殖技术，能为茶树良种的引进、繁育、生产带来直接的效益。

（一）国家和各省审（认、鉴）定茶树品种

截至2012年12月，我国共有国家审（认、鉴）定的品种124个，其中有性系品种17个，无性系品种107个。到目前为止，经各省审（认、鉴）定的省级茶树良种达136个。生产上主要推广应用的良种及其性状见表10-3。

表 10-3　已审（认、鉴）定的部分国家级、省级茶树良种及主要特性

品种名称	主要形态特征与经济性状							适宜茶区
	树姿	叶类	茸毛	发芽期	适制性	丰产性	抗逆性	
福鼎大白茶	半乔木	中叶	特多	早生	红、绿、白茶	高	强	江南、江北
梅占	半乔木	中叶	较少	中生	乌龙、红、绿茶	高	抗旱性强	江南
政和大白茶	半乔木	大叶	特多	晚生	红、白茶	高	抗寒性较强	江南
毛蟹	灌木	中叶	多	中生	乌龙、红、绿茶	高	抗旱、寒性较强	江南
铁观音	灌木	中叶	较少	晚生	乌龙茶	中等	较强	江南
黄金桂	半乔木	中叶	较少	早生	乌龙、红、绿茶	高	较强	江南
福建水仙	半乔木	大叶	较多	晚生	乌龙、红、白茶	较高	较强	江南
勐库大叶茶	乔木	大叶	特多	早生	红、绿、普洱茶	较高	抗寒性弱	西南、华南
凤庆大叶茶	乔木	大叶	特多	早生	红、绿茶	较高	抗寒性较弱	西南、华南
勐海大叶茶	乔木	大叶	特多	早生	红、绿、普洱茶	较高	抗寒性较弱	西南、华南
祁门种	灌木	中叶	中等	中生	红、绿茶	较高	抗寒性强	江南、江北
安徽 1 号	灌木	大叶	多	中生	红、绿茶	高	抗寒性强	江南、江北
安徽 3 号	灌木	大叶	多	中生	红、绿茶	高	抗寒性强	江南、江北
皖农 95	灌木	中叶	多	中生	红、绿茶	高	抗寒性强	江南
黔湄 601	半乔木	大叶	特多	中生	红、绿茶	高	抗寒性尚强	西南
白毫早	灌木	中叶	多	早生	绿茶	高	抗寒、病虫性强	江南、江北

续表

品种名称	主要形态特征与经济性状							适宜茶区
	树姿	叶类	茸毛	发芽期	适制性	丰产性	抗逆性	
乌牛早	灌木	中叶	中等	特早生	绿茶	较高	较强	浙江
安吉白茶	灌木	中叶	中等	中生	绿茶	较低	较弱	浙江
平阳特早茶	半乔木	中叶	较多	特早生	绿茶	高	强	浙江
龙井 43	灌木	中叶	少	特早生	绿茶	高	抗寒性强	江南、江北
槠叶齐	灌木	中叶	中等	中生	红、绿茶	高	抗寒性强	江南
龙井长叶	灌木	中叶	中等	早生	绿茶	高	抗旱、寒性强	江南、江北
迎霜	半乔木	中叶	多	早生	红、绿茶	高	抗寒性尚强	江南
名山白毫	灌木	中叶	多	特早生	绿茶	中等	较强	四川、重庆
浙农 113	半乔木	中叶	多	早生	绿茶	高	抗寒、旱、病虫性强	江南、江北
云抗 10 号	乔木	大叶	特多	早生	红、绿茶	高	抗寒、旱性强	西南、华南
台茶 20 号	灌木	小叶	少	中生	乌龙茶	高	抗旱性较强	台湾
黄观音	半乔木	中叶	少	早生	乌龙、红、绿茶	高	抗旱、寒性强	华南、西南
茗科 1 号	灌木	中叶	少	早生	乌龙茶	高	抗旱、寒性强	华南、西南
桂绿 1 号	灌木	中叶	中等	特早生	绿茶	较高	抗旱、寒性强	西南
紫牡丹	灌木	中叶	少	中生	乌龙茶	较高	抗旱、寒性强	福建、广东、广西、湖南
浙农 117	半乔木	中叶	较少	早生	绿茶	高	抗寒、旱性强	浙江、福建、湖北、四川
中茶 108	灌木	中叶	较少	特早生	绿茶	高	抗寒、旱性较强	江北、江南
中茶 302	灌木	中叶	中等	早生	绿茶	高	抗寒、旱性较强	江北、江南
鄂茶 5 号	灌木	中叶	较多	早生	绿茶	高	抗性强	全国
特早 213	灌木	中叶	中等	特早生	绿茶	较高	抗寒性强	四川及西南
大红袍	灌木	中叶	较多	晚生	乌龙茶	高	抗寒、旱性较强	福建
佛香 1 号	半乔木	大叶	特多	早生	绿茶	较高	抗寒、旱性较强	云南
保靖黄金茶 1 号	灌木	中叶	中等	特早生	绿、红茶	中等	较强	湖南

（二）茶树品种的选用与搭配

茶树品种是决定茶园产量、鲜叶质量和成茶品质的重要因素。建园时，首先考虑选择国家级良种和省级良种。但任何良种都具有时效性和局限性（区域性、适制性），选择良种时必须了解其性状、适制性，对环境条件的要求和栽培条件。一是根据当地的气候土壤条件选择适当的良种，注意品种所能适应的温度范围和适宜推广范围。跨省、跨区域引种时，气候条件差异大，可先少量引种试种，试种成功后再大量引种。二是根据当地主要生产茶类来选择相应品种。由于不同品种的芽叶外部特征和内部化学成分的含量和组成不一样，其适制茶类也不一样。选择适制性好、品质优异且互补的品种。在满足生态条件和适制茶类的前提下，注意品种的多样性。此外，注意选择适宜茶叶机械化采摘的品种。

为了发挥品种间的协同作用，一个生产单位所采用的品种要科学搭配。一是根据品种的发芽期，要按早、中、晚搭配，其比例一般采用5：3：2。这样可错开采摘“洪峰期”，便于劳动力和加工设备的安排。二是按品种的品质特色搭配，以起到产品原料拼配和品质互补的作用。三是按品种抗性强弱和抵抗灾害类别加以搭配，以防止和减少自然灾害的损失。此外，还可把适宜生产不同茶类的品种进行搭配，这样可生产多茶类，增强对市场需求的应变能力。

（三）良种繁育

茶树可以有性繁殖和无性繁殖。目前，生产上主要采用无性繁殖方式，即利用枝条、根、芽等营养体的再生能力进行扦插、压条、分株、嫁接及组织培养等方法繁殖。其中，短穗扦插繁殖系数高，管理方便，是茶树无性繁殖的主要方法。短穗扦插的主要技术环节如下。

1. 母穗的培养 选择青壮年茶树作母穗园，在剪穗前一年的秋季，每公顷施饼肥3000～3750kg或厩肥30.0～37.5t，或硫酸钾300～450kg、过磷酸钙450～600kg，拌匀后以基肥形式一次施下。养穗当年于春茶前、剪穗后分别追施纯氮120～150kg。为使穗条粗壮、健康，春茶中后期对养穗母树进行深修剪或重修剪（离地35～50cm），再留养夏秋梢供作插穗。对养穗母树应及时防治病虫害。为促进扦插穗条的新梢木质化，提高穗条利用率，一般在新生枝条的基部开始变红时，将枝梢顶端的1芽1～2叶或幼嫩对夹叶摘去，谓之打顶。打顶后10～15d，枝条大部分变红或呈黄绿色时，就可剪下枝梢用作插穗。

2. 扦插苗圃的建立 苗圃地宜选在交通便利，地势平坦、干燥，水源充足的地方。苗地的土壤pH应为4.0～5.5，土壤结构良好，以壤土为宜，肥力中等以上。烟草、麻类及菜地前作均不宜作扦插苗圃。苗圃地要全面深耕，深度为30～40cm，翻耕可结合施基肥。每公顷施基肥22.5～30.0t腐熟的厩肥，或2.25～3.00t腐熟的茶饼。在翻耕前基肥均匀撒在土面上，再翻耕，翻耕后将土块打碎、地面耙平即可做畦。苗畦的规格为长15～20m，宽1.0～1.3m，平地缓坡地畦高为10～15cm，水田为25～30cm。畦沟底宽30cm左右、面宽40cm左右。畦面均匀铺设厚度约5cm的红黄壤心土，每公顷约需20m^{3}心土。为避免阳光强烈照射，降低畦面风速及减少水分蒸发，苗圃地必须搭棚遮阴，以避免扦插后阳光直射，影响成活率。各地采用的遮阴棚形式较多，按高度可分为高棚（100cm以上）、中棚（70～80cm）和低棚（30～40cm）；按结构可分为平棚、斜棚、拱形棚等。

3. 剪穗与扦插 母树经摘顶后10～15d即可剪取穗条。适宜用作穗条的枝梢标准是：长度在25cm以上，茎粗3～5mm，2/3以上已木质化，呈红色或黄绿色。穗条剪下后应及时剪成插穗进行扦插。插穗剪取的标准是：长度3cm左右，带有1个饱满的腋芽和1片成熟的叶片（图10-6）。

扦插行距一般7～10cm，株距依茶树品种叶片的宽度而定，以叶片稍有遮叠为宜，中小叶种一般行距为1～2cm，每公顷可插225万～300万株。扦插前要将苗畦充分浇水，经2～3h，土壤呈“湿而不黏”的松软状态，即可扦插。扦插时，先按行距要求划好行线，然后沿行线、按株距要求将插穗垂直或稍斜插入土中，深度以插入插穗的2/3长度至叶柄与畦面平齐为宜。插好一行就将插穗基部土壤稍加压实，使插穗与土壤密接。插完一定面积后立即浇水，并盖好遮阴网。如果在高温烈日下进行扦插，应边扦插、边浇水、边遮阴，以防热害。扦插时间，在南方茶区四季都可扦插，其他地区春、夏、秋季均可，但扦插效果有一定差异（表10-4）。目前生产上多在夏季或秋季进行扦插育苗。

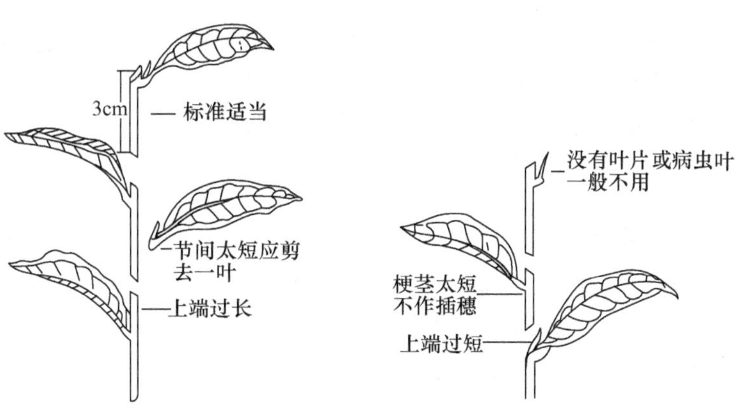

图 10-6　各种插穗的选取与比较示意图

表 10-4　不同扦插时期的扦插效果

扦插时期（日 / 月）	始根期（插后天数）	齐根期（插后天数）	越冬后存活率 /%	越夏后存活率 /%	最后成苗率 /%	出圃率 /%	平均苗高 /cm
春插（1/4）	70	90			82.0	36.9	15.1
夏插（12/7）	30	50	91.9	82.3	77.5	74.5	35.1
秋插（7/10）	45	200	96.2	95.7	92.0	73.7	24.5

资料来源：陈炳环，1979

4. **扦插后的管理**　扦插苗圃应适度遮阴，遮阴度初期控制在60%～70%为好。随着插穗根系的逐步形成，遮阴度也可逐步降低，或采用早盖、晚揭等方式。插穗生根以前以保持土壤持水量70%～80%为宜。扦插发根前，晴天早晚各浇水1次，阴天每天1次，雨天不浇，注意及时排水。发根后采用每天浇水1次，以后酌情减少。插穗发根后开始施追肥，一般秋插苗在次年4月下旬，用0.2%尿素或0.5%硫酸铵水溶液浇施，以后酌情提高肥料浓度，每隔15～20d施1次。此外，还应加强苗圃地病虫草害及寒害的防治。

二、茶园土壤管理

茶园土壤管理包括耕作、除草、覆盖和施肥等多项工作。

（一）土壤耕作

茶园耕作具有疏松表土板结层，协调土壤水、肥、汽、热状况，熟化土壤增厚耕作层，消灭杂草，减少病虫害等良好作用，但耕作不当造成断根等也会给茶树生长带来不良影响。因此，应针对不同茶园类型和土壤条件，采用浅耕、深耕配合施肥的方法因地制宜进行。

在生产季节对茶园应进行中耕（15cm以内）或浅锄（5cm左右），以减少土壤板结，增加土壤通透性，保蓄水分，消灭杂草。投产茶园一般在春茶前（2月中旬左右）、春茶后（5月中下旬）和夏茶后（7月中旬左右）进行3次浅耕，春茶前的耕作深度以10～15cm为宜，后两次以7～8cm为宜。幼龄茶园，由于茶树覆盖度小，行间空隙大，杂草容易滋生，故浅耕次数应比成年茶园增加1～2次。秋茶结束后须进行深耕（15cm以上），应根据茶树树龄、种植方式和密度来确定深耕的深度和方法。一般成年茶园深耕深度不超过30cm，宽度不超过40cm，近根颈处应逐渐浅耕10～15cm。衰老茶园深耕应结合树冠更新进行，深耕以不超过50cm，宽度不超过50cm为宜，并结合施用较多的有机肥。

深耕时间一般在9月下旬至10月进行。

（二）地面覆盖技术

茶园地面覆盖是一项保水、保肥、保土的良好措施，并且有调节土温和抑制杂草生长的功效。地面覆盖有生物覆盖及人工覆盖两种。

1. **生物覆盖** 是利用生草（物）栽培，即使茶园行间全面长草或种草，并在它的生长期间刈割数次，铺盖行间和作物根部，或将刈割的草做成堆肥、厩肥。生草栽培以幼龄茶园最为合适，可选择2～3种豆科植物或牧草搭配种植，如红三叶草、苜蓿、紫云英、爬地兰和美洲狼尾草等。

2. **人工覆盖** 人工覆盖常见的有铺草与覆地膜两种。行间铺草可保水保土，还能有效地防止杂草生长，提高土壤有机质，并且还具有夏季降低地温、冬季保温防霜冻的效果。茶园铺草取材应因地制宜，可以使用稻草、蒿秆、多种作物残茬及其他野草。铺草标准以铺后不见土为原则，一般每公顷铺鲜草1000～3000kg，厚度为8～12cm，若草源有限可只铺茶丛附近。铺草时间根据铺草目的来定，如以防旱为主要目的的茶园，铺草宜在旱热季到来之前进行。在新植茶园，地膜覆盖可有效提高茶园保肥、保湿能力，同时也可有效控制杂草生长。

（三）茶园施肥

1. **茶树的需肥与吸肥特性** 茶树在不同生育期对营养的需求具有连续性和侧重。幼年期茶树栽培的目标是培养庞大的根系和健壮的骨架枝，施肥应提高磷、钾肥的比例；青壮年茶树营养生长和生殖生长都达到高峰，应以氮肥为主，磷、钾肥配合。在茶树年发育周期中，新梢生长期和采摘期对营养的要求较高。茶树是叶用植物，对氮的需求量最大，但氮、磷、钾及其他营养元素配合施用才能显著提高施肥的增产效果和茶叶品质（表10-5）。投产茶园可根据每年采摘鲜叶所带走的三要素量、肥料的利用率（表10-6）及土壤中三要素含量来确定三要素施用量及比例。

表 10-5 氮、磷、钾配比对茶叶产量和品质的影响

肥料配比（氮：磷：钾）	产量/（kg/hm^2）	平均/（kg/hm^2）	游离氨基酸/（mg/g）	茶多酚/（mg/g）	水浸出物/（mg/g）
1：0：0	100.0	100.0	19.2	181	409
1：1：1.5	109.1～128.2	118.2	11.6	193	402
2：1：1	108.3～134.0	121.2	17.8	204	415
4：2：1	103.8～114.9	112.0	18.4	186	400

表 10-6 茶树对三要素的吸收率（%）

吸收率	氮	磷	钾
最高吸收率	50 ～ 60	20 ～ 25	45
最低吸收率	20 ～ 30	3 ～ 5	5 ～ 10

一般1～2龄茶园尚未投产，以培养健壮的骨架和庞大根系为主要任务，磷、钾的用量相对较高，氮、磷、钾的比例多采用1∶2∶2、1∶2∶3、1.3∶0.9∶1等配合比。3～4龄茶园，多采用2∶（1～1.5）∶（1～1.5）。而对于成龄采摘茶园，主要目的是促进新梢萌发和生长，应以氮肥为主，一般采用（2～4）∶1∶1。施用时还应考虑茶园的产量和生产茶类，对于绿茶产区，氮、磷、钾的配比大致为（3～4）∶1∶（1～1.5），而红茶产区则以3∶（1.5～2）∶1为宜。

2. 茶园施肥技术 茶园施肥可分为底肥、基肥、追肥和叶面施肥等4种。

（1）底肥。指开辟新茶园或改种换植时施入的肥料，主要作用是增加茶园土壤有机质，改良土壤理化性质，促进土壤熟化，提高土壤肥力，为以后茶树生长、优质高产创造良好的土壤条件。底肥可集中在种植沟施，开沟时表土、深土分开，沟深40～50cm，沟底再松土15～20cm。肥料上面必须覆盖土后再植茶苗。

（2）基肥。是在当年茶树地上部分生长停止时施用的肥料，可补充当年因采摘茶叶而带走的养分，对春茶的早发、旺发和肥壮起重要作用。茶园基肥宜采用各类有机肥，如饼肥、堆肥、厩肥等，并掺和一部分速效氮、磷、钾肥，或掺和复合肥。幼龄茶园一般每公顷施厩肥、堆肥15～30t或饼肥1.5～2.3t，并配施过磷酸钙225～375kg和硫酸钾112.5～150.0kg；成年茶园按计量施肥法，基肥中氮肥的用量占全年用量的30%～40%，而磷肥和微量元素肥料可全部作为基肥施用，钾、镁肥等在用量不大时可作基肥一次施用，配合饼肥、堆肥、厩肥、复合肥和茶树专用肥等施入茶园。

施基肥的部位，1～2年生的茶苗在距根颈10～15cm处开宽约15cm、深15～20cm平行于茶行的施肥沟施入；3～4年生的茶树在距根颈35～40cm 开深20～25cm的沟施入基肥；成龄茶园则沿树冠垂直投影下位置开沟深施，沟深20～30cm。

（3）追肥。是在茶树地上部生长期间施用速效性肥料。茶园追肥的作用主要是不断补充茶树营养，促进当季新梢生长，提高茶叶产量和品质。茶树在生长季节吸收的养分占全年总吸收量的65%～70%，需要追肥补充土壤养分。追肥应以速效化肥为主，常用尿素、硫酸铵等。追肥时间一般在各茶季之前，分成春、夏、秋季3次追肥。第一次为催芽肥，一般在春梢处于鳞片至鱼叶初展时（2月中旬左右）施入，以后2次分别在春茶后（5月中下旬）和夏茶后（7月中旬左右）施入。对于气温高、雨水充沛、生长期长、萌芽次数多的茶区和高产茶园，需要进行第四次甚至更多的追肥。每轮新梢生长间隙期间都是追肥的适宜时间。幼龄茶园追肥施用量主要依据树龄确定（表10-7）；成龄茶园施肥量应根据茶园土壤肥力、茶树长势、茶叶产量、肥料性质、气候条件及其他栽培技术措施来综合考虑，生产上主要根据茶叶产量来确定（表10-8）。一般，每生产100kg干茶需施12～15kg纯氮，对于磷、钾和其他元素则采取“以氮定磷、钾，其他营养因缺补缺”的原则。全年一般追肥3～4次，各次追肥的分配比例宜为4∶3∶3或5∶2.5∶2.5。施肥部位同基肥，一般施肥沟深10cm左右。

表 10-7 幼龄茶园三要素施用量

树龄	N/（kg/hm^2）	P_2O_5/（kg/hm^2）	K_2O/（kg/hm^2）
1～2	2.5～11.5	2.0～5.0	0.10～1.00
3～4	3.0～6.0	1.5～3.0	0.25～0.75
5～6	6.0～9.0	3.0～5.0	0.25～0.75

表 10-8 成龄茶园氮肥参考用量

干茶产量 /（kg/hm^2）	氮肥用量 /（kg/hm^2）
<750	90～120
750～1500	100～250
1500～2250	200～350
2250～3000	300～450
>3000	400～600

（4）叶面施肥。茶树叶面喷施常用的大量和微量元素浓度见表10-9。喷施时期一般选在茶芽萌动之前，常需多次喷施，一般每次喷施间隔7～10d。喷施时注意向叶背喷施。

表 10-9 茶树常用叶面肥的浓度

营养元素	肥料	肥料浓度 /%	营养元素	肥料	肥料浓度 /%
氮	尿素［$(NH_2)_2CO$］	0.5～1.0	硼	硼砂（$Na_2B_4O_7 \cdot 10H_2O$）	0.05～0.10
	硫酸铵［$(NH_4)_2SO_4$］	1.0～2.0		硼酸（H_3BO_3）	0.1～0.5
磷	磷酸二氢钾（KH_2PO_4）	0.5～1.0	锌	硫酸锌（$ZnSO_4 \cdot 7H_2O$）	0.1～0.5
钾	硫酸钾（K_2SO_4）	0.5～1.0	铜	硫酸铜（$CuSO_4 \cdot 5H_2O$）	0.05～0.10
镁	硫酸镁（$MgSO_4 \cdot H_2O$）	0.01～0.05	钼	钼酸铵［$(NH_4)_6Mo_7O_{24} \cdot 4H_2O$］	0.05～0.10
锰	硫酸锰（$MnSO_4 \cdot H_2O$）	0.2～0.3	硒	亚硒酸钠（Na_2SeO_3）	0.005～0.010

三、茶树修剪与采摘

自然生长的茶树往往主干明显，侧枝细弱，幼龄期树型成宝塔形，成龄后成纺锤状，芽叶立体分布，数量稀少，无法形成密集而宽广的采摘面，茶叶产量低，品质差，采摘效率低，更不适合机械化采摘。所以茶树栽种之后，就必须采用人为的修剪措施，将茶树树冠培育为理想的高产、优质型树冠。

（一）合理的树冠结构

茶树的优化型树冠具有"壮、宽、齐、密、茂"的特点。凡是高产、优质的茶园，都具有强壮而分布均匀的骨干枝、采摘面上健壮而茂密的生产枝，树高适中，灌木型中小叶种茶树高以80cm左右为宜，乔木、半乔木大叶茶树树高以80～90cm为宜。茶树高宽幅比一般要求1：（1.5～2.0），采摘面宽阔，覆盖度达到85%左右，行间应保留20～30cm的通风操作道。一般中小叶种茶树应有15cm左右的叶层厚度，大叶种应有20cm左右的叶层厚度，叶面积指数维持在3～4。

（二）修剪技术

目前，我国推广应用最多的修剪方法有定型修剪、轻修剪、深修剪、重修剪和台刈5种。其中，定型修剪主要起培养树冠骨架、促进分枝、扩大树冠的作用；轻修剪主要起控制树高、整理树冠的作用；深修剪、重修剪和台刈的主要目的是更新复壮树冠。根据茶树的生长发育特点、树势和环境条件，合理应用不同的修剪方法及其配套技术措施，才能达到增产、提质和高效的目标。

1. 幼龄茶树的定型修剪　一般茶树达到2足龄，苗高30cm以上，下部茎粗（离地表5cm处测量）超过0.3cm，并有1～2个分枝时即可进行第1次定型修剪，修剪高度以离地面12～15cm为宜。修剪时用整枝剪，只剪主枝，不剪侧枝；剪口应向内倾，尽量保留外侧的腋芽，使发出的新枝向外侧伸展；剪口要光滑，以利愈合。第2次定型修剪一般在上次修剪1年后进行，修剪高度在上次剪口处提高10～15cm，可用整枝剪或篱剪。第3次定型修剪是在第2次定型修剪1年后进行，修剪高度在上次剪口基础上再提高10cm左右，即离地50cm左右处用篱剪将蓬面剪平。修剪时期以春茶前进行为宜，剪后当年留养新梢。在气候较热、生长季节较长或肥力水平高的情况下，幼龄茶树生长迅速的也可以1年进行2次定型修剪。经过3次定型修剪，树冠迅速扩展，已具有健壮的骨架，即可适当留叶采摘。对大叶种或半乔木型茶树，其顶端优势强势，主干生长快，可以采用分段修剪法来培养树冠。具体做法是：当茶树生长到主茎基部直径达到0.4cm以上时，离地面10～12cm处将主枝剪去。以后在剪口以上的分枝茎粗达到0.30cm，或新枝展叶7～8片，或枝梢已木质化或半木质化，只要具备上述一个条件就可以修剪，剪口在上次剪口上提高8～10cm。采用这种修剪方法，同一枝条1年内一般可剪2～3次，每年可形成2～3级分枝。待分段修剪实施2年后，茶树上已有4～5级分枝，树冠高度达到60cm左右，再进行几次水平轻剪，即可实行留叶采摘（图10-7）。

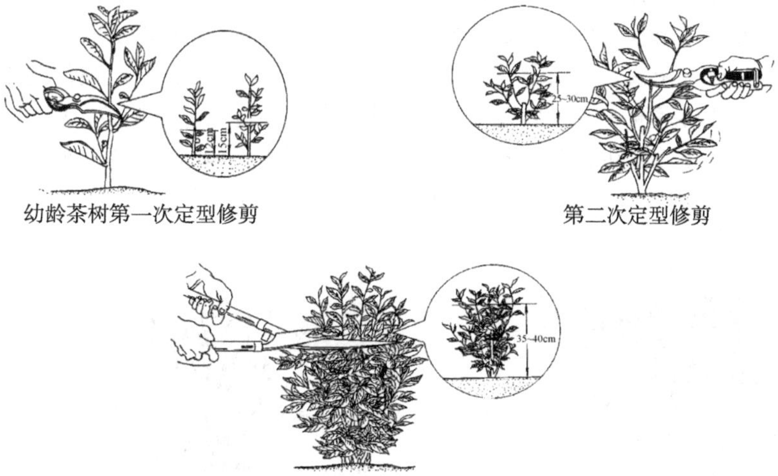

幼龄茶树第一次定型修剪　第二次定型修剪

第三次定型修剪

图 10-7　茶树的定型修剪技术

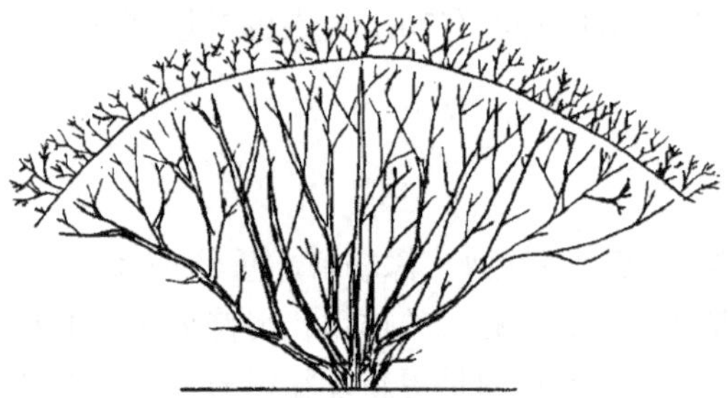

图 10-8　茶树深修剪

2. 成年茶树的轻修剪和深修剪　成年茶树修剪应在定型修剪的基础上，轻修剪和深修剪结合进行。轻修剪是将当年生长的部分枝叶剪去，一般在上次剪口基础上提高3～5cm进行轻度修剪，或剪去树冠面上的突出枝条和树冠表层3～10cm的枝叶。目的是控制茶树高度，平整树冠，调节生产枝数量和粗壮度，使树冠采摘面保持整齐而强壮的发芽基础。轻修剪每年进行1次，如果树冠整齐，生长旺盛，也可隔年进行1次。轻修剪时期生产上应用较多的是春末夏初或秋末，即分别在春茶结束后或秋茶结束后进行。在确定具体的轻修剪时期时，应根据当地气候、品种和茶叶生产情况灵活掌握。轻修剪的树冠形状以浅弧形和水平形为宜，对灌木型茶树以浅弧形为好，对顶端优势强，发芽密度稀的乔木和半乔木茶树以水平形为好。

茶树经过多次采摘和轻修剪后，树冠面上发生许多浓密而细小的分枝，俗称“鸡爪枝”或结节枝，这种枝条阻碍养分运输，育芽能力弱，发出新梢瘦小，对夹叶多，致使产量品质大幅下降。这种情况下，需对茶树树冠采用深修剪的方法，剪去树冠上部10～15cm深的鸡爪枝层（图10-8），使之重新形成新的具旺盛生产力的生产枝层，恢复并提高产量和品质。深修剪一般在春茶结束后进行，深修剪后的茶树叶面积锐减，应留养一季夏茶。一般深修剪后应每年进行1次轻修剪，隔5年左右再次进行深修剪。这样轻修剪和深修剪交替进行，可使采摘面上较长时间保持旺盛生产枝，延长茶树的高产优质年限。

3. 衰老茶树的重修剪和台刈　茶树经过多年采摘和多次轻、深修剪后，树势衰弱，“鸡爪枝”多，芽叶瘦小稀少，产量品质明显下降，根颈处不断有新枝发生。对这类茶树，按衰老程度的不同，可采用重修剪或台刈改造茶树，更新复壮树冠结构。重修剪的对象是未老先衰的茶树和一些树冠虽然衰老，但主干和一二级骨干枝尚有较强生育能力的老茶树。修剪深度一般是剪去树冠1/2或略多一些（图10-9），即离地30～45cm剪去上部树冠。重修剪一般在春茶后进行。剪后发出的新枝，秋末在重修剪剪口上提高10～15cm进行一次定型修剪，第二年可适当留叶采摘，再进行轻修剪，待树高达到70cm以上时，可正常采摘。对树势十分衰老、枝干灰白、芽叶稀少、多数枝条丧失育芽能力、产量很低的茶树，可实施台刈更新树冠。台刈高度一般以离地5～10cm处剪去全部地上部分枝条（图10-10）。台刈时间以春茶前、后为好，台刈后发出的新枝，在秋末离地30～40cm 处进行修剪，以后打顶轻采，剪后2～3年内逐年在上次剪口上提高10～15cm修剪，待树高达到60cm时可正常采摘。

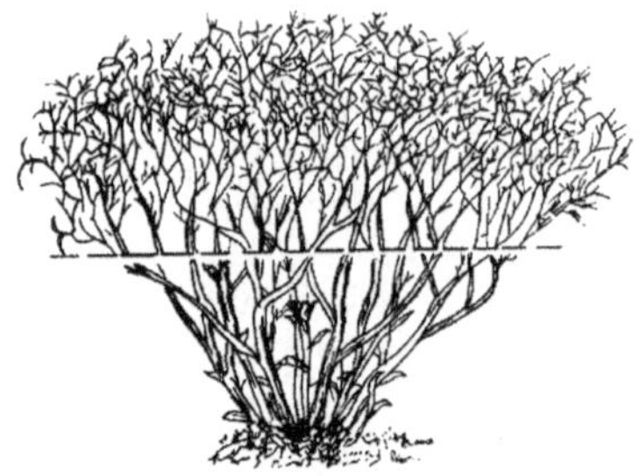

图 10-9　茶树的重修剪

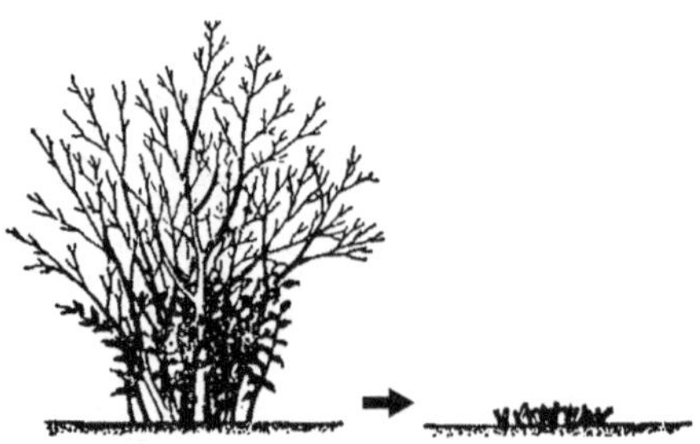

图 10-10　茶树的台刈

（三）茶叶采摘

茶树采摘对象是新梢上的芽叶，芽叶征状随着外界环境条件、茶树品种的不同变化很大，采期和采法不同，获得的芽叶征状和性质也不同，茶叶产量和品质也不同。

1．采摘标准与适制茶类　不同茶类的采摘标准不同。

（1）名优茶的细嫩采。指茶芽初萌发或初展1～2嫩叶时就行采摘，这是多数名优茶的采摘标准。按此标准采摘，大多集中在春茶前期，花工多、产量低、品质佳、季节性强，但经济效益高。

（2）大宗茶类的适中采。当新梢伸展到一定程度时，采下1芽2～3叶和细嫩对夹叶。这是我国目前内销和外销的大宗红、绿茶最普遍的采摘标准（图10-11）。

图 10-11　红、绿茶采摘标准

（3）乌龙茶的开面采。乌龙茶要求有独特的香气和滋味，加工工艺特殊，其采摘标准是待新梢长至3～5叶将要成熟至顶叶最后1叶刚摊开时，采下2～4叶新梢，这种采摘标准俗称“开面采”。

（4）边销茶类的成熟采。待新梢一芽5叶充分成熟，新梢基部已木质化、呈现红棕色时，方可采摘。

2．茶叶采摘方式　多采用手采（包括工具采）和机采。目前我国茶叶采摘尤其是各种名优茶仍以手工采摘为主。手工采摘首先要掌握好开采期，一般春茶新梢在树冠面上有10%～15%达到采摘标准时，夏、秋新梢有5%～10%达到采摘标准时，就应开采。采摘时应做到：按标准及时采，达到标准的先采，未达到标准的留后采，分批多次采摘。此外，应依树龄树势留叶采摘。若采用机采，首先应培养适应机采的树冠。机采茶园开采的标准为：当茶园中1芽2～3叶达到60%时即可开采，春茶可采2次；夏、秋茶当茶园中1芽2～3叶达到50%时即可开采，全年采7～8次。

四、茶树病虫草害防治

（一）病虫害治理

据不完全统计，中国已记载的茶树害虫、害螨种类有800多种，其中常见的200多种；病害（包括线虫病）130多种，常见的有40多种。这些有害生物给茶叶生产带来很大损失。采用农业防治、生物防治、物理防治、化学防治、综合防治等病虫害防治措施是茶叶优质、高产和无公害化的重要保证。

1．农业防治　可采用品种选择、合理间作、正确施肥、适时排灌、及时采摘、修剪调控等措施进行农业调控。具体措施有选育和推广抗病虫品种；优化茶园生态环境，创造生物多样性，增强对有害生物的自然控制能力；加强茶园管理，增强茶树对病虫的抵抗能力；分批勤采可采除大量虫口数量（表10-10）；适度修剪清园，可防治钻蛀类害虫和茎部病害。

表 10-10 不同采摘标准对 5 种重要害虫的采除率（%）

采摘部位	茶细蛾	茶蚜	假眼小绿叶蝉卵	茶跗线螨	茶橙瘿螨
芽	0	3.9	0	0.4	0
1 芽 1 叶	15.5	40.5	10.1	46.3	13.3
1 芽 2 叶	53.5	82.2	41.2	87.7	48.8
1 芽 3 叶	92.6	97.7	85.5	98.6	67.5
1 芽 4 叶	100.0	99.4	99.4	99.4	76.6

资料来源：殷坤山等，1987

2. 物理防治 主要采用直接捕杀和物化诱杀。可利用害虫的趋光性，采用杀虫灯进行诱杀或进行虫情预测；利用害虫对色泽的偏嗜性进行诱集，如茶黄蓟马、小绿叶蝉都具有趋黄、绿特性，可利用黄色或绿色板来诱集，如能将色板和性信息素或挥发性信息化合物联合使用效果更好；还可利用害虫对某些气味的趋化性，用糖醋诱集茶小卷叶蛾等害虫有较好的诱集效果。

3. 生物防治 主要方法是：在茶园中释放寄生性捕食性天敌动物，如各类天敌蜘蛛、赤眼蜂、捕食螨、昆虫病原线虫、瓢虫等；保护茶园中的自然害虫天敌，营造害虫天敌生物容易生存的环境，如为保护蜘蛛放草把；在害虫捕捉器中使用昆虫外激素，如性信息素或其他动物植物源引诱剂；使用活体微生物农药，如真菌制剂、细菌制剂、病毒抑制剂、放射菌、拮抗菌制剂；有限度使用农用抗生素，如农抗120、井冈霉素等防治真菌病害，浏阳霉素防治螨类。

4. 化学防治 在无公害茶叶生产中允许有限度地使用化学农药，但必须按照安全、高效、低毒、低残留的原则，合理地选用农药品种，且每年使用次数不超过 2次。在生产茶园中，最好采取对虫害挑治的方法，对施药区进行隔离保护使用，这样能减少用药量，避免污染，但施药区的安全间隔期必须保证在7d以上。

（二）草害治理

茶园栽培管理中，除草是一项必需的经常性的作业，可结合土壤翻耕、行间铺草、间作绿肥、提高茶园覆盖度等措施减少杂草种子或恶化杂草生长条件，从而防止或减少杂草的发生。人工除草是目前我国茶区的主要除草方式，可采用拔草、浅锄削草、浅耕除草等方法。化学除草应根据当时、当地茶园的杂草生长情况，结合除草剂特性，同时还要考虑对茶树的安全性和对环境生态的友好性选用除草剂。防禾本科杂草为主的，宜选用莠去津、扑草通、稳杀得等；防阔叶杂草为主的，则宜选用果尔、敌草隆、磺草隆等；对于防除各类杂草的可选用草甘膦和克芜踪等广谱灭生性除草剂。茶园杂草全年有2～3次发生高峰，应在发草高峰前期使用除草剂。

第三节　茶的加工、贮藏与利用

茶以加工品供饮用，加工工艺因茶类而不同，也决定茶的质量。不同茶类耐藏性不同，对储藏条件的要求和储藏方法不同。茶除直接饮用外，还可加工成其他产品利用。

一、茶叶加工

按照加工阶段的不同，茶叶加工可分为初制加工、精制加工和再加工，所获得的茶叶成品分别称为毛茶、精制茶（商品茶）和再加工茶。根据初制加工工艺的不同，可将茶加工品分为绿茶、红茶、乌龙茶、黄茶、白茶、黑茶等六大茶类，不同茶类加工工艺不同。

（一）绿茶加工

绿茶是我国产量最多的茶类，各茶区都有生产。其品质特点是，干茶色泽绿润，冲泡后清汤绿叶，香气特征为清香或熟栗香，滋味鲜醇，浓而不涩。绿茶分炒青、烘青、晒青和蒸青4种加工方式，以炒青最为常见。绿茶的加工工艺有鲜叶摊放、杀青、揉捻、干燥等基本工序。

1. 杀青　杀青是加工绿茶的第一道工序，也是形成汤清叶绿品质的关键工序。杀青的目的一是利用高温破坏鲜叶中酶的活性，制止鲜叶中多酚类化合物的酶促氧化，使加工叶保持色泽绿翠；二是促进鲜叶内含成分的转化，散发青臭气，发展茶香；三是蒸发部分水分，使叶质柔软，韧性增强，便于下一工序的揉捻成条和做形。杀青机械有锅式杀青机、滚筒式杀青机、蒸汽杀青机和微波杀青机等。杀青的技术因素包括温度、投叶量、杀青时间及杀青方法等，这些因素相互影响，相互制约，都对杀青质量起重要作用。

（1）杀青温度。先将杀青锅加热升温至260～320℃，然后投入鲜叶原料，通过翻炒使鲜叶叶温在1～2min内迅速上升到80℃以上，并保持1min以上。以钝化茶叶中的多酚氧化酶等酶类，控制多酚类氧化，保持茶叶绿色。锅温过高，杀青叶失水过快，容易产生焦叶焦边，有烟焦味。锅温过低，杀青不及时容易产生红梗红叶，影响品质。而在杀青后期加工叶水分含量减少，青草气已基本散失，杀青温度则需适当降低。

（2）投叶量。投叶量因杀青设备、鲜叶嫩度、杀青程度、锅温的不同而异。在同一锅温条件下，采用机械传动的锅式杀青，其投叶量经验公式为

$$投叶量=(150-5k)R^3\ (\text{kg/锅})$$

式中，k为鲜叶老嫩级别；R为杀青锅半径；150为校正常数；5为鲜叶级别修正值。

（3）杀青时间。一般锅式杀青机的杀青时间为9～12min，滚筒杀青机的杀青时间约4min。杀青时间的长短与鲜叶老嫩、锅温和投叶量有关，含水率高的嫩叶中酶活性较强，杀青温度要高，含水率低的老叶杀青温度要低一些，即“老叶嫩杀，嫩叶老杀”。杀青时间

过长，杀青失水过多，不利做形；杀青时间过短，鲜叶的茶多酚、蛋白质等成分水解转化不充分，成品青涩味重。

（4）杀青方法。锅式杀青应掌握“抖闷结合，多抖少闷”的原则。抖杀使叶子扬高，以利于水分散发，防止叶色变黄。闷杀加盖不扬叶，使蒸汽在叶内作短时间的停留，避免形成红梗、红叶。但是闷的时间也不宜过长，容易使芽叶出现黄熟现象并伴有水闷气。时间掌握上可以采取先抛杀2～3min，闷杀1～2min，再抛杀至适度。一般嫩叶要多抛，老叶要多闷。待杀青叶水分含量达58%～60%时（表10-11），鲜叶颜色由鲜绿转为暗绿，叶质柔软，叶梗弯曲而不断，手握成团，茶叶有清香感，要起锅、摊晾，转入揉捻。

表 10-11　不同等级鲜叶杀青前后含水量参考表

等级	鲜叶含水量 /%	减重率 /%	杀青后含水量 /%
一二级	76 ～ 77	40 ～ 45	58 ～ 60
中档	74 ～ 76	32 ～ 40	60 ～ 62
低档	73 ～ 74	25 ～ 32	62 ～ 64

绿茶加工的杀青过程中，鲜叶中一些具有青草气、低沸点的青叶醛和青叶醇大量蒸发，高沸点的芳香物质则逐渐显露，从而使杀青叶具有熟香气，叶色由鲜绿色变为暗绿色或黄绿色。同时，杀青过程使茶多酚总量减少，有利于减轻茶汤的苦涩味。

2. 揉捻　揉捻是使茶叶卷起茶条，初步形成条索的一道重要工序，它是利用机械力使杀青叶在揉茶桶内受推、压、扭和摩擦等多种力的相互作用形成紧结的条索。杀青叶不经摊晾趁热揉捻，即为热揉；杀青叶出锅后经过一段时间的摊晾，叶温下降到一定程度时再揉捻，为冷揉；杀青叶出锅后稍经摊晾后揉捻，为温揉。嫩度高的杀青叶要经过摊放散热减少水分，才能进行揉捻，以免茶叶变黄；而叶质较老的杀青叶，在杀青结束后，经抖散透气，即可趁热揉捻，有利于将茶叶揉紧。为了保持良好的色泽和香气，总的来说，高档鲜叶采用冷揉，低档鲜叶采用热揉，中档叶宜温揉。揉捻投叶量、加压大小及揉捻时间要根据制茶种类和叶质嫩度确定。操作时，要掌握“嫩叶轻揉，老叶重揉”“轻—重—轻”和“抖揉结合”的原则。绿茶多为一次性揉捻，嫩叶一般要揉20～25min。老叶采用重压长揉，解块分筛，分次揉捻，但总时间一般不超过50min。揉捻适度的标志是茶叶基本成条，三级以上的叶子成条率达80%以上，三级以下的不低于60%；细胞破坏率一般为45%～55%，匀整度在70%以上；茶汁黏附叶面，手摸有滑润粘手的感觉。

3. 干燥　干燥是加工绿茶的最后一道工序，其目的是继续做形，发展香气，挥发水分，固定品质，有利于茶叶的保存。归纳起来，干燥工艺主要有“烘—炒—炒”“烘—炒—滚”“烘—滚—滚”等多种方式。“烘”是用茶叶烘干机烘二青；“炒”是用茶叶锅式炒干机炒三青或辉炒干燥；“滚”是用瓶式炒干机炒三青或辉炒干燥。生产实践证明，“烘—炒—滚”干燥方式，制茶品质较好。

（1）烘二青。目的是用热风快速除去揉捻叶所含的部分水分，减少黏性，提高芽叶可塑性，便于后阶段做形。烘二青使用的设备为茶叶烘干机，以热风为烘干介质，热风温度一般为120℃左右。二青叶烘干程度，以含水量35%～40%，手捏叶不粘、稍感触手、叶子尚软，紧握成团，松手后会慢慢的弹开为适度。

（2）炒三青。目的是进一步去除茶叶中的水分，使加工叶卷紧条索，基本定型，并不断使香气成分获得转化。炒三青所用设备为锅式炒干机或八角式炒干机。作业时每锅投叶量10kg左右，锅温掌握在100～110℃，历时40～50min。炒至含水量15%左右时，出锅摊晾。

（3）滚炒辉干。辉干是茶叶干燥的最后阶段，其作用是进一步去除水分，发展茶香。使用瓶式炒干机辉干，筒壁温度可保持在100℃左右，滚炒时间可达到60～80min。直径70～80cm的滚筒炒干机每次投叶量约40kg，滚炒到含水量5%左右、手捏成粉末时，出锅摊晾包装。

（二）红茶加工

红茶是世界上消费量最多的茶类，占世界茶叶消费总量的70%以上。红茶的品质特征是干茶色泽乌黑油润，冲泡后红汤红叶，香味甜醇。红茶属于全发酵茶，以一芽二三叶为加工原料，依制法不同，可分为工夫红茶、红碎茶和小种红茶3种。揉捻成条形的称为红条茶或者工夫红茶；经机械切碎的称为红碎茶；小种红茶是福建省特有的一种红茶，加工时除采用一般工夫红茶的加工工艺外，还有一道用松柏烟对加工叶进行熏制的工序，所加工出的红茶微带松柏香气。各种红茶加工都有萎凋、揉捻（揉切）、发酵、干燥4个工序。现以工夫红茶为代表简单介绍其加工工艺。

1．萎凋 萎凋是工夫红茶加工的第一道工序，是把鲜叶在自然或加温条件下放置一段时间，让其自然失水的过程。萎凋的目的一是蒸发掉部分水分，降低茶叶细胞的张力，使叶梗由脆变软，增加芽叶的韧性，便于揉捻成条；二是由于水分的散失引起的鲜叶中内含物的一系列化学变化，为形成红茶的特定品质，即红汤、红叶、花香、滋味的浓强鲜奠定基础。

萎凋方法有室外日光萎凋、室内自然萎凋、萎凋槽萎凋等。室外日光萎凋是将鲜叶均匀地摊在晒场或竹垫上，借太阳的光和热使鲜叶水分蒸发的萎凋方式。摊叶厚度为0.5kg/m^2，要根据日光强弱和鲜叶老嫩，适当进行翻叶，待叶质柔软、叶面卷皱时，将萎凋叶移入阴凉处或室内摊晾。室内自然萎凋是将鲜叶摊放于萎凋架上的萎凋帘上，一般摊叶厚度为0.50～0.75kg/m^3，室温控制在25℃左右，相对湿度为60%～70%，经过10～18h即达适度。萎凋槽萎凋是将鲜叶放在通气的槽体中，通以30～35℃热空气，以加速萎凋进程。夏秋季节如气温在30℃以上，可不必加温萎凋，只需鼓风，一般采用间歇式鼓风的方式进行，萎凋过程中根据鲜叶的萎凋程度适时翻拌萎凋叶避免产生萎凋不匀的情况，萎凋时间为8～12h，为保证萎凋叶质量，萎凋工序一般不超过18h。

在生产上，红茶萎凋应按照“嫩叶重萎凋，老叶轻萎凋”的原则进行，而萎凋程度的掌握主要根据叶像的变化和检验水分状况来加以判断。一般萎凋叶含水量在58%～65%（表10-12），叶面失去光泽，叶色转为暗绿，叶质柔软，手握成团，松手不弹散，嫩茎梗折而不断，无干芽、焦边和红叶现象，青气消失，略显清香，即萎凋适度的标志。

表10-12 萎凋叶适度含水率（%）

鲜叶状况	鲜叶含水率	萎凋适度含水率	鲜叶减重率
嫩叶	75～77	58～62	39～45
老叶	73～75	63～65	27～30

2. 揉捻 揉捻的目的一是破坏叶组织细胞，便于茶多酚与多酚氧化酶接触产生酶促氧化，形成红茶特有的红汤红叶的特征；二是挤压茶汁溢出粘于表面，便于冲泡，增进色香味浓度；三是使芽叶卷成紧直条索，使外形美观。

工夫红茶揉捻所用的揉捻机与绿茶相同，但大多采用大中型揉捻机，投叶量也较多，如65型揉捻机可一次投叶65kg，55型为30kg；揉捻方法与绿茶大同小异，因红茶要求揉捻充分，所以组织破坏程度比绿茶大，揉捻时间也比绿茶长。一般高级叶揉捻时间为60～70min，低档叶揉捻70～90min，分两次进行揉捻。投叶量、时间、次数、加压情况应根据鲜叶老嫩和揉捻机种类等情况适当调整。加压应掌握“轻—重—轻”“老叶重压，嫩叶轻压”的原则。揉捻程度：要求芽叶紧卷成条，无松散折叠现象，成条率达85%～90%；细胞破坏率达78%～85%；细胞质充分黏附在叶表面，手捏揉捻叶有茶汁向外溢出，放手后茶团不松散，局部揉叶泛红，并发出较浓的青草气味。

3. 发酵 发酵的目的是利用多酚氧化酶的活性促进多酚类氧化，形成较多的茶黄素和茶红素，从而形成红茶特有的颜色和滋味；散发青气，形成浓郁的香气。

影响发酵的主要因素有温度、湿度和通气状况。温度是影响发酵作用的首要条件，发酵室温度应控制在25℃左右，空气相对湿度在90%以上，要求空气新鲜，供氧充足。发酵时，将揉捻好的经解块分筛后的各筛号茶，分别摊在发酵室预先洗净的发酵筐、发酵匾或发酵槽内，并依次放在发酵架上。发酵叶摊叶厚度一般为4～10cm，应根据叶子老嫩、揉捻程度、气温高低等而定；一般掌握细嫩茶宜薄，粗老茶宜厚，春茶宜厚，夏秋茶宜薄的原则。发酵中必要时需翻拌，以保持疏松通气。一般发酵时间春茶3～5h，夏秋茶1～2h。

正确而适时地掌握发酵的程度，是形成红茶品质的关键。发酵适度的叶子，叶色基本上变为铜红色（春茶及嫩叶）或紫铜色（夏秋茶及老叶），青气消失，发出浓厚的苹果香气，叶脉及汁液泛红。

4. 干燥 干燥是红茶初制的最后一道工序。其目的是利用高温迅速钝化酶活性，终止发酵；蒸发水分，使毛茶充分干燥，紧缩茶条，便于贮藏与运输；散发青草气，产生红茶的甜香和花香。

红毛茶的烘干一般分两次进行，中间经过1～2h的摊晾。第一次烘干称“毛火”，第二次烘干为“足火”。干燥的机具类型与烘青绿茶相同，主要有自动链板式烘干机和手拉百叶式烘干机。第一次毛火，采用高温快速烘干法，烘干机进风口温度掌握在110～120℃为宜，时间10～15min，摊叶厚度1～2cm。毛火适度的茶叶，手捏稍感刺手，但叶子尚较有弹性，折便不断，含水量为 20%～25%。毛火和足火之间的摊晾时间一般为30～60min。足火采用低温慢烘法，温度为80～90℃，摊叶厚度为3～4cm，使茶叶充分干燥，外形条索紧结，色泽乌润，茶香浓烈，手捻茶叶即成粉末，含水量为4%～6%。

（三）乌龙茶加工

乌龙茶属于半发酵茶，是我国特有的茶类。成茶品质特征是：外形条索粗壮或呈螺旋状，茶汤金黄清澈，香气馥郁芬芳，叶底“绿叶红镶边”。乌龙茶的制法综合了红茶和绿茶的初制工艺特点，其工艺特征是有做青工序。乌龙茶品种花色繁多，可区分为闽北乌龙、闽南乌龙、广东乌龙和台湾乌龙，但加工方法大同小异。乌龙茶初制加工的基本工艺为：萎凋→做青（摇青）→杀青（炒青）→揉捻→干燥（烘焙）。现以武夷岩茶为例介绍其加工工序。

1．萎凋　包括晒青和晾青。将采回的鲜叶均匀地薄摊在直径90cm的水筛或篾垫上进行日照，称为晒青，宜在下午3时以后进行，其目的是散失适量的水分，增强酶的活性，为摇青做准备。晒青时间随阳光强弱而异，晴天阳光强，只需8～9min；气温低、阳光弱时，晒青可长达1h。晒青过程中要轻翻一次，并把两筛的叶子并为一筛。晒青的适宜程度是：第一叶和第二叶下垂，叶面失去光泽，叶质柔软，香气初显。晒青后的茶叶减重率为10%～15%。经晒青的叶子，移至室内通风阴凉处继续萎凋的过程称为晾青。晾青时，叶脉与茎内水分向叶面输送，原来在晒青中已呈现萎凋状的叶片又恢复紧张状态，俗称“还阳”。随后叶面水分继续散失，叶片又萎软下来，俗称“退青”。此时的萎凋叶，梗弯而不断，顶叶下垂，手捏略有弹性，青气减少，花香显露，可视为萎凋适度，可进行做青。晾青时间一般约30min。

2．做青　又称摇青，是乌龙茶加工中特有的工序，也是形成乌龙茶品质的关键措施。做青原理是：在做青过程中，茶叶在水筛内或摇青机内转动，相互碰撞，叶缘细胞逐渐损伤，促进多酚类化合物的酶促氧化而逐步红变，形成“绿叶红镶边”。通过静置，叶片由萎软状又呈新鲜状态即“还阳”，促进茎梗中的水分和可溶性物质经输导组织往叶肉组织和细胞输送（俗称“走水”）。做青一般在较密闭而凉爽的做青室进行，为了有利于生化变化的缓慢进行，需控制做青室的温度和湿度，以室温22～27℃、相对湿度75%～80%为宜。摇青的方法有手工摇青和机器摇青两种。手工摇青采用水筛，摇青时叶片在筛面作圆周旋转，并上下跳动，叶片与叶片、叶片与筛面之间发生摩擦，从而导致叶缘细胞被破坏。摇青与静置交替进行，使叶片交替进行“退青”与“还阳”。摇青一般分5～7次做，全程需6～9h。因摇青的碰撞力往往不足，故在第二或第三次摇青时，采用“做手”（用双手收拢叶子，轻轻地拍打）手法以加重摇青程度。每次摇青后需将叶子捧松，堆成四周高，中间低，呈凹形；堆面逐次缩小，堆叶逐次增厚，以控制叶子水分蒸发速度，并使水分分布均匀；提高叶温，加速叶内物质转化。摇青转数与静置时间由少到多，最后又减少。机器摇青采用滚筒摇青机，每筒装萎凋叶10～12kg，每隔30～60min摇青一次，转速25～30r/min，每次摇2～6min，摇青叶留在筒内静置，整个做青过程摇青8～12次，总摇转数800～1000r，摇青与静置交替进行。做青适度的叶子叶脉透明，叶面青绿，叶缘朱红，红变面积约占30%；青草气消失，露出浓烈花香；叶片柔软光滑；叶缘收缩，形似汤匀，减重率为25%～28%。

3．杀青　与绿茶杀青目的相同，方法也大致相同。由于乌龙茶原料较粗大，又经萎凋与做青，其含水量较少，因此操作时要掌握“高温快炒，少抛多闷”的原则。可采用锅式杀青机或滚筒杀青机两种。锅式杀青机每锅投叶量2kg左右。锅温250～280℃，操作时先闷、中透、后闷，炒至叶子柔软，富有黏性，发出清香为度，时间2～3min。滚筒杀青机多用110型滚筒杀青机，杀青温度为220～240℃，投叶量15～20kg，炒4～6min，含水率降至15%～22%时，可达到适度。

4．揉捻　揉捻是形成乌龙茶外形卷曲、折皱的重要工序。乌龙茶的揉捻与绿茶有显著不同，所用机械也有差别。由于乌龙茶原料偏老，因此必须采取热揉、少量、逐渐加压和短时、快速的揉捻措施。揉捻时常采用包揉机，便于短时热揉，投叶量6～10kg，转速55～65r/min，嫩叶揉捻时间为4～8min，老叶为15～20min，揉捻至叶细胞组织破坏、茶汁流出，叶片卷成条索为适度。

5．干燥　乌龙茶讲究火功，用炭火烘焙的品质较好，其干燥工艺与红茶加工类似，也包括毛火和足火两个过程。毛火，每笼投揉捻叶2.0～2.5kg。采用先初焙、后摊晾、再复焙的方法。先在120～140℃焙窖上烘焙，每4～5min翻动一次，约四成干时，换至100℃焙窖上，每8～10min翻动一次。茶叶七八成干时便下焙摊晾。然后采用低温常烘的方法进行足火，温度80～90℃焙至梗可轻易折断便可下焙。

（四）黄茶加工

黄茶为我国特有茶类，由绿茶加工工艺发展而来，特殊的闷黄工艺造就了它的独特“三黄”品质（干茶黄、汤色黄、叶底黄）。我国传统黄茶名品有君山银针、蒙顶黄芽、霍山黄芽等，主要分布在湖南、湖北、四川、安徽、浙江和广东等省。

黄茶的制造工艺近似绿茶，但增加了闷黄过程。典型的黄茶加工工艺流程是：杀青→闷黄→干燥。下面以蒙顶黄芽为例，介绍黄茶加工的主要工艺。

蒙顶黄芽属黄小茶类的芽型茶，产于四川省名山县蒙顶山一带，是蒙顶名茶传统产品的一种。蒙顶黄芽由于芽叶特嫩，加工技术要求特别精细，分杀青、初包、复锅、复包、三炒、摊放、四炒、烘焙等8道工序。

1．杀青 锅温130～140℃，投叶量0.125～0.150kg。抖炒闷炒交替进行。历时4～5min，至叶色变暗茶香显露，芽叶含水率减少到55%～60%，即杀青适度，出锅初包。

2．初包 初包是将出锅后的杀青叶迅速用草纸包好，保持叶温在55℃左右，放置60～80min，中途开包翻拌一次，使黄变均匀一致。待叶温下降到35℃左右，叶色由暗绿转变微黄时，进行复锅二炒。

3．复锅 锅温70～80℃，复炒3～4min，含水率减至44%～48%为宜。

4．复包 二炒以后，为使叶色进一步黄变，形成黄色黄汤，可按初包方法，将50℃左右的复炒叶经50～60min包置，叶色变为黄绿，进行三炒。

5．三炒 操作方法与复锅相同，锅温70℃左右，投叶量0.100kg左右，炒制时间3～4min，含水率减至30%～35%时为宜。

6．摊放 将三炒叶趁热撒在细蔑簸箕上，厚度5～7cm，盖上草纸，摊放24～36h，即可四炒。

7．四炒 进一步整理形状，使茶条扁直、光滑，并散发水分和闷气，增进香味。锅温60～70℃，投叶量（在制品）以0.100kg左右为好。操作技术主要是拉直，压扁茶条，当炒至七八成干，水分含量20%左右时改变手法，用单手握住叶子，在锅中轻轻翻滚，使叶温逐步上升，促进香气的提高，并使叶色润泽，金毫显露。当叶形基本固定，出锅摊放。若芽叶色泽黄变程度不足，可再继续堆积摊放，直到色变适度，即可烘焙。

8．烘焙 采用烘笼烘焙，每笼摊叶量0.250kg，用40～50℃的低温，慢烘细焙，以进一步发展色香味，散发水分，使茶叶足干。每隔3～5min翻焙一次，待水分含量下降到5%左右，下焙摊放，包装入库。

（五）白茶加工

白茶是我国特产。加工时不炒不揉，或晒干或烘干，其干茶表面因此密布白色茸毛，为轻微发酵茶。主要品质特征是毫色银白，芽头粗壮，汤色黄亮较浅，滋味鲜醇，叶底嫩匀。白茶有芽茶和叶茶之分。芽茶如白毫银针；叶茶如白牡丹、贡眉等。两者制法大体相似，略有不同。白毫银针的品质特征是形似针、白如银；香气清鲜浓郁，滋味鲜爽甘甜，汤色浅黄晶亮。白毫银针根据制法的不同，分为福鼎银针和政和银针。下面以白毫银针为例，介绍白茶加工工艺。

1. 福鼎银针（北路银针） 原料必须是茶树早春长出的芽头，于第一片真叶刚离芽体还未展开时，将茶芽连叶适时采下，剔除鱼叶鳞片，断碎芽叶，只取完整肥壮毫多的茶芽。将茶芽薄摊于萎凋竹帘上，并放置于通风处的晾青架上，自然萎凋或置于微弱的阳光下轻晒，待芽叶含水量为20%左右时，将茶芽薄摊于焙笼上，用文火（40～45℃）慢烘至足干，焙心垫一层白纸，以防火温太高，灼伤茶芽。高温厚摊则红，火候过度则黄，不足则黑。适时轻手翻动，使焙笼上的火温和茶芽受温干燥均衡。足干后，摊晾封存。

2. 政和银针（西路银针） 将茶芽薄摊在通风阴凉处萎凋（或微弱日光下摊晒），至七八成干，移至烈日下晒干，一般需2～3d才能完成。中途遇雨则须烘焙。也有采取先晒后风干的，一般多于午前日光不强时晒2～3h，再移至阴凉处风干。

（六）黑茶加工

黑茶属后发酵茶类。典型的黑茶有湖南安化黑茶、湖北老青茶、四川边茶、广西六堡茶和云南普洱茶。黑茶制造工序大同小异，其基本特征都是经过渥堆，这是形成黑茶品质的关键性工序。黑茶品质特点为色泽黑褐油润，内质汤色橙红，香气纯正，滋味醇和，叶底黄褐粗老。黑茶主销西藏、内蒙古、新疆、甘肃等高原边疆少数民族地区，所以，习惯上称黑茶为边销茶。

黑茶的工艺特点：鲜叶→杀青→揉捻→渥堆→干燥。渥堆是形成黑茶品质风格的关键工序。它是在杀青破坏酶活性的基础上，在干燥前或干燥后进行长时间的堆渥，茶叶在湿热、微生物和残余酶作用下，使多酚类化合物进行不同程度的氧化，形成黑茶特有的品质风格。下面以普洱茶为例，介绍黑茶的主要加工工艺。

普洱茶原产于云南省，过去因集散地为普洱县而得名。现在除云南省外，四川、广东、湖南等地也有普洱茶生产。普洱散茶经蒸压可制成普洱沱茶、普洱砖茶、七子饼茶、小饼茶等紧压茶。

云南普洱茶以大叶种茶树鲜叶为原料制造而成，因而品质具有味浓、耐泡、香醇的特点。以前普洱茶的制作，均是将采下的鲜叶进行萎凋、杀青、揉捻和晒干而形成"滇青"，随即进行蒸压成型和干燥，从而形成紧压茶，即现在所称的"生饼"。其陈化(后发酵、后熟)过程是在此后的长时间贮藏和运输过程中完成的。此时从晒青毛茶的"滇青"到压制成型的紧压茶，都叫做普洱茶。1973年，昆明茶厂研究成功潮水渥堆发酵的快速陈化普洱茶生产工艺，一般就把晒青毛茶经渥堆处理而制成的产品称为普洱茶；而此后再蒸压干燥形成的紧压茶则被称为"熟饼"。

普洱茶的制造工艺是先经杀青、揉捻、晒干制成晒青毛茶——滇青，而后经洒水渥堆、晾干、筛分制成普洱茶。

1. 杀青 采用锅式杀青机或滚筒杀青机杀青，因大叶种鲜叶含水率高，使用锅式杀青机杀青时，必须闷抖结合，使茶叶失水均匀，达到杀透杀匀的目的。

2. 揉捻 揉捻要根据原料老嫩灵活掌握：嫩叶轻揉，揉时短；老叶重揉，揉时长。揉至基本成条为适度。

3. 晒干 利用日光，薄摊在清洁的水泥场上晒干，晒至茶叶含水率为10%左右为适度。没有阳光时也可烘干。

4. 渥堆 渥堆是普洱茶色、香、味品质形成的关键工序。先将晒青茶叶匀堆，再向晒青内洒水使茶叶吸水受潮，含水率达到30%以上，并进一步匀堆拌匀，然后把茶叶堆成1m左右厚度，让其自然发酵，在发酵过程中堆温应保持在60～70℃，中间翻拌3～4次。发现超过70℃，则应翻拌降温；若低于60℃，说明水分不足，也应翻拌，并加水提高堆温，再拌匀堆放。经过若干天甚至1.0～1.5个月的堆积发酵以后，茶叶色泽变褐，有特殊的陈香味，滋味变成浓而醇和。

5. 晾干 渥堆达到适度以后，扒堆晾茶，散发水分，自然风干。

6. 筛分 干燥以后的茶叶，先解散团块，茶叶松散成条后，进行筛分分档，便制成普洱散茶毛茶。

二、茶叶贮藏

茶叶是一种较易变质的商品，若保存不当，茶叶中的内含物发生缓慢的化学变化，就会失去原有的色、香、味，并失去饮用价值。所以应改善茶叶的贮存条件，防治茶叶劣变，保持茶叶的“新鲜度”。

（一）影响茶叶品质的贮藏环境因素

茶叶主要内含物成分都是有机物，其性质大多不稳定，在贮藏过程中易发生化学反应从而导致茶叶品质下降。贮藏过程的环境条件如温度、空气湿度、氧气、光和环境卫生条件均影响茶叶品质。

1. 湿度 茶叶容易吸湿，茶叶中水分含量超过5%时会使茶叶品质加速劣变。因此，茶叶贮藏含水量掌握在6%以内。但是，茶叶在贮藏时含水量的变化，除受茶叶本身含水量的影响外，还受周围空气中相对湿度的影响。空气相对湿度愈大，茶叶吸湿愈快，含水量增高，化学物质自动氧化作用增强，茶叶变质愈快。贮藏环境的相对湿度在50%以上时，茶叶含水量就会显著升高。空气湿度大，不仅影响茶叶的色、香、味，还会滋生霉菌。

2. 温度 温度对茶叶贮藏过程中的品质变化过程影响显著。温度愈高，化学变化的速度加快，品质劣变的速度就愈快。在一定范围内，温度每升高10℃，绿茶色泽褐变的速度要增加3～5倍。因此，最好采用低温冷藏来有效减缓茶叶变褐及陈化。茶叶冷藏的经济适宜温度为0～5℃，如温度低至-25℃，则效果更好。目前我国茶叶贮藏尤其是名优茶贮藏逐步推行冷库贮藏。

3. 光线 光线能促进植物色素和脂类物质氧化。茶叶在直射光下贮存，不仅色泽发黄，还会产生不良气味。当茶叶中的色素氧化后，绿茶由绿变黄，红茶由乌黑变棕褐色；并且茶叶内的某些物质发生光化学反应而产生有日晒味的戊醛、丙醛、戊烯醇等物质，加速了成品茶的陈化。因此，茶叶的贮藏最好采用不透光的材料和容器，以避免强光或光线的直射。

4. 气体 空气中大量存在的氧气可使茶叶中的多酚类物质、叶绿素、维生素C和脂类等物质缓慢氧化，从而使茶叶汤色变黄、变褐，失去鲜爽滋味，产生陈味。防止贮藏茶叶自动氧化，常用的方法是在茶叶包装时抽真空、充氮气或二氧化碳，不仅可以防霉，还可以延缓茶叶陈化，减少茶叶中多酚类物质、维生素、叶绿素、芳香物质等重要成分的耗损，在较长贮存期间保障茶叶质量不变。此外，必须采用无异味、防湿、遮光、不透气、符合食品卫生要求的材料做包装物。

综上所述，茶叶理想的贮藏保鲜条件是：茶叶含水率低于6%，避光、低湿（相对湿度低于50%）、低温（0～8℃）、低氧（容器内含氧量低于0.1%）、包装材料卫生干净。

（二）茶叶贮藏措施

茶叶贮藏方法多种多样，在我国很早就有石灰、木炭密封贮藏法，市场流通和消费者少量贮藏主要采用听装（马口铁镀锡、镀锌或镀铬薄板等）、袋装（牛皮纸袋、塑料袋和多层复合喷铝袋等）和盒装（纸质、木质、竹喷或其他材质）3种形式；贮藏运输过程中的大包装大都采用木箱（桦木、椴木、水曲柳或胶合板等），箱内衬铝箔和牛皮纸的方法，也有用纸箱包装的。新的包装材料与干燥剂、除氧剂、抽气充氮或二氧化碳技术、真空技术等正被广泛应用到茶叶贮藏实践中，大容量茶叶保鲜库主要是为茶叶提供了一个低温（5℃左右）、低湿和黑暗的贮藏环境。

1. 生石灰除湿保鲜法　多用于名优茶的贮藏保存。方法是：选用罐口或桶口较小的陶土罐或不会生锈的铁质桶，在罐或桶底部放一定量的生石灰，用牛皮纸包装好茶叶，置于罐或桶内，罐口或桶口用密封性好的复合薄膜或其他无毒、无味的材料捆扎密封即可。

2. 防潮包装保鲜法　防潮包装是选用防潮性能优良的包装材料和加入干燥剂以防止茶叶水分增加的包装方法。常用的防潮包装材料有聚酯/聚乙烯、玻璃纸/聚乙烯、尼龙/聚乙烯、聚酯/铝箔/聚乙烯或铁罐、陶瓷罐。干燥剂通常采用硅胶或特制的纯度较高的石灰，茶叶与硅胶的比例是10：1，茶叶与石灰的比例是3：1左右。

3. 抽气充氮包装保鲜法　主要用于名茶贮藏保鲜。采用惰性气体氮气或气体二氧化碳来置换包装袋中的空气，阻滞茶叶化学成分与氧的反应，从而防止茶叶陈化和劣变。保鲜期可达8个月以上，如果将其放入低温冷库中冷藏，则保鲜期可达1年以上。

4. 真空包装保鲜法　采用真空包装机，将袋内空气抽出后立即封口，使包装袋内形成真空状态，从而阻滞了茶叶氧化变质，达到保鲜的目的。

5. 脱氧包装保鲜法　采用气密性良好的复合膜容器，装入茶叶后再加入一小包脱氧剂（或称除氧剂），然后封口。

上述各种贮藏保鲜技术，各有优点。从保鲜效果来看，低温冷藏、脱氧包装、充氮包装效果较好，其次是真空包装、生石灰除潮贮存和防潮包装。

三、茶的综合利用

茶除饮用外，还可进一步深加工和综合利用。茶叶深加工就是以茶鲜叶、半成品茶、成品茶、再加工茶及茶厂副产品等为原料，运用机械、物理、化学、生物等手段，并采用现代天然产物制备和食品饮料加工等技术，制造出符合食品、化工、医药等行业要求的新型茶制剂和满足人们消费需求的新型茶制品。茶叶深加工产品主要有茶饮料、茶食品、茶叶提取物和新型茶叶等。

茶饮料是指以茶叶的萃取液、茶粉、浓缩液为主要原料加工而成的，含有一定量的天然茶多酚、咖啡碱等茶叶有效成分的软饮料。茶饮料既具有茶叶的独特风味，又兼具营养保健功效，是一类天然、安全、清凉、解渴的多功能饮料，主要有纯茶饮料和调味茶饮料等。

保健茶是指茶与中草药加工而成的，在医学上有特殊要求，且具有一定嗜好性，安全方便的一类功能性饮品的总称。

速溶茶是指以成品茶、半成品茶、茶叶副产品或鲜叶为原料浸提出茶汁，经浓缩干燥等工序加工成一种易溶于水的粉末状或碎片状或颗粒状的固体饮料，具有冲饮携带方便，不含农药残留等优点。

浓缩茶是以成品茶、半成品茶等为原料浸提出茶汁，经过滤、净化、浓缩、杀菌、灌装而成的一种高浓度的液态茶制品的总称。与速溶茶不同之处在于不经过喷雾干燥，而采用杀菌直接灌装方式。

茶食品是指以茶叶为主料或辅料，通过提取、粉碎、混合等工序加工而成的各种天然营养食品，主要有茶糖果、茶糕点、茶冰淇淋和茶膳等。

茶叶提取物是指采用现代化学手段，以茶叶为原料，通过提取、分离、浓缩、纯化等工艺而获得的一类可作为食品、医药、化工等行业添加剂，具有保证其品质、增加其功能等作用的一类天然化学产品的总称。其主要有茶多酚、咖啡碱、茶多糖、茶色素、茶皂素、茶氨酸等。

新型茶叶是和普通茶叶一样作为直接饮用的茶叶，只是在生产和加工中采用某些特殊工艺使茶叶中某些成分含量发生有益于人体需要的变化，如γ-氨基丁酸茶、低咖啡因茶等。

第四节　茶的品饮与文化

茶的品饮包括对外形和内质的审评，有一定的程序、规范和技巧。茶文化有悠久的历史和深刻的内涵，形成了不同类型的茶艺和茶俗，传承着高尚的茶德和茶道。

一、茶叶的审评技巧

茶作为一种饮料和食品，其基本品质要素主要反映在色、香、味、形等方面。茶叶品质审评就是对其色、香、味、形等进行鉴定。

（一）审评室的布置和审评用具

审评室要求干燥、清洁，空气新鲜，无污染，宜坐南朝北，室内墙壁、门窗及天花板均宜白色，以增加室内光线的明亮度。审评室里的基本布置包括干评台、湿评台和样茶柜。干评台设置在审评室内靠窗位置，用以放置样茶罐、样茶盘，审评茶叶的外形，台面漆成黑色。湿评台设置在干评台的后方，台面为白色，用以放置审评杯、审评碗等，是开汤、审评茶叶内质的操作台，嗅香气、尝滋味、看汤色和叶底等操作均在此台上进行。样茶柜置于干、湿评台的后方或侧方，用以存放茶叶样品。

审评用具必须专用且规格一致。审评盘也称样茶盘或样盘，用于审评茶叶外形；审评杯在开汤审评时用以冲泡茶叶和审评茶叶的香气，瓷质白色，有150ml和250ml两种规格。150ml杯主要用于精茶的审评，250ml杯主要用于毛茶的审评。杯盖上均有一小孔，使杯内与外界大气相通便于倒出茶汤。此外，审评乌龙茶用容量为110ml的呈倒钟形评茶杯审评。

审评碗是用来审评茶汤汤色和滋味的用具，瓷质白色。叶底盘是用来审评茶叶叶底的黑色小木盘，有正方形和长方形两种。其他用具主要有天平、计时器、网匙、茶匙、汤杯和烧水壶等。

（二）样茶的冲泡条件

审评用水的标准水温为100℃；泡茶时间长短不同，茶汤中溶解物的量与质不同，在茶叶审评中，一般红、绿茶的冲泡时间为5min。茶水比例与茶汤的色、香、味有密切关系。茶多水少，茶汤滋味浓厚，茶少水多，茶汤滋味淡薄。国际上，审评红、绿茶时，采用的茶水比例为1∶50，乌龙茶为1∶22。

（三）审评方法与程序

茶叶品质的好坏、等级的划分、价值的高低，主要是通过对茶叶品质的外形、香气、滋味、汤色和叶底等因子的评定来决定的。茶叶审评一般分为干评外形和湿评内质。外形审评嫩度、条索（或条形）、色泽、净度4项因子，结合嗅干茶香气。内质审评香气、滋味、汤色、叶底4项因子。

1. 外形审评　取有代表性的样茶250g，置于审评盘中，通过把盘将样茶分出上、中、下3个层次。一般地，比较粗大轻飘的茶叶浮在表面，叫上段茶；条索细紧重实的茶叶集中于中层，叫中段茶；体积小的碎茶、片末沉积于底层，叫下段茶。然后从外形的4项因子即嫩度、条索、净度和色泽，逐一对照标准样茶进行分析，确定其等级。嫩度主要看芽叶比例与叶质老嫩，有无锋苗及条索的光糙度；条索主要比松紧、弯直、整碎、壮瘦、圆扁、轻重、匀齐；色泽主要从色度和光泽度两方面去看，色度即茶叶的颜色及其深浅程度，光泽度指茶叶色面的亮暗程度；净度是指毛茶干净与夹杂程度。

2. 内质审评　将茶盘中茶样充分拌匀后，称取3g放入审茶杯中，用刚煮沸的开水迅速冲泡，同时计时，5min后，倒出茶汤，茶汤完全滤尽，然后先嗅香气，再看汤色，尝滋味，最后评叶底。叶底移入叶底盘中。

（1）香气。嗅香气是湿看的第一步，是靠评茶人员的嗅觉来完成的。嗅香气可分为热嗅、温嗅、冷嗅3个阶段。热嗅主要是闻香气中有没有异味，凡是有烟、焦、酸、馊、霉及其他不应有的异气均为低劣；温嗅是嗅香的最佳时期，判定香气的高低和类型；冷嗅是嗅香气的持久性。香气以高而长、鲜爽馥郁的好，高而短次之，低而粗又次之。

（2）汤色。汤色靠评茶人员视觉来判定。看汤色要快速，因为茶汤中的化学成分和空气接触后，很容易发生变化，而使茶汤变深、变浑，特别是绿茶，变化更快。汤色主要评比它本身的正常色和茶汤的亮度，即评比汤色的性质、深浅、亮度和清浊。所谓“亮度”，是指茶汤明暗的程度，茶汤能一目见底为明亮。一般品质好的茶叶，汤色较为明亮，品质差的茶叶，汤色则较暗。混浊度：指清澈或混浊程度。清指汤色纯净透明，无混杂，一眼见底，浊指汤不清且糊涂，视线不易透过汤层，难见碗底，汤中有沉淀物或细小浮悬物。劣变或陈变产生的酸、馊、霉、陈的茶汤，混浊不清。绿茶的汤色应为绿汤或绿中略带黄、明亮；红茶的汤色则为红汤，汤色应为红艳或红浓而明亮；青茶汤色则为橙黄明亮；黄茶的汤色应为黄而明亮；白茶的汤色应为浅黄而明亮；黑茶的汤色应为橙黄浅明等。

（3）滋味。滋味是通过评茶人员的味觉器官来区别的。在评茶汤色泽之后进行，适宜温度一般在50℃左右。温度太高，易烫坏评茶人员的味觉器官，使之麻木，不能正常品味。

温度太低，一方面茶汤对评茶人员的味觉器官刺激不够，影响味觉的灵敏度；另一方面，茶汤中的物质，随着温度的下降，也会逐步析出，使滋味变差。审评滋味先要区别是否正常，正常的滋味区别其浓淡、强弱、鲜爽、醇和，不正常的区别其苦、涩、粗、异。

（4）叶底。叶底即开汤后的茶渣，通过评茶人员的视觉和触觉来区别。审评叶底时，先将叶底全部倒入叶底盘中，拌匀、铺开、揿平，观察其嫩度、匀度和色泽。嫩度的评定，主要是观察芽头和嫩叶的含量，用手指按揿叶底，感受叶张的软硬、厚薄。色泽主要看色度和亮度；匀度主要从老嫩、大小、厚薄、色泽和整碎来看，必要时将叶底漂在水中观察分析，从而判定茶叶的优次。

二、茶文化与茶道

（一）茶文化的形成与发展

茶文化（tea culture）是生活在华夏大地的中国人在发现和利用茶作为食品、饮品、礼品、祭品的过程中，以茶为载体，表达人与人、人与自然之间各种理念、信仰、情感、爱憎的各种文化形态的总称。茶文化是中国传统文化的重要组成部分。

大多数的茶文化研究者认为，茶文化是在茶“被应用过程中”或者说“在茶的品饮活动中”所产生形成的文化。因此，饮茶的起源也是茶文化形成和发展的历史起点。随着饮茶的普及及品饮艺能化，中国茶文化的内涵得以不断丰富和发展。

唐代陆羽《茶经》称：“茶之为饮，发乎神农氏，闻于鲁周公。”说明茶之饮用，发源于史前的神农时代。神农是中国5000年前发明农业的传说人物，相传“神农尝百草，日遇七十二毒，得茶而解之”。茶是中国原始先民在寻求各种治病之药的采集过程中被发现的，先为药用，以后才发展为食用和饮用。巴蜀是中国茶业和茶文化的摇篮。

中国茶文化的形成与发展大致经历了汉魏六朝、隋唐五代、宋元、明清、当代5个时期。

汉魏六朝是中国茶文化的酝酿与萌芽时期。这一时期，茶与宗教结缘，道教徒和佛教徒以茶养生，以茶助修行，且与道家、儒家的思想发生联系。在人际交往、祭祀祖先活动中都少不了茶，客来敬茶也逐渐成为一种普遍的礼俗。并且茶开始进入文学创作领域，《搜神记》《神异记》《搜神后记》等志怪小说集中均有关于茶的故事，张楚、左思、张载等撰有涉茶诗篇，杜育等撰有《荈赋》等以茶为题材的散文。

唐代是茶文化形成和兴起的时期。唐代茶叶消费的兴盛，极大地促进了茶叶生产的发展，种茶的规模和范围不断扩大，茶产业趋于发达。饮茶习俗迅速普及，各阶层人士以茶会友的不同习俗逐渐形成了文人茶道、寺院茶道、宫廷茶道和平民茶道。唐代茶道烹饮技艺的主流是“煮茶法”（即煎茶法）。在唐代，品茶成了文人们生活中不可或缺的内容，文人雅士争相讴歌茶事，茶文学也兴盛起来，据统计，唐代以茶作诗的诗人有113人，作诗391首。李白、杜甫、钱起、白居易、元稹、刘禹锡、杜牧等一流诗人，无不撰有茶诗。李白的《仙人掌茶诗》、卢仝的《走笔谢孟谏议寄新茶》都是茶文化的精彩篇章。唐建中元年（780年）陆羽所著的《茶经》是对当时唐代及唐代以前有关茶事与茶文化的全面总结，其科学性、历史性、思想哲理性都是十分突显的。陆羽不但系统地提出了一套完整的茶叶产制烹饮技艺，而且把中国传统文化中的儒、释、道诸家思想融会于茶事之中，强调茶人的品格和思想情操，把饮茶作为进行自我品德修养、陶冶情操的手段和方法，首创中国茶道精神。因此，陆羽是我国茶文化的奠基者，也是中国茶道的创始人。《茶经》的问世，有力推动了中国茶文化的形成和发展。自陆羽《茶经》问世以后，著茶书者日渐增多。张又新著有《煎茶水记》，温庭筠著有《采茶录》，苏虞著有《十六品汤》。此外，茶开始进入书画艺术创作题材之中，不断有茶事绘画、书法作品的出现。茶馆也在中唐产生。茶具也得到较大发展，越窑、邢窑南北辉映。唐德宗贞元年间（785～804年）茶马互市，即以茶换马的茶马交易也开始实施。这些都说明茶文化在唐代形成和兴起。

自宋代始，茶成为开门“七件事”之一，成为社会各阶层不可或缺的生活必需品。茶叶生产和贸易空前发展，品茶技艺有了很大的发展，在唐代煮茶法的基础上，点茶形成并广泛流行，并在点茶基础上发展出分茶、茶百戏、斗茶（又称“茗战”）等技艺性游戏和竞赛活动。宋代诗词中有不少对分茶、斗茶的生动描写，刘松年的《撵茶图》《茗园赌市图》等反映了当时斗茶的场景。同时，宋代茶会流行，宋徽宗赵佶的《文会图》就描绘了文人茶会的盛大场面，佛门茶会在宋代形成了仪规完整的程序化的佛教茶礼，如著名的径山茶会。茶文学更加繁荣，梅尧臣、范仲淹、欧阳修、苏轼、黄庭坚、陆游等的佳作迭起，所作的茶诗题材更加丰富，形式多样；茶词曲、茶事小说在艺术上达到较高成就，更胜于唐人。茶戏剧、茶歌、茶事书法绘画的作品是佳作纷呈。茶书撰写数量超过前代。宋代茶文化的兴旺发达还表现在茶馆业的兴盛上。茶馆在宋代也叫做茶坊、茶肆、茶楼。北宋时期汴京城内的闹市和居民聚集处，各类茶馆鳞次栉比，使茶馆文化兴起。茶具在宋代也有长足的发展，当时最负盛名的有五大名窑。各地瓷窑生产各色茶盏，烧制工艺精巧，艺术水准很高。朝廷设茶马司，专门管理茶马互市，茶叶输藏成为政府一项重大国策。因此，茶文化兴于唐，盛于宋。

明清时期，是中国茶业发展和变革的重要时代，也是茶文化发展的又一鼎盛时期。由于散茶的普及，改“点茶”为“泡茶”，形成的泡茶道，一直流传至今。明代是茶道发展的鼎盛时期，市井文化发展，使茶馆在明代更加走向大众化，茶馆更为雅致，对茶、水、器的要求更加讲究。明代还是茶具发展的一个转折时期，紫砂茶具勃兴，制壶四大名家（董翰、赵梁、元畅、时朋）和时大彬等高手的作品，工艺精巧，造型优美，诗书意妙，不少紫砂茶具的作品流传至今，已成为中国茶文化的瑰宝。明清时茶诗词虽不及唐宋，但在茶事散文小说方面有所发展，众多传奇小说和章回小说都有描写茶事的精彩章节，如《金瓶梅》《水浒传》《西游记》等明代小说中，有着许多对饮茶习俗、饮茶艺术的生动描写。茶事书画也超越唐宋，撰述的茶书现存有35种之多，占了中国古典茶书一半以上。朱权的《茶谱》、许次纾的《茶疏》、罗廪的《茶解》、冯时可的《茶录》、张谦德的《茶经》等都是颇有影响的茶书。清代是中国茶文化发展的转折时期，茶业经历了几番大起大落。中国茶道在清代开始衰落，但作为中国茶道代表的功夫茶道却开始形成、兴盛于清代。清朝中叶的乾嘉年间，一种用小壶冲泡乌龙茶的所谓功夫茶道开始流行于广东、福建和台湾地区。在清代，中国的传统茶文化开始从文人茶文化向平民饮茶文化转变，并最终成为茶文化的主流。清代茶馆遍布城乡，成为三教九流聚会的场所，对于保存和延续中国茶文化起着十分重要的作用。民国时期，中国茶业陷入全面危机，生产萧条，市场萎缩。

新中国成立后，茶产业得到迅速恢复和发展，特别是改革开放以来，我国茶产业持续快速发展，目前，我国茶园面积和产量均居世界第一位。在茶业经济飞速发展的同时，我国的茶文化事业得以全面复兴。1990年后，茶艺馆迅速兴起与繁荣，泡茶艺术进一步发展，全国和地方性的茶艺表演、茶艺技能比赛不断举办，茶艺师已成为一种新兴职业。目前全国有大大小小的各种茶楼、茶馆、茶坊、茶苑等10万多家。全国各地各种茶文化机构和社团纷纷建立。茶文化活动频繁开展，内容丰富，形式多样。各地纷纷举办各种茶文化节和茶文化学术活动，促进了茶文化的推广和普及。自1990年在浙江杭州市举办首届“国际茶文化研讨会”后，中国国际茶文化研究会已经举办了9次“国际茶文化研讨会”，在国内外产生了广泛影响。如今，每年全国各地举办的各种档次和规模的茶文化活动不下几十次。茶文化学术研究取得丰硕成果，茶文化著作和专业杂志出版空前繁荣，如《中国茶文化经典》《中国茶叶大辞典》《中国茶文化大辞典》《中国茶文化》和《中华茶文化》多媒体光盘等。当代茶文学和茶艺术创作也是硕果累累，由于一批作家和艺术家的介入，创作出一大批以茶事活动为题材的文艺作品，其创作量之大，题材之广泛，大大超越了前代，丰富了中国茶文化的内涵。民族茶文化也异彩纷呈，各民族都有不同的饮茶风俗。不少地方还开展了以欣赏茶区风光和茶区名胜古迹为内容的茶文化旅游。总之，中国茶文化正处在蓬勃发展的大好时期。

（二）茶艺

茶艺（tea art）即泡茶与饮茶的技艺，是饮茶生活的艺术化，主要包括备器、择水、取火、候汤、泡茶、奉茶、品茶的一整套技艺。

1. 茶艺类型与构成要素 茶艺类型按茶艺的表现形式可分为待客型茶艺、表演型茶艺、营销型茶艺。以茶艺主体的身份分类，分为宫廷茶艺、文士茶艺、宗教茶艺和民俗茶艺。按茶的种类可分为绿茶茶艺、红茶茶艺、乌龙茶茶艺、普洱茶茶艺、花茶茶艺、黄茶茶艺、白茶茶艺和藏茶茶艺。以饮茶器具分类，主要有壶泡法、盖碗茶艺和玻璃杯茶艺。以冲泡方式分类，有烹煮法、泡茶法、点茶法、煎茶法。

茶艺是茶文化的直接表现形式。完整的茶艺由6个要素构成，分别是茶、人、水、器、境、艺。茶是茶艺的物质载体，是茶艺的核心与灵魂。茶之美，主要从茶的名字、形状、色泽、香气和滋味上体会。茶艺程序由人来演示，人就成了茶艺最根本的要素。人之美，主要通过茶艺师的外在仪表姿态美和内在心灵美来展示。张大复在《梅花草堂笔谈》中提出：“茶性必发于水。八分之茶，遇十分之水，茶亦十分矣；八分之水，试十分之茶，茶只八分耳。”说明泡茶水质的好坏会直接影响茶叶的色、香、味。古人对烹茶用水十分讲究，要求水质“清、活、轻”，水味“甘、冽”。器具也是茶艺的一个重要构成因素，不仅能保持茶叶的香与味，衬托出茶叶的色与形，其本身还有艺术欣赏价值，茶具的种类很多，而且特点各异，常用的有瓷器茶具、紫砂茶具、玻璃茶具等，不同的茶艺要选择不同的器具来搭配，才能有好的效果。一切景语皆情语，品茶品文化，因此茶艺也特别讲究境之美。境之美，主要由物理环境、人文环境及茶人心境来体现。艺是茶艺的直接表现形式，也是茶艺抓住人们眼球的亮点。茶艺程序的设计是否合乎茶道理念，是否顺应茶性，演示的过程是否动作流畅，神韵天成，都是茶艺的重要内容。

2. 茶艺基本技法 茶艺的基本方法，实际上就是泡茶、饮茶的方法技艺，包括选茶、备器、择水、取火、烹治、品饮艺术等活动，具有一定的程式和技艺。不同的茶类有不同的冲泡程序和风格，但冲泡时都应掌握好煮水的方法及程度、茶叶用量、泡茶水温、冲泡时间和次数及冲泡方法。

要泡好一杯茶，首先要掌握好茶的用量。茶叶用量的多少，直接关系到茶汤滋味的浓淡、香气的高低和汤色的深浅。茶叶用量主要以茶叶种类、消费者的饮用习惯和饮茶时间而定。茶类不同，用量也不同，一般红、绿、黄、白、花茶对茶汤的香气、滋味要求浓淡适中，其茶水比例以1：50～1：60为宜。普洱茶由于原料较粗老，加工中揉捻相对较轻，冲泡时其内含成分不易泡出，所以要保证茶汤浓度，就得增加用茶量，茶水比例以1：30～1：40为宜。乌龙茶通常采用小杯品饮，要求香气、滋味浓度较高，故茶水比例以1：18～1：20为宜，用紫砂壶冲泡时，茶叶体积占壶容量的1/2～2/3。

水温高低是影响茶叶水浸出物溶出量和香气挥发的重要因素。水温低，茶中有效成分不易泡出，使香味低淡，而且茶浮水面，饮用不便。水温过高，则易造成茶汤的汤色和茶叶暗黄，且香气低。水温的确定，因茶而异。茶越细嫩要求水温越低，茶越粗老要求水温越高。一般细嫩的高级绿茶，泡茶水温以80℃左右为宜，忌用沸水冲泡。这类茶叶芽叶细嫩，用沸水则将芽叶烫至过熟而变黄变老，失去茶叶的香味，其维生素C等营养成分也随之减少。而泡饮各种花茶、红茶和中、低档绿茶，因原料较老，水温则要用90～100℃的沸水。泡饮乌龙茶、普洱茶等，茶叶粗老，用茶量也较多，故必须用100℃的沸水冲泡。

茶叶冲泡的时间和次数，直接关系着茶汤的色泽、滋味和浓淡爽涩。冲泡时间短，溶出物少，茶汤香气、滋味淡薄。冲泡时间长，茶汤有闷浊滋味。总的来说，冲泡时间与茶叶种类、冲泡次数、泡茶水温、用茶量等因素有关。一般绿茶、红茶以3泡为宜，冲泡时间3～5min；乌龙茶和普洱茶可冲泡6～7次，冲泡时间由短到长，闽南和台湾乌龙茶第一泡一般是45s，闽北和潮州乌龙茶第一泡15s即可，再次冲泡是60s左右，之后每次冲泡时间延长数十秒即可。

不同的茶类，需要不同的冲泡方法。身骨重实，条索紧结的名优绿茶，用玻璃杯冲泡时常采用上投法，先将足量水注入杯中，然后投茶，这种方法可欣赏茶在水中舞动的过程，得到艺术享受；要想冲泡色、香、味、形、韵俱佳的一杯茶，通常采用改良中投法，即先置茶入杯，再倒入约1/4的沸水，此时便于嗅闻浓郁的茶香，1min后再注水至七八分满，此时水温不易烫熟茶叶，就能获得良好的汤色；人们生活中通常先放入茶叶，再一次性注入沸水，这种方法称为下投法，此法在冲泡绿名茶时容易烫熟茶叶，也易使香气成分很快挥发，甚至会出现杯中茶汤浓淡不均的现象，故不提倡采用。

3. 茶艺表演举例　茶艺表演具备完整的操作程序，艺术观赏性强、表演性强，与日常泡茶品饮不尽相同。随着茶文化的兴起，茶艺表演不再局限在茶艺馆中进行，在各种庆典、仪式、活动中常加入茶艺表演，以提升活动的文化、艺术品味。下面分别介绍绿茶和乌龙茶茶艺表演的操作程序。

（1）绿茶冲泡包括10道基本程序。

焚香：点香，寓意茶艺的开始，同时营造一种祥和肃穆的气氛，使人平心静气。

赏茶：将茶叶放置于赏茶荷中，敬请来宾欣赏干茶外形、色泽及嗅闻干茶香。

凉汤：把开水注入壶中，待水温降到80℃左右时用来冲泡茶叶。

温杯：用少量的开水，将玻璃杯烫洗一遍。一来清洁茶杯，二来为杯子平温。

置茶：用茶匙将茶叶从赏茶荷中拨入玻璃杯或盖碗中，茶水比例为1：50。

润茶：采用改良中投法冲泡，即向杯中注入1/4的热水，浸润茶叶，注水时沿杯壁注入。

高冲：高提水壶，让水直泻而下，接着利用手腕的力量，上下提拉注水，反复三次，将茶斟至七分满，并让茶叶在杯中翻动，这一冲泡手法，雅称“凤凰三点头”，像是对客人行礼，对客人表示敬意。

匀汤：采用小杯品饮绿茶时，需将茶汤倒入公道杯中，使茶汤浓淡一致。

敬茶：将茶杯双手送到客人面前，请新朋老友共赏。

品茶：先观茶色，再闻茶香，最后品茶味。

（2）乌龙茶冲泡（潮汕功夫茶的表演）包括16道基本程序。

焚香静气：点檀香，营造幽香的气氛。

丝竹和鸣：演奏音乐，使心灵平静。

置器候用（备具）：将泡茶器具依沏泡顺序合理排列，并逐一展示、介绍每种用具的名称及用途。

鉴赏佳茗：请宾客鉴赏干茶外形。

若琛出浴（净具）：用沸水烫杯，洁净茶具。（注：若琛原为景德镇的瓷器名家，善制小杯，后来人们将小白瓷茶杯称为若琛。）

孟臣淋露（温壶）：用沸水淋浇壶身，保持壶温。

乌龙入宫（投茶）：将茶从茶荷中置入壶内。

悬壶高冲（注水）：用悬壶高冲的手法将沸水冲入壶中，盖上壶盖后，再用沸水慢慢浇淋壶身，以保持壶中较高的温度。高冲以利于激荡茶叶，激发茶性。

春风拂面（刮沫）：用盖推掉壶口浮沫。

洗尽尘埃（洗茶）：将第一泡茶汤倒掉，再冲入沸水。

关公巡城：紧挨杯口（避免香气逸失）将茶汤依次巡回斟入茶杯，以保持茶汤浓淡均匀。

韩信点兵：壶中最后几滴茶汤为精华，应点点滴滴分杯注入。

喜闻幽香：将杯中茶置鼻端，前后左右缓缓移动。

鉴赏佳茗：观察杯中茶汤的颜色。

细品佳茗：一杯茶汤分3口，一口为喝、二口为饮、三口为品。

重赏余韵：再次闻杯底。

（三）茶俗

茶俗（tea custom）即饮茶的风俗。客来敬茶，以茶示礼，历来是中华民族的传统礼节。我国有56个少数民族，由于所处地理环境和历史文化不同，以及生活风俗的差异，茶俗各有不同。

1. 白族“三道茶” “三道茶”是白族人待客的独特礼节，起源于公元8世纪的南诏时期。制作三道茶时，每道茶的制作方法和所用原料都不一样。第一道茶，称之为“清苦之茶”，寓意“要立业，先要吃苦”的哲理。制作时，先将一只小砂罐置于文火上烤热，然后取适量茶叶放入罐内，使茶叶受热均匀，烤到焦黄出香时立即注入已经烧沸的开水。少倾，主人将沸腾的茶水倾入茶盅，再用双手举盅献给客人。由于这种茶经烘烤、煮沸而成，因此看上去色如琥珀，闻起来焦香扑鼻，喝下去滋味苦涩，故而谓之“苦茶”，通常只有半杯，一饮而尽。

第二道茶，称之为“甜茶”。品完头道茶，主人重新用小砂罐置茶、拷茶、煮茶，与此同时，在茶盅放入少许红糖、核桃仁、桂皮等，待煮好的茶汤倾入八分满为止。这样沏成的茶，茶香扑鼻，味道甘甜，甚是好喝，它寓意“人生在世，只有吃得了苦，才会有香甜！”

第三道茶，称之为“回味茶”。其煮茶方法相同，但茶盅中放的原料已换成适量蜂蜜，若干粒花椒，少许核桃仁。客人边晃动茶盅边饮，使茶汤和佐料均匀混合。这杯茶，喝起来甜、酸、苦、辣各味俱全，回味无穷。它告诫人们，凡事要多“回味”，切记“先苦后甜”的哲理。

2. 藏族酥油茶　藏族以放牧或种旱地作物为主，故常年以奶、肉、糌粑为主食。文献记载："其腥肉之食，非茶不消；青稞之热，非茶不解。"藏族人民视茶为神之物，从历代的"赞普"至寺庙喇嘛，从土司到普通百姓，"一日无茶则滞，三日无茶则病"。

酥油茶是一种在茶汤中加入酥油等佐料，再经特殊方法加工而成的混合型茶汤。酥油是牦牛奶分离出来的一种脂肪，茶叶一般选用四川产康砖或金尖。制作时，先将紧压茶打碎，加水在壶中煎煮20～30min，滤去茶渣，把茶汤注入长圆形的打茶桶内。同时，加入适量酥油，还可根据需要加入事先已炒熟研碎的核桃仁、花生米、芝麻粉、松子仁之类，最后还应放上少量的食盐、鸡蛋等。接着，用木杵在圆筒内上下抽打。根据藏族经验，当抽打时，茶筒内发出的声音由"咣当、咣当"转为"嚓、嚓"时，表明茶汤和佐料已融为一体，酥油茶才算打好了，随即将酥油茶倒入茶瓶保温。

由于酥油茶是一种以茶为主料，并加有多种食物经混合而成的液体饮料，所以滋味多样，喝起来咸里透香，甘中有爽，既可暖身御寒，又能补充营养，敬酥油茶是西藏人款待宾客的尊贵礼仪。藏族同胞大多信仰藏传佛教（喇嘛教），当喇嘛祭礼时，虔诚的教徒要敬茶，有钱的富人要施茶。他们认为，这是"积德"，所以在西藏的一些大喇嘛寺外，多备有一口特大的茶锅，通常可容茶数百斤，遇上节日，向信徒施茶，算是佛门的一种施舍，至今仍随处可见。

3. 土家族擂茶　土家族千百年来保留着一种古老的吃茶方法，就是擂茶，也叫三生汤、打油茶，是用生叶、生姜和生米等3种原料经混合研碎，加水后烹煮而成的汤，故而得名。擂茶程序如下。

（1）选茶。通常有两种茶可供选用，一是经专门烘炒的末茶；二是刚从茶树上采下的幼嫩新梢，可根据各人口味而定。

（2）选料。用料通常有花生米、玉米花、黄豆、芝麻、糯粑、笋干等，应预先制作好待用。

（3）煮茶。先生火，待锅底发热，放适量食油入锅，待油面冒青烟时，立即投入适量茶叶入锅翻炒，当茶叶发出清香时，加上少许芝麻、食盐，再炒几下，即放水加盖，煮沸3～5min，即可将油茶连汤带料起锅盛碗待喝。一般家庭自喝，这又香、又爽、又鲜的油茶已算打好了。如果打的油茶是作庆典或宴请用，还有第四道程序，即配茶。

（4）配茶。就是将事先准备好的食料，先行炒熟，取出放入茶碗中备好，然后将油炒经煮而成的茶汤捞出茶渣，趁热倒入备有食料的茶碗中供客人吃茶。

（5）奉茶。一般当主妇快要把茶打好时，主人就会招待客人围桌入座。由于擂茶碗内加有许多食料，因此喝擂茶又叫吃擂茶。吃擂茶时，客人为了表示对主人热情好客的回敬，赞美擂茶的鲜美可口，称道主人的手艺不凡，总是边喝、边啜、边嚼，在口中发出"啧、啧"声响，以表称赞。

（四）茶德与茶道

茶德（tea moral）与茶道（tea ceremony）是中国传统茶礼中一种更深层次的追求，是在饮茶活动中把传统茶礼同社会生活中的传统美德糅合起来而形成的一种观念形态和精神境界。

"茶道"一词最早出现在唐代，陆羽的好友、著名诗僧皎然在他的《饮茶歌诮崔石使君》一诗中就提出了"茶道"一词："孰知茶道全尔真，唯有丹丘得如此。"唐代刘贞亮在讲饮茶十德中也明确提出："以茶可雅志，以茶可行道。"当代著名茶学家庄晚芳教授提出：

“茶道是一种文化艺能，是茶事与文化的完美结合，是修养和教化的手段。”在前人研究的基础上，安徽农业大学把茶道内涵定义为两个层次，即饮茶修道和饮茶之道。饮茶修道指通过品茶，修习茶道来实现个人的修心养德、净化灵魂，提高精神境界，这是精神层面的内容。饮茶之道则是指泡茶、饮茶等茶事活动中有关的方法、技艺，是技术层面的内容。总之，茶道既可以认为是事茶的方法、技艺，也可以理解为品茗的思想感受或心理体验。茶道以茶艺为载体，依存于茶艺，但茶道的重点在“道”，旨在通过茶艺修身养性、参悟大道。

茶德与茶道的巧妙结合，使饮茶活动真正成了一种能够美化生活、陶冶情操的文化。中国人讲茶德由来已久。古人认为，茶饮最适合于那种修身养性、勤俭简朴的人。只有这类人才能够领悟茶的灵性，应用茶的妙理。新的时代精神给茶德注入新的内容。庄晚芳教授提出：中国茶德可以归结为“廉、美、和、敬”四字守则。具体的含义如下。

廉——廉俭育德：清茶一杯，推行清廉，勤俭育德，以茶敬客，以茶代酒。

美——美真康乐：清茶一杯，共尝美味，共闻清香，共叙友情，康乐长寿。

和——和诚处世：清茶一杯，德重茶礼，和诚相处。

敬——敬爱为人：清茶一杯，敬人爱民，助人为乐。

倡导中国茶德，意在弘扬优秀的民族传统文化，“君子之交淡如水，清茶一杯可人心”。以茶的品性来陶冶人们的道德情操，提高人们的精神境界，对中国的物质文明和精神文明建设无疑会起到积极的促进作用。

小　结

中国是茶树的原产地，是世界上最早栽培和利用茶树的国家，并且是茶文化的发祥地，现已发展成为世界上第一产茶大国。本章主要介绍了茶树的生物学特性和适生条件，茶树品种与繁殖技术，以及系统的栽培管理技术；六大茶类加工的工艺和方法及茶叶的审评技巧；中国茶文化的形成与发展过程，茶艺的基本技艺和饮茶风俗。

思考题

1. 茶树生命周期可划分为几个时期？各时期有哪些特点？
2. 茶树对气温、水分及土壤条件有哪些要求？
3. 茶树修剪的技术要领是什么？
4. 绿茶、红茶和乌龙茶加工的关键工序是什么？应该如何掌握？
5. 茶叶贮藏要求什么条件？
6. 茶叶感官审评的基本程序是什么？
7. 简述茶叶冲泡的基本技艺。
8. 何谓白族的“三道茶”？有何寓意？
9. 何谓茶文化、茶艺、茶俗、茶德、茶道？

参考书目与文献

（一）参考书目

蔡庆生．2011．植物生理学．北京：中国农业大学出版社

陈琳．2013．现代植物生理原理及应用．北京：中国农业科学技术出版社

程智慧．2009．园艺概论．北京：科学出版社

程智慧．2010a．蔬菜栽培学总论．北京：科学出版社

程智慧．2010b．蔬菜栽培学各论．北京：科学出版社

巩振辉，申书兴．2013．植物组织培养．2版．北京：化学工业出版社

何志华．2014．园艺学概论．重庆：重庆大学出版社

金银根．2010．植物学．2版．北京：科学出版社

李光晨．2000．园艺通论．北京：中国农业大学出版社

李式军，郭世荣．2011．设施园艺学．2版．北京：中国农业出版社

刘淑芳．2015．果树嫁接繁殖实用技术．北京：化学工业出版社

刘旭，向朝阳．2010．中国农业园区与现代农业．北京：中国农业科学技术出版社

潘根生．1995．茶树生物学．北京：中国农业出版社

潘瑞炽．2012．植物生理学．7版．北京：高等教育出版社

王全喜，张小平．2012．植物学．2版．北京：科学出版社

吴丽敏．2014．园艺种苗生产．北京：中国农业大学出版社

张建新，许桂芳．2011．园林花卉．北京：科学出版社

张长青．2012．园艺植物育苗原理与技术．上海：上海交通大学出版社

钟章成．2014．现代植物生态学研究进展．北京：科学出版社

Robertson GL．2012．Food Packaging：Principles and Practice．3rd ed．Boca Raton：CRC Press：733

Singh J．2013．Precision Farming in Horticulture．Delhi: New India Publishing Agency

Torres KC．2012．Tissue Culture Techniques for Horticultural Crops. Berlin：Springer Science & Business Media

（二）期刊文献

阿里穆斯，于贵瑞．2013．植物光合作用模型参数的温度依存性研究进展．应用生态学报，24（12）：3588-3594

白晓燕，王力荣，朱更瑞，等．2014．桃砧木半硬枝扦插繁殖影响因子的研究．中国果树，5：36-39

蔡飞，王阳．2013．绿色蔬菜标准化生产技术及其存在的问题和对策．绿色科技，（12）：194-195

陈炳环．1979．如何提高扦插苗圃的产苗数量．茶叶，（2）：25-29

程虎印，程江雪，欧莉．2015．关于对药用被子植物一些形态结构类型的归并与划分．中医药导报，21（1）：42-45

程小兵．2014．农作物太空育种现状及推广前景展望．亚热带植物科学，43（3）：266-270

邓兴旺，王海洋，唐晓艳，等．2013．杂交水稻育种将迎来新时代．中国科学：生命科学，43（10）：864-868

丁久玲，郑凯，俞禄生．2012．浅析光、温、水对室内植物生长发育的影响．浙江农业科学，（10）：1458-1461

董莹莹，赵星，康孟珍. 2010. 一种新的植物形态结构表达模型. 计算机工程与应用，46（13）：191-212
都凤军，孙彬，孙炳新，等. 2014. 活性与智能包装技术在食品工业中的研究进展. 包装工程，35（1）：135-140
付进刚，覃吕高，陈克平. 2013. 杂种优势机理的研究进展. 生物学杂志，30（1）：68-70
高豪杰，贾志伟，李雯，等. 2012. 采收成熟度与果实贮藏保鲜关系的研究进展. 安徽农业科学，40（5）：2897-2898，2900
高鹤，刘启新，宋春凤，等. 2015. 基于分形方法探讨槭属（*Acer* Linn.）植物叶片的形态多样性及其系统学意义. 植物资源与环境学报，24（2）：1-10
高欣欣，刘少春，张跃彬，等. 2013. 植物器官脱落相关激素和酶的研究进展. 中国农学通报，29（33）：17-21
韩文炎，阮建云，林智，等. 2002. 茶园土壤主要营养障碍因子及系列茶树专用肥的研制. 茶叶科学，22（1）：70-74
黄冬梅，任育军，缪颖. 2014. 植物衰老过程中的表观遗传学调控. 植物生理学报，50（9）：1293-1304
黄志刚，刘凯，刘科. 2014. 食品包装新技术与食品安全. 包装工程，35（13）：161-166
康乐，王海洋. 2014. 我国生物技术育种现状与发展趋势. 中国农业科技导报，16（1）：16-23
励建荣，朱丹实. 2012. 果蔬保鲜新技术研究进展. 食品与生物技术学报，31（4）：337-347
刘玉花. 2011. 广西现代农业科技示范园功能定位与可持续发展对策. 南方农业学报，42（4）：457-459
卢银，刘梦洋，赵建军，等. 2014. 大白菜突变体库的构建及M2叶片表型变异的研究. 园艺学报，41（8）：1609-1619
孟娜，车生泉，王玲，等. 2014. 农业科技示范园的特征定位及功能分区研究——以山东高青绿色农业科技示范园为例. 中国农学通报，30（1）：271-277
苗燕，王宁果，李伟，等. 2014. 陕西分布10种大戟属植物茎叶形态结构比较. 西北植物学报，34（11）：2243-2254
平晓燕，周广胜，孙敬松. 2010. 植物光和产物分配及其影响因子研究进展. 植物生态学报，34（1）：100-111
史传奇，刘玫，王臣，等. 2014. 东北野豌豆族植物叶形态结构的研究及其分类学意义. 草业学报，23（6）：157-166
束浩渊，潘磊庆，屠康，等. 2015. 抗菌材料在食品包装中的研究进展. 食品科学，36（5）：260-265
束怀瑞. 2012. 中国果树产业可持续发展战略研究. 落叶果树，44（1）：1-4
宋方威，彭惠茹，刘婷，等. 2011. 利用三重测交群体剖析玉米株高与穗位高杂种优势的遗传学基础. 作物学报，37（7）：1186-1195
宋方威，彭惠茹，张义荣，等. 2011. 利用三重测交群体剖析玉米苗期性状杂种优势的遗传学基础. 农业生物技术学报，19（5）：785-792
陶汉之，王新长. 1989. 茶树光合作用与光质的关系. 植物生理学通讯，（1）：19-23
王连喜，陈怀亮，李琪，等. 2010. 植物物候与气候研究进展. 生态学报，30（2）：447-454
王艺，韦小丽. 2010. 不同光照对植物生长、生理生化和形态结构影响的研究进展. 山地农业生物学报，29（4）：353-359
吴明丽，李叙勇. 2012. 光衰减及其相关环境因子对沉水植物生长影响研究进展. 生态学报，32（22）：7203-7210
解莉楠，宋凤艳，张旸. 2015. CRISPR/Cas9系统在植物基因组定点编辑中的研究进展. 中国农业科学，48（9）：1669-1677

熊杰，符冠富，杨永杰，等. 2011. 一氧化氮在植物根系生长发育过程中的作用研究进展. 华中农业大学学报，30（3）：375-383
薛勇彪，段子渊，种康，等. 2013. 面向未来的新一代生物育种技术——分子模块设计育种. 中国科学院院刊，28（3）：308-314
严德凯，刘兆普，隆小华. 2014. 菊芋试管苗的初代培养及愈伤组织不定芽诱导. 植物资源与环境学报，23（4）：108-110
杨曙光，陈美龄，钱骅，等. 2015. 减压贮藏保鲜技术的研究与应用进展. 食品工业，36（1）：223-226
殷坤山，洪北边，胡宏基. 1987. 五种害虫在茶丛中的垂直分布规律及其应用设想. 中国茶叶，（5）：14-17
袁树枝，丁薪源，王姣，等. 2015. 采后果实组织结构抗病性研究进展. 食品科学，36（7）：206-210
张分云，李宏，周向阳，等. 2013. 水稻产量分子设计育种研究进展. 分子植物育种，11（6）：663-672
张海新，宁久丽，及华. 2010. 果实采后品质和生理变化研究进展. 河北农业科学，14（2）：54-56
张艳艳，章文华，薛丽，等. 2012. 一氧化氮在植物生长发育和抗逆过程中的作用研究进展. 西北植物学报，32（54）：835-842
张哲，刘方，宋水山. 2014. 植物生长发育过程中G蛋白偶联受体的研究进展. 中国农学通报，30（18）：23-28
赵艳云，连紫璇，岳进. 2013. 食品包装的最新研究进展. 中国食品学报，13（4）：1-10
中华人民共和国国家发展和改革委员会，中华人民共和国农业部. 2011. 全国蔬菜产业发展规划（2011—2020年）. http://njs.ndrc.gov.cn/gzdt/201202/t20120227_463479.html［2016-11-15］
朱广龙，马茵，韩蕾，等. 2014. 植物晶体的形态结构、生物功能及形成机制研究进展. 生态学报，34（22）：1-17
Barnidge EK，Hipp PR，Estlund A，et al. 2013. Association between community garden participation and fruit and vegetable consumption in rural Missouri. International Journal of Behavioral Nutrition and Physical Activity，10（128）：1-8
Cheng F，Cheng ZH. 2015. Research progress on the use of plant allelopathy in agriculture and the physiological and ecological mechanisms of allelopathy. Frontiers in Plant Science，6：1020
Cheng ZH，Zhou XJ，Muhammad AK，et al. 2012. *In vitro* induction of tetraploid garlic with trifluralin. Genetics and Molecular Research，11（3）：2620-2628
Dana C. 2011. Genome engineering with zinc-finger nucleases. Genetics，188：773-782
Doerflinger FC，Rickard BJ，Nock JF，et al. 2015. An economic analysis of harvest timing to manage the physiological storage disorder firm flesh browning in 'Empire' apples. Postharvest Biology & Technology，107：1-8
Dong YX，Cheng ZH，Meng HW，et al. 2013. The effect of cultivar，sowing date and transplant location in field on bolting of Welsh onion（*Allium fistulosum* L.）. BMC Plant Biology，13（154）：1-12
Duncan MJ，Eyre E，Bryant E，et al. 2015. The impact of a school-based gardening intervention on intentions and behaviour related to fruit and vegetable consumption in children. Journal of Health Psychology，20（6）：765-773
Hansen G，Sewards J，Almeida R，et al. 2012. Design and implementation of edible plant demonstration gardens：a case study of the Putnam County extension edible garden. http://edis.ifas.ufl.edu［2016-11-15］
Horn JW，Van EEBW，Morawetz JJ，et al. 2012. Phylogenetics and the evolution of major structural characters in the giant genus *Euphobia* L.（Euphobiaceae）. Molecular Phylogenetics and Evolution，63（2）：305-326
Ira M，Amir Z，Elena S，et al. 2010. Nontransgenic genome modification in plant cells. Plant Physiol，

154: 1079-1087

Jiang XY, Valdeperez D, Nazarenus M, et al. 2015. Future perspectives towards the use of nanomaterials for smart food packaging and quality control. Particle & Particle Systems Characterization, 32 (4): 408-416

Julian JP, Seegert SZ, Powers SM, et al. 2011. Light as a first-order control on ecosystem structure in a temperate stream. Ecohydrology, 4 (3): 422-432

Leticia GC, Salvador VG, Yolanda SM, et al. 2016. Postharvest quality, soluble phenols, betalains content, and antioxidant activity of *Stenocereus pruinosus* and *Stenocereus stellatus* fruit. Postharvest Biology and Technology, 111: 69-76

Liu HQ, Meng HW, Pan YP, et al. 2015. Fine genetic mapping of the white immature fruit color gene w to a 33.0kb region in cucumber (*Cucumis sativus* L.). Theor Appl Genet, 128 (12): 2375-2385

Liu TJ, Cheng ZH, Meng HW, et al. 2014. Growth, yield and quality of spring tomato and physicochemical properties of medium in a tomato/garlic intercropping system under plastic tunnel organic medium cultivation. Scientia Horticulturae, 170: 159-168

Luisa B, Rainer F. 2015. The CRISPR/Cas9 system for plant genome editing and beyond. Biotechnol Adv, 33: 41-52

Mahto R, Das M. 2014. Effect of gamma irradiation on the physico-mechanical and chemical properties of potato (*Solanum tuberosum* L.), cv. 'Kufri Sindhuri', in non-refrigerated storage conditions. Postharvest Biology and Technology, 92: 37-45

Motoko A, Tetsuya I. 2015. Towards social acceptance of plant breeding by genome editing. Trends in Plant Sci, 20 (3): 145-149

Muhammad AK, Cheng ZH, Xiao XM, et al. 2011. Ultrastructural studies of the inhibition effect against *Phytophthora capsici* of root exudates collected from two garlic cultivars along with their qualitative analysis. Crop Protection, 30 (9): 1149-1155

Niu J, Cheng ZH, Abdul RK, et al. 2015. Effects of temperature during seedling stage on growth and nutrient absorbance of *Gerbera jamesonii* growing in organic substrate. Journal of Plant Nutrition, 38 (5): 700-711

Osorio F, Scossa A. 2013. Fernie molecular regulation of fruit ripening. Front Plant Sci, 4: 1-7

Patel GK, Kawale AA, Sharma AK. 2012. Purification and physicochemical characterization of a serine protease with fibrinolytic activity from latex of a medicinal herb *Euphobia hirta*. Plant Physiology and Biochemistry, (52): 104-111

Romina P, Susan L. 2015. Advances and current challenges in understanding postharvest abiotic stresses in perishables. Postharvest Biology and Technology, 107: 77-89

Sanches LF, Guariento RD, Caliman A, et al. 2011. Effects of nutrients and light on periphytic biomass and nutrient stoichiometry in a tropical black-water aquatic ecosystem. Hydrobiologia, 669 (1): 35-44

Singh R, Low ET, Ooi LC, et al. 2013. The oil palm SHELL gene controls oil yield and encodes a homologue of SEEDSTICK. Nature, 500: 340-344

Singh R, Ong-Abdullah M, Low ETL, et al. 2013. Oil palm genome sequence reveals divergence of interfertile species in Old and New Worlds. Nature, 500: 335-339

Su L, Li ZN, Bernardy M, et al. 2015. The complete nucleotide sequence and genome organization of pea streak virus (genus *Carlavirus*). Archieves of Virology, 160 (10): 2651-2654

Thomas G, Charles AG, Carlos FB. 2013. ZFN, TALEN, and CRISPR/Cas-based methods for genome engineering. Trends in Biotechnol, 31 (7): 397-405

Vinay K, Mukesh J. 2015. The CRISPR–Cas system for plant genome editing: advances and opportunities. J Exp Bot, 66（1）: 47-57

Wang MY, Wu CN, Cheng ZH, et al. 2015. Growth and physiological changes in continuously cropped eggplant（*Solanum melongena* L.）upon relay intercropping with garlic（*Allium sativum* L.）. Front Plant Sci, 6: 262

Watkins CB, Liu FW. 2010. Temperature and carbon dioxide interactions on quality of controlled atmosphere-stored ‘Empire’ apples. HortScience, 45: 1708-1712

Yamori W, Noguchi K, Hikosaka K, et al. 2010. Phenotypic plasticity in photosynthetic temperature acclimation among crop species with different cold tolerances. Plant Physiology,（15）: 388-399

Yaqvo M, Gholamali P, Farhood Z, et al. 2014. Improvement of shelf life and postharvest quality of white button mushroom by electron beam irradiation. Journal of Food Processing and Preservation, 38（4）: 1673-1681

Zhang LQ, Cheng ZH, Muhammad AK, et al. 2012. *In vitro* selection of resistant mutant garlic lines by using crude pathogen culture filtrate of *Sclerotium cepivorum*. Australasian Plant Pathology, 41（2）: 211-217

（三）学位论文

陈秋会. 2014. 设施菜地土壤硝化作用的特征及其微生物学机制. 杭州：浙江大学博士学位论文

董殷鑫. 2016. 大葱春化和抽薹特性及其机理研究. 咸阳：西北农林科技大学博士学位论文

冯超红. 2014. 苹果茎尖超低温保存技术及脱毒效率的研究. 咸阳：西北农林科技大学博士学位论文

吉姣姣. 2014. 辣椒细胞质雄性不育的生理机制和相关基因及标记的鉴定. 咸阳：西北农林科技大学博士学位论文

贾文庆. 2015. 山茶花生殖生物学及倍性育种基础研究. 北京：中国林业科学研究院博士学位论文

李成忠. 2013. 影响芍药花茎机械强度的生理机制研究. 扬州：扬州大学博士学位论文

李秀. 2014. 生姜种质资源评价及其对温度胁迫的生理响应机制. 济南：山东农业大学博士学位论文

李毅杰. 2011. 大棚滴灌甜瓜（*Cucumis melo* L.）灌溉土壤水分下限指标研究. 武汉：华中农业大学硕士学位论文

刘冬峰. 2014. 砂梨对高温胁迫的响应及耐热机理研究. 杭州：浙江大学博士学位论文

刘芳. 2014. 细叶百合鳞茎休眠解除过程的生物学分析. 哈尔滨：东北林业大学博士学位论文

卢龙. 2016. 赤霉素诱导葡萄单性结实与促进坐果分子机制的研究. 北京：中国农业大学博士学位论文

马巧利. 2014. 2，4-二氯苯氧乙酸保鲜柑橘果实采后品质机理. 武汉：华中农业大学博士学位论文

彭刚. 2013. 柑橘果实转色的叶绿素和类胡萝卜素代谢基础. 杭州：浙江大学博士学位论文

蒲飞. 2014. 柿果实酚类物质含量、生物活性及其相关酶的研究. 咸阳：西北农林科技大学博士学位论文

秦改花. 2012. 梨果实挥发性芳香物质组成及其形成特性分析. 南京：南京农业大学博士学位论文

邵砾群. 2015. 中国苹果矮化密植集约栽培模式技术经济评价研究. 咸阳：西北农林科技大学博士学位论文

唐利华. 2014. 光诱导香菇菌丝转色形成机理的研究. 上海：上海交通大学博士学位论文

王国义. 2014. 主产区苹果园矿质营养及其与果实品质关系的研究. 北京：中国农业大学博士学位论文

王静. 2013. 苹果种植户技术选择行为研究. 咸阳：西北农林科技大学博士学位论文

王磊. 2015. 生姜种质资源倍性分析及离体诱变与细胞悬浮培养技术研究. 济南：山东农业大学博士学位论文

王伟娟. 2011. 根域容积和调亏灌溉对甜瓜生理特性和果实品质的影响. 武汉：华中农业大学硕士学

位论文
王旭．2012．广东省蔬菜重金属风险评估研究．武汉：华中农业大学博士学位论文
王艳芳．2015．苹果连作土壤中根皮苷含量的年动态及其调控措施研究．济南：山东农业大学博士学位论文
王云阳．2012．澳洲坚果射频干燥技术研究．咸阳：西北农林科技大学博士学位论文
温跃戈．2013．世界国花研究．北京：北京林业大学博士学位论文
吴翠南．2016．温度和光周期对大蒜蒜薹和鳞茎发育的影响及机理．咸阳：西北农林科技大学博士学位论文
肖栋．2012．白菜类作物开花时间和叶片性状的遗传分析．南京：南京农业大学博士学位论文
肖雪梅．2013．套作大蒜或青蒜消减大棚黄瓜连作障碍的效果及机理研究．咸阳：西北农林科技大学博士学位论文
肖元松．2015．增氧栽培对桃根系构型及植株生长发育影响的研究．济南：山东农业大学博士学位论文
徐强．2014．栽培环境对黄瓜果实风味品质遗传效应的影响与特征芳香物质含量变化的初步研究．扬州：扬州大学博士学位论文
徐伟慧．2014．伴生小麦对西瓜生长及枯萎病抗性调控的机理研究．济南：东北农业大学博士学位论文
徐雪莲．2013．西瓜抗蚜性鉴定及其机理研究．海口：海南大学博士学位论文
杨伟伟．2016．不同栽培方式和水分胁迫对苹果树体结构和功能影响的数字化模拟研究．咸阳：西北农林科技大学博士学位论文
曾云流．2014．柑橘果肉有色体的结构特征及其分化研究．武汉：华中农业大学博士学位论文
张荻．2011．百子莲花芽分化及开花机理研究．哈尔滨：东北林业大学博士学位论文
张敏．2011．加气灌溉条件下温室甜瓜生长效应的研究．咸阳：西北农林科技大学硕士学位论文
张淑江．2014．大白菜紫红色基因定位和候选基因分析．北京：中国农业科学院博士学位论文
周兴本．2015．水肥配比对葡萄生长发育、氮代谢及水肥耦合效应的研究．沈阳：沈阳农业大学博士学位论文
Ahmed AA．2014．亏缺灌溉对基质培辣椒生长、产量和品质及辣椒素合成的影响．北京：中国农业科学院博士学位论文
Ghazanfar B．2014．丛枝菌根菌侵染和外源乙酰水杨酸对番茄耐盐性的诱导作用．咸阳：西北农林科技大学博士学位论文
Khan AR．2014．外源24-表油菜素内酯和乙酰水杨酸处理及热驯化诱导番茄耐热性研究．咸阳：西北农林科技大学博士学位论文